中国现象学文库

现象学原典译丛 · 海德格尔系列

现象学之基本问题

（修订译本）

〔德〕海德格尔 著

丁耘 译

商務印書館

创于1897 The Commercial Press

Martin Heidegger

Die Grundprobleme der Phänomenologie

Gesamtausgabe Band 24

Herausgegeben von Friedrich-Wilhelm von Herrmann,

本书根据德国维多里奥·克劳斯特曼出版社1997年全集版第24卷译出

《中国现象学文库》编委会

（以姓氏笔画为序）

编　　委

丁　耘　王庆节　方向红　邓晓芒　朱　刚

刘国英　关子尹　孙周兴　杜小真　杨大春

李章印　吴增定　张　伟　张　旭　张再林

张廷国　张庆熊　张志扬　张志伟　张灿辉

张祥龙　陈小文　陈春文　陈嘉映　庞学铨

柯小刚　倪梁康　梁家荣　靳希平　熊　林

常务编委

孙周兴　陈小文　倪梁康

《中国现象学文库》总序

自20世纪80年代以来，现象学在汉语学术界引发了广泛的兴趣，渐成一门显学。1994年10月在南京成立中国现象学专业委员会，此后基本上保持着每年一会一刊的运作节奏。稍后香港的现象学学者们在香港独立成立学会，与设在大陆的中国现象学专业委员会常有友好合作，共同推进汉语现象学哲学事业的发展。

中国现象学学者这些年来对域外现象学著作的翻译、对现象学哲学的介绍和研究著述，无论在数量还是在质量上均值得称道，在我国当代西学研究中占据着重要地位。然而，我们也不能不看到，中国的现象学事业才刚刚起步，即便与东亚邻国日本和韩国相比，我们的译介和研究也还差了一大截。又由于缺乏统筹规划，此间出版的翻译和著述成果散见于多家出版社，选题杂乱，不成系统，致使我国现象学翻译和研究事业未显示整体推进的全部效应和影响。

有鉴于此，中国现象学专业委员会与香港中文大学现象学与当代哲学资料中心合作，编辑出版《中国现象学文库》丛书。《文库》分为"现象学原典译丛"与"现象学研究丛书"两个系列，前者收译作，包括现象学经典与国外现象学研究著作的汉译；后者收中国学者的现象学著述。《文库》初期以整理旧译和旧作为主，逐步过渡到出版首版作品，希望汉语学术界现象学方面的主要成果能以《文库》统一格式集中推出。

我们期待着学界同人和广大读者的关心和支持，藉《文库》这个园地，共同促进中国的现象学哲学事业的发展。

《中国现象学文库》编委会

2007年1月26日

目　录

第一部分
对若干传统存在论题现象学的-批判的讨论

第二部分
对于存在一般之意义的基础存在论追问。存在的基本结构与基本方式

导　论 1

§1.　主题的阐明与大体划分

本讲座课[①]的任务是提出、整理并且逐渐接近解决**现象学之基本问题**。必须从现象学当作主题的东西、从它研究其对象的方式发挥出它的概念。考察着眼于基本问题的**实事内涵**与**内在体系**。目的是从根本上澄清这些东西。

因此不妨用否定方式说:我们无意以史学方式了解,那名为现象学的现代哲学流派,其情形如何。我们不讲现象学,而讲现象学所讲的。而我们要了解这个,又不单为了可以报道说:现象学讲的是如此这般;毋宁说,这讲座要自己来讲[现象学所讲的],你们也该一起来讲,或者不如说学着一起来讲。要紧的不是了解哲学(Philosophie zu kennen),而是能去哲学起来(philosophieren zu können)。因此要为基本问题搞个导论。

那么这些基本问题究竟怎么回事呢?我们是否应该接受这个善良的信念:那进入讨论的实际上就构成了基本问题?我们如何达到那些基本问题呢?[我们]不是直接前往,而是要通过**讨论特定的个**

---

① 对《存在与时间》第一部第三篇的重新修订。——原注[现存的《存在与时间》只写到第一部第二篇。按照此书导论中的计划,尚有第一部分第三篇以及同样包含三篇的第二部分。参见 Martin Heidegger ,*Sein und Zeit* ,Tuebingen ,1979,S39;《存在与时间》,陈嘉映、王庆节译,三联书店,1987 年,第 49 页。又,德国大学学制中,所谓 Vorlesung 就是整学期或者跨学期的,有别于 Seminar(小型的专题研讨班)的大课,此义与中文"讲座"一词略有出入。——译注]

别问题迂回过去。我们把基本问题从个别问题那里剥离出来，并且
2 规定基本问题在体系上的前后关联。从对基本问题的这种领悟可以
看出，它们在多大程度上必然要求哲学成为科学。

于是讲座可以分为**三部分**。我们先大致给出标题：

1.作为基本问题引言的具体现象学问题

2.现象学基本问题之体系与奠基

3.对这些问题的科学解决方式与现象学之理念

考察之**路**是从特定的个别问题走向基本问题。于是有这样的疑问：我们如何获得考察的**出发点**，如何选择、限定那些个别问题？听凭偶然与随意吗？看来个别问题不是随便提的，而是通向基本问题的引导性考察。

人们大概认为，最简单可靠的[办法]是从现象学的概念引出具
体的现象学个别问题。现象学按其本质如此，于是其任务范围这般。
但这样必须首先获得现象学之概念。此路于是不通。为了界定具体
问题，我们最终并不需要得到清晰全面奠基的现象学概念。毋宁说，
遵照如今在“现象学”名义下所了解的东西或许也就够了。而在现象
学研究内部，又有对其本质及任务的不同规定。即使人们能够就现
象学本质之规定达成一致，这样得到的、似乎平平无奇的现象学概念
3 能否使我们了解到有待遴选的具体问题，这仍是有疑问的。因为首
先似乎必须确定，现象学研究如今已经获得了哲学问题域的中心地
位，并且已从其可能性出发规定了自己的本质。但正如我们会看到
的，情况并非如此——实际情况与之相差如此之大，以致该讲座的主
要目的便是显示，就其大势而言，现象学研究所能表述的无非是对
“科学的哲学”之理念更明确、更彻底的理解，正如该理念在其从古代
到黑格尔的实现历程中，被一种不断更新、彼此贯通的努力所追求的
那样。

迄今为止，即使在现象学内部，它自身也被理解为一门哲学性前科学，该前科学为真正的哲学学科（逻辑学、伦理学、美学以及宗教哲学）提供基础。但在把现象学规定为前科学时，人们接受了哲学学科的传统构成，而没有追问，难道不正是现象学本身质疑并动摇了传统哲学学科的这种构成，——难道在现象学中没有这样一种可能性，消除哲学在诸学科中的肤浅外化，并且从哲学在大势上的本质性回答出发，重新养成并激活哲学固有的伟大传统？我们主张：现象学并非厕身诸科学之间的一门哲学性科学，亦非其他科学之前科学，“**现象学**”乃是**科学的哲学一般之方法**（*die Methode* der *wisssenschaftlichen Philosophie überhaupt*）的名称。

澄清现象学之理念也就是阐明“科学的哲学”之概念。然而，关于现象学意谓着什么，我们尚未获得内容上的规定，至于如何实行该方法，我们明白的就更少了。虽然如此，也可略提一下，我们必须拒 4
不遵循当前的某些现象学方向，以及为何如此。

我们不［打算］从独断地提出的现象学这个概念演绎出具体的现象学问题，还是让我们通过对“科学的哲学”一般这个概念泛泛的先行讨论走向这些问题吧。我们且从古代到黑格尔地默察西方哲学之大势，以便进行这种讨论。

在古代早期，φιλοσοφία［哲学］的意思与科学（Wissenshaft）大体一致。后来，像医学、数学这样个别的哲学，也就是说个别的科学脱离了哲学。现在保留φιλοσοφία［哲学］这个称号的是这样一门科学，它为所有其他科学奠基并囊括它们。哲学简直就成了科学。哲学发现自己越来越是第一科学、最高科学，或者，就像德国观念论时期所说的，绝对科学。既然如此，“科学的哲学”便是叠床架屋之语。它说的是：科学的绝对科学。说哲学就够了。这里就有“简直就是科学”的意思。为什么我们还要拿“科学的”来修饰“哲学”呢？一门科学，或者就说绝对的科学罢，按其本义就是科学的。我们暂且还是说“科学的哲学”，因为对哲学的主流理解非但威胁了，而且否定了它“简直就是科学”的性质。对哲学的这种理解不是如今才有的，自从有了作为科学的哲学，它就伴随了“科学的哲学”的发展一路流传下
5 来。按照这种理解，哲学不该仅仅是、不该首先是一种理论科学，而应该在实践上控制对诸物及其关联的理解、控制对诸物的立场态度，应该规范、引导对此在及其意义的阐明。哲学是世界智慧与人生智慧，或者就像时下流行的套话所说，哲学该给出个世界观。那么就可以把科学的哲学与世界观哲学区别开来。

我们尝试更透彻地谈论该区别，并且尝试断定，该区别是否正当，或者是否必须在这些环节之一中扬弃该区别。沿此途径，哲学之概念对于我们就会清楚起来，并会使我们表明，选择那些第一部分要谈的个别问题乃是正确的。此间必须想到，关于哲学之概念的这种探讨只能是临时性的，不仅从整个讲座课来看如此，毋宁说在根本上就是临时性的。因为哲学之概念乃是哲学自身最独特、最高级的结果。同样，哲学一般是否可能这个问题也只有通过哲学才能解决。

§2. 哲学之概念。哲学与世界观

探讨科学的哲学与世界观哲学的区别时，宜从上面最后提到的概念出发，也就是首先从“世界观”这个名相出发。这个词不是从希腊语或者拉丁语翻过来的。没有κοσμοθεορία［宇宙观（宇宙理论）、世界观（世界理论）］这种讲法，这个词带着特殊的德语痕迹，它就是在哲学里面生造出来的。它首先以一种自然含义出现于康德的《判
6 断力批判》：世界观的意思是对感性所与世界的观察，或者就像康德所说，对 mundus sensibilis［感性世界］的观察，世界观是对最广义自

然的素朴统握(schlichte Auffassung)。后来歌德和亚历山大·封·
洪堡也是这么用这个词的。上世纪三十年代,在一种新含义的影响
下,这种用法消失了,"世界观"这个说法的新含义是由浪漫派,首先
是由谢林给出的。在《自然哲学体系纲要导论》(1799)里谢林说道:
"心智(Intelligenz)之为创生性的,乃以两种方式,要么是盲目、无意
识地,要么是自由、有意识地;无意识地具有创生性乃在世界观之中,
有意识地乃在对理念世界的创造中。"[①]此间世界观未被立即归于感
性观察,而被归于心智,尽管是无意识的心智。此外还强调了创生性
(也就是直观之独立形成)的要素。这样这个词就接近了我们今天认
识到的含义,[就是]以一种自身实行的、创生性的、因而也是有意识
的方式统握并解说存在者全体。谢林谈到了世界观的图型论,也就
是各种可能实际出现与形成的世界观的被图型化了的形式。这样理
解的对世界之直观,其实施无须有一理论意图,无须凭借理论科学。
黑格尔在其《精神现象学》中谈到一种"道德世界观"[②]。格雷斯
(Görres)用过"诗化世界观"的说法。兰克(Ranke)谈到"宗教的与
基督宗教的世界观"。时而有民主世界观的说法,时而又有悲观主义
甚至中世纪世界观的说法。施莱尔马赫说:"我们对上帝的知首先就 7
是凭借世界观完成的。"俾斯麦一次给他的未婚妻写信说:"十分聪明
的人倒有古怪的世界观。"从提到的这些世界观的形式与可能性可以
清楚地看到,它不仅被理解为对自然物之关联体的统握,而且同时被
理解为对人的此在的意义与目的,因而也是对历史的意义与目的的
解说。世界观向来在自身中包含了人生观。世界观产生于对世界与
人的此在的总体思索,而这又有各种方式,或者明显地、有意识地由

① 谢林:《著作集》(Schröter 版),第 3 卷,第 271 页及下页。——原注
② 黑格尔:《著作集》(Glockner 版),第 2 卷,第 461 页及下页。——原注

个人而来，或者通过继承一种占统治地位的世界观。人们在这样一种世界观中成长起来并沉浸其中。世界观是被周遭环境规定的：民族、种族、阶层、文化的发展阶段。每个这样各自形成的世界观都产生于一种自然的世界观，产生于一个统握世界并且规定人的此在之周遭范围，这些统握与规定总是随着每一个此在被或多或少地明确给予了。我们必须把专门形成的世界观或者教化形成的世界观与自然世界观区别开。

世界观并非理论知识的事情，无论就其本源而言，还是就其运用而言，均非如此。它并不像一宗知识货物那样简单地保存在记忆之中，而是一种有贯通合并作用的信念之事情，或多或少明显、直接地规定当下急务。世界观按其本义与每一个当今此在相关。在与此在的这种相关性中，世界观为此在指路；并且，对于身处直接困境中的此在而言，世界观是一种力量。无论世界观是否被偏见和成见所规定，还是纯粹依赖科学认识以及经验，甚或照例混合了偏见与知识、成见与思索，这全都一样，就其本质并无改变。

8 此间对我们所谓“世界观”的特征性标志的指明也许已经足够了。就像我们将会看到的那样，严格的实质性定义必须通过另外的途径获得。雅斯贝尔斯在其《世界观之心理学》中说：“当我们谈及世界观，我们意指着理念，人的终极与整全，不仅在主观方面作为体验、能力与态度，而且在客观方面作为被对象性地构成的世界。”[1]对于我们区分世界观哲学与科学的哲学的意图而言，首先可以看到：照其本义而言，世界观根据此在思索与立场的实际可能性产生于各个实际的人之此在，并且于是为了这一实际此在而产生。世界观是那种

---

① K. 雅斯贝尔斯：《世界观之心理学》，柏林，1925 年，第 1 页及下页。——原注［参见海德格尔为此书写的书评。Martin Heidegger，*Wegmarken*. VK FaM 1978，S1—S44；《路标》，孙周兴译，三联书店，2000 年，第 3—5 页。——译注］

出于、随着并且为了实际此在而向来历史地实存的东西。一种哲学世界观则是特为、明显或无论如何主要通过哲学形成、获得的，这就是说，借助排除对世界以及此在的艺术与宗教解说而通过理论思辨形成、获得的。这一世界观并非哲学的附带产物，对它的培养乃是哲学自身本真的目标与本质。哲学按其概念便是世界观哲学。哲学以理论性世界认识的方式针对着世界之整全与此在之终极，针对着世界与人生的何所来、何所往、何所为，这一点不单把它与仅考察世界与此在的某一特定区域的特殊科学区别开来，也使它与艺术和宗教的态度相区别，后两者并不首先植根于理论态度之中。哲学以教化世界观为目标，这点看起来没什么问题。这一任务势必规定着哲学 9
的本质与概念。哲学就是世界观哲学，这点看起来如此具有本质性，以致人们想把这种表达当作累赘的东西加以拒绝。除此之外还意欲成为一种科学的哲学，这是一种误解。因为哲学性的世界观，人们说，应当自然而然就是科学的。人们对此的理解是：哲学首先应当重视各门科学的成果，并且为了建立世界图像、为了解说此在运用这些成果，哲学其次应当在这样的意义上是科学的——严格按照科学思维之规则教化世界观。将哲学把握为通过理论道路教化世界观，这点是如此的自明，以至于这种把握通常在很大程度上规定了哲学的概念并因此也向庸常的意识指明了必须并且应该对哲学期待些什么。反过来说，如果哲学不足以回答世界观方面的问题，那么对于庸常的意识而言，它就相当于什么都不是。哲学被表象为对世界观的教化，这种表象调整着关于哲学的要求与态度。无论哲学是否成功地完成了这一任务，人们参考哲学史并在其中寻找确切无疑的证据，这都是因为哲学以认识的方式谈论终极问题：关于自然、关于灵魂，也就是说关于人的自由与历史、关于上帝。

如果哲学就是以科学方式教化世界观，那么对“科学的哲学”与

“世界观哲学”的区别就失去了意义。两者一同构成了哲学的本质，而世界观的任务最终获得了真正的重要性。这**似乎**也是康德的意
10 见，他已经把哲学之科学特征放到一个崭新的基础上。我们只需回想他在《逻辑》导论里对**遵照学派概念的哲学**与**遵照世界概念的哲学**所做的区分。[①] 我们因此转向一个常常被引用的康德的区分，它表面上可以作为证据用于区别科学的哲学与世界观哲学，更确切地说是对此作证：甚至康德（对他来说哲学之科学性占据了兴趣的中心地位）也把哲学自身理解为世界观哲学。

遵照学派概念的哲学，或如康德也曾说过的，经院含义的哲学，在他看来是关于理性之技巧的学问，属于两个部分：“首先是出于概念的理性认识之充分储备，另外则是：这些认识的体系性关联，或者这些认识在一个整体理念中的联系。”此间康德想到的是，属于经院含义之哲学的既有思维以及理性一般的形式原理之关联，又有对这样的一些概念的讨论与规定——这些概念是作为必要预设为把握世界（对于康德而言也就是自然）奠基的。遵照学派概念的哲学是理性认识之形式的与质料的基本概念以及基本原理的整体。

至于哲学之**世界概念**，或如康德也曾说过的，世界公民含义的哲学，康德是这样规定的：“而遵照世界概念（in sensu cosmico［世界意义上的］）的哲学所涉及的东西，人们也可以称之为我们理性的最高运用法则之科学，只要人们把法则理解为各种目的下［进行］选择的
11 内在原则。”遵照世界概念的哲学研究一切理性运用（甚至哲学自身之理性运用）所为、所是的东西。“因为终极意义上的哲学确实是所有（朝着人类理性最终目标的）认识运用与理性运用之关系的科学，

① 康德：《著作集》（Cassirer 版），第 8 卷，第 342 页及以下诸页。——原注［参见《逻辑学讲义》，许景行译，商务印书馆，1991 年，第 12 页及以下诸页。——译注］

一切其他的目的都必须从属于那个作为最高者的最终目的，且必须在其中联为一体。可以向这种世界公民意义上的哲学之领域提出如下的问题：1)我能知道什么？2)我应该做什么？3)我可以希望什么？4)人是什么？”[①]康德曾说，前三个问题在根本上汇总于第四个问题中：人是什么？因为对人类理性的终极目标的规定产生于对“人是什么”的澄清。甚至学派概念意义上的哲学也必定与此相关。

那么，经院含义上的哲学与世界公民含义上的哲学的康德式区分是否和科学哲学与世界观哲学的区别相一致呢？既是也不是。如果康德基本上是在哲学概念之内做出这种区别，并且基于这种区别把人的此在的最终问题与极限问题推到了中心位置，那么就是。如果遵照世界概念的哲学不具有培养突出意义的世界观的任务，那么就不是。康德在最根本处(他未能明言这些)设想的(即使作为世界公民含义上的哲学的任务)无非是对这样一些规定性的先天的、就此而言也是存在论的界定，这些规定性属于人的此在之本质，也规定了一种世界观一般之概念。[②] 康德把这个命题认作人的此在之本质之最基本的先天规定：人是作为他自身的目的实存的存在者。[③] 遵照 12
世界概念的哲学在康德的意义上也与本质规定相关。这种哲学并不试图给正好实际被认识的世界以及实际被体会着的生命某种实际解说，试图界定属于世界一般、此在一般以及因而属于世界观一般的东西。对康德而言，遵照世界概念的哲学所有的方法特性，一如遵照学派概念的哲学，只是康德(出于我们这里不曾切近讨论的理由)没有看到两者的关联，更确切地说，他没有看到那样一个根基来把两个概念置于共同的本源基础之上。关于这点我们后面还要讲。现在清楚

① 参见康德：《纯粹理性批判》，B833。——原注

② 参见康德：《纯粹理性批判》，B844。——原注

③ 参见康德：《纯粹理性批判》，B868。——原注

的只是，如果把哲学理解为科学性的世界观教化，这是不好引证康德的。康德根本只把哲学认作科学。

就像我们曾经看到的，世界观源于一种符合其实际可能性的实际此在，并且，世界观所是者向来是为了这一特定的此在，当然这里并未主张世界观的相对主义。一个这样教化形成的世界观所说的东西，可以被表达为这样的命题与规则：它们照其意义便与一个特定的实在地存在着的世界相关、与特定的实际生存着的此在相关。一切世界观与人生观都是行设定的，这就是说，存在着与存在者相关。世界观与人生观设定了存在者，是肯定性实证性的。世界观属于每一此在并且就像这此在一样向来实际上被历史地规定。属于世界观的是这样一种多重的肯定性：它向来扎根于如此这般存在着的此在之中，就其本身而言与存在着的世界相关并且指明了实际生存着的此
13 在。由于这一肯定性（也就是说与存在者、存在着的世界、存在着的此在的相关性）属于世界观的本质并因而属于世界观教化，因此世界观教化恰恰就不能是哲学的任务，这么说并未排斥，而恰恰意味着：哲学自身是世界观一种突出的原形式。与许多其他东西相比，哲学更可以（也许必然）显示出，诸如世界观这样的东西属于此在的本质。哲学可以并且必然界定，是什么构建着世界观一般之结构。它固然无法构造并且设定这样那样的特定世界观。哲学并非照其本质就是世界观教化，但它可能恰恰因此拥有了与一切（甚至不是理论性的，而是实际地历史性的）世界观基本的、原则性的关涉。

世界观教化不属于哲学的任务这个论点之所以成立，仅在于这样一个前提之正确：哲学并不以设定的方式、肯定地与这样那样的存在者相关。哲学并不像科学那样肯定实证地与存在者相关，这个前提能够得到证实吗？如果哲学不研究存在者，不研究那存在的以及存在者整体，那么它应该研究什么呢？那不存在的，确实就是无了。

难道作为绝对科学的哲学应该把无当作主题吗？除了自然、上帝、空间、数，还能有什么呢？关于所有这些被列举的东西我们说，它存在，即使意义各不相同。我们称之为存在者。我们与此相关，以或理论或实践的方式与存在者打交道。除去这存在者外，不存在什么。也许除去列出的之外并无其他存在者存在，然而也许仍有某某，它虽不存在，却依然在一个尚待规定的意义上有。最终有那必有的某某，借之我们可以使自己通达作为存在者的存在者并与这存在者打交道；最终有某某，它虽不存在，却必有，我们总的来说借之经验并且领会 14
了诸如存在者这样的东西。① 仅当我们领会了存在之俦，我们才能把捉作为存在者的存在者本身。如果我们没有哪怕以粗糙且非概念的方式领会现实性之所云，那么现实便仍对我们隐藏着。如果我们没有领会实在性之所指，那么实在便仍无法通达。如果我们没有领会生命与生命性之所云，那么我们便不能与活生生的东西打交道。如果我们没有领会生存与生存性之所云，我们自身便不能作为此在来生存。如果我们没有领会持存与持存性之所指，那么持存着的几何关系或数的联系便仍对我们闭锁着。为了能够以肯定的方式与被规定了的现实、实在、活生生的东西、生存者、持存者打交道，我们必须领会现实性、实在性、生命性、生存性、持存性。我们必须领悟存在，借之我们能够被交付给一个存在着的世界，以便能够在其中生存并成为我们本己的存在着的此在自身。我们必须能够先于一切对现实的经验领会现实性。这种对现实性（或者最宽泛意义上的存在）的领会，与关于存在者的经验相比，在某种意义上要早于后者。在一切

① 上文相关地方出现的动词“有”是对德文表达“es gibt”的翻译。这个表达字面的意思是“它给出”，在下文有些地方，我们也翻译为“它给出”或与之有关的“被给出”等；这里的动词“存在”是对德文“ist”的翻译，这个词的字面意思是“是”；“某某”是对“etwas”的翻译，下文有的地方也译为“某物”。——译注

关于存在者的实际经验之前的、关于存在的先行领会当然并不意味着：为了在理论或实践上经验到存在者，我们必须首先具有一个关于存在的明确概念。我们必须领会存在，那自身不可再被名之为存在者的存在，那并不作为存在者显露于其他存在者之间的存在，那不管怎样依然必有且确实在对存在的领会中、在存在领悟中有的存在。

15

§3. 哲学作为关于存在的科学

现在我们主张：**存在是哲学真正的和唯一的主题**。这不是我们的杜撰，这一主题设置活跃在古代哲学的开端，并且在黑格尔逻辑学中达到了最辉煌的结果。现在我们只是主张，存在才是哲学真正的和唯一的主题。用否定的方式说：哲学不是关于存在者的**科学**，而是关于**存在**的科学或者（正如希腊语所谓）**存在论**。我们尽可能宽泛地把握这个表达，而不像经院哲学甚或笛卡儿以及莱布尼茨那里的近代哲学那样用较狭的意思来把握它。

于是，所讨论的现象学基本问题无非意味着，从基本出发阐明：哲学是并且如何是关于存在的科学，——无非意味着，证明关于存在的绝对科学的可能性与必要性，并且通过研究道路自身来演示该科学的特性。哲学是对存在、对其结构及可能性的理论性－概念性阐释。哲学是存在论的。与此相反，世界观则是关于存在者的设定性认识，是对存在者的设定性立场采取，它不是“存在论的”（ontologisch），而是“存在者的”（ontisch）。世界观教化落在哲学的任务范围之外，这不是因为哲学处在不完满的状态，不足以为世界观问题提供一个一致的、可普遍相信的答案；世界观教化之所以落在哲学的任务范围之外，乃是因为，哲学在原则上不与存在者相关。哲学放弃世界观教化的任务，这不是由于缺陷，倒是因为一个长处：它所谈论的

东西乃是对存在者的每一设定(哪怕以世界观的方式设定)都必然本 16
质性地**预设**的。科学哲学与世界观哲学之间的区别是无效的,这不是因为(像上文显示的)科学哲学将世界观教化当作最高目的,因而必然被提高到世界观哲学之中,而是因为世界观哲学之概念根本就不成其概念。因为它说,哲学作为关于存在的科学应当采取特定的立场以及关于存在者的特定设定。只要人们大致了解哲学的概念及历史,[就会明白]世界观哲学这个概念就是木制的铁[那样荒谬的东西]。如果科学的哲学与世界观哲学这个区别的一个环节是个不成其概念的东西,那么另一个环节必定也未得到恰当的规定。只要人们看到,世界观哲学在原则上是不可能的(如果它还应当是哲学的话),那就无须界定区别的修饰语“科学的”来为哲学做标记了。哲学之所以如此,乃根据其概念。可以史学方式表明,古代以来的所有伟大的哲学都在根本上将自己或隐或显地领会为存在论并试图成为之。但同样也可以表明,这些尝试总是一再失败,并且还可以表明,它们为什么必定失败。在上两个学期的课程(一学期讲古代哲学,另一学期讲从托马斯·封·阿奎那到康德的哲学史)里,我已经给出了这些史学证据。[1] 现在我们不涉及哲学之本质之史学论据,这些论据自有其特性。在整个讲座里,我们尝试从哲学自身出发为哲学奠定基础,只要哲学是人类自由之作品。哲学必须从自身出发将自己

① 1926年夏季学期与1926—1927年冬季学期这两个讲座的文本已经计划分卷出版,其卷数在《现象学之基本问题》之前,在全集中的“1923—1944年讲座”中的马堡大学讲座(1923—1928年)部分:马丁·海德格尔:《全集》,第22卷,《古代哲学的基本概念》,与第23卷《从托马斯·封·阿奎那到康德的哲学史》(Frankfurt: Vittorio Klostermann)。——英译者注;《现象学之基本问题》编在全集第24卷。又,英译本出版于1982年,从截至2005年的海德格尔全集的编辑出版情况看,全集中没有英译者所谓“1923—1944年”讲座部分(英译者根据的是此书德文原版全集本后面的附录),有的是“1919—1944年”讲座部分,后者比英译者介绍的最初计划增加了1919—1923年的前期弗莱堡讲座,在全集中的卷数为第56—63卷。——译注

证明为普遍的存在论。

17 然而"哲学是关于存在的科学"这个命题暂时还仍是个单纯的断言。与此相应，把世界观教化从哲学的任务中排除出去，其正当性也还没有得到证明。我们提出科学的哲学与世界观哲学的区别，乃是为了预先澄清哲学之概念，并把它与流俗的概念区分开。而澄清与区分又是为了给紧接着选择要讨论的具体现象学问题奠定基础，并为这选择去除全然随意的外表。

哲学是关于存在的科学。我们以后就把哲学领会为科学的哲学而非其他。与此相应，一切非哲学的科学则将存在者作为主题，并且是以这种方式：对于这些科学而言，存在者作为存在者是被各自预先所与的。存在者在这些科学之先便被设定，它对于它们来说是肯定项。非哲学的科学的所有命题，甚至包括数学命题，都是肯定实证命题。因此我们将一切非哲学的科学称为实证科学以与哲学之科学相区别。实证科学研究存在者，也就是说，向来研究特定的领域，例如自然。科学的设问在这一领域之内又要划分出特定的区域，无生命的物质-质料自然与有生命的自然。有生命的区域又划分为个别的地域：植物界、动物界。存在者的另一个领域是作为历史的存在者，其区域为艺术史、政治史、科学史和宗教史。存在者的又一个领域是纯粹的几何空间，这种空间是从周围世界的、前理论地被发现的空间中抽取出来的。这一领域的存在者为我们熟知，即使我们大多还不能立刻给予清楚明白的相互界定。但我们还总能命名偶然落入领域
18 中的存在者，作为一种暂时性的标明，这在实践上、在实证科学上已经足够了。我们仿佛总是能够从一个作为例子的特定领域中得到一个特定的存在者。在历史上，[存在者]领域的本真分割并不是按照一个科学体系预先设定的方案进行的，而是照着实证科学的各原则性设问来的。

我们总能够轻易地向自己给出并表象出于某一领域的存在者。我们能够，像我们习惯说的，就此思考某物。此间哲学之对象的情形如何了呢？人们能对自己表象诸如存在之类吗？这么尝试的时候我们没有眩晕吗？事实上，我们首先不知所措、抟之无得了。存在者——那是某物，桌子、椅子、树木、天空、物体、语词、行动。存在者确实如此——可存在呢？这存在看来就像无，——正是黑格尔，而非什么微不足道的人物说过：存在与无是一回事。那么哲学作为关于存在的科学也就是关于无的科学吗？在我们考察的开端，必须不假任何遁词与美化，径直承认：关于存在我暂时无法思维。另一方面，同样确定的是：我们不断思维着那存在，只要我们每天无数次地说道（不管实际上说出来与否）：这个**是**这样的，那个**不是**这样的，那**曾是**，**将是**。在对一个动词的每次运用中，我们都已经思维了、并以某种方式领会了存在。我们直接就领会了：今天是星期六，太阳是升起来了。我们领会着那个“是”，我们以言谈的方式运用它，却并未以概念的方式把握它。这个“是”的意义对我们仍然是闭锁的。对“是”，因而对存在一般的领会是如此地不言而喻，以致一则至今公认的哲学教条还能流传广远：存在是最简单最自明的概念；既不能也不必规定 19 它。［这里］人们是诉诸健全的人类知性的。但无论如何，如果健全的人类知性成了哲学的终审法庭，那么哲学就必定变为可疑的。在《论哲学批判一般之本质》中，黑格尔说：“哲学按其本性就是有些隐微的，它缘其自身就不是为了庸众造就的，也不能为了庸众配制；它之所以是哲学，只是由于：它与知性甚或健全的人类知性（人们对此的理解就是一代人一时一地的局限）正相反对；与这种知性相比，哲学的世界自在自为地就是个倒转的世界。”①对于哲学是什么不是什

① 黑格尔：《著作集》（Glockner 版），第 1 卷，第 185 页及下页。——原注

么，健全的人类知性的诉求与标准是不可以要求任何有效性、展现任何终审权的。

如果存在竟是个最复杂、最晦涩的概念呢？如果用概念把握存在竟是哲学最迫切、恒提恒新的任务呢？在哲思的方式野蛮怪诞得也许是西方精神史中未有先例的今天，在形而上学复兴满大街走的今天，人们已经全然忘却了亚里士多德在《形而上学》最重要的研究之一中所说的话："Καὶ δὴ καὶ τὸ πάλαι τε καὶ νῦν καὶ ἀεὶ ζητούμενον καὶ ἀεὶ ἀπορούμενον, τί τὸ ὄν, τοῦτό ἐστι τίς ἡ οὐσία."[①]"那从古到今乃至未来被不断探询的，那使得追问一再搁浅的，乃是这个问题：什么是存在。"如果哲学是关于存在的科学，那就产生了作为哲学的开端－、终结－与基本问题的：存在意指着什么？从何处出发才能领会诸如存在一般之类呢？存在领悟一般何以可能？

20 §4. 关于存在的四个论题以及现象学的基本问题

在我们展开讨论这些基础问题之前，我们需要首先大体上熟悉一下对于存在的探讨。为此我们在讲座的第一部分先把几个关于存在的特性化论题当作具体的现象学个别问题来处理，这些论题都是

---

① 亚里士多德：《形而上学》，第 Zeta 卷，第一章，1028b2ff。——原注[这段文字在通行的中译本中作"所以从古到今，大家所常质疑问难的主题，就在'何为实是'亦即'何为本体'。"（吴寿彭译本，北京，商务印书馆，1991 年，第 126 页）值得注意的是，海德格尔的翻译并不完全忠实于他援引的原文：他把亚里士多德"什么是οὐσία（本体，又译实体）"及其与"什么是ὄν（实是，又译存在）"的同一性，都略去了。这是由于海氏对复杂多义的οὐσία概念的解释与通常解释有差异。参见海氏著《亚里士多德哲学的基本概念》，GA 18，VK，FaM，2002，S21—41。——译注]

西方哲学史在其古代以降的历程中提出的。此间我们感兴趣的不是这些存在论题出现于其中的哲学研究之历史语境,而是这些论题特殊的实事内涵。应该批判地讨论这些内涵,以便由此过渡到存在之科学的上述基本问题。同时,对这些论题的探讨也应该使我们熟悉现象学处理那些与存在有关的问题的方式。

我们选了四个这样的论题:

1.康德的论题:存在不是实在的谓词。

2.源于亚里士多德的中世纪存在论(经院哲学)论题:何所是(essentia[本质])与手前现成存在(existentia[实有])属于一个存在者的存在建制。

3.近代存在论的论题:存在的基本方式是自然之存在(res extensa)[广延的事物物]与精神之存在(res cogitans)[能思的事物]。

4.最广义的逻辑论题:一切存在者,不管其各自的存在方式,都可以通过"是"来称谓;系词之存在。

初看起来,这些论题是随意地凑在一起的。就近观察,[可以发现]它们彼此之间有着最内在的关联。对上述论题的考察导致这样一种看法:只要一切关于存在的科学之**基础问题**——**追问存在一般** 21
之意义——没有得到确立与回答,那就无法充分地提出这些论题。这一基础问题应该在讲座的第二部分处理。在现象学的体系与阐明中构成其整体内容与基本问题的正是:就对存在一般之意义的基本追问以及与之相应的诸问题进行讨论。至于这些问题的范围,一开始我们只能大致划定。

可以沿着哪条道路向存在一般之意义推进呢?如果人们一如既往地、教条地主张:存在是最普遍最简单的概念,那么对存在意义之追问以及讨论这一概念的任务岂非伪问题吗?这个概念应当从何处得到规定，又应该去哪里获得解决呢？

诸如存在之类是在存在领悟、在对存在的领会中向我们给出的，这种领悟是与存在者打的每一交道的基础。与存在者打交道［这回事］在它那一方面自有一种特定的存在者，我们自身所是的存在者，人的此在。那首先使得与存在者的每一交道可能的存在领会便属于这一此在。对存在的领会自身便具有人的此在之存在方式。对于这一存在者，我们就其存在结构（也就是说在存在论上）所做的规定越是本源和恰切，我们就越能完备地在此在的结构中以概念的方式把握属于此在的存在领悟，也就越能清楚地提出这个问题：那使得对存在一般的这种领会得以可能的，究竟是什么？我们是从何处出发，亦即，从何种预先所与的境域出发来领会诸如存在之类的？

就其特殊的领会以及在其中的被领会者（更确切地说，是这被领会者的可领会性）来分析存在领悟，这预设了一种为此而安排的此在分析论。这一分析论的任务是，摆出人的此在的基本建制，并且描述
22 此在之存在意义的特性。在存在论的此在分析论那里，**时间性**将自身揭示为此在之存在的本源建制。与历来的哲学所能做的相比，对时间性的阐释导致关于时间的更彻底地领悟与把握。那我们所熟知的、在哲学中以传统方式被论述的时间概念，只是作为此在之本源意义的时间性的派生。如果时间性构成了人的此在之存在意义，而存在领悟属于此在之存在建制，那么这一存在领悟也必须基于时间性才得以可能。由此便有望对这一论题做一可能的验证：那诸如存在一般之类由之得到领会的境域，便是时间。我们从时间（即拉丁文 tempus［时间］）出发阐释存在。这一阐释是时态性的（temporale）。存在论作为从时间出发对存在意义的规定，其基本的问题便是**时态性**（Temporalität）。

我们说过：存在论是关于存在的科学。但存在向来是一存在者

之存在。存在合乎本质地与存在者区别开来。如何把捉存在与存在者的这一区别呢?如何阐明其可能性呢?如果存在自身并非一存在者,那它自身如何属于存在者呢,既然存在者且唯有存在者确实**存在**?

存在**属于**存在者,这意味着什么呢?对这一问题的正确回答,乃是着手于(作为存在之科学的)存在论问题的基本前提。为了将诸如存在之类做成研究专题,我们必须能够搞清楚存在与存在者之间的区别。这一区别不是随意做出的,它毋宁是那样一种区别,藉之可以首先获得存在论乃至哲学自身的主题。它是一种首先构成了存在论的东西。我们称之为**存在论差异**,亦即存在与存在者之间的区分。 23
只有先把存在与存在者,而非一存在者与另一存在者,区别开(即希腊文κρίνειν[区别]),我们才能进入哲学的问题域。只有通过这种批判的态度我们才能留驻在哲学领域之内。由此,那与存在者之科学区别开来的存在论或哲学才是批判的科学甚或关于倒转了的世界的科学。借助存在与存在者的区别以及对存在的专题性显露,我们便原则性地出离了存在者之域。我们越过、超越(transzendieren)了它。我们可把关于存在的科学称为批判科学甚至**超越论科学**(transzendentale Wissenschaft)。此间我们并未立即采用康德"先验的"(Transzendental)这一概念,而是采用了这个概念的本源意义以及那本真的、也许对康德隐藏起来的深意①。为了获得存在,我们越过

---

① 形容词 transzendental(先验的)与 transzendent(超越的、超验的)均源于动词 transzendieren(超越)。在康德哲学的语境中,两者才有了明确的区别。在现象学文献的有关语境中,前者应该恢复"超越(论)的"这一本义。这里,除涉及康德哲学的地方仍采用"先验的"这个译名外,我们将这个形容词一律译为"超越论的"。参见现象学文献的有关汉译及日译。例如,王炳文为 Husserl ,*die Krisis der Europaeischen Wissenschaften und die Transzendentale Phaenomenologie* 的中译本写的译后记。载胡塞尔:《欧洲科学的危机与超越论的现象学》,王炳文译,商务印书馆,2001 年,第 662 页及以下诸页。——译注

存在者。在进行这种“越过”时，我们并未再次迷失于似乎作为另一个世界遮掩在所熟知的存在者背后的一种存在者。关于存在的超越论科学与流俗的形而上学无关，后者处理所熟知的存在者背后的某种存在者；而形而上学之科学概念则同一于哲学一般之概念：批判的、超越论的存在科学，亦即存在论。容易看到，仅当明示存在一般之意义，亦即仅当表明时间性如何使存在与存在者的可区别性得以可能，才能澄清存在论差异，才能为了存在论研究把它搞得清楚明白。只有基于这个考察，康德的论题“存在并非实在的谓词”才能获得其本源意义并得到充分阐明。

每一存在者都是**某物**，亦即它具有其“**何所**”(Was)，并且具有作
24 为这个“何所”的某种可能的**存在方式**。在讲座的第一部分讨论第二个论题时我们将表明，古代的以及中世纪的存在论是以独断的方式把如下命题当作自明的东西提出来的：“何所”与存在方式，essentia［本质］与 existentia［实有］属于每一存在者。［于是］对我们提出了这样的问题：能否从存在自身的意义出发阐明，也就是时态性地阐明：何以每一存在者必定具有并且能够具有一个“何所”，一个τί［何所、什么］以及一种可能的存在方式？“何所是”(Was-sein)与“存在方式”(Weise-zu-sein)这两个规定性(如果得到充分解说的话)属于存在自身吗？依其本质，存在“是”通过这些规定性被分说(artikuliert)的吗？由此我们便面临**存在的基本分说问题**，亦即面临追问“**何所是**”与“**存在方式**”的必然**互属性**，以及**统一了的两者对存在一般之理念的归属性**。

每一存在者都有一存在方式。问题在于，是所有存在者的这种存在方式都具有相同的特性(就像古代存在论所主张以及迄今为止的后代在根本处所断言的那样)呢，还是诸个别的存在方式彼此有别？基本的存在方式有哪些？有多重性吗？存在方式的多样性如何

可能？又如何从存在一般之意义出发得到领会？既有存在方式的多样性，又如何能够述说统一的存在一般之概念？所有这些疑问都可以归并为**存在的可能样态与存在之多样性的统一性问题**。

我们与之打交道的每一存在者，且不论其特殊的存在方式，都可以用"'**它是**'如此这般的"来称谓与谈论。我们在对存在的领会中遭遇一存在者之存在。正是那领会首先开启着，或如我们所说，展示着诸如存在之类。存在仅在特殊的被展示性中才"有"，这个被展示性标明了存在领会的特性。而我们也把某物的被展示性称为真理。它便是本真的真理概念，就像古代哲学已然透露的那样。仅当被展 25
示性存在，亦即仅当真理存在，存在才被给出。仅当那开启着、展示着的存在者实存（以致这一展示自身属于该存在者之存在方式），真理才存在。我们自身便是这样的存在者。此在自身便生存于真理之中。一个被开启的世界在本质上属于此在，因而此在自身的被开启性同样也属于此在。依其生存之本质，那此在便存在"于"真理"之中"，唯其如此，它才有可能存在"于"不真"之中"。仅当真理［实存］亦即仅当此在生存，存在才被给出。唯其如此存在者之可称谓性才不仅是可能的，而是在某种限度内（即以此在生存为前提）必然的。我们把存在与真理的关联问题归并到**存在之真理特性问题**（veritas transcendentalis［超越的真理］）之中。

于是我们已经列出了四组问题，它们组成讲座第二部分的内容：存在论差异的问题，存在之基本分说问题，在其存在方式中的存在之基本样态问题，存在之真理特性问题。第一部分中对四个论题的准备性论述与这四个基本问题相应。更确切地说，第二部分对基本问题的讨论可以回过头来表明，我们在第一部分关于上述论题的导言中预先探讨的问题并不是偶然［发现］的，而是从存在问题一般的内在体系中生长出来的。

26 ## §5. 存在论的方法特性。现象学方法的三个基本环节

第一、二部分中存在论研究的具体开展同时也使我们开始关注进行现象学研究的方式方法。这导致[我们]追问存在论的方法特性。因此在讲座的第三部分我们就有:存在论之科学方法与现象学的理念。[①]

存在论亦即哲学一般之方法就此而言是突出卓异的:它与作为实证科学研究存在者的任何其他科学的方法没有任何共同之处。另一方面,对存在的真理特性的分析正显示了,甚至存在也仿佛植根于一种存在者,也就是此在之中。仅当存在领悟亦即此在生存,存在才被给出。因此这一存在者在存在论的问题学中要求一个突出的优先地位,这个优先地位表现在对存在论基本问题的所有讨论中,尤其是在对存在一般之意义的基本追问中。提出与回答这些问题要求一门关于此在的一般分析论。存在论以此在分析论为基础科目。于是同时就有:存在论自身可以不用纯粹存在论的方式得到阐明。存在论固有的可能性要回溯到一存在者上,亦即存在体状态的东西上:这就是此在。存在论拥有一个存在者上的基础,这一点甚至是迄今为止的哲学史一再透露的,并且在例如亚里士多德的话里得到了表达:第一科学、关于存在的科学,就是神学。作为人的此在的自由的作品,哲学的可能与命运与此在的生存,亦即时间性因而还有历史性密切
27 相关,甚至可以说,[哲学与此在生存的这种密切相关性]比其他任何科学都更为本源。因此,在澄清存在论之科学特性时,**首要任务**便是

① 在本著作中没有这个第三部分。——译注

证明存在论的存在体基础，以及这种奠基方式的特性。

第二个任务则是标出在作为存在科学的存在论中实行着的认识方式，这意味着强调存在论－超越论上的区别工作的方法结构。早在古代人们便已看到，存在者以某种方式将存在及其规定性当作基础，存在及其规定性先行于存在者，是一种πρότερον［在先者］，一种更早先者。关于存在对存在者的这种先行性，用术语描述便是 apriori［优先性、先天性］，先天性、在先者。存在作为先天者先于存在者。该先天者的意义，亦即更早先者意义及其可能性至今没有得到澄清。人们从未追问过，存在规定以及存在自身为何必定具有在先者这一特性、这样的一种在先者何以可能。在先者是一种时间规定，但它不是那种在时序中的、以时钟来测量的规定，而是一种属于"倒转了的世界"的更早先者。由此，庸常的知性把这一在先者（它描述了存在的特性）把握为晚近者。仅只从时间性出发对存在的阐释便能弄清，在先者这一特性、先天性为何以及如何与存在相协调的。与此相应，存在以及一切存在结构的优先特性要求一种特定的通达、把握存在的方式：先天的认识。

先天的认识所拥有的基本环节组成了我们所谓现象学。现象学是存在论（亦即科学哲学）方法的名目。现象学是一种方法概念，如果它对自己有正确理解的话。因此这一点自始就是不可能的：现象 28
学就存在者表达了某种有特定内容的论题，并且代表了一种所谓立场。

至于当前围绕着现象学的种种看法（这部分地是由现象学自身所激发的），我们不拟深究。这里只提一个例子，有人曾说，我的哲学工作是天主教现象学。这或许是因为我相信，托马斯·阿奎那或者邓·司各特也领会了某种哲学事情，也许比现代人领会得更多。但天主教现象学这个概念甚至比新教数学更加荒谬。作为存在科学的哲学在其方法上原则性地与任何其他科学均有区别。数学与古典语文学之间在方法上的区别也没有数学与哲学或者语文学与哲学之间来得大。实证科学(数学与语文学均属此列)与哲学的区别之大简直无可估量。在存在论中,应该沿着现象学方法的道路把握并以概念构想存在,在此我们注意到,虽然现象学现在变得生机勃勃,但它追寻意欲的东西早在西方哲学的开端就已是生机勃勃的。应该把握存在并将之做成主题。存在总是存在者之存在。因此只有首先从一存在者出发,存在才是可通达的。此间行把握的现象学目光必须连带地投向存在者,但应该以这种方式:使得该存在者之存在显露出来并完成可能的主题化。对存在的把握,亦即存在论研究,虽然首先必然
29 走向存在者,但它却被存在者**以某种特定的方式引离而又引返其存在**。研究目光从被素朴把握的存在者向存在的引回——这个意义上的方法我们称为**现象学还原**。此间我们与胡塞尔现象学那个核心术语的联系可谓有名无实。**对于胡塞尔而言**,现象学还原——他在《纯粹现象学与现象学哲学的观念》(1913)中首次明确强调了这一还原——是这样一种方法:将现象学目光从沉溺于事物以及人格世界的人之自然态度引回超越论的意识生活及其行思－所思体验(noetisch-noematische Erlebnisse),在这种体验中客体被构成为意识相关项。**对我们来说**,现象学还原的意思是,把现象学的目光从对存在者的(被一如既往地规定了的)把握引回对该存在者之存在的领会(就存在被揭示的方式进行筹划)。与一切科学方法一样,现象学方法也是在向实事的切实抵进(这种抵进又凭借方法之助)的基础上产生、演变的。科学方法从来不是技术。一旦它成了技术,它就脱离了自己固有的本质。

作为目光从存在者向存在的引回,现象学还原并非现象学方法的唯一环节,甚至决非其核心环节。因为使目光从存在者向存在引

返，这同时需要以肯定的方式把自己带向存在本身。单纯的闪避仅是一种否定性的方法姿态，后者不仅需要通过肯定性的方法姿态得到补充，而且明确需要引向存在，亦即需要引导。存在并不像存在者那样可通达，我们并不简单地碰见它，存在毋宁必定总在一种自由筹划中被带入目光，就像我们将会显示的那样。这一对预先所与的存 30
在者（向着其存在以及其存在之结构）的筹划，我们称为**现象学建构**。

但甚至现象学建构也没有穷尽现象学的方法。我们曾听说，关于存在的每一筹划都是在从存在者的还原性返回中得到实行的。对存在的考察从存在者开始。这一开端明显总是被关于存在者的实际经验以及经验可能性的范围所规定，而这些则一向是实际性此在，亦即哲学研究的历史处境所特有的。一切存在者及其一切特定领域，不会在每个时代、对于每个人都可以用同样的方式通达，即使经验范围内的存在者是可通达的，仍然有这样的问题：在素朴的、流俗的经验之中，该存在者是否已经以其特殊的存在方式得到了恰切的领会。因为此在依其本己生存便是历史性的，对处于不同的历史处境中的存在者本身的通达可能性与解释方式便也是不同的、可变的。对哲学史的考察显示，存在者的多重领域很早就被发现了：自然、空间、灵魂，然而它们未能在其特殊的存在中得到把握。存在之平均概念已在古代得到表明，这概念被用于阐释不同存在领域中的所有存在者及其存在方式，但特殊的存在自身并未明确地在其结构中被问题化，也无法得到限定。因此柏拉图看得很清楚，灵魂及其逻各斯（Logos）是一种不同于感性存在者的存在者。但他未能划清这一存在者的特殊存在方式与任何其他存在者（或者非存在者）的存在方式的界限，毋宁说，对他而言一切存在论研究都是在存在一般之平均概念中进行的——对于亚里士多德以及直到黑格尔的后世也是一样，对于后学更是如此。甚至我们正在从事的存在论研究也是被其历史处境 31

规定的，因此同样被通达存在者的某种可能性以及以往哲学的传统所规定。今天，出自哲学传统的哲学基本概念之储存仍然具有影响，以致传统的效果几乎是怎么估计也不会过分的。因此，所有哲学讨论，甚至最彻底的、新开始的讨论，都是通过被传承的概念（由此还有被传承的境域与视角）进行的，对于那些境域和视角不能立刻确认说，它们本源地、真正地源于存在领域与存在建制（这领域与建制是它们要求以概念方式把握的）。由此，一种解构，亦即对被传承的、必然首先得到应用的概念的批判性拆除（一直拆除到这些概念所由出的源泉）便必然属于对存在及其结构的概念性阐释，亦即属于对存在的还原性建构。只有通过解构，存在论才能在现象学上充分保证存在论诸概念的纯正性。

现象学方法的这三个基本环节：还原、建构、解构[①]，在内容上共属一体，并且必须在它们的共属性中得到阐明。哲学之建构必然是解构，亦即是一种在向传统的史学回归中进行的对被传承之物的拆除，其含义并非否定、并非把传统判为一无所是，而恰恰相反是对传统的肯定性养成。由于解构属于建构，所以在某种意义上，哲学认识依其本质是史学认识。人们所谓“哲学史”属于作为科学的哲学之概念，属于现象学研究之概念。哲学史并非哲学教学中的随意附庸，用
32 来为国家考试出些简单容易的题目，或者干脆只是用来看看早先都有些什么事，哲学史毋宁是史学认识与哲学认识的合一，在它那里，哲学中的史学认识的特殊方式按其对象与每一其他科学的史学认识相区别。

---

① 还原、建构、解构（Reduktion、Konstruktion、Destruktion）在德文原文中有共同的后缀。这在汉译中无法完全显示。另外，后两个概念与胡塞尔现象学的核心概念 Konstituition（构成）与法国哲学的有关概念 deconstruction（解建构）在字面上不宜相混淆。——译注

以如上方式描述了特征的存在论方法使得我们可能把现象学之理念表明为哲学的科学进路。与之相应,我们就有可能具体地界定哲学之概念。第三部分的这番考察再次把我们引回了讲座的开端。

§6. 讲座提纲

讲座的思路据此便分为三个部分。

第一部分:对若干传统存在论题现象学的-批判的讨论。

第二部分:对于存在一般之意义的基础存在论追问。存在的基本结构与基本方式。

第三部分:存在论的科学方法与现象学的理念。

第一部分由四章组成:

1. 康德的论题:存在不是实在的谓词。
2. 源于亚里士多德的中世纪存在论论题:何所是(essentia[本质])与手前现成存在(existentia[实有])属于一存在者之存在。
3. 近代存在论论题:存在的基本方式是自然之存在(res extensa[广延的事物])与精神之存在(res cogitans[能思的事物])。
4. 逻辑论题:一切存在者,无论其各自的存在方式如何,都可以通过"是"来称谓与谈论。系词之存在。

第二部分相应地一分为四:

1. 存在论差异的问题(存在与存在者的区别)。[①]

---

① 实际上本书计划只完成到第二部分第一章。——译注

2.存在的基本分说(essentia[本质],existentia[实有])问题。

3.存在的可能样态与存在之多样性的统一问题。

4.存在的真理特性。

第三部分也分为**四章**:

1.存在论的存在体基础与作为基础存在论的此在分析论。

2.存在的优先性与先天认识的可能性及结构。

3.现象学方法的基本环节:还原、建构、解构。

4.现象学存在论与哲学之概念。

第一部分

对若干传统存在论题现象学的-批判的讨论

第一章　康德的论题：存在不是实在的谓词

§7. 康德论题的内涵

康德曾在两个地方讨论了他的论题：存在不是实在的谓词。一次是在短篇论文《演证上帝实存的唯一可能的证据》(1763)中。这篇论文属于康德的所谓前批判时期，也就是《纯粹理性批判》(1781)之前的时期。它由三个小部分组成。我们的论题是在第一部分讨论的，这个部分探讨了原则性的问题，分为四个考察。第一："论实存一般"；第二："论预设一实存的内在可能性"；第三："论绝对必然的实存"；第四："演证上帝实存的证据"。

此后康德在其《纯粹理性批判》(1781，第二版 1787)中，确切地说是在其"先验逻辑"部分探讨了这个论题。以后我们引用第二版(B 版)。"先验逻辑"或者，就像我们也可以说的，"自然之存在论"分为两个小部分："先验分析论"与"先验辩证论"。在先验辩证论的第二卷第三章第四节(B620ff.)里，康德重提了他在《证据》中探讨过的论题。这节的标题是："上帝实存的存在论证明之不可能"。

在《证据》与《批判》的这两个地方，论题都是在相同的意义上被 36
讨论的。为了进行我们有意详细为之的阐述，我们会与这两部论著都有所牵连。引用时我们简称《证据》与《批判》，前者引的是恩斯特·卡西尔版。在解析康德论题之前，我们先简短地阐明对该论题两处探讨的实事语境。

不过首先需要一个概述性的术语诠注。正如《证据》的标题显示的，康德谈的是**上帝之实存**的证据。他也同样谈论我们之外的**诸物之实存**，谈论**自然之实存**。这个实存（Dasein）概念与经院哲学的术语 existentia［实有］相符合。因此康德也常用实有（Existenz）、现实性（Wirklichkeit）来代替实存（Dasein）。相反我们的术语用法则不同，可以表明，我们的用法是有实事根据的。康德所谓 Dasein 或 Existenz，以及经院哲学所谓 existentia，我们用术语“**手前现成存在**”（Vorhandensein）或“**手前现成性**”（Vorhandenheit）来表示。这是最广义的自然诸物之存在方式的名称。选择这个表达的正确性必须在讲座课的进程中，从手前现成者、手前现成性需要的存在方式之特殊意义出发得到验证。胡塞尔在其术语系统中紧随康德，也在手前现成存在的意义上使用实存（Dasein）概念。与之相反，对我们来说，“Dasein”一词并不像对康德那样表明自然物的存在方式，它一般而言并不表明存在方式，而表明某一我们自身所是的存在者，**人的此在**（das menschliche Dasein）。我们一向便是此在。这一存在者，此在，和一切存在者那样具有一特殊的存在方式。我们在术语学上将此在的存在方式规定为**生存**（Existenz）。就此必须说明的是，生存，
37 或者“此在生存着”这样一种说法，并非对我们自身的存在样式的唯一规定。我们将认识到一种三重性，这种三重要性无论如何是在一种特殊意义上植根于生存之中的。对于康德和经院派而言，Existenz 是自然物的存在方式，对我们而言则相反是此在的存在方式。照此我们例如可以说，物体决不生存，而是手前现成存在。相反，此在，我们自身，决不手前现成存在，而是生存。此在以及物体各自作为生存着的或现成着的存在着。因此并非一切存在者都是现成者。同样，并非一切非现成者也就已是非存在者，而是还可生存，或者，如我们将要看到的，还可持存，或者具有其他的存在样式。

康德的实存(Dasein)概念,或更确切地说实有(Existenz)概念,同样还有作为物的存在方式的手前现成存在的概念,以及我们术语所谓现成性的概念,必须清晰地与康德的,或者经院派的实在性(*Realität*)概念区别开来。无论在康德还是经院派那里(康德是紧随着后者的),这个用语的意思并不是今天人们谈论例如外部世界的实在性之时通常理解的那样。在当今的语言运用中,Realität 与 Wirklichkeit、Existenz 或者 Dasein 一样,意思都是手前现成存在。但就像我们将会看到的那样,康德的实在性概念是全然不同的。对这一概念的理解决定着对这一论题的理解:存在不是实在的谓词。

在我们开始解释这一论题之前,需要简略标出它出现的实事语境。随着上文首先所提文章的标题,以及《纯粹理性批判》有关篇章的题目,这个语境就已经跃入眼帘了。它涉及了上帝的实存、实有、现实性、或者我们所说的现成性。我们面临着异乎寻常的事实:在康
德论及一个全然特定的、卓异突出的存在者亦即上帝的可知性之处, 38
他探讨了存在一般这一最普遍的概念。但若谁对哲学(存在论)的历史略有所知,他便不会对此事实感到讶异,它只是一下挑明了,康德身处古代与经院存在论的伟大传统之中。上帝是至高无上的存在者,summum ens,至为完满的存在者,ens perfectissimum。那最完满地存在的,最适合充当可以从中看出存在之理念的范例性存在者。上帝不仅是对一存在者之存在而言的、存在论上的基本范例,而且同时是一切存在者的原根据。非神性的、被创造的存在者之存在必须从至高无上的存在者出发得到理解。因此,关于存在的科学主要按照 qua[作为]上帝的存在者制定方向,这点并非偶然。事情走得太远,以至于亚里士多德已经把πρώτη φιλοσοφία,第一哲学,称为τεολογία[神学]。[1] 此间必须看到,这一神学概念与当前作为一门

① 亚里士多德:《形而上学》,E 卷,1.1026a19;K卷,7.1064b3。——原注

实证科学的基督教神学概念毫不相干。两者共同之处只是那个词而已。存在论以上帝理念为取向，这对存在论后来的历史与命运具有决定性的意义。至于该取向的正当性，我们不准备在此处理。康德在上帝可知性的语境中讨论了存在或者说实存（Dasein）的概念，这件事实不足为奇，这就够了。更确切地说，康德涉及的是那个被他首次称为上帝[实存]的存在论证明的可能性问题。此间出现的奇特之处是，我们总是不断在康德之前乃至康德之后的哲学中（最极端的例子是黑格尔）遭遇这样一个事实：存在一般的问题最紧密地联系着上
39 帝的问题，联系着对其本质的规定问题以及对其实存的证明问题。这一奇特语境（它决非不言自明的）的根基何在，我们这里无法讨论；因为这需要我们[先行]讨论古代哲学与形而上学的基础。这一事实甚至在康德那里也是存在的，它是一个证据（当然完全是外在的），说明了康德的提问仍完全行进在传统形而上学开辟的道路上。康德是在我们已经提到的立足点上谈论存在论证明的可能性的。该证明的特点是试图从上帝的**概念**中推出其实存（Dasein）或实有（Existenz）。哲学性的科学（按照康德的意见，它纯粹从概念出发，以独断的方式尝试就存在者构建出点什么来）乃是存在论，或者，按照传统的说法，是形而上学。因此康德把从上帝的概念出发的证明称为存在论证明，此间“存在论的”与“独断的”、“形而上学”的意思乃是一样的。康德自己并未否认形而上学的可能性，而是去探询一门科学的形而上学，一门科学的存在论，其理念他规定为先验哲学体系。

上帝的存在论证明已是相当古老了。人们通常将之追溯到坎特伯雷的安瑟伦（Anselm von Canterbury 1033—1109）。安瑟伦在其短论“ Proslogium seu alloquium de Dei exisntia”[关于上帝实有的宣讲或劝说]中提出了这个证明。第三章提出了该证明的真正核心：“Proslogium de Dei exisntia”[关于上帝实有的宣讲]在文献中这一

证明通常也被称为经院派的上帝证明。这个术语不那么对头,因为正是中世纪的经院哲学家多次反对该证明的逻辑性与说服力。首先驳斥该证明逻辑性的不是康德而是托马斯·阿奎那,而波那文都拉(Bonaventura)与邓·司各特(Duns Scotus)却认可了它。但康德对存在论证明的反驳比托马斯的彻底、根本得多。 40

该证明的特点是从上帝的概念推出其实有。从属于上帝的概念、理念的是这样一个规定:上帝是至为完满的存在者,ens perfectissimum。至为完满的存在者是这样一类存在者,它不会缺失任何一个可能的肯定性规定,并且任何一种肯定的规定均以无限完满的方式归于它。至为完满的存在者——我们以概念的方式将之思想为上帝——不可能缺少任何一个肯定性规定。与此存在者的概念相应,任何缺乏都从其中被排除了。至为完满的存在者的完满性显然也包括了,或者首先包括了,它**存在着**(es *ist*),[也就是]它的实有(Existenz)。如果上帝不实有,那么它就不是它(按照其本质作为至为完满者)**所**(*was*)是的。从上帝的概念便能得到:上帝实有。该证明是说,如果按照其本质,亦即其概念来思维上帝,那么必定一同思维其实有。立刻就有这样的问题:我们必定把上帝**思维**为实有着,这就意味着它的实有吗?这里不去探讨该证明的来源,这要从安瑟伦追溯到波埃修(Boethius)与[托名的]雅典法官狄奥尼修斯(Dionysius),也就是追溯到新柏拉图主义;也不去探讨哲学史中各种各样的变形与立场。我们只打算顺便描绘一下托马斯·阿奎那的立场,因为这便于作为对照清晰地突出康德[对存在论证明]的反驳。

托马斯·阿奎那在四个地方探讨并批评了存在论证明(他自然不是这么称呼的)的可能性:首先是《箴言注》,箴言I,部分3,问题1,条目2至4;其次是《神学大全》(Summa theologica)I,问题2,条目1;第三是《反异教大全》(Summa contra gentiles)I,10—11章;第四是《论真理》(De veritate)问题10,条目12。最后一处讨论得最为直白。此处托马斯提出了这样一个问题:utrum deum esse sit per se
41 notum menti humanae,sicut prima principia demonstrationis quae non possunt cogitari non esse;“是否上帝对于人类知性就像证明的首要原则[海:同一律与矛盾律]那样通过自身、在自身即可知,这些原则无法被思想为不存在的。”托马斯在问:我们是否借助上帝的概念(照此它不可能不实有)认识上帝的实有?第10段以下则说:Ad hoc autem quod sit per se notum,oportet quod nobis sit cognita ratio subjecti in qua concluditur praedicatum。在托马斯的讨论中已经出现了诸如谓词的东西,就像在康德的这个论题中那样:存在不是实在的谓词。“为了某物在自身即可知,从自身即可理解,并不需要别的,只要对有关存在者所陈述的谓词是:de ratione subjecti,来自主词概念。”Ratio[理由、原因]与essentia[本质]或者natura[本性、自然]或者(像我们就要看到的那样)实在性一样含义颇多。那么没有显示于谓词中的东西,主词就无法被思想。我们要有后来康德称之为分析性的知识,亦即可从一事物的本质中直接推出其规定的知识,我们就必须知道ratio subjecti[来自主词概念],亦即事物之概念。对于证明上帝来说,这就意味着:上帝概念,亦即全部本质,对于我们必须是可理解的。Sed quia quidditas Dei non est nobis nota, ideo quoad nos Deum esse non est, ad hoc cognscendum, demonstrationes habere ex effectibus sumptas:既然我们不知道上帝的实质(quidditas[实质,什么])、上帝的何所是、其何所之性(Washeit)、其本质,亦即,既然对于我们来说上帝就其本质并非直白透明的,而是需要来自(关于其造物的)经验的证据,所以从上帝的概念出发对其实存的证明,在其起点,也就是概念上便缺乏足够的根据。

42 按照托马斯,对上帝的存在论证明之所以不可能,乃是因为我们无法从自身出发阐明上帝之纯粹概念，由此来证实其实有的必然性。我们将会看到，康德从另外一个位置批判了对上帝的存在论证明，他进攻了该证明的真正中枢神经。因而首次真正撼动了这一证明。

为了更清楚地看到康德对存在论证明的进攻位置，我们且赋予该证明一个推论的形式格式。

大前提：上帝照其概念乃是至为完满的存在者。

小前提：实有属于至为完满的存在者之概念。

结论：　所以上帝实有。

康德既不反驳上帝照其概念乃是至为完满的存在者，也不反驳上帝的实有。从三段论的形式看，这意味着：康德对证明的大前提与结论放任不究。如果说他还是攻击了该证明，那攻击点只能是落在小前提上，也就是：实有、实存属于至为完满的存在者之概念。康德的论题（我们的主题便是对之进行现象学解释）无非是对存在论证明的小前提所确定的陈述之可能性的根本否定。康德的论题：存在或者说实存并非实在的谓词，不仅断言了：实存不能属于至为完满的存在者之概念，或者说，我们不能将实存作为隶属者加以认识（托马斯），该论题的含义还要深远些。其根本意思是：诸如实存、实有之类原本便不属于一概念之规定。

我们首先得显示，康德是如何论证其论题的。缘此途径，他如何澄清实有与实存（也就是我们意义上的手前现成性）之概念，自然也 43
就清楚了。

《证据》一文的第一部分分为四个考察，其一讨“论实存一般”。它讨论了三个论题或者说问题：首先是“实存决非谓词或对任何物的规定”；其次是“实存是对一物的绝对肯定（Position），从而也就与任何这样的谓词区别开来：即那在任何时间，本身都只通过与一他物的关系被设定的谓词”；第三是“我是否能说，在实存中有比单纯的可能性更多的东西?”

第一个命题“实存决非谓词或对任何物的规定”是对实存之本质的否定性特征描述。第二个命题以肯定的方式规定了实存的存在论意义:实存同于绝对肯定。第三处提及的问题则是对同代人关于实存概念的说明表态,按照沃尔夫或其学派的说明,实存,亦即实有意指 complementum possibilitatis[可能性的完成或实现],一物的现实性或者其实存、其实有乃是对其可能性的补全。

可以在《纯粹理性批判》①中发现对同一论题更紧凑的处理。《证据》的第一命题与我们当作首要论题的形式化来选择的《批判》中的那个命题是一致的,该命题全文如下:“存在显然不是实在的谓词,亦即一关于某某之概念,此概念可以添加到一物之概念上。”这一命题继之以一个进一步的命题,即以肯定方式规定了存在或者说实存之本质的命题,它同样与《证据》的第二命题相一致:存在“是对一物或者在自身中的某规定的单纯肯定”。存在一般与实存起初没有被区别开。

44 首先,这个否定性论题:存在并非实在的谓词(或者用康德的另一个说法,存在根本不是关于一物的谓词)是什么意思呢?存在并非实在的(*reales*)谓词,意指,它不是关于一 *res*[物,事物]的谓词。它根本不是谓词,而是单纯的肯定。我们能否说,实有、实存根本不是实在的谓词?谓词的意思是在一陈述(判断)中被陈述者。如果我说:上帝实有,或者用我们的术语说:那山现成存在,实存、实有(Existenz)确实被陈述了。此间,[动词意义的]现成存在(Vorhandensein)或者实有(Existieren)确实被陈述了。事情看起来就是如此,康德自己就强调说:“该命题(实存决非任何一物的谓词)显得奇

---

① 康德:《纯粹理性批判》(R. Schmidt 版;F. Meiner),B626ff。——原注

怪且悖谬,但它是确实无疑的。”[1]

那么,实有是否被陈述,它是否谓词,这个问题又当如何呢?康德如何规定述谓的本质?按照康德,陈述的形式概念是把某某与某某联结起来。在他看来,知性的基本活动就是“我联结”。对陈述之本质这样的特征描述是一种纯粹的形式规定,或者,用康德的另一说法,一种形式逻辑式的特征描述,其中并未顾及那与一个他者相联结的是**什么**。每一谓词都是某种被规定的、质料性的东西。形式逻辑只是把述谓的形式(关系、联结、分离)专题化了。如我们所说,在形式中谓词的实事性,与主词的实事性一样未被顾及。它是就陈述的空形式而言对陈述的逻辑性特征描述,亦即,作为某某与某某的关系或者说两者的联结而言,是形式性的。

当我们如此这般地被述谓与谓词之形式逻辑概念所指引时,我们还是无法决断,实有与实存是否谓词。因为实有、实存有一特定的
内涵,述说了某些东西。因而问题必须更确切些:实有或者实存是实 45
在的谓词吗?或者用康德更简洁的说法,是**规定**(*Bestimmung*)吗?据他所说规定是一个谓词,**超出**了主词概念而附加其上,且扩展了它。规定、谓词必定尚未包含于[主词]概念之中。规定是在内涵方面扩展了实事、res[事物]的实在性谓词。如欲正确理解康德的论题(实存并非实在的谓词,亦即并非一物之实事内涵的规定),必须起始便抓住实在者与实在性之概念。康德那里的实在者与实在性之概念并不具有今天谈论外部世界实在性或认识论上的实在论时的所指的含义。实在性的意思与现实性或者说实存或实有或现成性并不相同。它与实存并不同一,虽然康德所用的“客观实在性”概念与实存同一。

---

① 康德:《证据》,《著作集》(Cassirer 版),第 2 卷,第 76 页。——原注

“实在性”的康德式含义与该术语的字面意思相符。某次康德很恰切地将实在性译为实事性、实事规定性[①]。实在的(real)乃是那属于 res[事物]的。当康德谈论 omnitudo realitatis、实在性之大全时，他所指的并非现实现成者的大全，恰恰相反是可能的实事规定性之大全，实事内涵、本质性、可能物之大全。Realitas[实在性]因此同义于莱布尼茨的术语：possibilitas，可能性。实在性是可能物一般的何所内涵(Wasgehalte)，无论其是否现实(即我们现代意义的“实在”)。实在性概念同义于柏拉图的ἰδέα[相、理念]概念，后者是当我问τί ἐστι[何所是]，这存在者是什么之时对一存在者被把握到的东
46 西。然则回答是物的何所内涵，经院派用 res 来表示它。康德的术语直接可以追溯到鲍姆加顿(Baumgarten)的用语，后者是沃尔夫的一个学生。康德曾多次就鲍氏的形而上学纲要开过大课讲座，因而采用了后者的术语。

如要研究康德，那么在讨论康德的论题和其他东西时，不要害怕术语学的讨论以及由此而来的某种烦琐。因为正是在康德那里，概念得到了明晰的界定与规定，其清楚程度是他之前之后的哲学均未达到的，但这并不意味着概念的实事内涵、因而每个方面的意蕴都彻底地与解释相符。就实在性这个表达而言，如果不把其术语意义回溯到经院派与古代，就没有希望清楚地理解康德的论题及其立场。该术语的直接来源是鲍姆加顿，它不仅得到了莱布尼茨与笛卡儿的规定，而且直接追溯到经院派。考虑到在本讲座课中被专题化的其他一些问题，我们必须处理康德与鲍姆加顿的关联。

鲍姆加顿在界定 ens[存在者]，存在者一般的章节里说道：Quod

---

① 《纯粹理性批判》，B182。——原注

aut ponitur esse A,aut ponitur non esse A,determinatur①,“那被设定为是 A 或者被设定为是非 A 的,便被规定了”这样被设定的 A 便是一个 determinatio[规定]。康德谈论了附加在一物的何所(Was)之上的、附加在 res 之上的规定。规定,determinatio 意指规定一 res 者,即一实在的谓词。由此鲍姆加顿说:Quae determinando ponuntur in aliquo,(notae et praedicata)sunt determinations②,“那以规定的方式在任何一物中被设定的(标记与谓词),便是规定”。当康德用了这样的表达:实存并非规定,该表达并不是随意的,而是在术语学上得到了界定的,即 determinatio[被规定的]。这个规定,这个 determinationes[规定]可以是两重性的。Altera positiva, et affirmativa,quae si vere sit,est realitas, altera negativa,quae si vere sit,est negation③,“那行规定的(它以肯定的方式行设定或者说以定言的、赞同的方式设定)乃是(如果该赞同是正确的)一种实在性,另外一种否认的规定乃是(如果它正确)否定性”。因此实在性乃是正确地属于实事,res,自身的、属于其概念之实事的(sachhaltige)、实在的(reale)规定,determinatio。实在性的对立面乃是否定性。 47

康德不仅在其前批判时期,而且在其《纯粹理性批判》中都紧随着这一概念规定。于是他谈论一物之概念并在括号中写上“一实在者”,其意思并非一现实者④。因为实在性意指被赞同地设定的实事性谓词。每一谓词归根结底都是一实在的谓词。因此康德的论题:存在并非一实在的谓词,其意思是:存在一般不是任何物的谓词。康德从判断表中引出了范畴表,实在性、而且还有实存、实有都属于范

① 鲍姆加顿:《形而上学》(1743),第 34 节。——原注

② 同上书,第 36 节。——原注

③ 同上。——原注

④ 《纯粹理性批判》,B286。——原注

畴表。形式地看，判断乃是主词与谓词的联结。一切联结或者合一
都是着眼于一可能的统一性进行的。在任何合一那里都出现了一个
统一性的理念，即使未被专题把握。在判断亦即合一中出现的统一
48 性之各种可能的形式、判断性联结的这些可能的着眼或着眼内涵便
是诸范畴。这便是康德那里范畴之逻辑概念。如果人们只是追随康
德所意指的东西，[便会发现]它源于一种纯粹的现象学分析。范畴
不是形式之类的东西，凭借这种形式人们可以揉捏任何预先给予的
材料。范畴是在对合一的着眼中作为统一性的理念出现的东西，是
联结之统一性之可能的形式。如果向我给出判断表亦即合一之可能
形式的总和，那么我能从该表中读出在每一判断形式中被预设的统
一性理念，也就是说，我能从中演绎出范畴表。此间康德做了这样一
个预设，判断表自在地就是确实的、正确的，这个预设无论如何是有
疑问的。诸范畴是判断中可能合一之统一性之形式。属于统一性形
式的有实在性，也有实有、实存。我们可以清楚把实在性与实存这两
个范畴的差别从以下这点推出来：它们属于完全不同的范畴组。实
在性属于质，实有则属于模态。实在性是一个质的范畴。康德用质
来表明这样一种判断设定之特性，该设定显示，一谓词是否归于一主
词，谓词是对主词加以赞同还是对设于主词，亦即对主词加以否定。
因此，实在性是赞同性、肯定性、设定性、肯定性判断之统一性之形
式。这正是鲍姆加顿对实在性给出的定义。与此相反，实有、实存、
现实性则属于模态。模态说的是认知主体对在判断中所判断东西的
态度。与实有、实存、现实性相对的概念不像实在性的相对概念那样
是否定性，而是可能性或者必然性。作为范畴，实存对应着直言性
49 的，仅仅是断言性的判断，而不管其为肯定还是否定判断。实在性这
个表达在实事内涵已被确定的含义中起作用，也在传统存在论经常
用于上帝的这个术语上起作用：ens realissimum[最实在的存在者]，

或即如康德所说：最实在的存在体（allerrealstes Wesen）。该表达说的不是具有最高级现实性的现实者，而是具有最可能实事内涵的存在体，该存在体不缺乏任何肯定的实在性、实事规定性，或者用坎特伯雷的安瑟伦的说法：aliquid quo maius cogitari non potest［不能设想有比它更大东西的那个东西］[1]。

这个实在性概念必须与康德的客观实在性概念区别开来，后者同义于现实性。客观实在性指这样一种实事性：它在那种在它之中所思的对象、它的客体里得到实现，亦即这样一种实事性，它在被经验到的存在者那里将自己显明为现实的、实存着的（daseiendem）。康德就客观实在性与实在性一般说道："就实在性而言，不诉诸经验的帮助 in concreto［具体地］思想该概念，这本身就是不可能的，因为它只能面向作为经验材料的感觉，而与情况之形式无关，借助形式人们或许完全可以戏为臆造。"[2]康德此间将客观实在性作为现实性与可能性相区分。如果我设想、臆造一可能的物，我于是便活动在这一被表象事物的纯粹内涵性情况之中，而没有将之思想为现实的、现成手前的。实在性的这一用法也可追溯到笛卡儿。例如笛卡儿说过，缺陷、一般而言无价值的东西、不足、不实在的东西，便是不实在的。[3] 这不是说，没有现实的错误，而是说缺陷固然是现实的，但它 50
以及一切邪恶糟糕的东西都不是这个意义上的 res［物，事物］：即一个独立自为的实事内涵。缺陷只有通过对一独立的实事内涵的否定、通过对善好的否定才能得到、才能存在。同样，当笛卡儿在第三沉思的上帝存在证明那里谈到 realitas objectiva［客观的实在性］与

---

[1] 坎特伯雷的安瑟伦：《宣讲》，第 III 章。——原注

[2] 《纯粹理性批判》，B270。——原注

[3] 笛卡儿：《第一哲学沉思录》Lat. deut. 版（E. Meiner），第四沉思，第 100 页。——原注

realitas actualis[现实的实在性]时，他也在上述实事性的意义上理解实在性，实事性同义于经院派的 quidditas[实质]。笛卡儿的客观实在性概念不同于康德的这一概念，而是正好相反。笛卡儿那里的客观实在性合乎经院派，意思是被对设者、那对我而言仅在纯粹的行表象中具有对设内涵的“何所”，一物之本质。realitas objectiva [客观的实在性]同于可能性、possibilitas。与此相反，笛卡儿与经院派的 realitas actualis [现实的实在性]概念则与康德的客观实在性概念，也就是现实性概念相符：即那被实现了的（actu[现实的]）“什么”。在笛卡儿的 realitas objectiva [客观的实在性]概念（作为仿佛主观被表象的可能性）与康德的客观实在性概念（自在存在者）之间显著的差别与此密切相关：现时代的客观者概念刚好已经转向了自己的反面。客观者，亦即仅仅为我对立地提出的东西，用康德与现代的话说就是主观者。康德名之为主观者（das Subjektive）的，对于经院派来说符合“主体”（Subjekt）的字面意思[①]，也就是奠基者、ὑποκείμενον[基底]、客观者（das Objektive）。

康德说，实存性（Dasein）不是实在性。意思是，它不是对一物这个概念的实事性规定，或者像他简要所说的：“并非关于物自身的谓词”。[②] “一百个现实的塔勒所包含的并不比一百个可能的塔勒多一
51 丁点。”[③]一百个可能的塔勒与一百个现实的塔勒并不在它们的实在性上有所区分。如果不牢牢抓住康德的“实在性”概念，转而用现代的现实性意义去解释它，那么一切就会搞乱。那样人们就会说，一百个可能的塔勒与一百个现实的塔勒毫无疑问地在其实在性方面区别

---

① Subjekt 概念就其前缀 sub-而言，有基底、在下作为基础承载的意思。故在可以追溯到亚里士多德的经院哲学传统中，主体、主词、基底、基质的含义可通。——译注

② 《证据》，第 76 页。——原注

③ 《纯粹理性批判》，B627。——原注

开来;因为现实的东西就是现实的,而可能的东西缺乏非康德意义上的实在性。与此相反,康德在自己的语言运用里却说:一百个可能的塔勒与一百个现实的塔勒在其**实在性**上并无区别。"一百个可能的塔勒"这个概念的何所内涵(Wasgehalt)与"一百个现实的塔勒"那个概念的这一内涵是一致的。在"一百个现实的塔勒"这一概念中,并没有更多的塔勒被思维,没有更高的实在性,而是完全一样。那可能的东西按照其何所内涵也正是那现实的东西,两者的何所内涵与实在性必定完全一样。"如果我思维一物,随便我通过哪些谓词、多少谓词去思维它,哪怕对它进行完备的规定,我接着附加设定,这物**存在**[海:实有],我也并未对该物[海:也就是对该 res]附加一丁点儿东西。因为否则实有者就不会与我在概念中所思的一样,而是多于它,那我就无法说,实有着的正是我的概念的对象了。"①

另一方面则有这样的情况,这个"实有"(一物实有)在日常用语里是作为谓词出现的。② 更有甚者,每一述谓都包含了最宽泛意义上的表达"是"(ist),即使我对那并未被设定为实有的东西判断、述谓时也是如此。例如我可以说:按照其本质,物体是有广延的——无论某物体实有与否。此间我也用到了"是",系词意义上的"是"
(ist),它有别于我说:上帝存在(ist),亦即上帝实有(existiert)时所 52
提到到的"存在"(ist)。因此,作为系词、作为联结概念的 Sein 与实有、实存意义上的 Sein 必须区分开来。

康德是怎么讲这个区别的呢?如果存在(Sein)或者说实存(Dasein)并非实在的谓词,**存在如何**才能被**肯定地规定**呢?存在概念一般又如何与实存概念、手前现成性概念区别开来呢?康德说"肯定或

① 《纯粹理性批判》,B628。——原注

② 《证据》,第 76 页。——原注

者设定概念是全然单纯的，并且与存在概念一般根本就是一回事。既然某物可被设定为单纯的关系方式，甚或可将与某某的关系（respectus logicus［逻辑上的关系］）思为一事物的一个特征，那么是（Sein），亦即该关系之肯定［海：A 是 B］，就无非是一个判断中的联结概念。如果所考察的不仅是这种关系［海：也就是说，Sein 与 ist 不仅在系词，A 是 B 的意义上运用］，而且还设定了自在自为的东西[1]，那么这个 Sein 就如同 Dasein［海，也就是手前现成存在］。”[2]实存（Dasein）“于是便与任何谓词相区别，后者作为谓词只是被设定为与他物相关”[3]。存在一般与设定一般（肯定）是一致的。在这个意义上康德谈论的是对一物的单纯肯定（实在性），这种肯定造就了该物的概念亦即可能性，这种肯定不可自相矛盾，只要矛盾律（无矛盾性）还是逻辑可能性的标准。[4] 任何谓词依其概念总是以单纯的关系方式被设定的。如果我反过来说：某物在斯，实有，那么在这个设定里我没有以关系的方式设想与他物或他物的规定性的关涉、与另一个实在者的关涉，这里我无关系地设定了自在自为的东西，也就是
53 说，这里我摆脱关系做了设定，我非相对地、绝对地做了设定。在“A 实有、A 现成存在”这个陈述里有一种绝对的设定。“单纯肯定”意义上的 Sein（某物是）不可与作为实存的 Sein 相混。康德在《证据》（第 77 页）中标出了作为绝对肯定的实存，而他在《批判》里说：“它仅仅是对一物的肯定，或是自在的某规定自身。在逻辑用法上它只是判断的系词。”[5]实存不是“单纯肯定”；当康德说，它仅仅是肯定时，

---

① 原文作 an und vor sich，疑误。本页下文同例则做 an und für sich。英译亦为 in and for itself，从之。——译注

② 《证据》，第 77 页。——原注

③ 同上。——原注

④ 《纯粹理性批判》，B630。——原注

⑤ 《纯粹理性批判》，B626。——原注

这一限制考虑到这一点才是有效的：它不是实在的谓词。在这个语境下，“仅仅”的意思是“不以关系的方式”。无论在“单纯肯定”的意义上，或者在“绝对肯定”的意义上，存在都不是实在的谓词。在上述段落，康德对作为肯定的存在之澄清，只涉及了作为实存的存在。他是按照上帝实存之证据的问题语境来阐释绝对肯定之概念的。

对作为“单纯肯定”的存在与作为“绝对肯定”的存在的先行诠解必须牢牢把握住。在对鲍姆嘉顿的引证中也出现了 ponitur，设定，这个表述。因为实在者，亦即一物的单纯“何所”，在对该物的纯粹行表象中是以某种方式就该物自身被设定的。但这一设定仅仅是可能的东西的设定，是“单纯的肯定”。有一次康德曾说：“既然可能性仅仅是物在与知性……的关系中的一种肯定，那么现实性[海：实有、实存]同时就是其[海：该物]与知觉的联系”[1]现实性、实存是绝对的肯定，而可能性则是单纯的肯定。“命题‘上帝是全能的’包含了两个概念，它们都有其客体：上帝与全能；小词‘是’并非又一个谓词，而只是那**以关系的方式**把谓词设定到主词上去的东西。”[2]在这一对“是”的 54
设定那里，在单纯的肯定那里，关于实有没有陈述任何东西。康德说：“因此，甚至在背谬者所具有的相互矛盾的关系中，也可完全正确地运用这个‘是’[系词]。”[3]例如我可以说：圆是方的。“如果我把主词(上帝)与其所有谓词(全能也属此列)放在一起，且又说道：‘上帝是’(Gott ist)，或者说‘这是一上帝’(es ist ein Gott)，那么我没有对上帝这一概念设定任何新的谓词，而只是设定了连带其所有谓词的自在主词自身，更确切地说[现在开始更明确地讨论绝对肯定]在与

① 《纯粹理性批判》，B287 注释；也请参见《证据》，第 79 页。——原注

② 《纯粹理性批判》，B626/627。——原注

③ 《证据》，第 78 页。——原注

我的概念的关系中设定对象[海：康德用这个词指现实的存在者]。”[1]在“上帝实有”这个陈述中，对象，也就是与概念相应的现实者、实有者综合地附加到我的概念上，而这个存在、外在于我的概念的实有，没有为这个概念本身增加一丁点儿东西。于是可知：在上帝实有、A 现成存在之类实有陈述中，有的正是一种综合，也就是对一种关系的设定（肯定），无非这种综合的性质在本质上有别于“A 是 B”这种述谓的综合。实有陈述的综合所关涉的并非物及其关系的实在规定，而是那在实有陈述中所设定的，并且补充设定到单纯表象、概念上去的东西，是“现实的物与我自身的关涉”。被设定的关系是完整的概念内容、概念完全的实在性与概念的对象的关系。[在实有陈述的综合中]自在自为、直截了当地设定了在概念中被意指的事物。述谓性综合在事态之内活动。实有综合关涉整体事态与其对象
55 的关系。该对象是被直截了当地设定的。在实有设定中我们必须越出概念之外。那被综合地附加设定在概念上的，正是概念对其对象亦即现实者的关系。

就设定一个现实的、实有着的物而言，我可以遵循康德以两种方式提问：**什么**被设定了，以及它是**如何**被设定的。[2] 对“什么被设定了”这个问题的回答是：不多不少，无非正是一可能的物被设定了，实际上正如塔勒的例子中所显示的何所内涵（Wasgehalt）一样。[3] 但我也可以问，它是**如何**被设定的。那就必须说：通过现实性无论如何设定了**更多**。[4] 康德概括了这个区别：“在一实有者中所设定的不比

① 《纯粹理性批判》，B627。——原注

② 《证据》，第 79 页。——原注

③ 指康德著名的一百个现实的塔勒与一百个可能的塔勒的例子。参见《纯粹理性批判》，A599/B627。——译注

④ 《证据》，第 79 页。——原注

在一可能者中更多;(因为这里谈的是它的谓词),但如该[实有者]与事物自身之绝对肯定有关,则实有着的某物就设定了比单纯可能的某物更多的东西。”①

因此,根据康德,说明或者说展示绝对肯定意义上的实存概念的方式,就同于澄清实存或者说存在一般的方式。在绝对肯定中设定的关系就是实有着的对象自身与其概念的关涉。但如果实存如康德所云“在通常的语言使用中”作为谓词出现,那么事实就在反对康德的论题:实存不是谓词;于是,康德说,它并非既是关于物自身的谓词,又更是人们对物首先持有的思想之谓词。“例如,实有归于独角鲸。”根据康德这意味着:“独角鲸的表象是一个经验概念,也就是说,一实有着的物的表象。”②上帝实有,按更确切的说法这意味着:“某实有者是上帝”③,康德想要通过命题的这个变形表明,实有是在命题的主词而非谓词中被思维的。 56

可以顺理成章地把关于康德存在论题的阐释运用到上帝实有的存在论证明的可能性上去。由于实存一般并非实在的谓词,按其本质无法属于一物之概念,因此,根据对纯粹概念内涵的思维我永远无法确定在概念中所思的东西的实存,除非我已经在物的概念中已经连带设定或者预先设定了其现实性;然而康德说,这种所谓证明无非是一种可怜的同义反复而已。④

康德攻击了上帝实有之存在论证明的小前提:实有属于上帝之概念。康德说,实有、实存根本不属于物之概念,这样他就从根本上攻击了这个命题。康德所质疑的东西,亦即实有乃是实在的谓词,对

---

① 《证据》,第80页。——原注
② 同上书,第76/77页。——原注
③ 同上书,第79页。——原注
④ 《纯粹理性批判》,B625。——原注

于托马斯来说则是不言自明的。只是托马斯发现了另外一个困难：我们无法随同另一个规定如此透彻地认识实有谓词对上帝之本质的归属性，以至于可以由此为被思维者的现实实存提出一个证明。托马斯对存在论证明的反驳是考虑到了我们知性的无能与有限，而康德的反驳则与小前提（这是三段论的枢纽）提出的论据相关。

我们这里感兴趣的不是上帝实有之证明中的问题，而是康德对存在或者说实存概念的阐释：存在等同于肯定，实存等同于绝对肯定。我们不去追问，对存在与实存意义的这个诠解是否牢靠，而只是
57 问：康德给出的对实存概念的这个阐释令人满意吗？康德本人曾经强调说："这个概念[实存、存在]是如此简单，以至于无法再解释些什么了，只是要小心在意，别把诸物与它们的不同特征之间的关系弄混了。"[①]这显然只能意味着：存在与实存概念只是用来防备混淆的，它以否定的方式被界定，对于素朴的领悟来说可被正面而直接地接近。对于我们来说则提出了这样的问题：能否将这种对存在与实存的领悟沿着康德阐释的方向向前推进？我们能否在康德道路之内达到更高程度的明晰？能否显示，康德的阐释并无他所宣称的明晰？也许"存在等同于肯定，实存等同于绝对肯定"这个论题倒是引入黑暗的呢？

§8. 对存在或者实存概念的康德式阐释的现象学分析

a）存在（实存、实有、现成存在）、绝对肯定与知觉

我们已经搞清楚了康德论题的内涵，它的意思是：存在或者说实存并非实在的谓词。在对该论题的阐释的中间我们界定了实在性这

① 《证据》，第77/78页。——原注

个概念。时至今日，该术语之哲学概念已不同于康德的概念（后者是合乎整个先行的传统的），于是对实在性概念的规定就越发显得必要了。根据先行的传统，实在性（Realität）对康德来说意味着事物性（Sachheit）。实在的（Real）便是那属于 res［物，事物］、属于事物、属于其事物内涵的东西。属于事物“房子”的有墙基、门、大小、广延、颜 58
色，也就是事物“房子”实在的谓词或界定、实在的规定，无论这房子是否现实地现成存在。于是康德便说，现实者的现实性、实有者的实有性并非实在的谓词。无论一百塔勒现实地存在着还是可能地存在着，就其何所内涵是没有区别的。现实性并不涉及存在的“**何所**”、实在性，而涉及其“**如何**”，不管这存在是现实的还是可能的。然而我们还说：房子实有，或者用我们的术语：它现成存在。我们将实有性之类的东西归于该物。于是就提出了这样的问题：那么实有性与现实性是一种什么样的规定？康德以否定的方式回答说：现实性不是实在的规定。就像我们下面会看到的，该命题的否定性意义是：现实性、实有性自身并非现实者、实有者，存在自身并非存在者。

然而康德又是如何以肯定的方式规定实存、实有性、现成性的呢？他将实存与绝对肯定等同起来，将存在与肯定一般等同起来。康德自己做这个研究是为了澄清实有概念来考察上帝实有之存在论证明的可能性。当他说，实存并非实在的谓词，他就藉此否定了该证明小前提的可能意义：实有性属于上帝之本质，亦即属于其实在性。只要这个小前提在根本上有所动摇，那么就可显示整个证明之不可能。这里我们所感兴趣的不是追问这个证明，而是存在诠解之问题。我们问：如何才能更确切地领会康德的这个诠解：存在等同于肯定、实存等同于绝对肯定？它对头吗？要对该诠解本身做更精细的论证还应当提出什么要求？我们尝试对存在或者实存概念的康德式阐释 59
做一番现象学分析。

我们尝试在对存在概念的诠解上推进得更远些，并因而进一步澄清康德的澄清本身。然而似乎有一条方法论的准则阻挡在我们的尝试面前，这条准则是康德为了阐释存在概念而先行提出的。为了反对那种夸大的方法癖（它想要证明一切结果什么都没有证明），康德想在对概念的阐明与解析中把“小心翼翼”当作方法原则，并不从一开始就“凭借一种形式的澄清”来断定，“这个被详细规定的概念[实有、实存]意蕴何在”[1]，他倒是首先想要确认，“对于澄清的对象，可以确定承认与否认的能是什么”[2]，“因为，就人们为自己造就的逢迎表象（更敏锐的人比他人做得更好）来说，最好这样理解，那些想把我们从自己的错误引到他们的错误上的人都是这么说话的”[3]。然而康德并不曾为自己解除阐明实有概念的任务。无论如何，康德以一种他所特有的烦琐说道：“我担心，对一个如此简单的理念[海：例如存在之理念]进行过于冗长的阐释会把事情弄得含混不清。我也担心这会冒犯那些对特别单调乏味表示不满的人们的温情。然而，我并不是把这种指责当作不屑一顾的东西，而是必须要求得到一次如此做的允许。因为尽管我和其他人一样，对那些在其逻辑熔炉中一直提炼、蒸馏和锻造可靠的和可用的概念，直到它们化为蒸汽和挥发性盐
60 而烟消云散为止的人 过分讲究的智慧并不怎么欣赏，但我为自己选定的考察对象却具有这样的特性，即或者必须完全放弃每次都达到一种明显的确定性，或者必须容忍把它的概念分解成这种原子。”[4]康德明确指出：我们的全部知识最终引向了不可解析的概念。“如果

① 《证据》，第75页。——原注

② 同上。——原注

③ 同上。——原注

④ 同上书，第79页。——原注[中译文参见《康德著作全集》，第二卷，北京，中国人民大学出版社，2004，第81—82页。——译注]

人们看到，我们的全部知识最终都归结为不可分解的概念，那么也就清楚地领会到，有一些概念几乎是不可分解的，也就是说，假如标志并不比事物自身更清晰和单纯多少的话，我们对实有的说明就是这种情况。我很乐意承认，通过这种说明，被说明者的概念只是在很小的程度上变得清晰起来了。而鉴于我们知性的能力，对象的本性也不允许更高的程度。”[①]从康德的表述看，情况似乎是：对存在与实存的阐明只能推进到这样的一种特征描述：存在等同于肯定，实存等同于绝对肯定。于是乎，我们也不会立即尝试把事情做得比康德更好。我们倒是要逗留在康德的阐释那里，逗留在他切中的东西那里，仅仅去问，撇开任何其他标准，这个阐释自身的清晰性是否已经“无以复加”了。

“存在等同于肯定”这个阐释是否在任何方面都天日昭昭般地清楚？通过“存在等同于肯定”这样一个说法，一切处于光明抑或晦暗之中？难道不是一切都模糊在一种无规定性之中吗？肯定是什么意思？这个表达能够有什么意义？我们首先尝试获得一种出自康德本人的对概念阐释的澄清，然后再问，这个为了澄清引出的现象自身是
否透明，并且，阐明本身是否就其方法特性得到了规定、是否在其正 61
当性与必要性上得到了论证。

我们已经看到，在对实有者的经验那里也有着一种哪怕并非述谓的综合（述谓就是把谓词加到主词上去）。在“A 是 B”这样一个陈述中，B 是加到 A 上的实在谓词。反之，“在 A 实有”这样一个说法里，A 及其实在规定的总和 B 、C 、D 等一道被绝对地设定了。这一设定也是被加到 A 上去的，但其方式并不同于上例中 B 加到 A 上

① 《证据》，第 78 页。——原注［中译文参见《康德著作全集》，第二卷，北京，中国人民大学出版社，2004，第 80 页，译文略有改动。——译注］

的方式。这一加上去的肯定是什么呢？很显然它本身是一种关系(Beziehung)，但这关系并非事物A的实在规定之内的事物联系(Verhältnis)与实在联系，而是整个的事物(A)与我关于物的思想的关涉(Bezug)。通过这种关涉，这一如此被设定者便进入了与我的自我-状态之间的关系。既然这起初只是在单纯思维之思维关涉中被思维的A也已进入了与我的关涉，那么这一单纯的思维关涉、对A的单纯表象，也就通过加上的绝对设定成了另外一种关涉。在绝对肯定中，概念之对象，亦即与概念相应的现实存在者，便作为现实者处于与被单纯思维的概念的关系之中。

因此，实有、实存便表达了客体与认识机能的一种联系。康德在“一般经验思维之公设”的开头就说明道：“诸模态范畴[海：可能性、现实性、必然性]自有其特别之处：它们丝毫也不增加它们作为谓词附加其上的那个作为客体之规定的概念，而只是表达了[海：客体]与认识机能的联系。”[①]相反实在谓词则表达了内在于事物的事物联系。可能性表达了客体连带其一切规定亦即整个的实在性与知性、
62 单纯思维的联系。现实性，亦即实有、实存表达了客体与知性的经验运用，或如康德所谓经验判断力的联系。必然性表达了客体与应用到经验的理性的联系。

我们仅限于规定那个被现实性范畴所表达的客体与知性之经验运用的联系。按照康德，实存，也就是现实性、实有“仅[海：牵涉]到这样一个问题：这样一物[海：我们能够仅据其可能性思维之]是否给予了我们，以至于对它的知觉无论如何先行于概念”。[②] “但为概念提供材料的知觉是现实性的唯一特征。”[③]“知觉及其对经验性法则

---

① 《纯粹理性批判》，第266页。——原注

② 同上书，第272/273页。——原注

③ 同上书，第273页。——原注

的追随达到何种地步，我们有关诸物的实存之认识也就达到何种地步。”[①]知觉就是那在自身中即达到物之实存、现实与实有，用我们的术语来说，物之现成存在的东西。于是康德所界定的**绝对肯定之特殊品性**便把自己揭示为**知觉**。那些被不恰当地称为谓词的东西：现实性、可能性、必然性并非实在－综合的东西，而是，如康德所云，“纯主观的东西”。它们把“认识能力……加到物、（实在者）的概念上去”。[②] 现实性这个谓词把知觉加到物的概念上去。康德概括说：现实性、实有、实存等同于绝对肯定而绝对肯定等同于知觉。

通过把物把握为实有者，认识能力、知觉便被加到物上——然而这意味着什么呢？例如，我对自己仅仅思维一扇窗户，连带其一切规 63
定。我对自己表象这个东西。在单纯的表象中我对自己再现(vergegenwärtige)一扇窗户。我进一步加给这被表象者的并非实在的谓词——窗框的颜色、玻璃的硬度——而是某种主观的东西，某种从主体中得到的东西：认识能力、知觉。这一被追加设定的知觉，或者说知觉之追加设定造就了窗户的实存吗？康德的词句是：“知觉……是现实性之唯一特性。”[③]我应当如何赋予一个被思维者、“窗户”这个物以知觉呢？将一种“主观的认识能力”追加设定到一客体上，这是什么意思呢？这话是如何表达出客体之实存的？而一扇带有知觉的窗户、一座配有“绝对肯定”的房子又是个什么呢？有这样的产物吗？就算最强的想象力，能设想出带有知觉的窗户这种畸形怪诞之物吗？

然而，康德也许用我的认识能力（知觉）之追加设定这种粗糙的说法来意义指另外一些东西，即使他关于实存、实有的诠解并明确透

① 《纯粹理性批判》，第273页。——原注

② 同上书，B286。——原注

③ 同上书，B273。——原注

露进一步的消息。他到底意指什么？他究竟可以意指什么？显然只有这个：作为主体之行为方式归属于主体的知觉被追加设定于物，这意味着，在一种觉察并接纳该自在自为[1]之物的关涉中，主体知觉着把自己带向该物。物被设定在认知关联之中。在这一知觉中，实有者、手前现成者亲自给出了自身。实在者把自己显示为现实者。

64 回溯到觉察一实有者的知觉，是否就把实有这个概念讲明白了？康德一直说，实存等同于绝对肯定而绝对肯定等同于知觉，知觉与绝对肯定是现实性的唯一特性——他凭什么可以这么说？

b)行知觉、被知觉者、被知觉性。被知觉性与现成者之现成性的差别

实有之类确实并非知觉。知觉本身是存在着的某物、是一个存在者、是由存在着的自我所实施的行为，是现实的主体中的现实的东西。主体中的这一现实的东西，知觉，确实并非现实性，主体之现实的东西完全不是客体之现实性。知觉(Wahrnehmung)作为**行知觉**(Wahrnehmen)无法随同实有被一并设定。知觉并非实有，而恰恰是那知觉了实有者、现成者并与被知觉者发生了关系的。我们通常也简要地把这个在知觉中被知觉的称为知觉。也许康德是在现实与知觉的同一化过程中、在“被知觉者”这个意义上来理解“知觉”这个表达的。就像人们所说：我当时必须搞的那个知觉痛苦得很。此间我意指的不是：那个行知觉、观看的活动导致了我痛苦，而是那我所经验到的、那被知觉者让我感到压抑。此间我们不在知觉活动的意义上，而是在被知觉者这个意义上采用知觉一词。我们问：能够把这个意义上的知觉等同于实有、现实性吗？可以把实有等同于被知觉

① 原文 an und vor sich selbst，据英译本改。——译注

的实有者吗？在这个例子里实有自身似乎是一个存在者、实在者。而无可否认的是，康德论题的否定性内涵是：实有并非存在者、实在 65
者。该论题排除了这一点：现实性等同于被知觉的现实者。

由此可知：无论知觉的意义是行知觉还是被知觉者，实有都不等同于知觉。那么，康德把知觉与现实性（实有）设定为等同，这还有什么意义呢？

我们想要再迁就康德一步，来做出对他有利的解释。我们说：不可把实有等同于被知觉到的实有者，它毋宁说可以等同于被知觉者的“**被知觉之是**”（Wahrgenommensein），等同于被知觉性。实存着的、手前现成的窗户作为该存在者并非实存，并非“手前现成之是（Vorhandensein）”。毋宁说，“是被知觉之是”这个特征表达了窗户的“手前现成之是”。按照“被知觉之是”，物作为被知觉者、作为被发现者来与我们照面，并且基于行知觉、作为现成的东西被我们所通达。因而，在康德的说法中，知觉的意思就是行知觉中的被知觉性、被发现性。至于说康德究竟是在知觉活动还是被知觉对象的意义上来理解知觉的，康德本人没有谈到，也没有给出意义一贯的答复。因而无可争议的首先是：康德对实存、实有、作为知觉的现实性这些概念的讨论无论如何都是不清楚的；就此而言，与他本人的意见相反，这些讨论的清晰性还是可以提高的，既然能够决断并且必须决断，此间应当把知觉理解为行知觉，还是被知觉者，还是被知觉者之被知觉性，或干脆三者的统一，而这种理解又意味着什么。

“知觉”概念牵涉的那种不清晰，我们也可以在康德对存在与实
存所做的一般性的诠解（即存在等同于肯定、实存等同于绝对肯定） 66
那里看到。在《证据》中的有关引文中康德说道：“肯定或者设定的概念……与存在之概念完全在根本上是一致的。”[①]我们的问题是：肯

① 《证据》，第 77 页。——原注

定、设定的意思是作为主体之行为的行设定(Setzen)吗？还是说肯定意味着被设定者(Gesetzte)、客体？或干脆意味着被设定的客体的被设定性(Gesetztheit)？康德让这些都处于晦暗之中。

让我们暂时容忍实存、实有这些基本概念在清晰性方面的不利缺陷。我们暂时采纳对康德有利的知觉或者说肯定诠解，将实存、实有与被知觉性或者说绝对被设定性等同起来，与此相应也把存在一般与被设定性一般等同起来。接下来我们的问题是：某物通过那被知觉之是而实有着吗？一存在者、一实有者的被知觉性造就了它的实有吗？实有、现实性、被知觉性是一回事吗？然而窗户确实不是因为我知觉到它而获得实有的，恰恰相反，只有它实有并且因为它实有，我才能知觉到它。被知觉性总是预设了可知觉性(Wahrnehmbarkeit)，而可知觉性在它这方面已经要求了可知觉的或者说被知觉的存在者的实有。知觉或者绝对肯定充其量是通达实有者、现成者的方式，是其被发现的方式；然而被发现性并非现成者之现成性、实有者之实有。现成者自有其现成性，实有者自有其实有，即使它不被发现。而只有这样，它才可被发现。同样，被设定性意义上的肯定并非存在者之存在，与它并非一回事，而充其量是一被设定者被把握的方式。

67 这样，对康德之实存及实有诠解的先行分析就有一个双重性的结果。首先，这个诠解不仅不清晰而需要更高的清晰性；其次，就算以有利于康德的方式去解释，这个“存在等同于被知觉性”也是成问题的。

应当逗留在这种消极批判上面吗？单纯消极的苛求挑剔是一种不成体统的反康德行径，同时对于我们所追求的目标来说，也是徒劳无功的。我们要达到一种对实存、实有与存在一般这些概念的积极阐明，这样就不是仅仅在康德的对立面把我们自己的意见作为另一种意见摆出来。毋宁说，我们要在康德自己的视线中继续遵循他所开辟的道路：诠解存在与实有。最终，当康德试图阐明实存与实有时，他大体还是沿着正确的方向前进的。只是，对于那个他想要由其出发且在其之内进行阐明的境域，他看得不够清楚。这是因为，他不曾事先确认这一境域，且没有对这一境域做明确的准备工作。至于这么做的后果，我们下面再讨论。

§9. 对论题所涵问题更为根本的把握与更为彻底的论证之必要性

a) 作为实证科学的心理学不足以在存在论上阐明知觉

我们的问题是：康德在尝试阐明存在、实存、现实性与实有时诉诸设定与知觉之类，这是否偶发的一时之念？在这么做时，他把目光 68
投向了何处？他从哪里获得那种给予实存、实有概念以特征的阐明？肯定之类概念源自何处？那必然随之一同被思为使肯定得以可能的是什么？康德可曾充分地界定肯定一般自身之可能性条件？可曾借此澄清肯定之本质且由此展现那被阐明者（存在、现实性）自身？

我们已经看到，现成者之被知觉性、被发现性不同于现成者之现成性。而在每一次对现成者的发现中，该现成者都是作为现成者，也就是说在其现成性中被发现的。于是在一现成者之被知觉性或者说被发现性中，现成性都以某种方式被一同展示了，被一同开启了。存在确实不同于被设定性，后者倒是对存在者的设定将自己确证为被设定的存在者之存在的方式。也许从被知觉性与被设定性出发，通过充分的分析，可以阐明其中被发现的存在或者现实性及其意义。如果能够成功做到，充分地就其本质结构阐明对现成者的发现、阐明知觉与绝对设定，那么沿着这条道路也就必然可以遭遇实有、实存、现成性之类。问题出现了：如何才能获得关于知觉及肯定现象（这现象是康德为了阐明现实性及实有所考虑的）之充分规定？我们已经显示了，康德藉之阐明存在、实存概念的那些概念本身尚待阐明。这一方面是因为，既然还需断定康德是在什么意义上理解它们或者用它们所意指的东西，那么知觉与设定概念便是有歧义的；另一方面则
69 因为，即使按照对康德最为有利的诠解，能否把存在诠解为肯定、把实存诠解为知觉，这些都是成问题的。知觉与肯定现象自身需要阐明，问题便在于如何达到这种阐明。显然，应当追溯到那使知觉、设定以及认识能力之类得以可能的东西，——那为知觉、设定打下基础的东西，——那把它们规定为它们所属的存在者之行为的东西。

按照康德，一切思维、设定都是一种我－思（Ich-denke）。这个自我及其状态、它的行为（一般所谓"心理的东西"）需要一种先行阐明。康德有关实有、实存的概念阐释不无缺憾，其原因显而易见：康德是用一种相当粗糙的心理学来工作的。人们也许会猜测，假使康德有一种当今所具之可能性精确地研究知觉之类，立足事实而非以一种空洞的敏锐与两可的名相来工作的话，那么或许他也会对实存与实有之本质产生另一种洞见。

然而，至于那种要求把立足事实的科学心理学当作康德问题（而这意味着每一个哲学问题）之基础的呼声，情况又当如何呢？我们必须简短地讨论一下，是否心理学一般就其根本（而非仅在其工作的某几个方向上）而言为康德问题准备了地基并且为其解决提供了手段。

心理学立足于事实，这也是它在要求中合法地当作自己的长处所提出的东西。作为精确的、归纳性的事实研究，它是把数学化的物
70 理学与化学当作榜样的。它是一门关于一种特定存在者的实证科学，这门科学还在自己的历史发展时期，特别是在 19 世纪，就把数学

化的物理学当成自己的楷模。当今心理学的所有分支（它们几乎仅在术语上有所分别），不管是格式塔心理学还是发展心理学，是思维心理学还是形象心理学，都说：我们现在已经超越了上一个世纪与本世纪上一个十年的自然主义，对于我们来说心理学的对象是生命，而不再是感觉、触觉印象和记忆功能了；我们在其充分的现实性中研究生命，并且当我们研究时，我们就唤醒自身的生命性；我们的生命科学同时就是真正的哲学，因为它借此塑造了生命本身且成了生命观与世界观；对生命的这种研究定居在事实的领域，它平地而建，不在流俗哲学的漏风房间里活动。对于一门关于生命现象的实证科学，对于一门生物学化的人类学，不仅没什么好反对的，还应当肯定，它就像一切实证科学那样有它自己的权利与意义。今日之心理学在这一人类学取向（该取向是若干年以来在其所有分支中发展形成的）之外还或多或少明确地、有计划地增加了一种哲学意义，因为它相信，致力于发展出一种活生生的生命观，致力于科学的所谓切近生命，并且因此将生物人类学称为哲学人类学，这些都是无足轻重的次要现象，是经常伴随实证科学，特别是自然科学而出现的。我们只需回忆海克尔（Häckel），或者当今（借助于被称为相对论的那种物理学理论进行）的建立并宣称一种世界观或哲学立场的尝试。 71

回顾心理学本身，完全撇开其一切分支，对我们来说有两个问题是重要的。其一：今日心理学说，我们现在已经超越了上个世纪的自然主义，此时假使人们相信，心理学自身已经超越了自然主义，这似乎是一种误解。当今心理学所有分支通过强调人类学问题来取得基本立足点的地方，三十多年前就站着绝不模棱两可的狄尔泰（Dilthey），只不过当初那种伪似的科学心理学——当今心理学的先驱——以一种粗暴到非科学的方式反对并拒斥他。人们不妨将之与埃宾豪斯（Ebbinghaus）对狄尔泰的批判加以对比。心理学把自己带到今日立足之处，这并非基于其成就，而是由于对生命现象整体或多或少有意识地实行了一种基本的态度转变。这一态度转变之所以无可回避，乃因十年来狄尔泰与现象学都要求如此。如果心理学没有成为哲学，而是作为实证科学完成自己，那么这种态度转变便是必然的。当今心理学的新设问（对其意义也不必过高评价）照其本性必须在关于生命的实证心理科学之内达到不同于旧设问的新成就。因为自然，无论是物理自然还是心理自然，总在实验中回答人们据之向它提问的东西。实证研究的成就一向只能证实它活动于其中的基本设问。但它无法论证那基本设问自身，无法论证其中所有的对存在
72 者课题化的方式，甚至无法查明该设问的意义。

于是我们就遭遇了与心理学有关的第二个基本问题。如果当今心理学把自己的研究工作拓展到了亚里士多德早已据其整体性所分派的那个领域，拓展到了生命现象之整体，那么这种领域拓展只是对归属于心理学的领域之完满，也就是说，迄今为止的缺陷只是被搁在了一旁。心理学仍然是其所是，它首次成了它所能是的：关于一种特定的存在者领域——生命的科学。它仍然是实证科学。就像一切实证科学那样，它本身需要对它所课题化的存在者之存在建制进行先行界定。其领域的存在建制，也就是心理学以及一切其他实证科学，包括物理学、化学、严格意义上的生物学，并且还有语文学、艺术史未曾明言地所预设的存在建制，按照其意义，这个建制自身不是实证科学所能通达的，如果存在确实不是存在者，因而在原则上需要另一种把握方式。对存在者的一切实证设定在自身中包含了一种先天认识以及一种对该存在者之存在的先天领悟，虽然关于存在者的实证经验对此领悟毫无所知，且无法以概念的方式给出此间所领悟到的。只有一门完全不同的科学，作为关于存在之科学的哲学，才能通达存在者之存在建制。所有关于存在者的实证科学只能（如同柏拉图所

说)以梦幻的方式看待存在者,即以梦幻的方式看待它们的课题对象。这就是说,对于那使存在者成为它作为存在者所是的,对于存在,关于存在者之实证科学是不清醒的。然而,存在仍然被以某种方式,也就是梦幻的方式向着实证科学一同给出了。柏拉图提及(必然 73
而非偶然地)做梦的科学与哲学之间差别的时候,考虑了几何学与哲学的关系。

几何学是这样一门科学,根据其认识方法,它似乎应该符合于哲学。因为它不是物理学或植物学意义上的经验科学,而是先天知识。因而,决非偶然,近代哲学努力以更加几何化的方式,按照数学方法,提出与解决自己的问题。康德本人就强调说,一门实证科学包含了多少数学,它才在多大程度上是一门科学。然而,柏拉图说:虽然几何学是先天知识,它还是在原则上有别于哲学。后者也是先天知识,将先天之物作为自己的课题。几何学把一种具有特定何所内涵的特定存在者,纯粹空间,当作自己的对象。纯粹空间虽然不像物理性的物质事物那样现成存在,却也不像一个活生生的东西,生命那样存在。纯粹空间是以持存的方式存在的。柏拉图在《国家篇》[①]中说道:"αἱ δὲ λοιπαί, ἃς τοῦ ὄντος τι ἔφαμεν ἐπιλαμβάνεσθαι, γεωμετρίας τε καὶ τὰς ταύτῃ ἑπομένας, ὁρῶμεν ὡς ὀνειρώττουσι μὲν περὶ τὸ ὄν, ὕπαρ δὲ ἀδύνατον αὐταῖς ἰδεῖν, ἕως ἂν ὑποθέσεσι χρώμεναι ταύτας ἀκινήτους ἐῶσι, μὴ δυνάμεναι λόγον διδόναι αὐτῶν[至于我们提到过的其余科学,即几何学和与之相关的各

---

① 柏拉图:*Politeia*,Burnet 版,第七卷,533b6 ff。——原注[方括号中是通行的中译文。海氏的翻译与此有些出入。参见郭斌和等所译《理想国》,商务印书馆,1994,533b—c,第 299 页及下页。在柏拉图原文中这段话引出了对所谓"灵魂转变"的再次讨论。海氏对这个问题的阐述见海氏著,*Platons Lehre Von Der Wahrheit*,Francke Verlag Bern Und München,1975。——译注]

学科，虽然对存在者有某种认识，但是我们可以看到，它们也只是梦似地看见存在者，只要它们还在原封不动地使用它们所用的假设而不能给予任何说明，它们就还不能清醒地看见存在者］。”至于我们所说的其他τέχναι［技艺］（与存在者打交道的方式），它们以课题化的方式把握存在者本身的片段。这就是说，关于存在者的科学，几何学以及那些遵循几何学加以应用的科学，梦见存在者。它们无法清醒地看到，ἰδεῖν［看、观］，存在者乃是处于清明形相，ἰδέα，中的某物。也就是说无法把握该存在者之存在。只要它们还在应用存在者之预
74 设，还在应用其存在建制，而对该预设ἀκινήτους［前提］不加触动，也就是不在哲学认识，**辩证法**中贯穿它的话，它们就无法把握存在者之存在。然而它们对此在原则上是无能为力的，因为它们无法显示存在者就其自身之所是。它们无法表明，存在者作为存在者之所是。存在与存在者之存在建制这些概念对于它们是隐蔽的。柏拉图区分了当今所谓实证科学与哲学各自通达存在者，ὄν［存在，存在者，实是］，的不同方式方法。实证科学以梦幻的方式通达ὄν［存在，存在者，实是］。对此希腊人有个简约的表达：ὄναρ［幻景］。而对于这种科学来说，ὄν并不是作为清明形相（ὕπαρ）中的某物被抵达的。柏拉图把几何学也算在以梦幻的方式看见其对象的科学之列。在几何学以先天的方式加以研究的东西之下，有一种更为深远的先天之物作为其基础。几何学本身对此并不清醒，这不是偶然的，根据其科学品性几何学对此不可能清醒，就像算术对自己不断应用且能以自己特有的本性加以理解与说明的矛盾律不清醒一样。我无法以算术的或者其他的方式阐明矛盾律。如果说，甚至像几何学这样绝不牵涉经验事实的先天科学也预设了它所无法通达的东西：其课题领域之存在建制，那么对于一切事实科学（其中也包括作为生命科学的心理学，或者就像现在人们常常模仿狄尔泰所说的那样：人

类学、关于活生生的人的科学)来说,情况就更是如此了。任何心理
学只是以梦幻的方式看待人与人的此在(menschlichen Dasein),因
为它必然就人的此在的存在建制,以及人的此在之存在方式——我
们称之为生存(Existenz)做出预设。这种存在论预设对于作为存在 75
者科学(ontische Wissenschaft)的心理学来说,是永远保持隐蔽状
态的。心理学必须让作为存在论的哲学给出这些预设。然而实证科
学——这是值得注意的——恰好在这种梦幻中取得了自己的成果。
它们无须在哲学上变得清醒。即令如此,它们自己也决不会变成哲
学。所有实证科学的历史表明,它们只是偶尔从梦幻中醒来睁眼注
目于那它们所研究的存在者之存在。我们今日正好处于这样一种情
况。实证科学的基本概念处于变动之中。人们要求回溯到这些概念
渊源所自的本源那里去修正它们。更确切地说,我们恰好曾在这一
情况之中。谁在今日更仔细地倾听并且在科学行当表面的嘈杂繁忙
之上觉察到了科学的真正变动,那他就一定会看到,科学又开始做梦
了。这自然不是站在哲学的高台上来指责科学,而是说科学再次回
到了适合于它们的熟悉状态。坐在火药桶上,知道那些基本概念无
非是些用旧了的意见,这是不舒服的。人们已经厌倦于追问基本概
念,他们想要安宁。作为关于"倒转了的世界"的科学,哲学是令庸常
知性不快的。因此人们不是按照哲学的理念来建立哲学的概念,而
是按照大多数人的需要,按照一种属于康德所谓普通知性的理解可
能。对于这种知性来说,没有什么比事实更有分量了。

对于实证科学与哲学之关系的思索应当以柏拉图式的语言讲清
楚:即令康德有一门关于知觉与认识的精确心理学,他也丝毫不会支 76
持澄清实存、实有概念的任务。康德对这些问题概念的阐明之所以
停顿不前,这不是因为他那个时代的心理学不够精确,不够经验化,
而是因为,没有以一种充分先天的方式把它建立起来——因为缺乏

人之此在的存在论。康德把实存与实有诠解为知觉与肯定。对这个诠解的缺陷尚待更精细的讨论,但心理学无法弥补这个缺陷,因为它自己尚待帮助。把作为实证科学的心理学意义上的人类学当作哲学,例如逻辑学的基础,这种做法在原则上甚至比以下做法更为荒谬:借助关于有形物的化学与物理学来为几何学奠定基础。对于心理学这门科学,虽然它可能一如既往地处于某个发展阶段,我们无法期待它来帮助阐明哲学问题。几乎无须提醒人们注意,关于心理学的这些说法并不能有如下含义:心理学并非科学。相反,在原则上把心理学的科学品性规定为一门实证的,也就是非哲学的科学,这并不是反对心理学,而是在支持它,是为了让它从流行的混乱中摆脱出来。

当康德把实存、实有、现成性诠解为知觉时,“知觉”这个现象自身便无法以心理学的方式来澄清了。毋宁说,如果心理学不想以盲目摸索的方式来研究事实性的知觉过程及其起源,那么它必须首先
77 知道知觉一般之所是。

b) 知觉一般之存在建制;意向性与超越性

我们现在尝试从康德在“知觉”与“肯定”现象那里没有澄清的东西出发,从被他在展示出来的歧义性中搞模糊的东西出发,来推断出,什么样的语境需要什么样的研究,以便为诠解实存、实有、现成性、现实性、存在一般这个任务谋求稳固的基地、明澈的境域以及确实的入口。

康德的论题:存在并非实在的谓词,就其否定性内涵而言,是不可撼动的。归根结底,康德借此想要说:存在不是存在者。与此相反,康德的肯定性诠解:实存是绝对肯定(知觉),存在是肯定一般,就显得既不明澈,又有歧义;同时,通过恰当的理解,它还是成问题的。

我们现在发问:当康德以所谓有歧义的方式运用知觉、肯定这些概念时,他真正未加规定的是什么?当行知觉、被知觉者与被知觉者的被知觉性未加区分,而被统一地规定为属于知觉时,那处于晦暗之中的又是什么?更不用说**知觉一般之存在建制**了,这就是**知觉的存在论本质**,也就是**设定之存在建制**。康德对“知觉”、“设定”这些术语的有歧义的或者说不清楚的运用方式说明,他让设定与知觉的存在论本质完全处于未加规定的状态里。于是更有甚者,他最终没有在存在论上澄清自我(用我们的术语说是此在)的行为。关于此在(我们自身所是的存在者)的恰倒好处地清楚的存在论便处在很糟糕的地步。不宁唯是,人们也没有认识到,只有搞好这样一种存在论,才能提出 78
康德试图通过阐明存在概念加以解决的问题。

我们无意即刻探讨此在存在论的基本概念。我们将在本讲座的第二、三部分研究这个概念。我们也不打算着手把这门存在论的功能解为哲学研究一般之基础。至于说在这里就说明并勾勒此在存在论的大体轮廓,那就更不可能了。这样的一种尝试,我已在刚刚出版的论著《存在与时间》的第一部分里给出了。我们现在的尝试刚好相反,通过继续分析康德的问题与解决以进入作为存在论一般之基础的此在存在论之区域。

康德把实有诠解为知觉。我们现在用我们的术语把实有称为“现成性”,因为我们要把 Dasein 这个名称留给人的存在者(menschliche Seiende)。必须牢记这三重含义:行知觉、被知觉者、被知觉者之被知觉性。然而,特别注意了“知觉”这个表达的歧义、牢记了不同的含义,这就可以获得一点东西来阐明实有概念了吗?通过辨析“知觉”一词的三重含义,在对这个词所意指的现象的领悟上,我们是否已前进得远了一些?人绝不可能通过列举一词的歧义就获得了对事物的认识。当然不。然而,对术语“知觉”进行含义区分的根据

归根结底在于这些含义所意指的事物，在于知觉现象自身。不仅被
79 明确意识到的含义区分，而且对这个多义词的含混使用也许都可以追溯到被意指的那个事物的特性上去。也许“知觉”这个表达的歧义性并不是偶然的，而恰好证明了，此间被意指的现象自身已经向庸常的经验与领悟提出了忽而将之把握为行知觉（知觉行为），忽而将之把握为被知觉者（知觉行为所关涉的），忽而把握为被知觉性（在知觉行为中被知觉到的东西的被知觉之是）的缘由。情形或许正是，那随着知觉被意指的现象提供了歧义性的根据与缘由，因为这个现象就其自身而言，按照其本有的结构就不是单纯的而是多义的。或许，那在三重现象中被区分开来的意指在本源上就归属于那我们已作为知觉来领会的东西的统一结构。也许这一结构要在诸个别含义中，在这些含义所引导的对上文所指的事物的把握中加以勘定，也就是从不同方面加以勘定。

事实便是如此。那我们简称为知觉的东西，更明白地说便是：知觉着**把自己指向**被知觉者（wahrnehmendes *Sichausrichten* auf Wahrgenommenes），以至于把被知觉者领会为在其被知觉性本身之中的被知觉者。这个论断似乎并无智慧过人之处。知觉是一在其被知觉性中的被知觉者所属的行知觉。这难道不是一种空洞的同义反复吗？一张桌子就是一张桌子。这个论断，虽然是先行给出的，其所说者多于同义反复。我们用此论断说的是：知觉与在其被知觉性中的被知觉者是共属一体的。我们用“知觉着把自己指向……”说的是：知觉的这三个环节的共属一体具有“把自己指向”的特性。这个“把自己指向”仿佛造就了整个“知觉”现象的架子。

80 只是，行知觉把自己指向一个被知觉者，或者在形式上泛泛地说，使自己与之相关，这过于不言自明，以致不必对此特加注意。确实，当康德说到一物、被知觉者与认识能力、行知觉发生关系时，当他

说到主观综合时,他就讲了同样的东西。况且,行知觉对被知觉者这一被明确注意到的关系对于另外一些行为方式也是适合的,例如:单纯表象,它使自己与被表象者相关;思维,它思维一被思维者;判断,它规定一被判断者;爱,它使自己与所爱者相关。人们可能会认为,这都是些无法掠过的老生常谈,不过不便明言就是。然而我们还是要明白确认:诸行为使自己朝某物而为(Verhaltung verhalten sich zu etwas),它们被指向这些所朝(Wozu),形式化地说:它们与这些所朝相关。确认了行为与它使自己向之而为的东西有关,然后拿它干什么呢?这还是哲学吗?这是不是哲学的问题,我们且不做断定。我们甚至承认,这不是哲学,或者这还不是哲学。我们也不关心,确认了这个或许是老生常谈的东西以后拿来做什么,无论我们是否以之进入世界与此在的隐秘所在。我们只关心一点,我们不要遗失了这个老生常谈的确认及其意蕴,——我们也许应该更靠近一些。也许届时这个所谓的老生常谈就会变成十足的谜。也许那种无关紧要会变成最令人兴奋的问题。令能够去哲学起来的人兴奋,也就是说,他已经学着领会到,不言自明的东西才是哲学真正的、唯一的主题。

行为具有"把自己指向"之结构,具有"是被指向"(Gerichtet-sein-auf)之结构。现象学依照经院哲学的术语把这个结构称为**意向性**(Intentionalität)。经院哲学谈的是意志(Willen)的 intentio[意向],就是 voluntas[意志]的 intentio。这就是说,经院哲学谈意向的时候考虑的只是意志。它远未把 intentio 归给主体的其他行为,也根本没有在原则上用概念把握该结构的意义。如果有谁居然说(就像现在到处发生的那样),意向性学说是经院哲学的学说,那这个错误既是史学上的,也是关乎实事的。然而,就算这个说法是正确的,这也不是拒绝意向性学说的理由,而只是必须追问,这个学说自身是否靠得住。无论如何,经院哲学并不知道什么意向性学说。相反,是 81

弗朗茨·布伦塔诺(Franz Brentano)在他深受经院哲学——特别是托马斯与苏阿雷茨(Suarez)——影响的《经验立场的心理学》(1874)中明确强调说,心理体验之总体可以并且必须考虑到这一结构(也就是"把自己指向某物"之方式)才能加以分类。"经验立场的心理学"这个标题的意思与当今所谓"经验心理学"全然不同。布伦塔诺对胡塞尔产生了决定性影响,后者首先在《逻辑研究》中澄清了意向性的本质,后来又在《观念》中拓展了这种澄清。然而必须说,意向性这个谜一般的现象还远没有在哲学上得到充分的把握。我们的探讨正专注于更明晰地察看这一现象。

如果回忆一下我们关于知觉本身所说的东西,就可以这样来阐明意向性概念:每一行为都是一种朝－而为(Verhalten-zu),每一知觉都是对－行知觉(Wahrnehmen-von)。我们把狭义的"朝－而为"叫作"意指"(das intendere)或者 intentio。每一"朝－而为"与每一"是被指向"都有其特殊的"**为之所朝**"(Wozu des Verhalten)与"**指之所向**"(Worauf des Gerichtetseins)。我们把这一属于intentio的"为之
82 所朝"与"指之所向"称作所意指(intentum[所意向])。意向性把 intentio[意向]与 intentum[所意向]这两个环节包含在它迄今为止仍然晦暗的统一性之中。每一行为中的这两个环节都是不同的,intentio[意向]或者 intentum[所意向]上的分别构成了行为方式的分别。考虑到它们各自的意向性,它们都是各有分别的。

现在需要凭借对知觉的特别考虑来探究此在的行为结构,来追问:意向性结构自身看起来如何,特别是,**它是如何在存在论上植根于此在的基本建制之中的**。首要的事情是把作为此在行为结构的意向性更为切近地带给我们,也就是说,意向性必须经受住距离不远而又不断拥挤而来的误解的考验。我们在那里并不考虑很多当代哲学堆在意向性上的误解,这些误解全都源于预先设想的认识论或者形

而上学立场。我们把特定的认识论,或干脆说特定的哲学整个放在一边。我们必须尝试素朴地、无前见地察看意向性现象。不过,即使我们避开了源于哲学理论的前见,我们还是不能免于一切误解。相反,与领会意向性有关的最危险、最顽固的前见并不是那种拥有哲学理论形式的明显前见,而是隐含的前见,它们来自此在之日常领会力对物的自然把握与解释。这些恰恰是最少被注意,最难被追溯的。我们现在并不追问,庸常前见的根据何在;并不追问它们多大程度上在日常此在拥有其本己权利。我们首先尝试认识那恰好植根于对物的素朴、自然观看之中的对意向性之误解。此间我们再次遵循知觉 83
之意向特性而行。

知觉有意向特征,这首先意味着:行知觉,知觉的 intentio[意向],使自己与被知觉者,intentum[所意向],相关。我知觉到那里的窗户。我们简约地谈论知觉与该客体的关系。那么按照自然的方式如何描述该关系的特征呢?知觉之客体是那里的窗户。对窗户的知觉之关系显然表达的是这样一种关系:在其中那现成在那里的窗户对我(这个我作为现成在这里的人)、主体,持立。于是,随着这一现在现成的对窗户的知觉,就建立了两个存在者之间的(也就是现成客体与现成主体之间的)一种现成关系。知觉关系就是两个现成者之间的一种现成关系。如果我抽离一个关系项,例如主体,那么该关系自身也就不再现成了。如果我让另一个关系项(客体、现成的窗户)消失,或者我对自己设想它消失,那么,显然我与这个现成客体之间的关系,或干脆说这种关系的可能性,也就随之消失了。彼时关系的支点已经不复在于现成客体。只要两个关系项现成存在,只要关系随着关系项自身的现成存在而持存,那么意向关系似乎就能够作为关系现成存在。换言之,为了在心理主体与一个他物之间持存某种可能关系,该心理主体需要一个物理客体的现成存在。假使没有物理的物，缺乏这一意向关系的心理主体必定可以自为、孤立地现成存在。意向关系之归于主体，乃惠于客体之现成存在，反之亦然。这一切似乎都是不言自明的。

84 这个特征规定把意向性描述为两个现成者（心理主体与物理客体）之间的现成关系。无论如何，在这个特征描述中，意向性的本质与存在方式从根本上即告阙如。这种阙如在于，把意向关系解释为这样一种东西，它每次由于一客体之现成存在之浮现才附加到主体上去。这个意见就蕴涵了：自在地作为孤立心理主体的那个主体无需意向性而存在。与此相反，必须看到，意向关系并非由于客体附加到主体之上才出现的，就像一个现成物体附加到另一现成物体之上，于是在两个现成物体之间才出现并现成存在着一段距离。与客体的意向关系不是随着并通过客体之现成存在才归于主体的，毋宁说主体自在地就是意向结构化的。它作为主体就被“朝外指向……”（ausgerichtet auf...）。我们姑且假设某人陷于幻觉。他在幻觉中看到此时此地的课堂里，有些大象在漫步。他知觉到了这些客体，虽然后者并不现成地存在。他知觉到它们，他是知觉着被指向它们。这里我们有了一种“是被指向客体”（Gerichtetsein auf Objekte），而无需客体现成存在。我们与其他人都说，它们只是以臆指方式作为现成者被给予那个幻想者。然而，这些客体之所以能够在幻觉中以臆指方式被给出，这是因为他的处于幻觉方式中的行知觉本身就是这样一种情况，即在这个行知觉中能够遭遇某物；这是因为，在其自身中的行知觉就是“朝－而为”，就是对客体的关系（Verhaeltnis），无论这客体现实存在还是以臆指的方式现成着。只是因为幻想着的行知觉作为知觉在其自身中具有“是被指向”之品性，幻觉才能以臆指的方式（vermeintlicherweise/vermeintlich）意指（meinen）某物。仅当我作为行把握者（Erfassender）一般去意指，我才能以臆指的方

式把握某物。只有那样意指才具有臆指性之样态。意向关系不是通 85
过客体之现实现成存在而出现的，它存在于行知觉自身之中，无论这行知觉是否梦幻。行知觉必定是对某物的知觉，藉之我才能梦到某物。

这样就清楚了：谈论行知觉与客体的关系，这是模棱两可的。它的意思可以是，行知觉作为现成主体之中的心理上的东西处于与现成客体的关系之中，这个基于两个现成者的关系，其自身也是现成的。这一关系于是完全取决于关系项之现成存在。然而，“知觉与客体的关系”这个说法还可以有这个意思：知觉在其自身之中，按照其结构，便是被这一关系所构成的，不管那作为客体与之相关的现成存在与否。这第二种说法早已切中了意向性之特有性质。“知觉之关系”这样一个表达意指的不是这样一种关系，知觉只是作为一个关系点进入这个关系，这个关系被归给就其自身而言摆脱了关系的知觉；毋宁说，那个表达所意指的是行知觉本身所是的那种关系。我们用意向性来意指的这一关系，乃是所谓自身施为（Sichverhalten）之先天关系特性（apriorische Verhaeltnischarakter）。

意向性作为行为自身的结构就是自身施为着的主体之结构。意向性作为这一关系之关系特性存在于自身施为着的主体之存在方式之中。意向性属于行为之本质，以至于所谓意向行为就是某种赘词，
差不多就像说“空间的三角形”一样。反过来说，只要没有看到意向 86
性本身，那就会糊涂混乱地思考行为，如同只表象了无相应空间理念的三角形，正是这个理念是三角形的基础且使之得以可能的。

由此我们已击退了一种信赖庸常知性的对意向性之误解，但同时也就提出了一种新的误解，非现象学哲学几乎在此全军覆没。我们要讨论这第二种误解，而对特定理论不做更多深入。

迄今为止所做澄清的成果是：意向性不是两个现成者之间的客

观现成关系，而是一种（作为施为之关系特性的）主体规定。行为是自我之行为。人们通常称之为主体之体验。体验是意向的并因而属于自我，或如博学之士所说，体验对主体而言是内在的，它属于主观领域。然而，按照一种自笛卡儿以来新哲学的普遍方法论信念，主体及其体验正是那个对于主体（自我本身）而言唯一且无可置疑地确定所与的东西。问题是，这一拥有其意向体验的自我如何才能越出其体验领域并且容受对现成世界的关系？自我如何才能超越其本己领域以及封闭于其中的意向体验？这种超越性存于何处？问得更确切些：为了对超越性进行哲学阐明，体验之意向结构起了什么作用？因为意向性表示着主体对客体的关系。但据说意向性是体验之结构，因而属于主观领域。如此看来意向的“自身指向……”（intentionale Sichrichten-auf）也驻留在主体领域之内，就其自身而言似乎无助于
87 阐明超越性。我们怎么才能从主体中的意向体验中越出而抵达作为客体的物呢？据说意向体验，作为属于主观领域的东西，自在地仅使自身与内在于此领域的东西相关。作为心理的东西，知觉把自己指向感觉、表象图像、记忆滞留物和思维规定，这种规定是同样内在于主体的思维添加给首先主观性的所与物的。由此必定会首先提出伪似的哲学中心问题：体验与它把自己作为体验所指向的东西，也就是感觉、表象中的主观之物，如何与客观之物相关？

既然我们自己就曾说过：体验（它应当具有意向性这个特性）属于主观领域。那么上面那种提问方式似乎就是合理的、必然的。进一步的问题似乎也就不可避免了：属于主观领域的意向体验如何使自己与超越性的客体相关？这种提问方式似乎不无道理且流传甚广，甚至波及现象学内部以及与之关系密切的新的认识论实在主义——例如 N.哈特曼（Hartmann）的观点，但对意向性的这种解释根本误解了那个现象。它之所以有此误解，乃是因为对于它而言，形

成理论不必满足以下要求:睁开双眼,把现象置于一切固执确立的理论之对方;甚至还蔑视这样的要求,也就是:按照现象来指引理论,而非相反,以预先设想的理论来强暴现象。

我们现在所澄清的第二误解,其根源何在呢?这次不像所谓第一误解那样在于 intentio[意向]的特性,而在 intentum[所意向]的特性,这个 intentum 是行为(此例中是知觉)所自身指向的。据说意向性是体验之特性。而体验属于主观之物的领域。那么现在得出这 88
样的推论是再自然、再符合逻辑不过的:内在体验使自己所指向的,其自身必定也是主观的。然而,无论这个推论看起来有多自然、有多符合逻辑,无论对意向体验及其自己所指向的东西之特征刻划看起来多么具有批判性、多么慎重小心,它仍然是一种理论,这种理论在现象面前紧闭双目,且不会谈论现象本身。

我们且来做出一个自然知觉,无须一切理论,无须关于主客体关系以及诸如此类东西的一切预想意见,我们询问我们生活于其中的具体知觉,例如对窗户的知觉。与其 intentio[意向]本己的指向意义(Richtungssinn)相符,这个知觉使自己与什么相关呢?按照其本己的统握意义(Auffassungssinn)——它是被这个意义所指引的——这个行知觉又指向何处呢?在日常施为中,例如在这个课堂里走一圈,在这个周遭世界之内环视打量一番,我知觉到墙和窗。我在这个知觉中指向何处?指向感觉吗?或者,如果我不想撞到被知觉者,我是在躲开表象图像?是这些表象图像和感觉挡着我没让我冲到教学楼的庭院里去?

说我首先指向感觉,这一切纯然是理论。知觉按照其指向意义是指向现成存在者自身的。它恰恰意指作为现成者的存在者自身,它全然不知它所统握的感觉。如果我处于知觉上的幻觉之中,这一点仍然有效。如果我在黑暗中把一棵树幻视为一个人,不能说:这一知觉是指向树的，只是把这树看成了人；人只是单纯的表象，也就是说我在幻觉中是指向表象的。相反，幻觉的意义恰恰是，我把树看成
89 人，我把我知觉到的或我以为我知觉到的东西统握为一个现成者。在这一知觉性幻觉中所给予我的是人自身而不是什么人的表象。

知觉按照其意义所指向的东西，乃是被知觉者自身。被意指正是这一被知觉者。我们的这种未被理论蒙蔽的指明意味着什么呢？无非是，主观意向体验在它那方面如何才能使自己与客观现成者相关这个提问方式在根本上就是颠倒混乱的。我不能够问、不可以问：内在的意向体验如何达到外物？我之所以不能够、不可以这么问，因为就其本身而言意向行为自身朝着现成之物而为。我无需首先追问，内在意向体验如何获得超越的效果；而是必须看到，意向性不是别的，正是**超越性**所在之处。虽然这样阐明意向性与超越性仍嫌不足，但却赢获了这样一种提问方式，它与所问者本己的实事内涵相对应，因为它本就源于该内涵。对意向性的通常解释误解了（例如在知觉的情况下）行知觉自己所指向者。因而它也误解了“把自己指向”之结构，误解了 intentio[意向]。误解在于把意向性**颠倒妄想地主观化**了。假立了一个自我、一个主体，且把所谓意向体验的领域归属之。此间自我是某种拥有一个领域的东西，自我的意向体验仿佛被包裹在该领域之中。然而现在我们明白，意向行为自身造就了那超越者。由此可知，不能基于主体、自我、主观领域这些任意的概念来错误地解释意向性，也不可以利用这些来提出超越性这种头足倒置
90 的问题，倒是应该反过来，基于对意向性及其超越性之特性的无先见的看来首先对主体就其本质加以规定。由于连带其内在领域的主体与连带其超越领域的客体之间的流俗分离乃是建构性的，——由于内与外的区别乃是建构性的，并且为进一步的建构提供了机会，我们以后就不再谈论主体、主观领域，我们把意向行为所归属的存在者领

会为此在,以便我们尝试借助于被正确领会的意向施为来贴切地描述此在之存在(其基本建制之一)之特性。此在之行为是意向性的,这意味着,我们自身、此在之存在方式依其本质乃是这样的,这一存在者,只要它存在,就已逗留在一个现成者那里。主体仅在其领域中具有意向体验且尚未外化,而是封闭在它的壳里——这样的主体观念是一种荒谬的概念,它将误解我们所是的那种存在者之存在论结构。当我们,正如早先说明的那样,将此在之存在方式概称为生存(Existenz)之时,这就意味着,此在生存,而决不像物那样现成存在。生存者与现成者之间的差异恰恰在于意向性。此在生存,其意味非同寻常,它以这样的方式存在,它存在着向着现成者而为,但并非作为主观之物向现成者而为。一扇窗户、一把椅子、任何广义上的现成者决不生存,因为它无法以意向的"朝之指向"的方式向现成者而为。现成者仅仅存在于其他现成者之间。

凭借这种方法我们只是获得了第一条途径来保护意向性这个现象免遭粗暴的误解,来把它看个大概。这是把意向性真正变成一个 91
问题的前提。我们会在讲座的第二部分尝试把它变为问题。

我们为了在原则上澄清知觉之现象,回溯了关于意向性的两个自然而又顽固的误解。让我们概括一下这两个错误解释。第一个误解是对意向性的颠倒妄想地客观化。我们的反对是:意向性不是两个现成者,主体与客体之间的现成关系,而是一种造就了此在本身之施为之关系特性的结构。第二个误解是对意向性的颠倒妄想地主观化。我们的反驳是:行为的意向结构并非那种内在于所谓主体而首先需要超越性的东西,此在行为的意向建制正是任何超越性之所以可能的存在论条件。超越性、超越都属于这样一种存在者之本质,它(作为超越性与超越的根据)作为意向存在者而生存,也就是说,它以逗留在现成者那里的方式生存。意向性是超越性的 ratio cognoscendi[认识上的根据，认识上的理由]。超越性则是各种方式的意向性的 ratio essendi[存在上的根据，存在上的理由]。

从这两个规定就得到：意向性既不是客观之物，如同客体那样现成，也不是内在于所谓主体(其存在方式仍完全未被规定)这个意义上的主观之物。意向性在流俗的意义上既非客观的亦非主观的，虽然如此，它却在一更为本源的意义上既是客观的又是主观的，只要属于此在之生存的意向性使得如下这点得以可能：这一存在者，此在，生存着向着现成者而为。通过对意向性的充分解释，传统的主体概念及主体性概念都会变得成问题。这不仅指心理学对主体的理解，
92 而且也包括了作为实证科学的心理学自身关于主体的观念与建制所必须预设的东西，包括了哲学自身迄今为止在存在论上以极不充分的方式加以规定并留于晦暗之处的东西。即使眄顾意向性之基本建制也无法充分规定主体这个传统的哲学概念。无法从主体概念出发对意向性确定些什么，因为意向性是主体自身的本质结构，虽说并非最本源结构的话。

鉴于上面提到的这个误解，“知觉自身与被知觉者相关”这一老生常谈所意味的东西并非不言自明的。如果说如今在现象学的影响下人们开始大谈其意向性(或者用了另外一个词)，这一点并未表明人们已对被如此标出的现象进行了现象学的看。行为(行表象、行判断、思维、意欲)具有意向结构——并不是一个人们为了从中引出结论而加以注意、认识的命题，它只是一个指引，引导再现那藉此被意指的东西——行为结构，引导人们不断就现象重新确认该陈述的合法性。

这些误解并不是偶然的。它们并非仅仅基于、首先基于思维与哲学探讨上的肤浅，它们的根源是对物自身的自然立义，正如这一立义依此在之本质在于此在之中。因而此在有这样一个倾向，即首先

在现成者的意义上把握存在者，首先在现成性的意义上领会存在者，而不管这存在者是自然界意义上的现成者，还是那种具有主体存在方式的东西。这是古代存在论的基本倾向，这种倾向迄今为止尚未得到克服，因为它也一并属于此在之存在领悟以及此在之存在领会方式。只要在这种把一切所与都把握为现成者的立义中无法将意向 93
性作为现成物之内的关系来发现，人们便必定以一种表面的方式将之归于主体；如果它不是客观的东西，那它就一定是主观的东西。至于主体，对于其存在同样也无所规定；正如笛卡儿的 cogito sum［我思故我在］所表明的那样，人们又把这样的主体把握为现成者。于是意向性总是某种现成的东西，不管人们以客观的还是主观的方式把握它。与此相反，恰恰必须借助意向性及其既非主观之物亦非客观之物的特点来固执地询问：难道不应该基于这种既非客观亦非主观的现象来对该现象显然归属的存在者做出不同以往的把握吗？

康德谈论物与认识能力的相互关系，现已表明，康德的这种说法以及与之相应的提问方式充满了含混。物并不与居于主体之内的认识能力相关，而认识能力自身，因而主体，按照它们的存在建制具有意向结构。认识能力并非外物与内部主体之间关系的终端环节，认识能力的本质就是以这样的方式自身相关：自身相关的意向此在作为生存者一向已经直接逗留在物那里。对于此在而言没有什么外部，出于同一理由谈论什么内部也是荒谬的。

如果我们通过研究知觉意向与被知觉者来调整康德关于知觉的有歧义说法，并尝试获得知觉之固有特性，那么我们就不能单单修正词义与术语，而是应该回到知觉所意味的东西的存在论本质上去。由于知觉具有意向结构，如果看不到这一点，那么上面提到的那个歧义就不仅是**可能**，而且是**必定**会产生。即使是康德本人，只要他研究知觉，他就会迫于此事的压力不自觉地用到知觉的意向结构。他某 94

次说过，在知觉所达到之处能够遭遇现实者、现成者。[①] 仅当知觉应其本质去通达、去向外伸展，也就是说去指向，它才能达到某物。表象本质地与被表象者相关，指示这样一个被表象者，然而不是以这种方式：似乎它必须首先建立这一指示结构，表象原本就具有作为表－象的这个结构。至于表象是否正当地给予了它所声称给予的东西，这就是下一个问题了。如果那种声称的本质仍然处于晦暗之中，讨论这个问题是没有意义的。

c）意向性与存在领悟；存在者之被发现性（被知觉性）与存在之被展示性

我们要坚持康德诠解现实性与现成性的方向，而只是把他由之出发且在其中进行阐明的境域，给予清晰而贴切的特征描述。我们前此阐明了知觉的意向结构，到此为止我们通过这个阐明获得了什么呢？在讨论第四个论题时，我们回溯了肯定一般之意向性结构。我们承认康德既不会把现成性等同于行知觉（intentio[意向]），也不会把它等同于被知觉者（intentum[所意向]），即使他并没有引入这个区别。因而现在只有这样的可能性，即在以下意义上解释康德对现实性与知觉所做的等同：这里的知觉就意味着被知觉性。是否可
95 以把现实者之现实性（现成者之现成性）等同于其被知觉性，这固然显得成问题。然而另一方面，我们自己也当考虑，在被知觉者以及随之被发现的现实者之被知觉性（“是被知觉”）中，其现实性显然必定一同被揭示了；并且在某种意义上，其现成性也包含在被知觉的现成者之被知觉性中，——也当考虑，必须能够通过对被知觉者之被知觉性的分析以某种方式推进到现成者之现成性。由此其实已经指出，

① 康德：《纯粹理性批判》，B273。——原注

被知觉性并不等同于现成性,它只是通达现成性之必要(虽非充分)条件。这样一个语境要求我们尝试描述被知觉性本身之特性。

因此我们的问题是,被知觉者之被知觉性之特性如何与我们迄今为止关于意向建制所说的东西相关?被知觉性是被知觉者的特性。它如何属于被知觉者?我们能否通过分析现实者之被知觉性推进到该现成者之现实性之意义?依据知觉之意向性,我们肯定会说:属于被知觉者的这个被知觉性显然与 intentum[所意向]有关,也就是与知觉所指向者有关。我们必须立刻进一步探究:知觉之 intentum 是什么。我们已经说过,将被知觉者意指为自在的现成者自身,这一点包含在行知觉之意向的指向意义之中。行知觉自身之意向的指向意义,不管它是否梦幻,是对准了作为现成者的现成者的。我知觉着指向那里的作为某一器物的窗户。这一存在者、广义的现成者之中包含了某种特定的**物宜**(Bewandtnis)。这一存在者用来为课 96
堂照明和遮挡。从它的用之所为(它的用途),它的性状(Beschaffenheit)才被勾勒出来。所谓性状也就是那属于康德意义上的某种实在性的一切,属于它的实事性的一切。我们可以用日常的方式,素朴地、知觉着去描述该现成者,可以对该客体做前科学的陈述,但也可以做出实证科学的陈述。这窗子开着,没有关紧,在墙上安得很好;窗框的颜色是如此,外形是那样。我们这样在该现成者之上所发现的东西,这次是这样一些规定,它们归属于这个作为器物(我们也称之为**器具**)的现成者;此外还有硬度、重量、广延这些规定,它们所归属的并非作为窗户的窗户,而是作为纯粹物质物的窗户。这个首先在与窗户之类的东西打交道过程中才来照面的**器具特性**(它造就了器具的功用)我们是可以遮盖的,我们可以把窗户仅仅作为现成物加以考察。然而,在这两种情况下,无论我们把窗户作为器物(作为器具)还是作为纯粹自然物来加以考察和描述,我们已经以某种方式领会器具与物之所意味了。在与器具(工具、测量器、交通工具)自然打交道的过程中,我们领会了器具性这样的东西,而在对物质物的发现中,我们领会了物性这样的东西。然而我们追寻的是被知觉者之被知觉性。在所有那些造就被知觉者之器具特性的物规定之中,在所有那些归属于现成者之一般物特性的规定之中,我们都找不到被知觉者确实具有的被知觉性。而我们还是说:现成者就是被知觉者。因而被知觉性也就不是"实在的谓词"。被知觉性如何归属于现成者?现成者并不因为我知觉到它而遭受任何改变。它并未经历作
97 为该现成者所是的东西的任何增减。行知觉没有损害它,没有使它丧失用处。相反,恰恰在知觉把握的意义中有着这样一点:如此发现被知觉者,以致它自在地将自身显示出来。于是被知觉性并非客体之上的客观之物。然而,也许人们竟会推出这样的结论,它是主观之物,不属于被知觉者(intentum[所意向])而属于行知觉(intentio[意向])?

只是,在对意向性所做的分析中,我们已经对主体与客体、主观的与客观的之间的流俗区分的合法性产生了怀疑。行知觉作为意向知觉同样并不落在主观领域之中,每当我们想要谈论这样一个领域,行知觉就正好超越了它。被知觉性也许属于此在之意向施为,这就是说,它既不是主观之物也不是客观之物,虽然我们必须一再坚持说:被知觉的存在者,现成者,是被知觉到的,具有被知觉性这个特性。这个被知觉性是一种引人注目又难以捉摸的形相,它在某种意义上属于客体与被知觉者,而又不是客观之物,属于此在及其意向生存,而又不是主观之物。现在又到了这样一个时刻,必须提醒我们注意现象学的方法准则,不能过早避开现象的难以捉摸,或是用粗糙的理论强暴消除之,倒是要加强这种难以捉摸。只有这样,它才能变得可以把捉、可以用概念的方式把握,也就是说,变得可以领会,变得如

此具体以至于对如何解析现象的指引会从难以捉摸的事情那里迎面而来。就被知觉性而言,就其显示自身的方式而言,就与之相应的其他特性而言,可以提出这样的问题:某个东西如何可能以某种方式属于现成者而又不是一个现成者?同时它作为这个东西又如何可能属于此在而又不意味着主观性的东西?现在我们还不会去解决这个问 98
题,而只是把它提出来,以便在第二部分显示,对这样一种难以捉摸的现象之可能性的阐明存乎时间的本质之中。

这一点是清楚的:现成者之被知觉性并不是在现成者自身上面的现成东西,而是属于此在的,这并不意味着,被知觉性属于主体及其内在领域。被知觉性属于知觉着的意向施为。这种施为使得现成者得以就其自身来照面。行知觉发现了现成者,并让现成者通过某种**发现**来照面。知觉揭去了现成者的遮掩(Verdecktheit),使得现成者敞开,因而能够显示自己的自在自身。这是对某物进行每一自然环视与每一自然定向之意义,其之所以如此,乃因在行知觉自身之中,与其意向意义相应,就含有揭示(Aufdecken)的样态。

指点出知觉自身与被知觉者相关,这还不足以划清它与单纯的行表象、再现的界限。行表象与再现也能够以某种方式与某物、存在者相关,甚至也能像知觉那样与现成者相关。于是我现在就可以对我再现马堡(Marburg)火车站。在这里我与之相关的不是什么表象,意指的也不是被表象者,而就是在那里现成的火车站。然而,处于这一纯粹再现中,该现成者以一种不同于处于直接知觉中的方式被统握与给予。它们在意向性与 intentum[所意向]上的本质区别我们在这里不感兴趣。

行知觉是现成者之**显敞性让照面**(freigebendes Begegnenlassen)。超越就是发现。此在作为发现者生存。现成者之被发现性正 99
是那使得显敞能够成为来照面者的东西。行知觉中的存在者之被**知**

觉性，也就是其特殊的显敝，就是**被发现性一般的一个样态**。被发现性也是在制作……或者判断……中对某物显敝之规定。

我们问：有什么属于对存在者的发现（在我们的例子里是属于对现成者的知觉性发现）？发现之样态与现成者之被发现性之样态显然必须被有待由它们而被发现的存在者及其存在方式所规定。就自然的、感性的知觉这个意义而言，我无法知觉到几何关系。然而，如果不是存在者自身被预先发现，由此把握之样态可以取决于该存在者，那么如何才能通过有待被发现的存在者及其存在方式去规范、勾勒出发现的样态呢？另一方面，这一发现反过来又应当切合于有待被发现的存在者。行知觉中的现成者之可能的被发现性之样态，必定已经在行知觉自身之中得到了勾勒，也就是说，对现成者的知觉性发现必定已经预先领会了现成性之类的东西。行知觉之 intentio［意向］中必定已经预先包含了**对现成性的领悟**这种东西。是否这仅仅是一个我们必须提出的先天要求——因为否则对现成者的知觉性发现就仍会是无法理解的？还是说可以表明，**对现成性的领会**此类东西包含在知觉意向性之中，也就是包含在知觉性发现之中？这不仅是可以表明的，确切地说我们已经表明了，我们早已在运用这一属于知觉意向性的对现成者之领悟，而不曾明确标出该结构。

早在首次描述 intentum［所意向］（知觉之所指向）的特性时，就
100 必须针对那个主观化的误解（行知觉首先指向的仅仅是主观性的东西，是感觉）来表明，知觉所指向的是现成者自身。借了那个机会我们曾说，为了察看那一点，只需追问知觉自身中包含的把握之倾向或其指向之意义。行知觉依其指向意义意指现成性之中的现成者。这样的现成者属于指向意义，也就是说，intentio［意向］被向外指向了对（现成性之中的）现成者之发现。在 intentio 中已经包含了对现成性的领悟，虽然以一种前概念的方式。在这一领会中，现成性所意味

的东西被揭示、开启了,或如我们所说,被展示了。我们谈论的是在对现成性的领悟中被给予的被展示性(Erschlossenheit)。这一对现成性的领会以一种前概念的方式先行包含在知觉性发现本身的 intentio[意向]之中。这个"先行"不是说,为了知觉、发现现成者,我必须首先特地为我自己搞清楚现成性的意义。对现成性的先行领会不是在我们所测量的钟表时间的顺序上先行。相反,属于知觉性发现的对现成性的领会,其先行性倒是意味着:这个对现成性(康德意义上的现实性)的领会以这样的方式先行(也就是以这样的方式属于知觉性施为的本质),以至于我完全不必首先特地去实施那个领会;正如我们将会看到的,此在之基本建制之中就包含着:此在也已生存着便领会了(它生存着与之有关的)现成者之存在方式,而全然不顾该现成者是在多大程度上被发现的,以及它是否充分、贴切地被发现。属于知觉之意向性的不仅有 intentio[意向]与 intentum[所意 101
向],而且还有对 intentum 中所意指者之存在方式的领悟。

至于对现成者的发现是如何包含对现成性(现实性)的这种先行的、前概念的领会的,——这种包含意味着什么,它又是如何可能的,这些我们下面再研究。现在重要的是大体看到,在对现成性的领会之中,对现成者的发现性施为是保持不变的;而现成性之被展示性则属于这一施为,也就是说属于此在之生存。这一点是现成者之可发现性的可能性条件。现成者之可发现性,也就是说可知觉性,预设了现成性之被展示性。被知觉性在其可能性上是植根于对现成性的领会之中的。只要我们这样把被知觉者之被知觉性带回其基础,也就是说,只要我们在本质上属于全面的知觉意向性的、对现成性的领会,那么我们就处于一个必须阐明被如是领会的现成性之意义(按照康德的说法是实存与实有之意义)的位置上。

康德所依靠的显然是这一存在领悟,虽然当他说,实存、现实性等同于知觉时，他并没有清楚地看到该领悟。即使我们还没有回答如何诠解现实性这个问题，我们现在也必须记住，与康德的诠解（现实性等同于知觉）相反，康德在根本上所依靠的东西有着丰富的结构与结构性环节。我们首先遭遇的是意向性。属于意向性的不仅有intentio［意向］与intentum［所意向］，而且还有同样本源性的、在intentio［意向］中所发现的intentum［意向］之被发现样态。属于（在知觉中被知觉到的）存在者的不仅仅有存在者之被发现性（存在
102 者是被发现的），而且还有：被发现的存在者之存在方式被领会了，也就是说被展示了。因而，我们不仅仅在术语上，而且是出于实事性的理由区分一个存在者之被发现性与该存在者之存在之被展示性。仅当存在者之存在已被展示时，——仅当我领会其存在时，存在者才能被发现，无论以知觉还是其他的通达方式。只有那样我才能询问，该存在者是否现实，才能以某种方式着手确认存在者之现实性。现在必须设法确切指明存在者之被发现性与其存在之被展示性之间的关联，并且表明，存在之被展示性（被揭示性）是如何为存在者之被发现性之可能性奠基的，也就是说，是如何为它提供根基与基础的。换言之，必须设法将被发现性与被展示性之间的区别作为可能与必然的东西以概念的方式予以把握，并且同样也要以概念的方式把握两者之间的统一。这同时就包含了这样的可能性，即把握在被发现性中被发现的存在者与在被展示性中被展示的存在之间的区别，也就是说确认存在与存在者之间的区别、存在论差异。在对康德问题的追究过程中，我们达到了对存在论差异的追问。只有以解决这一存在论基本问题的方式，才能设法对康德的论题“存在不是实在的谓词”不仅以肯定的方式给予论证，而且以肯定的方式给予拓展——通过把存在一般彻底地诠解为现成性（现实性、实存、实有）。

我们现在看到，提出存在论区别的可能性，是与研究意向性（即

对存在者的通达方式)的必要性联系在一起的,当然这不是说,对每一存在者的通达方式就是康德意义上的知觉。

当康德把现实性与知觉等同起来时,他就没有把对现实性、实有 103
的阐明放在中心位置。他仍然处于问题领域最外在的边缘,外在到这种程度,以至于对他来说该边缘甚至仍然隐入晦暗之中。无论如何,他所追随的那一路向,通过回溯到最宽泛意义上的主体,乃是唯一可能与正确的路向。这个对存在、现实性、实存、实有的诠解路向,它在哲学问题的设置上明确以主体为取向,而并非首先追随笛卡儿以来的近代哲学。甚至完全不是以近代意义上的主观主义方式来确定方向的古代存在论的提问方式,柏拉图、亚里士多德的提问方式也采取了朝向主体的方向,或者不如说朝向主体归根结底所意味的东西——我们的此在——的方向。但这不是说,可以在康德的意义上诠解柏拉图与亚里士多德的基本哲学趋向,就像马堡学派多年以前做的那样。当希腊人回溯到λόγος[逻各斯],他们是沿着与康德同样的方向来尝试者阐明存在的。λόγος的特性是使显明(offenbarmachen),是发现、展示某物。希腊人和近代哲学一样对发现与展示没做什么区别。作为ψυχή[心灵、灵魂]的基本行为,ἀλεθεύειν[使真、去蔽],也就是使显明,这个使显明对于最宽泛意义的ψυχή[灵魂] 或者说νοῦς[心灵、心智]来说是特有的。如果人们无思想地用灵魂或者精神来翻译这两个术语,并且遵从相应的概念,那么他们就对ψυχή[心灵、灵魂]与νοῦς[心灵、心智]做了糟糕的理解。柏拉图曾说,ψυχή[灵魂]在其自身那里谈的是存在,它在其自身那里探讨了存在、异在(Anderssein)、相同、运动、静止以及诸如此类的东西①,

① 参见柏拉图:《智者》,246e以下。那里通过讨论灵魂问题引出了关于存在(τὸ ὄν)、非存在(单数τὸ μὴ ὄν或者复数 τὰ μὴ ὄντα)、相同、差异、运动、静止的讨论。——译注

也就是说，灵魂在自身那里就已经领会了存在、现实性、实有之类。Λόγος ψυχῆς[心灵的逻各斯，灵魂的逻各斯]是这样一个境域，在其中对存在与现实性之类的阐明这种做法才得以施展。在阐明存在论基本现象时，一切哲学，不管它们如何解释"主体"且将之置于哲学
104 研究的中心，总要回溯到灵魂、精神、意识、主体、自我。与流俗的谬见相反，古代存在论以及中世纪存在论并不是什么排除了意识的纯客观存在论，其特点恰恰是把意识与自我看成和客观性的东西一样存在着的，且两造的"存在着"之意义完全相同。这显示在下面这一点上：古代哲学是以λόγος[逻各斯]来指导其存在论的，并且人们可以有某种权利说：古代存在论是一种存在之逻辑学（Logik des Seins）。这点之所以正确，缘于逻各斯是一种应当阐明存在之意谓的现象。存在之"逻辑学"不是说，存在论问题要回溯到学院逻辑学意义上的逻辑性东西上去。出于某种实事性的理由，向自我、灵魂、意识与精神的回溯是必然的。

我们还可以用另外一种说法来表示对存在与现实性的哲学诠解路向的一致性。存在、现实性、实有属于那些仿佛与自我联袂而来的普遍概念。因此人们曾将、现将这些概念称为"天赋观念"，ideae innatae[天赋观念]。它们原本便包含在人的此在之中。基于此在的存在建制，对存在、现实性、实有的观看，ἰδεῖν[看]，领会是与此在联袂而来的。莱布尼茨多次说过（虽然比康德更粗糙含混），我们只需在对我们自身的反思中就可把握存在、实体、同一性、绵延、变化、原因、结果之所是。观念的天赋性学说或明或暗地统治着整个哲学。然而，与其说它解决了问题，不如说它规避、抹杀了问题。人们过于简单地退到存在者及其属性——天赋性上，而对于该属性自身就不
105 继续阐明了。对于天赋性，无论对其把握有多含混，此间不宜在生理学－生物学的意义上加以领会。随着天赋性说出的意味应当是，存

在与实有是先于存在者被领会的。这并不意味着，存在、实有与现实性是个别性的个体在其生物发展过程中首先把握的东西，——并不意味着儿童首先领会了实有之所是。而是说，这个多义的表达“天赋性”仅仅表明了在先者、行预设者、先天者。从笛卡儿到黑格尔，这些都被等同为主观性的东西。只有当人们问道：这一先天性意味着什么、它是如何基于此在之存在建制而可能的、应当如何界定它，才能阐明存在的问题从那个死胡同里引出来，或者说，才能把它真正作为问题提出来。天赋性并非生理学－生物学上的事实，其意义倒是包含在如下指点中：存在、实有先于存在者。对此必须在哲学－存在论的意义上加以概念把握。但也不能因此便主张说，因为所有人都承认这些命题的有效性，所以这些概念与原则就是天赋的。人类在矛盾律有效性上的一致只是天赋性的表征而非其根据。回溯到普遍一直与同意，这还不是对逻辑或者存在论公设的哲学论证。我们将对第二个论题：“每一存在者都有一个何所（Was）与一种存在方式”[①]进行现象学的考察，借此会看到，那里会敞开一个相同的境域，换言之我们会在那里尝试从对人类此在的回溯出发阐明存在概念。无论如何，我们可以表明，古代与中世纪存在论中与那个问题有关的回溯不像在康德那里表达得那么明显。然而，这个回溯的事实还是有的。

我们已经用多重方式表明，对康德论题的批判式讨论引出了外 106
显的此在存在论之必要性。因为只有基于提出此在之存在论基本建制，我们才有一个立足点来充分地领会那个归属于存在理念的现象，来充分领会对存在的领会，后者是一切“对存在者施为”的基础，且引导着这种施为。仅当我们领会了此在之存在论基本建制，我们才能明了，对存在的领悟是如何在此在之中可能的。然而，我们已经表

① 参见上文§4。——译注

明,此在存在论是西方哲学全部发展的隐秘目的,且一直或明或暗地是它的要求。但要看到并且证明这一点,只有明确提出并基本满足该要求。对康德论题的讨论特别引出了一个存在论基本问题,引出了对存在与存在者之区别的追问,引出了存在论差异的问题。在探讨康德论题时,我们每走一步都接触到了这个问题,只是没有特地标明该问题本身。于是,为了充分讨论康德论题,必须分析的似乎不仅是此在、现实性与绝对肯定之间的等同,而且与此相应的还有存在一般与肯定一般之间的等同,也就是说,必须表明,肯定、设定也是有意向结构的。我们会在讨论第四论题的场合回到这一点。届时我们会处理系词"是"意义上的 Sein,康德将之诠解为 respectus logicus[逻辑的关系,逻辑的方面],也就是说诠解为对 Sein 一般的设定。康德认为与肯定一般是一回事的那个 Sein,被他领会为"是",这个"是"被设定为命题中主词与谓词的联结。要分析这个"是",就必须指明命题之设定特性之结构。

107 对意向性的先行澄清进一步引导我们区分客观存在者的存在建制与主观的东西或者说生存着的此在的存在建制。显然对我们自身所是的存在者与我们所不是的存在者(用费希特的方式说就是自我与非我)的区分并非偶然,这个区分必定会在庸常意识中冒出来,而哲学起始就会关注这个区分。我们会在第三论题中探讨该区分,这样第一与第三、四论题的关联届时就会清楚了。

在澄清康德论题的内涵时我们是从实在性(实事性)这个概念出发的,实有作为非实在的特性应当与之区别开来。然而还是要虑及,实在性不是实在的东西,正如实有不是实有着的东西,对这一点康德是这么表达的:对他来说实在性和实有一样都是范畴。只要每一存在者都是**某某**,都具有实事内涵,那么实在性就是一个存在论规定性,归于每一存在者,无论该存在者是现实的或者仅是可能的。仅仅把实有作为非实在的东西从一实事的实在规定中排除出去,这是不够的;还应当规定实在性一般之存在论意义,应当追问,如何来把握实在性与实有之间的关联,如何才能指明该关联的可能性。这是一个似乎隐藏在康德论题之内的问题。它无非就是第二论题的内容,我们此刻就要转向对该论题的讨论。须知,这四个论题是彼此关联着的。其中一个问题的实事内涵也在自身中包含了其他问题的实事内涵。这四个论题是以外在的方式表达出来的,这样就掩盖了我们通过对论题的准备性讨论所摸索的存在论问题在体系上的统一性。

第二章 源于亚里士多德的中世纪存在论论题:何所是(essentia)与现成存在(existentia)属于存在者之存在建制

§10. 该论题的内涵及其传统讨论

a)预先勾勒区分 essentia[本质]与 existentia[实有、实存]的传统问题情境

对第一个论题"存在并非实在的谓词"的探讨,其目的在于澄清存在、实有之意义,以及就这个任务给予康德的有关诠解以彻底的规定。我们强调了,实有与实在性是有区别的。此时,实在性自身并未构成问题,其与实有的关系、甚至两者的区别都同样不曾构成问题。既然康德意义上的实在性说的无非是 essentia[本质],那么对这个关于 essentia[本质]与 existentia[实有]的第二论题的探讨就包含了以往哲学就两者关系所提出的一切问题。康德没有继续研究这些问题,而是把它们当作不言自明的传统主张,用来为自己的思想奠定基础。康德问题在古代及中世纪存在论中的根基有多深,这一点在讨论第二论题的过程中会更加清楚。然而,尽管第二论题与康德论题的关系非常密切,对前者的探讨仍然不会是对康德问题的重复——只要现在实在性自身以 *essentia*[本质]的名义成了存在论问题。因而,问题变得更尖锐了:实在性与实有是如何属于存在者的?实在者

如何可能拥有实有？如何规定实在性与实有的存在论关联？我们现 109
在不仅到达了一个原则上的新问题，而且同时借之将康德问题尖锐化了。

我们也可以从存在论差异的角度描述这个新问题的特性。这个差异涉及存在与存在者之间的区别。存在论差异说的是：存在者的特性总是通过某种存在建制被描述的。这个存在自身并非存在者。然而那属于存在者之存在的，则仍处晦暗之中。迄今为止，我们仿效康德将存在这个表达把握为实有、此在、现实性，也就是把握为现实者与实有者存在的方式。现在则应表明，如果我们将存在方式理解为现实性、现成性与实有，那么存在者之存在建制并未被这个存在方式所穷尽。毋宁说应当搞清楚，属于存在者（无论它以什么方式存在）的还有：存在者是如此这般。属于存在者之存在建制的有"何所"这个特性，实事特性，或如康德所说，实事性，实在性。实在性不是存在者、实在者，正如实有与存在不是实有者与存在者那样。因而 realitas[实在性]或者说 essentia[本质]与 existentia[实有]之间的区别和存在论差异并不重合，它属于存在论差异环节的方面，也就是说，无论 *realitas*[实在性]还是 *existentia*[实有]都不是存在者，它们两者正好造就了存在结构。realitas[实在性]与 existentia[实有]之间的区别在存在之本质性的建制中更切近地分说了存在。

于是我们已经看到，就其自身而言，存在论差异并不像素朴的表达那样看起来如此简单，存在论以之为标的的那个有差异者，存在自身，揭示自己拥有远为丰富的结构。第二论题引出了一个我们将在第二部分以"存在之基本分说"的标题来探讨的问题。"存在之基本 110
分说"也就是通过 essentia[本质]与可能的实有，就存在者之存在来规定每一存在者。

第二论题是：essentia[本质]与 existentia[实有]或者说可能的

实有属于每一存在者。对该论题的**传统讨论**缺乏稳固的基础与确实的线索。自亚里士多德以来，essentia[本质]与 existentia[实有]的区别这个事实久已为人所熟知，且被当作不言自明的东西接受下来。在传统中成问题的是：如何来规定两者之间的区别。古代还没有提出这个问题。存在者的实事特性与它的存在方式(essentia[本质]与 existentia[实有])之间的区别与关联(distinctio[区别] 与 compositio[关联])这个问题首先是在中世纪兴起的，但并非以存在论差异之基本追问(该差异本身完全没有被看到)为背景，而还是处于那个问题情境之内，我们在描述康德论题的特性时已经撞到了这个情境。我们现在处理的确实并非上帝实有的可知性与可证性问题，而是一个更为本源的问题，即将作为无限存在者(ens infinitum)的上帝之概念与那并非上帝的存在者，ens finitum[有限存在者]区别开来。在对康德论题进行特性描述时，我们已经听说实有属于上帝之本质，属于 essentia dei。这是一个甚至连康德也未曾反驳的命题。他反驳的只是：人所处的位置能够绝对地设定(也就说直接知觉到、在最宽泛意义上直观到)这样一种实有属于其本质的存在者。上帝是按照其本质决不可能不存在的存在者。而有限存在者则可以不存在。这就是说，实有并不必然属于它的何所是，属于它的 realitas[实在性]。如果现在一个这样的可能存在者(也就是 ens finitum[有限存在者])或者说其实在性被实现了，——如果这一可能者实有了，那么
111 外在地看来，可能性与现实性显然在这存在者中会合了。可能性实现了自身，essentia[本质]是现实的，essentia[本质]实有着。于是出现了这样的问题：应当如何把握一个现实存在者之实事特性与它的现实性之间的关系？现在涉及的已不仅仅是康德问题，不仅仅是现实性一般，而是这样一个问题：**一个存在者之现实性如何与它的实在性相关**？我们看到，即使这一在第二部分中将把我们引回存在分说

之基本问题的存在论问题，在传统中也是以上帝问题、以作为 ens perfectissimum[至为完满的存在者]的上帝概念为取向的。这重新证实了亚里士多德所做的古老等同，即把πρῶτε φιλοσοφία[第一哲学]，第一科学，关于存在的科学，与θεωλογία[神学]等同起来。我们现在必须把这个关联讲清楚，以便我们可以用正确的方式把握第二论题的内涵，以便我们可以把哲学上的关键从中世纪对这个论题的传统讨论中挽救出来。在阐明该论题的内涵时，我们必须把自己限制在本质性的东西上，仅仅对问题的特征给出一个透彻的描述。至于经院哲学讨论“essentia[本质]与 existentia[实有]之间关系与区别”这个论题的历史过程（托马斯、老托马斯学派、邓·司各特、苏阿雷茨、反宗教改革时期的西班牙经院哲学家），我们无法详细描述；我们只是尝试，通过对各大家要旨的特性描述，也就是通过对托马斯·阿奎那、邓·司各特与苏阿雷茨的把握，大体上给出这样一个的概念：经院哲学是如何处理该问题的；同时，在这样一种问题处理上，在其方法上，古代哲学是如何表现出影响的。

苏阿雷茨属于所谓晚期经院哲学。反宗教改革时期，晚期经院哲学在西班牙耶稣会中重新活跃起来。托马斯是多明我会的，邓· 112
司各特是方济各会的。苏阿雷茨是那种对近代哲学有最强影响的思想家。笛卡儿直接依赖于他，几乎随处运用他的术语。正是苏阿雷茨首次把中世纪哲学——特别是存在论——体系化了。在此之前，中世纪哲学家（包括托马斯与邓·司各特）是以评注的形式处理古代哲学的，而评注是随文本而行的。古代的根本大典，亚里士多德的《形而上学》，是一部不连贯的著作，没有一个体系性的架构。有见于此，苏阿雷茨尝试这样来克服这个缺陷（就他所看到的缺陷而言）：他首次给了存在论问题一个体系性的形式，这个形式在后来的几个世纪里一直规定着形而上学导论，直至黑格尔出现。人们据此区分了

metaphysica generalis[普遍的形而上学]，一般存在论，与 metaphysica specialis[特殊的形而上学]，确切地说后者就是 cosmologia rationalis[理性宇宙论]，自然之存在论，psychologia rationalis[理性心理学、理性灵魂论]，精神之存在论，与 theologia rationalis[理性神学]，上帝之存在论。这种对各核心哲学学科的分类在康德的《纯粹理性批判》里得到了重复。“先验逻辑”基本上对应于一般存在论。康德在《先验辩证论》里处理的东西，理性心理学、宇宙论、神学的问题，则对应于近代哲学所认知的问题。苏阿雷茨在《形而上学论辩集》[Disputationes metaphysicae](1597)里给出了自己的哲学。他不仅对天主教内部的神学发展产生了巨大影响，而且还通过他的会友丰塞卡(Fonseca)强烈影响了16、17世纪新教经院哲学的形成。其彻底缜密与哲学水准两者均远远高于例如梅兰西顿(Melanchton)[①]在他的亚里士多德评注里达到的成就。

113 “essential[本质]与 existential[实有]之间的关系”这个问题首先具有神学含义，而我们对严格意义上的神学含义不感兴趣。它关涉到基督论的问题，因而直至今日还在神学流派里，特别是在对个体秩序的哲学解释中得到讨论。直至今日争论仍未解决。但是，既然托马斯被认为是最具权威的经院哲学家，且被教会所偏爱，那么学问要旨宗于苏阿雷茨的耶稣会成员，同时也就乐于将自己的主张与托马斯联系起来，虽然苏阿雷茨观察问题是最尖锐、最正确不过的。直至1914年，耶稣会还直接要求教皇仲裁：在这个问题上是否每一个方面都必须遵从托马斯。仲裁否决了这个问题，这并非 ex cathedra

① 丰塞卡——海德格尔此间显然指的是 Petrus Fonseca(1528—1597)，西班牙新经院哲学的领军作者之一。《辩证法教程》(Institutiones dialecticae，Lisbon，1564)的作者——英译者注；梅兰西顿——Philipp Melanchton(1497—1560)，德国新教神学家，路德的朋友。——译注

[出于教会权威、由于教皇绝对正确]，而是为了指导神学与哲学认识的取向。我们这里对这个问题感兴趣并非出于直接的原因，而是为了其前的古代哲学之领悟，以及其后的、康德在《纯粹理性批判》黑格尔在《逻辑学》中提出的问题。这个问题的历史错综复杂，直至今日还没有理出头绪。

这个问题首先要回溯到阿拉伯哲学，特别是阿维森纳（Avicenna）及其亚里士多德评注。而阿拉伯哲学本质上受到了新柏拉图主义的影响，受到《原因之书》（Liber de causis）的影响，这篇论著在中世纪发挥了很大作用。该著长期被当作亚里士多德派的东西，但实际上并不是。区别在普罗提诺（Plotin）、普罗克洛（Proklos）、扬布里柯（Jamblichos）那里就出现了，并且由此一直传到托名的狄奥尼修斯。所有这些人对于中世纪哲学都具有特别的意义。

必须在区别无限存在者与有限存在者这两个概念的哲学语境里领会这一问题。在苏阿雷茨那里，这个区别拥有更为开阔的语境。114
《形而上学论辩集》（Disputationes metaphysica）一共有 54 条论辩，其第一部分，论辩 I—XXVII，探讨了 communis conceptus entis ejusque proprietatibus，存在一般及其属性。形而上学的第一部分探讨了存在一般，在那里哪一个存在者共同被思了，这是无关紧要的。第二部分，论辩 XXVIII—LIII，探讨了特定存在者之存在。苏阿雷茨在存在者大全之内确定了 ens infinitum[无限存在者]，deus[神]，与 ens finitum[有限存在者]，creatura[被造物]，之间的基本区别。最后一条论辩 LIV 探讨了 ens rationis[理性的存在者]，就像人们今日喜欢说的：观念性的存在（idealen Sein）。虽然难免小心翼翼，苏阿雷茨毕竟是第一个尝试着反对经院哲学来表明 ens rationis[理性的存在者]也是形而上学之对象的人。虽然研究存在一般表现为形而上学的本质性任务，然而 deus[神、上帝] 作为 primum[首先的］与 principuum ens［主要的存在者］同时也是 id, quod et est totius metaphysicae primarium objectum, et primum significatum et analogatum totius signifacationis et habitudinis entis（Opera omnia［全集］, Paris 1856—1861，卷 26，disp. XXXI，prooem［论辩第 XXXI 条，引言］）：上帝作为首先的、主要的存在者，同时也是整个形而上学，也就是说整个存在论的首要对象，是 primum significatum［首要的意义］，即首要含义，也就是说造就一切含义之含义的；是 primum analogatum［首要的符合者］，也就是每一关于存在者的陈述与每一对于存在的领悟向之回溯的那个东西。古老的信念是：既然一切现实的存在者都来自上帝，那么对于存在者之存在的领悟最终也要引回至上帝。Prima divisio entis［首要的存在者区别］是 ens infinitum［无限的存在者］与 ens finitum［有限的存在者］之间的区别。在论辩 XXVIII 中苏阿雷茨讨论对被区别之物的一系列表述，所有这些表述都已经出现在以往的哲学中了，甚至其术语都已明白地确定下来。人们也可以不用无限与有限的存在者，而代之以如下区别——ens a se［自依的存在者］与 ens ab alio［依他的存在
115 者］，也就是出于自身的存在者与出于他者的存在者。苏阿雷茨把这一区别追溯到奥古斯丁，它归根结底是新柏拉图主义的。因而人们也谈到了上帝之自存。与该区别相应的还有：ens necessarium［必然的存在者］与 ens contingens［偶然的存在者］，也就是必然的存在者与仅仅是有条件的存在者。对于该区别，还有另一种表述：ens per essentiam［由于本质的存在者］与 ens per participationem［由于分有的存在者］，也就是基于其本质的存在者，与仅仅通过分有本真的存在者而实有的存在者。这里反映了古老的柏拉图式 μέθεξις［分有］。下一个区别在 ens increatum 与 ens creatum 之间，即在非受造的存在者与受造的、被创造的存在者之间。最后一重区别是作为

actus purus[纯粹现实性]的 ens 与 ens potentiale[潜在的存在者]，即作为纯粹现实性的存在者与带有可能性的存在者。因为那现实但并非上帝本身的东西随时有可能不存在，则它作为现实者仍然是可能者，也就是说仍然可能不存在或者说作为他物存在，而上帝按其本质是决不可能不存在的。苏阿雷茨选择第一种划分，即将存在者大全划分为 ens infinitum[无限的存在者]与 ens finitum[有限的存在者]，作为最基本的划分，他将其正确性归给了其他的划分方式。甚至笛卡儿也在其《沉思录》里运用了这种区分方式。我们会看到，为了更深入地领会这一区分，而完全不管其神学取向，甚至也不管上帝是否现实地实有，ens increatum[非受造的存在者]与 ens creatum[受造的存在者]的分别也是决定性的。

我们将从这一未经明言而无处不在（甚至存乎其未被命名之处）的区别出发来领会经院哲学的问题，同时领会沿着这一理路前行的困难甚至不可能性。ens infinitum[无限的存在者]是 necessarium[必然的]，它不可能不存在；它是 per essentiam[由于本质]的，其现
实性属于其本质；它是 actus purus[纯粹的现实性]，是不带丝毫可能 116
性的纯粹现实性。其 essentia[本质]便是其 existentia[实有]。在这一存在者中实有与本质性是相合的。上帝的本质便是其实有。因为在这一存在者之中，essentia[实有]与 existentia[本质]相合，则两者之间区别的问题显然无法在这里出现，而涉及 ens finitum[有限的存在者]时，就必然产生这个问题。因为 ens per participationem[由于分有的存在者]才接受其现实性。现实性首先归于可能者，归于那可能是某某的东西（也就是按其何所存在的东西），归于本质。

苏阿雷茨在其《论辩集》第二部分讨论了 ens infinitum[无限的存在者]及其概念与可知性之后，就在论辩 XXXIff. 中转而在存在

论上研究 ens finitum[有限的存在者]。首要的任务是界定 communis ratio entis finiti seu create,即界定有限的或者受造的存在者之一般概念。他在论辩 XXXI 中探讨了受造的存在者之一般本质。这条论辩有一个表明特性的标题:De essntia entis finiti ut tale est, et de illius esse, eorumque distinctione,“论有限存在者本身之本质,论有限存在者之存在,论它们的区别”。和托马斯一样,苏阿雷茨经常在 existentia[实有]的意义上使用 esse[存在、是]。

b)古代与经院派领悟境域中对 esse[存在、是](ens[存在者]),essentia[本质]与 existentia[实有]的先行界定

必须界定在探讨论题时不断用到的概念:*essentia*[本质]与 *existentia*[实有],但仅在古代或者经院派所达到的程度内予以界定。为了对 essentia[本质]与 existentia[实有]进行概念澄清,我们并不
117 选择纯粹的史学道路,而是以托马斯为指导,他既接受了传统,又决定性地传递了传统。托马斯对 essentia 的研究体现在一篇不长然而重要的青年时代的作品之中,其标题为 De ente et essentia[论存在者与本质],又名:De entis quidditate[论何所是]。

在探讨 essentia[本质]这个概念之前,让我们先说两句,对概念 esse[存在、是]与 ens[存在者]了解一二。它们构成了整个后继哲学的前提。

概念 *ens*[存在者],或者像经院哲学所说 *conceptus entis*[存在者之概念],必须以双重方式加以理解,理解为 conceptus formalis entis [形式的存在者之概念]与 conceptus objectivus entis[客观的存在者之概念]。关于 *conceptus formalis*[形式概念]要注意以下几点。形式,μορφή[形式],是那使得某物(Etwas)成为现实者的。形式、formalis[形式的],形式的,并不意谓形式主义意义上的“形式

的”:空洞的、非实事的;conceptus formalis[形式概念]是现实的概念,也就是说,是在 actus concipiendi [构思的活动,理解的活动]或者 conceptio[行构思,行理解]意义上的概念能执(Begreifen)。当黑格尔在他的《逻辑学》中处理概念的时候,与当时的流俗用法相反,他把“概念”这个术语理解为经院哲学的意义上的 conceptus formalis[形式概念]。在黑格尔那里,概念(Begriff)意味着能执(Begreifen)与所执(Begriffene)的一体,因为对他而言思维与存在是同一的,也就是说相互归属的[①]。conceptus formalis entis[形式的存在者之概念]是对存在者的能执,或者说的更普通更小心些,是对存在者的把握(Erfassen)。它正是我们标为存在领悟以与其他相区别的东西,正是我们现在打算更确切地加以研究的东西。我们之所以用“存在领悟”[而不用“对存在的概念把握”],是因为对存在的领会中未必包含明显的概念。

然而,*conceptus objectivus* entis[客观的存在者之概念]又是什么意思呢? conceptus objectivus entis[客观的存在者之概念]必须与 conceptus formalis entis [形式的存在者之概念],也就是存在领悟、对存在的概念把握相区别。那 objectivum[客观的]就是那在把握与执着中作为可执着者,更确切地说作为被-执着的(begriffene)objectum[客体]被对抛(entgegengeworfen)的东西,作为在能执中的所执本身,概念内涵(又被称为含义),被对置(entgegenliegt)的东西。在经院哲学中 conceptus objectivus[客观概念]这个

---

① 德文 Begriff 一词通常译为“概念”。其词根是动词 greifen,意义是抓、握、拿、取等。中译文无法表达“概念”与“抓取”的字面联系,除非我们完全放弃用“概念”来翻译 Begriff。Begreifen 我们在这里译为“能执”以与意思相近的 erfassen(把握)在字面上相区别,动词 greifen 相应译为“执着”。Begreifen 在本书其他地方通常译为“概念把握”或者“概念化”等。——译注

118 表达经常被等同为 ratio[理由],ratio entis[存在的理由]这个术语,这复又对应于希腊语。Conceptus[理解到的,构思到的]、concipere[被理解,被构思]属于λόγος οὐσίας[存在之逻各斯、存在之陈述],存在之概念,属于 raito[理性]甚或 intentio intellecta[智思的意向性、被理解到的意向性]。这里必须将 Intentio[意向性]更确切地理解为 intentum intellectum[被理解到的意向者],也就是在能执意向中被意指的东西。

按照追随托马斯的苏阿雷茨的说法,一般存在论的客体乃 conceptus objectivus entis,存在者之客观概念,也就是存在者自身中的共相,就是考虑到它的充分抽象(也就是说撇开与某特定存在者的所有牵连)的存在一般之含义。按照经院哲学与哲学一般的解释,这一存在概念乃是 ratio abstractissima et simplicissima[最抽象和最单纯的理性],是最空洞、最简单的东西,也就是说,乃是最无规定的东西、简单的东西、直接的东西。黑格尔把存在界说为:存在是无规定的直接的东西。作为 abstractissima et simplicissima[最抽象与最单纯的]的 ratio entis[理性的存在者]则与此相应。对于这个最一般与最空洞的东西是无法下定义的,definiri non potest。因为任何一个定义都必须把有待定义的东西归于更高的规定性之下。桌子是一种用具,用具是一种现成者,现成者是一种存在者,而存在属于存在者。我无法超越存在,在对存在者做任何规定时我都已经预设了存在。存在不是类,无法对它下定义。而苏阿雷茨说,只能 declarare per descriptionem aliquam[1],通过某种描述澄清存在。

如果人们从对语言的如下使用出发:ens [存在者]意谓着存在

---

① 苏阿雷茨:Disputationes metaphysicae[《形而上学论辩集》]。Opera omnia[《全集》],卷 25,disp. II,sect. IV[论辩第 II 条,第 IV 节],1。——原注

者。那么它在语言形式上依据的是 sum[我存在]，existo[：我实有]，我存在的分词。因此它意谓着 ens quod sit aliquid actu existens[1]：现成性、现实性归于某物。表达的这个含义是 sumptum participali- 119
ter[以分词的方式被把握]（在分词的意义上理解）。Ens，存在者（Seiendes），也可以 *nominaliter*[以名词的形式]加以理解，vi nominis，理解为名词。因而 ens [存在者]的意思并不同于某物实有，借此所意指的并非具有实有性（Existenz）的某物，而是 id，quod sit habens essentiam realem est[2]，就是那具有某一特定实在性的实有的东西，实有者自身，存在者，*res*[事物，实事]。对于每一 ens[存在者]都属有：它是 res[事物，实事]。康德说的是实在性、实事性。让我们把 ens[存在着、存在者]，存在着（Seiend），这个表达的双重含义联结起来。作为分词[3]，它说出的是，存在者被一种存在方式所规定。分词性含义强调了 existentia[实有]这个环节。与此相反，名词性含义则强调了 res[实事]，也就是说 *essentia*[本质]这个环节。

Ens[存在着的]与 res[事物、实事]，存在者与事物，意谓了不同的东西，而它们之间确实又是可以转换的。每一存在者都是 ens[存在着的]与 res[事物、实事]，也就是说，它具有存在，并且它具有如此这般的存在。可以把 res[事物、实事]更确切地理解为 essentia realis[实事本质]，或者其简称 essentia[本质]：实事本质，何所性，实事性（realitas）。

托马斯如何描述这个属于每一存在者的实事性（realitas）的特

---

[1] disp. II，sectIV[论辩第 II 条，第 IV 节]，4。——原注

[2] 同上。——原注

[3] 拉丁文的 ens，德文的 Seiendes，都是对各自联系动词（esse、Sein）的分词形式（ens、Seiend）加以名词化而得到的。我们以“存在者”、“存在着的”译名词，以“存在着”译分词。——译注

性呢？从他为实事性安排的各种记号，这一点就很清楚了。所有这些记号都可以回溯到相应的希腊存在论基本概念上去。

我们必须更确切地理解**实在性**这个概念，或如经院哲学多半会说的那样，*essentia*［本质］这个概念。在经院哲学中，实事性一度被标为 *quidditas*［何所性］，它形成于 quid［何、所、什么］：quia est id，per quod respondemus ad quaestionem，*quid* sit res。[①] 这 quidditas［何所性］就是当我们回答那个就其存在者所提出的问题“它何所是，τί ἐστιν”时在存在者那里向之回溯的东西。亚里士多德更确切地把这个τί ἐστιν所规定的何所把握为τὸ τί ἦν εἶναι［曾是之何所是，本
120 是］[②]经院哲学把它翻译为 quod quid erat esse，每一物依据其实事性在实现自身之前所曾是的东西。某物，例如窗子、桌子，在它是现实的之前，已**曾是**它所是的东西；并且，为了实现自身，它**必定已经曾是了**[③]。就其实事性而言它必定**曾是**，因为只有当它可被思维为可能实现的东西，它才能被实现。那每一存在者、每一现实者已所曾是的东西，在德文中被标为**本质**（*Wesen*）。在这个本质，τὸ τί ἦν［所曾是］，之中，在那**曾是**（*war*）之中，有着先前性、早先之环节。当我们想要界定一存在者 primo［首先］，首先之所是的时候，或者当我们造就一存在者本真之所是，illud quod primo concipitur de re［关于某物首先被理解的东西］[④]的时候，我们就回溯到了 quidditas［何所

---

① dispu. II，sect. IV［论辩第 II 条，第 IV 节］，6。——原注

② ἦν是希腊文联系动词εἶναι的未完成过去式。这个短语字面的意思是“一事物的‘曾是’是什么”，通行的中译为“本质”（本质所对应的 essentia 或者 Wesen 正源于连系动词的过去式）或者“恒是”。我们认为，汉语虽无过去式，但“本”、“原”恰到好处地提示了“未完成过去式”的意蕴。——译注

③ 如果想与我们对 Sein 的一般翻译保持一致，“曾是”也可译为“曾在”。但这就必须注意避免一个误解，即这里并没有“曾经实存”的意思，而是“一向已是其所是”。另外应当注意德文中“曾是”（gewesen sein）与“本质”（Wesen）的渊源。——译注

④ dispu. II，sect. IV［论辩第 II 条，第 IV 节］，6。——原注

性]。这个“首先”不可以在 ordine originis[起源的秩序]上理解,不可以在我们的知识、认识的产生秩序上理解(sic enim potius solemus conceptionem rei inchoare ab his quae sunt extra essentiam rei),sed ordine nobilitatis potius et primitatis objecti[1],在对一事物的认识秩序中,我们更习惯从外在于其本质性的规定,也就是首先落入我们眼帘的偶然属性开始。Primo[在先]所意指的并不是这种“首先”,而是 ratione nobilitatis[等级]上的 primo[在先],是 res[实事、事物]上的首要,是物依据其实事性所是的东西,是我们在其实事性中所限定的东西,这种限定就是希腊语的ὁρισμός[下定义、界说],在拉丁文里叫作 definitio[下定义]。因此我们不仅把实在性理解为 quidditas[何所性],而且将之理解为 *definitio*[界说]。这个在界说中可被限定的何所性,正是那给予每一物规定性以及与他物的确定区别性的东西,正是那造就物的可限制性与形态的东西。这种被规定的限定,这种 certitudo(perfectio)[确定性(完善)]可以被更确切 121
地规定为 forma[形式、外形],μορφή[形式、外形]。这个含义上的 forma[形式]是造就存在者之形态的东西。它与物的“看上去如何”相应,希腊语叫作εἶδος[外形、外观、形式、理念、理型、相],也就是物被看成的样子。实事性的第三个含义,forma[形式、外形],也就是希腊语的μορφή[形式、外形],回溯到了εἶδος[外形、外观、形式、理念、理型、相]。那造就存在者之本真规定性的东西,同时也正是存在者之中的根源与根本,物的一切属性与活动性都是被这个根本所规定和预先勾画的。因此人们也将存在者之中的这个根源,存在者的本质,标为 *natura*[自然、本性],按照亚里士多德的用法就是φύσις[自然、本性]。甚至今天我们还会说“事物的本性”。

---

① dispu. II,sect. IV[论辩第 II 条,第 IV 节],6。——原注

因此最终必须理解实事性的下一个称号，人们多半称之为：essentia[本质]。它正是人们随着存在者所思维的、在 esse[是、存在]之中，在一个 ens[存在者]也就是存在者之存在之中的东西（如果它是在其现实性中被把握的），也就是希腊词οὐσία的诸种含义之一。

我们将会看到，实事性之所以有这些不同名称：quidditas（何所性）、quod quiderat esse（本质）、definitio（限定）、forma（形态、外观）、natura（本源），也就是说康德所谓实在性、经院哲学大多所谓 essentia realis 之所以有这些不同名称，不是偶然的，不是由于一定要为同一个东西起不同名字。与这些名字相应的是实事性在其下得以提出的所有不同方面，是对本质与实事性的诠解、因而对存在者一般之存在的诠解的某种基本建制。同时，在相应的希腊术语那里可以看到，对实事性的诠解回溯到了希腊存在论的提问方式上。从这里出发正可以把握这种存在论的原则取向。

接下来首先需要借助如上标记来看清楚，在这个第二论题中所处理的 essentia 与 existentia 之间的区别，**其区别项之一**的意义何
122 在。现在我们必须来先行限定**另一个区别项**：existentia。引人注目的是，长期以来 *existentia* 这个概念没有像 essentia 概念那样得到一义性的理解和术语限定，虽然理解 essentia 与 quidditas 也要从 esse 出发才行。归根结底，esse、existere 才是更为本源的东西。实有与存在概念之不透明决非偶然，这是因为这些概念已在部分上被当作不言自明的了。鉴于古代哲学、经院哲学乃至直到康德的近代哲学对这些概念诠解之不完备，我们必须在对第二论题进行现象学诠解时尝试提出，对存在之意义的前康德诠解是沿着什么方向运动的。然而一义性地把握成问题的这个概念，比起把握 essentia 概念来更是困难得多。无论如何，目前我们不可简单地在探讨过程中介入那个等同于绝对肯定的康德式实有概念。我们必须先对经院哲学

或者说古代哲学的 existentia 进行特征描述而把康德的诠解整个放在一边。随后将会表明，康德的诠解与古代哲学的距离并不像第一眼看上去的那样遥远。

首先我们只是笼统地、先行地给出经院哲学关于实有概念的 communis opinio［共同意见］。关于这个概念，古代哲学基本上没有开创什么东西。为 existentia、existere 而用到的术语多半大体是 esse。因此托马斯特别说到，esse［海：也就是说 existere］est actualitas omnis formae，vel naturae[①]，存在是每一本质与每一本性、每一形式与每一本性的 actualitas，这个词的字面翻译是“现实性”。我们目前无须关心其确切意思。存在是 actualitas。如果某物是 actu［行动、实现、实行］，ἔργῳ［行动、实行］，它就基于一种 agere，一种实行 123
（ἐνεργεῖν）而实有。在这个最宽泛意义上的实有（existere），并非**我们**理解为此在之存在方式的那种用法，而是有现成存在、康德式实存的意义，意为**被实现性**（*Gewirktheit*，或译被实行性）或者被实现性所包含的**现实性**（actualitas，ἐνέργεια，ἐντελέχεια）[②]。康德也用此来表达实有。我们的德语表达“现实性”（Wirklichkeit）是对 actualitas 的翻译。Actualitas 之现象（我们还无法即刻思考该现象）便是希腊语的ἐνέργεια。经院哲学通过 actualitas 来说 res extra causas constituitur，也就是说，通过现实性，一个事物，亦即一单纯的可能之物，某一何所，就在原因之外被设定与设立了。这意味着，通过现实性（Aktualität），被实现者变得独立了，它自为地持立，脱离于造作与原

---

① 托马斯·阿奎那：Su. theol.［《神学大全》］I，qu. III，art. IV。——原注

② ἐνέργεια与ἐντελέχεια都是亚里士多德哲学术语，一般将其义理解为与“潜能”（dynamis）相对的“实现”、“完全实现”。在理解正文中提到的、由此转译的一系列拉丁语与德语概念时，宜注意汉语中很难直接表达的一点，即这两个概念在字面上就提示了“行动”、“行为”或“活动”与“实现”、“现实”的同源性。——译注

因。于是，存在者作为现实者就是那自为持存者，那脱离了的结果，那ἔργον[行动、结果、事功]，那被实现者。如果某物通过这种实现被设立为在其原因之外独立的东西，并作为这种独立的东西而成为现实的，那么它就同时作为这一现实的东西持立于虚无之外。实有这个表达作为 existentia 被经院哲学诠解为 rei extra causas et nihilum sistentia[出离于原因与虚无而持存的事物][1]，诠解为事物外于(实现该事物的)原－因(Ur-Sachen，字面意思是原初－事物)、外于虚无的被设立性。我们随后将会看到，actualitas 意义上的被设立性是如何与康德之绝对肯定意义上的被设定性相合的。

正如 essentia 或者 quidditas，何所性，是对 *quid* sit res[事物是什么，事物何所是]这个问题的回答，ita actualitas respondit quaestioni *an* sit，实有则回答“某物是否存在”的问题。我们也可以规整一下这个论点：每一存在者作为存在者都可以双重方式加以追问：“它是什么”(*was es sei*)与“它是否存在”(*ob es sei*)。每一存在者都会遭受“何所”的问题与“是否”的问题。何以如此，我们此刻还不知
124 道。在哲学传统中这个被当作不言自明的。人人都洞察到了这个。基于 actualitas，实有，res 才是现实的。反过来看，也就是说从现实性出发来看，事物乃是一种可被实现的可能之物。只有这样反过看，对何所性，也就是 realitas 的特征描述(这个描述在莱布尼茨那里起了很大作用)才发源于现实性之理念：将 essentia 规定为可能之物。在莱布尼茨那里，康德所谓 realitas 主要被把握为 possibilitas 这个概念，也就是希腊语的δυνάμει ὄν[潜能的存在者、潜在的存在者]。在莱布尼茨那里，possibilitas 这一名称显然直接回溯到了亚里士

---

① 在这里 existentia 被解析为 ex-istentia，也就是 extra-sistentia[出离－持存]，海德格尔在上下文中的解释都要扣住这一点来理解。——译注

多德。

于是我们就粗略地澄清了第二论题的两个组成部分:essentia与existentia。对于一个存在者归属有一个"何所"(essentia)与一个可能的"如何"(existentia)。我们说,一个可能的"如何",因为每一存在者之"何所"并不必定意味着:它实有。

c)经院哲学(托马斯·阿奎那、邓·司各特、苏阿雷茨)对 essentia 与 existentia 所做的区别

关于 *essentia* 与 *existentia* 的关系,经院哲学确定了两个论点,我们要把这两个论点当作课题加以阐明。第一个论点是:In ente a se essentia et existential sunt metaphysicae unum idemque sive esse actu est de essentia entis a se。在自有的存在者那里,本质性与实存[海:这是康德的说法]在形而上学上[海:也就是在存在论上]是一致、相同的,或者说现实存在(Wirklichsein,或译"是现实的")属于本质,现实性源于自在自因的存在者之本质。由此,正如我们先前强调过的,ens a se[自有的存在者]直接地被称为 actus purus,纯粹的现实性,也就是说,排除了任何可能性。上帝是没有以下意义上的可能性的:似乎上帝可以成为某种他尚未是的东西。

第二个论点是:In omni ente ab alio inter essentiam et existentiam est distinctio et compositio metaphysica seu esseactu non est 125
de essentia entis ab alio,在每一个出自另他的存在者之中,也就是说在每一个被创造的存在者之中,有着何所性与存在-方式之间的存在论上的区分与复合,或者说现实存在不属于被创造的存在者之本质。

我们现在必须更确切地规定在 *ens finitum*[有限存在者]那里持存着的、*essentia* 与 *existentia* 之间的这种 *dictintio*[区分]或者

compositio[**复合**],并且察看一番,为了由此出发更清晰地观察本质性与实存之意义并且察看由此浮现的问题,应当如何来把握这个distinctio。必须注意的是——这一点我们在阐述康德时已有所触及——甚至可能之物,res、quidditas,也有某种存在[1],可能**存在**(das Moeglichesein,或译为"是可能的")与现实**存在**区别开来。当实在性与possibile相合时,必须注意的是,在康德那里实在性与可能性属于不同的范畴组类。前者属于"质"而后者属于"模态性"。Realitas也是实在者的某种存在方式[2]正如现实性是现实者的存在方式。

如何理解res的存在方式(经院哲学所谓entis),也就是说实在性呢?当现实性实现之时,也就是说当现实性增添上去之时,实在性、可能存在是以什么方式变形的呢?可能之物根据它才成为现实的、增添上去的这个现实性是什么呢?它自身是否一个res,以至于在现实的存在者中,essentia与existentia之间有一个实在的区别,一个distinctio realis?抑或必须以其他的方式理解这一区别?然而又当如何理解呢?可能存在与现实存在之间有个区别,这是无可否认的;可能存在并不同于现实存在。问题的焦点是,在被实现了的可能之物中,在essentia actu existens中,是否有一个区别、有着什么样的区别。现在要探讨的是在ens finitum那里、在ens creatum[被
126 创造的存在者]那里的essentia与existentia的区别。在ens increatum[非被造的存在者]那里本质上没有这个区别;在那里它们是unum idemque[完全一致的]。

关于本质性与实存或者说现实性之间的区别问题,我们在经院哲学内部区分出**三种不同的阐释路向**。其一是**托马斯主义**的,其二

① Sein,这里要考虑其"是"的含义。——译注

② Seinsart,这里宜理解为"是的方式"。——译注

是司各特主义的,其三是苏阿雷茨的。我们有意说:"托马斯主义的"。我们以此意指同时被老的托马斯学派与当今部分人仍然支持的那种对 essentia 与 existentia 之间 distinctio 的阐释,也就是将之阐释为 distinctio realis[实在的区别]。托马斯本人对这一问题是如何思考的,直至今日还没有得到清晰一致的确认。然而,大家都说他倾向于将该区别把握为实在的区别。

我们可以简短地概括一下这三种阐释的特征。托马斯及其学派认为 essentia 与 existentia 之间的区别,这种 distinctio,是一种 distinctio *realis*。按照司各特这种 distinctio 是一种模态性之区别,是 distinctio *modalis* ex natura rei[出于事物本性的模态区别,出于事物本性的样式区别],或者就像司各特主义者也会说的那样,是一种 distinctio *formalis*[形式的区别]。司各特主义的区别在这个名目之下变得十分有名。苏阿雷茨及其先驱把本质性与实存之间的这个区别把握为 distinctio *rationis*[理性的区别,或译为"概念的区别"]。

如果人们对这些经院哲学的阐释只有肤浅的了解,并且把它当作流俗意义的经院哲学也就是钻牛角尖的争论来打发掉,那么人们就必定放弃了对在其下起着基础作用的哲学一般之中心问题的领悟。经院哲学对这些问题只有不充分的确认与讨论,但这不是忽略问题本身的理由。比起当代哲学(它还无法做出足够形而上学的样子)对这些问题无与伦比的无知来,经院哲学对这些问题的提法必须得到高得多的评价。我们必须尝试推进到经院哲学问题的核心实质中去,并且让自己不被个别学派事实上是经常的烦琐、艰难的争论所 127
打扰。在阐述学派观点与争论时,我们将自己限制在本质性的东西上面。我们马上就会明白,对古代存在论自身问题的澄清是多么得少,而经院哲学的讨论最终是回溯到了古代的进路,甚至近代哲学也是把古代存在论当作不言自明的东西来借以工作的。我们姑且不去阐述、评论那些具体的论证。对这些问题及其在经院哲学中的根基的透彻了解是领会中世纪神学与新教神学的前提。如果不曾把握 essentia 与 existentia 的学说，那么甚至无法粗略地接近中世纪的神秘神学，例如艾克哈特大师（Meister Eckhart）的神秘神学。

中世纪神秘主义的特征是，它尝试着将那个在存在论上被估计为本真本质的存在者，上帝，在其本质性自身中加以把握。这样神秘主义就达到了一种独特的思辨，其之所以独特，是因为它把本质一般之理念，也就是说对存在者的存在论规定，essentia entis，转换为一种存在者，并且把存在者之存在论根据，其可能性，其本质，变成了本真的现实者。本质性向存在者自身的这种值得关注的转化是所谓神秘主义思辨之所以可能的前提。因而艾克哈特大师主要谈论的是“超本质的本质”，也就是说，他感兴趣的并非本真的上帝——对他来说上帝还是一个临时的对象——而是上帝性（Gottheit）。当艾克哈特大师谈到“上帝”时，他指的是上帝性，不是 deus［神、上帝］，而是 deitas［神性］；不是 ens，而是 essentia，不是自然本性，而是超越自然
128 本性者，也就是超越本质者；至于本质，人们必须仿佛否认它的每一个实有规定，必须回避每一个 additio existentiae［实有的附加，附加了实有］。因此他也曾说：“如果人关于上帝说他存在，那么这是被附加上去的。”①这是被附加上去的是对“它是 additio entis”的德语翻译，那是托马斯说的。“所以上帝在相同的意义上不存在，并且对于一切被造物的概念来说是不存在的。”②所以上帝对他自身而言是他的不（sein Nicht，或译“他的非”），也就是说，上帝作为最一般的本质，作为一切可能者的最纯粹而无规定的可能性，乃是纯粹的无

① 艾克哈特大师：《讲道和论说集》，Franz Pfeiffer 编，Leipzig 1857，第 659 页，17/18 行。——原注

② 同上书，第 506 页，30/31 行。——原注

(Nichts)。与一切被造物的概念相反，与一切被规定的可能者与现实者相反，上帝是无。在这里我们也再次发现了一种与黑格尔对存在的规定，与他对存在与无的等同的平行说法。中世纪神秘主义，确切地说神秘神学，并非在我们的意义上、在坏的意义上是神秘的，它倒是应该在全然卓越的意义上加以概念把握。

α)托马斯主义关于 ente creato[被造的存在者]中 essentia 与 existentia 之间 distinctio realis 的学说

托马斯学派是这样解决本质性与实存的关系问题的：在一现实的存在者之中，该存在者的"何所"乃是另一种 res，是自为地与现实性相反的另一种东西，换言之，在一现实的存在者中我们有着两重实在性，essentia 与 existentia 的复合，compositio。因此本质性与实存之间的区别是一种 distinctio *realis*。Cum omne quod est praeter essentiam rei，dictatur accidens；esse quod pertinet ad quaestionem *an est*，est accidens；[①]既然存在者上面一切并非[海：康德意义上的]实在谓词的东西被称为附属于、附加于存在者与何所的东西，那么与"一个 res 连带其实在性的总和是否实有"这个问题相关的现实性或 129
者实有就是一种 accidens[偶性]。现实性是附加到一存在者之何所上去的东西。Accidens dicitur large omne quod non est pars essentiae；et sic est esse[海：也就是说实有着] in rebus creatis[在受造物中][②]，实有不是实在性的部分，而是附加到实在性上。Quidquid est in aliquo，quod est praeter essentiam ejus，oportet esse causatum，那外在于实事之实事内涵的一切、那并非 res 的实在谓词的一切，都

---

① Thomasv. A.，Quaest. Quodlib. II，quaest. II，art. III. ——原注

② 同上书，XII，quaest. V，art. V。——原注

必定是由原因而被引发的，且这种引发确实：vel a principiis essentiae...vel ab aliquo exteriori，①要么出于本质自身之根据，要么由于其他事物。在上帝那里实有才出于本质根据而属于 res。上帝的本质就是上帝的实有。在被造物那里，它自身并不包含对它的现实性的引发。Si igitur ipsum esse[海：existere] rei sit aliud ab ejus essentia，necesse est quod esse illius rei vel sit causatum ab aliquo exteriori，vel a principiis essentialibus ejusdem rei，如果存在者，实有者，也是与何所性（Washeit）相反的另一种东西，它就必定也是被引发的。Impossibile est autem，quod esse sit causatum tantum ex principiis essentialibus rei；quia nulla res sufficit，quod sit sibi causa essendi，si habeat esse causatum. Oportet ergo quod illud cujus esse est aliud ab essentia sua，habeat esse causatum ab alio②，而不可能的是，实有（Existieren）仅被一事物的本质根据所引发[海：这里托马斯谈的只是被创造的本质性]，因为没有一个事物足以按照其实事内涵就成为自己实有的原因。这里出现了一个与莱布尼茨所谓充足理由律，causa sufficiens entis，相似的原则。按照其传统的论证方式，充足理由律是要回溯到 essentia 与 existentia 的关系问题上去的。
130 existere 不同于本质性，前者根据自己被他物引发才有了自己的存在。Omne quod est directe in praedicamento substantiae，compositum est saltem ex esse et quod est③，因此，作为 ens creatum 每一个 ens 都是 ex esse et quod 的 compostium，实有（Existieren）与何所是（Wassein）的 compostium[复合]，它所是的这一 compostium

① 托马斯·阿奎那：《神学大全》，quaest. III，art. IV。——原注

② 同上。——原注

③ 托马斯·阿奎那：De veritate[《论真理》]，quaest. XXVII，art. I 。——原注

乃是 compositio realis，换言之，与此相应，essentia 与 existential 之间的 distinctio 乃是 distinctio realis。必须掌握，esse 或者 existere 也是有别于作为 esse quo［何以是、何以存在］或者 ens quo［何以存在者］的 quod est［那何所是］或者 esse quod［何所是］的。现实者之现实性是这样一种另外的东西，它自身构成了一种独特的 *res*。

托马斯的论点是——如果我们将之与康德的论点相较，与康德还是有一致性的——，实存、现实性不是实在的谓词，它不属于事物之 res，然而同时又是一种附加到 essentia 上去的 res；而康德则通过自己的诠解力图避免将现实性与实有自身把握为一种 res；他是通过将之诠解为对认识能力的关系，也就是诠解为作为肯定的知觉来达到这一点的。

晚期经院哲学时代那些将 essentia 之间的 existentia 区别作为 distinctio realis 来传授的最重要的托马斯弟子当中，首屈一指的就是逝于 1316 年的埃吉丢斯·罗马努斯（Aegidius Romanus）。他以其对伦巴底（Petrus Lombardus）《箴言书》的评注而知名且受到好评。他属于奥古斯丁修会，后来路德也出身于该修会。罗马努斯之后就是逝于 1444 年的约翰·卡普瑞奥路斯（Johannes Capreolus）。他常被称为 princeps Thomistarum，托马斯主义的巨子。在埃吉丢斯·罗马努斯那里已经表明了托马斯主义者顽固捍卫本质性与实存之间的实在区别的动机。无非就是这样一种观点：除非确认该区别是一种实在的区别，否则就根本无法谈论物的被创造。某物之所以 131
能够被创造，换言之作为可能者的某物之所以能够转入现实性，或者反来说有限者本身之所以也能够再此停止存在，那个实在区别便是这一切的可能性条件。这一观点的托马斯主义代言人就相反的观点当持如下猜测：如果否认了该区别是一种实在的区别，同时也就必定否认创造的可能性，而这样也就真正否认了整个形而上学的基本原则。

β)司各特主义关于 ente creato 中 essentia 与 existentia 之间的 distinctio modalis(formalis)[模态的(形式的)区别]的学说

第二种学说，也就是邓·司各特的学说，其主旨为 distinctio modalis 或者 formalis。Esse creatum distinguitur ex natura rei ab essentia cujus est esse;ex natura rei，出于事物自身(也就是说作为一被创造的事物)之本质，被造物的现实性与其本质性相区别。Non est autem propria entitas，然而被这样区别开的实有并非一特有的存在者，omnino realiter distincta ab entitate essentiae，并非一种单纯 realiter[实在地]与本质性区别开来的特有存在者。Esse creatum[被创造而是、被创造而存在]，existere[实有]毋宁是 modus ejus，它的模态。这个司各特主义的 distinctio formalis 其实是一种钻牛角尖的东西。邓·司各特以多重方式来描述其特征。Dico autem aliquid esse in alio ex natura rei，quod non est in eo per actum intellectus negiciantis，nec per actum voluntatis comparantis，et universaliter，quod est in alio non per actum alicujus potentiae comparantis①：我说，那 quod non est in eo，在他物中不是基于 actus intellectus percipientis，不是基于知性的把握行动的东西，也不是基于比较行为的东西，就是 ex natura rei，出于事物本性的东西。那根本不能追溯到某一比较、规定、把握行为中的，而是包含在事物自身
132 中的东西，就是 ex natura rei 在他物中的东西。Dico esse formaliter in aliquo，in quo manet secundum suam rationem formalem，et

---

① 邓·司各特：Reportata Parisiensia[《巴黎记录》，中译者按：这是司各特在巴黎大学讲授《箴言书》的课堂记录] I，dist. XLV，quaest. II，schol. I。——原注

quidditativam：我说，它是 formaliter，按照其形式存在于他物之中，它基于其 quidditas［何所性］保留在这个形式中。[1] 回头从我们的例子来看，这些意味着：实有、现实性现实地属于被创造的现实者；用康德的话来说，实有不是基于 res 与概念、与行统握的知性的关系，按照司各特，实有现实地属于现实者，而它同时也不是 rei。现成者在哪里存在，现成性就在哪里存在；现成性在于现成者之中，但又可以作为属于现成者的东西而与现成者相区别；但并不是以这样的方式，似乎这一区别与区分能够给出某种自为的、特有的东西，某种拥有特有实在性的特有 res。

γ）苏阿雷茨关于 ente creato 中 essentia 与 existentia 之间的 distinctio sola rationis 的学说

第三种观点是苏阿雷茨关于 distinctio rationis 的观点。在被创造的存在者中本质性与实存之间的区别只是一种概念的区别。苏阿雷茨的探讨，其目标首先是表明，他自己的观点与司各特的观点实质上是一致的，更确切地说，根本没有必要像司各特那样引入 distintio modalis 这个区别，这个区别无非就是他自己所谓 distinctio rationis［理性的区别］。

苏阿雷茨说：Tertia opinio affirmat essentiam et existentiam creaturae... non distingui realiter，aut ex natura rei tanquam duo extrema realia，sed distingui tantum ratione[2]［第三种意见认为，被创造物的本质和实有并没有现实的区分或者就像两条现实的边界一样有着事物本性上的区分，而仅仅是理性的区分］。他借此划清了自己 133

---

① 邓·司各特：Reportata Parisiensia［《巴黎记录》，中译者按：这是司各特在巴黎大学讲授《箴言书》的课堂记录］I，dist. XLV，quaest. II，schol. I。——原注

② 苏阿雷茨：《形而上学论辩集》，disp. XXXI，sec. I，12。——原注

的观点与上述两种学说的界限。他的观点更清晰地确认了那个被追问的区别的比较点：comparatio fiat inter actualem existentiam，quam vocant esse in actu exercito，et actualem esentiam existentem[①][且来比较现实的实有——即所谓实现活动中的实有——与现实地实有着的本质]。他强调说，涉及本质性与实存之间区别的问题在于如下设问：即被实现了的何所，也就是说一现实者之何所是否以及如何与其现实性相区别。这里牵涉的并非纯粹的可能性，作为纯粹可能者因而作为被实现者的 essentia 如何与现实性相区别的问题，而是这样一个问题：在现实者自身之上现实性与现实者之实事内涵可否实在地区别开来？苏阿雷茨说：essentia et existentia non distinguuntur in re ipsa，licet essentia，abstracte et praecise concepta，ut est in potentia[海：possibile]，distinguatur ab existentia actuali，tanquam non ens ab ente，[②]在现实者自身上我无法区分 realiter[实在的]本质性与现实性，虽然我能够以抽象的方式把本质性思维为纯粹的可能性，并因而能够确定非存在者，非实有者，与实有者之间的区别。他继续说：Et hanc sententiam sic explicatam existimo esse omnino veram，[③]我认为，这个观点是完全正确的。Ejusque fundamentum breviter est，quia non potest res aliqua intrinsece ac formaliter constitui in ratione entis realis et actualis，per aliud distinctum ab ipsa，quia，hoc ipso quod distinguitur unum ab alio，tanquam ab alio，utrumque habet quod ist ens，ut cond istinctum ab alio，et consequenter non per illud formaliter et intrinsece[④]：这第

① disp. XXXI，sec. I，13.——原注

② 同上。——原注

③ 同上。——原注

④ 同上。——原注

三观点的基础仅仅是：实有、现实性之类——它们是 intrinsece et formaliter［最内在的与形式的］，最内在并且按照本质构成了现实者 134 之类东西——无法作为特有的存在者与该被构成者相区别。因为，假如实有、现实性自身是一个 res，用康德的说法是一个实在的谓词，那么两种 res，两种事物——本质性与实有，也就有了一种存在。那就会产生这样的问题：这两者如何可能合为一个存在着的统一体。把实有把握为实有着的东西，这是不可能的。

为了通达不同学派的这三种学说所讨论的问题，我们先略提一下经院哲学对 distinctio 一般之理解。如果我们撇开司各特主义的意见，［那么可以说］经院哲学区分了 distinctio realis 与 distinctio rationis。Distinctio realis habetur inter partes alicujus actu（indivisi）entis quarum entitas in se seu independenter a mentis abstractione，una non est altera，如果对于被区分的东西而言，按照它们的何所内涵，一个不是另一个，且确实就其自在而言，撇开通过思维的任何统握，那么就有了实在的区分。

Distinctio rationis 则是 qua mens unam eandemque entitatem diversis conceptibus repraesentat，则是这样一种区别，知性借之并非为自己表象了两个不同的 res，而是通过不同的概念表象了同一个事物。经院哲学进一步将 distinctio rationis 划分为 a）*distinctio rationis pura*［理性的纯粹区分］或者说 *ratiocinantis*［推理的纯粹区分］与 b）*distinctio rationis ratiocinata*。［理性的推理区分］对于第一种区分，人们可以用 homo 与 animal rationale，人与理性的动物之间的区别做例子。我确实以此区分了某种东西，但我所加以区分的，乃是同一个 res。区别仅在于行统握的方式；在一种情况下那被意指的东西 homo［人］，不明确地、implicite［隐含地］被思维；在另一种情况下它则 explicite［外显地］被思维，突出了本质环节。在

135 distinctio rationis pura 的这两种情形下 res realiter［实在地、实在地看］是同一个。这一 distinctio 仅在 ratiocinari 自身中，也就是说仅在概念区分中才有其本源与动机。这是一个仅仅从我自身出发才实行的区别。——distinctio rationis ratiocinatae［理性的推理区分］distinctio rationis cum fundamento in re［在事物中有根据的理性区分］必须与这一 distinctio rationis 区别开来。前者是惯用的表达。它所涉及的不仅是行统握的模态，及其清晰性的程度，而且还有 quandocumque et quocumque modo ratio diversae considerationis ad rem relatam oritur［无论何时，无论以何种样态，不同考虑之理性（理由）都为被反映的事物而生成］，如果这区别并不作为某种被能动施行的把握所激发的东西，而是作为被那在 ratiocinari 自身中 objicitur，被对抛的东西产生的话。从本质上看，对于第二 distinctio rationis 来说，有待区分的事情自身之中就包含有实质性的动机。因而这个第二 distinctio rationis——它不仅被行把握的心智，而且被所把握的事情所激发——就获得了一个介于纯粹逻辑上的 distinctio（人们也称之为 distinctio pura［纯粹的区别］）与 distinctio realis［实在的区别］之间的中间位置。因此它与邓·司各特的 distinctio modalis 或者 formalis 是相合的；因此，苏阿雷茨有权说，他与司各特实际上是完全一致的，只是他认为引入 distinctio modalis 或者 formalis 这种进一步的区别则是多余的。司各特主义者坚执其 distinctio modalis，自有其神学理由。

我们首先在经院哲学的观点框架里探讨的 essentia 与 existentia 之间区别的问题，如果就其实事内涵，就其在古代哲学中的根基来看，该会变得更加清晰。然而，为此我们必须更进一步追随苏阿雷茨，以便切中实质性的问题关键。因为苏阿雷茨及其先驱的观点是最适合就之进行现象学的问题阐示的。苏阿雷茨不仅以我们已提到的方式来证明自己的论点——也就是他所说的:将实有把捉为实有者乃是不可能的,因为这会重新产生两种存在者自身如何再次构成 136
一个存在着的统一体这个问题;他还通过引证亚里士多德来证明自己的论点。为使这一引证合法有效,他就必须拓展亚里士多德的观点。苏阿雷茨说:Probari igitur potest conclusio sic exposita ex Aristotele,qui ubique ait:ens adjunctum rebus nihil eis addere;nam idem est ens homo,quod homo;hoc autem,cum eadem proportione,verum est de re in potentia et in actu;ens ergo actu,quod est proporie ens,idemque quod existens,nihil addit rei seu essentiae actuali...[①][所解释的结论因此可以被亚里士多德的权威所证实,他说:将存在附加在一事物上并未给该事物增加任何东西,因为是着的人与人是相同的;相应地这对于潜在与现实的事物都是正确的;因此现实中的存在,它是特有的存在且与实存相同,没有对事物或现实的本质增加任何东西]。亚里士多德说,“存在”这个表达,当它被加到某一事物上去的时候,并未添加任何东西,因为我说人,homo,还是 ens homo[存在着的人、是着的人],存在着的人,这是相同的。这里引证的亚里士多德原文是:ταὐτὸ γὰρ εἷς ἄνθρωπος καὶ ὢν ἄνθρωπος καὶ ἄνθρωπος, καὶ οὐχ ἕτερόν τι δηλοῖ.[②]:也就是,说一个人与存在着的人是相同的。亚里士多德在这里只是想说:即使当我思维一 res,一单纯的何所时,我也必须把它在某种意义上思维为存在着的;因为即使可能性与被思维性也是可能存在(Mögli-

---

① disp. XXXI,sec. VI,1.——原注

② 亚里士多德:《形而上学》,Γ卷,第 2 章,1003b26f。——原注[亚里士多德这里的论述旨在说明“存在”(“实是”)与“太一”(“元一”)的没有分别。通行汉译本此间译为:“……例如‘一人’与‘人’是同一物,‘现存的〈正是〉人’与‘人’也同,”下文紧接着还有“倍加其语为‘一现存的人’与‘一人’也没有什么分别。”吴寿彭译,商务印书馆 1959 年版 1991 年重印本,第 57—58 页。——译注]

ch*sein*，也可译为"是可能"、"可能之是"）与被思维存在(Gedacht*sein*，也可译为"是被思维"、"被思维之是"）。即使当我说"人"时，存在也在这个（以某种方式被思维为存在着的）存在者中被共同思维了。苏阿雷茨把亚里士多德的这一指点——在每一被思维者中，无论它被思维为现实的还是可能的，存在都被共同思维了——转用到实有上去了。他说，同样的观点（也就是存在不对 res 添加任何东西）对于 proprie ens，对于本真的存在，也就是说对于实有（Existieren）也是有效的。实有（Existenz）不添加任何东西。这正是康德的论题。Existentia nihil addit rei seu essentiae actuali. 实有不对现实的何所添加任何东西。

为了搞清楚这一点，苏阿雷茨必须深入描述可能者一般之存在
137 方式之特性，也就是说，必须 essentia priusquam a deo productur[1]，深入描述在上帝本身创造它之前该事物的存在方式。苏阿雷茨说，在实现之前，物的本质性与可能性是没有本己存在的。存在并非实在性，sed omnino nihil[2]，毋宁干脆就是无。对于在这个意义上就像纯粹可能性那样就其存在而言是无的东西，即使在实现过程中也没有什么东西可被加于其上。实现之本质毋宁在于，essentia 首先获得了一种存在，或者说得更确切些，达到了存在；这确实是以如下方式：人们随后仿佛能够从被实现了的事物出发将其可能性统握为也在某种意义上存在着的东西。苏阿雷茨将这一纯粹的可能性称为 potentia objectiva［客观潜能］并且让该可能性仅存在于 ordine ad alterius potentiam[3]［在另一种潜能的层面上］之中，仅存在于与另一存在者的关系之中，该存在者具有思维同样东西之可能性。然而

---

① 苏阿雷茨：disp. XXXI，sec. II。——原注

② disp. XXXI，sec. II，1.——原注

③ disp. XXXI，sec. III，4.——原注

这一可能者,正如上帝所思维的那样,non dicere statum aut modum positivum entis,并不意指存在者之本己肯定的存在方式,该可能者毋宁必须以否定方式被把握为 nondum actu prodierit,尚未本真存在的东西。[1] 当该可能者通过创造转入现实性时,不能将这一转化理解为可能者扬弃了一种存在方式;而应理解为它首先接受了一种存在。现在 essentia,non tantum in illa,不仅在每一潜在性中被上帝所思维,而且它现在首次成为真正现实的东西,ab illa et in seipsa [出于它且在它之中] 存在者现在首次被上帝所创造,并且作为这一被创造者同时在它自身中就是独立的。[2]

"让区别一般变得可以明了"这个问题是困难的。该困难取决于如何一般地把"实现"思维为"可能者向其现实性的转化"。更明确地 138
说,在 ente creato 中 essentia 与 existentia 的区别问题依赖于,人们是否一般地以实现、创造与制作为导向来诠解实有意义上的存在。如果人们以创造与制作意义上的实现为导向来追问实有与本质性,那么事实上也许就无法回避三种学说在其中推进的问题情境。然而原则性的问题是,一般而言是否必须像经院哲学或者古代哲学那样来指引现实性与实有之问题。

在回答这一问题之前,我们必须搞清楚,在前康德哲学那里,对实有以及现实性的意义的追问是,并且何以是,以实现之现象、制作之现象为指引的。最后,让我们再次比较一下第三与第一种学说。苏阿雷茨的 distinctio rationis 意味着,如果将实事性自为地被思维,那么现实性便不属于 realitas,不属于被创造者之实事性,另一方面如果没有现实性则现实者是无法被思维的。不用说,现实性自身

① disp. XXXI, sec. III, 4. ——原注

② 同上。——原注

并非一个现实者。苏阿雷茨认为以下两个论题是可以统一的：一方面现实性并不 realiter[实在地]属于可能者也就是说 essentia，另一方面现实性却自在地闭锁在现实者之中而不仅是现实者对主体的关系的。与此相反，第一种学说则认为这两个论题的一致性是不可能的。仅当实有并不属于 essentia，创造、创建之类的事情一般才得以可能。因为在创造中实有添加到现实者之上并且随时可以被拿走。通过更切近的观察容易看到，如果 essentia 一会儿被理解为纯粹的可能性、纯粹的被思维的本质，一会儿又被理解为现实性自身中的被
139 实现的本质，那么在这场争论中，真正的问题关键点就会不断地推移。第一与第三种学说也在各自的方法出发点上有所分别。第一种学说纯粹以演绎的方式推进。它寻求从被创造者之理念出发证明自己的论点。如果被创造的存在者可能作为被创造者存在，那么现实性就必定可以添加到可能性上去，也就是说，两者必定 realiter 有所分别。从“创世必定是可能的”这一原则出发就必然会导出 essentia 与 existentia 之间的实在区别。第三种学说没有从可能创造之必然性出发，而是尝试就所与的现实者自身解决何所与存在方式之间的关系问题。它如是尝试，然而没有真正搞清楚这个问题。所与的现实者是作为终审法庭起作用的。考虑到这一点，现实性自身无论如何不会被表明为现实的东西，不会被表明为作为 ens 现实地与 essentia 相联结的东西。

在现实者上无法看到作为本己的 res 的现实性，它只能被本己地思维。它必定被思维为按照其本质属于现实者的东西——属于被实现者，然而并不属于被思维的本质本身。然而同样也就有：苏阿雷茨以某种方式与康德相一致，当他说实存、现实性并非实在的谓词时。就苏氏将现实性解释为并非属于现实者自身的东西，虽然也不是实在的东西而言，他就与康德在肯定性的诠解方式上有了差别，而

康德是把现实性诠解为物对认识能力的关系的。 140

§11．现象学地澄清为第二论题奠基的问题

我们已经标明了对本质性与实存之间区别的讨论。这就清楚了，关于这个区别此间还是有所争论的，而被区别的东西自身没有得到充分的阐明，——甚至没有尝试给予处于区别中的东西充分的阐明，乃至完全没有弄清这种阐明的途径与必要。无论如何，不能那样素朴地设想，似乎搁置对本质性与实存的本源诠解仅是一种过失或者怠惰。毋宁说，这些概念一度是被当作不言自明的。人们坚持这样一个无可动摇的信念：存在者必须被理解为被上帝所创造的东西。这一存在体上的说明立刻就把存在论上的设问判为不可能了。首先就没有了诠解这些概念的可能性。缺了设问之境域，也就缺了——用康德的说法——确认这些概念的出生证且证明其真之可能性。传统讨论中运用的那些概念必定来源于不断为此提供的诠解。现在我们以一种实事性－史学性的路向来追问：实有与何所是这些概念源于何处？也就是说，那些在所谓对第二论题的讨论中被用到的概念是从何处得到其含义的？我们必须尝试追踪 *essentia* 与 *existentia* 这些**概念**的**本源**。我们的问题是：它们的出生证是什么样的，它是否为真正的出生证，或者这些存在论基本概念之谱系是否拥有另外的进程，以至于它们之间的区别与联系归根结底拥有另外的基础。如 141
果成功地揭示了这些基本概念的谱系，或者首先发现了我们推进到或是回溯到其源头的理路，那么“何所存在与可能的如何存在属于每一存在者”这一论题便会得到高度的澄清与充分的论证。

a)追问 essentia 与 existentia 之本源

我们目前姑且忘却关于本质性与实存及其 distinctio 的争论。我们尝试追踪 essentia 与 existentia 的本源，或者说尝试界定与理解从本源出发进行这样的诠解这一任务。我们不会忘却的是，时至今日，尽管曾有康德的推动，对这些概念或者说为这些概念奠基的现象的诠解却未曾比中世纪或古代前行得稍微远一点。长期以来，康德的推动只是以否定的方式被接受。固然半个世纪以来有过，现在也还有新康德主义。它，特别就马堡学派而言，自有其特殊的贡献。既然复兴康德开始变得过时，人们现在试图代之以复兴黑格尔。这种复兴甚至以此自得：它保持并偏好对过往之尊崇敬慕。但归根结底它是过往所能遭受的最大不敬，因为它竟将后者贬低为时尚之工具与仆役。严肃对待过往的基本前提是不要把自己的工作搞得比被复兴者所做的更为轻易。这意味着，我们首先必须在过往所把握的问题的实事内涵中有所推进，这不是为了待在那里不动且以现代的玩
142 意儿文饰它，而是为了推动把握到的问题。我们既不想复兴亚里士多德的也不想复兴中世纪的存在论，既不想复兴康德也不想复兴黑格尔，而只想使自己摆脱在一种轻浮时尚与下一种轻浮时尚之间不断飘荡的这个当代的一切便宜套话。

让我们甚至姑且忘却康德对问题的解决，现在来问：为什么要把实有把捉为实现与现实性？为什么对实有的诠解要回溯到 agere［行动］，回溯到 agens［那主动的，能动者，动因］，回溯到ἐνεργεῖν［使现实，置于活动之中］与ἐργάζεσθαι［活动、工作］？表面上我们其实回到了第一论题的问题。但这只是表面上，因为现在的问题还包含了对实在性之本源的追问，也就是说，对康德在阐释自己论题时完全没有将之变成的问题的那种东西的存在论结构之本源的追问。当他

说，实有并非实在的谓词时，他已经把实在性之所是预设为明晰的东西了。我们现在也同时追问 essentia 这个概念（也就是康德的实在性概念）之存在论本源，进而不仅追问这两个概念的本源，而且质问它们的可能关联的本源。

以下探讨与先前在康德论题的框架下的探讨以此有所区别：在追寻实有概念本源的过程中，我们遇到了将实有解释为现实性的境域，而这个境域不同于康德的解释境域；更确切地说，我们遇到了**同一境域之内的不同目光方向**，中世纪与古代对该境域确认与修缮的清晰程度不如康德及其追随者。指明 essentia 与 existentia 的本源，这现在意味着，把对这些概念所名之物的领会与解释境域展示出来。我们马上就必须追问，古代与康德对存在概念的解释境域到底在多大程度上彼此相合；并且，为什么正是它们统治着，甚至时至今日仍 143
然统治着存在论的提问方式。但首先我们必须谋求掌握古代与中世纪的存在论境域。

对 existentia 的词义考释已经表明，*actualitas* 回溯到了某不定主体的**动手施行**（*Handeln*）上，或者如果从我们自己的术语出发，手前现成者（das Vorhandene）按照其意义以某种方式关涉某物，对于这某物而言该手前现成者仿佛**来到手前**（*vor die Hand kommt*），对于这某物它是一个**手头的东西**（*ein Handliches*）。甚至把存在诠解为 actualitas 这个表面上客观的诠解归根结底也回溯到了主体，但并非像在康德那里那样，在 res 对认识能力的关系之意义上回到行把握的主体，而是在对作为动手施行者，更确切地说作为创建者、**制作者**的我们的此在的关系的意义上[回到主体]。问题在于，将实有诠解为 actulitas，是否仅从词义就能导出其诠解之境域，——以至于我们仅从实有、“actualitas”的标记出发就能推出一个 agere——或者，从现实性之意义（正如该意义在古代哲学与经院哲学中被掌握的那样)出发是否可以表明,在向此在之制作性施为的回溯中可以领会现实性。如果情形是后者,那么必定可以表明,实在性与 essentia 这两个概念,随之还有我们为 essentia 所列举的所有概念(quidditas、natura、definito、forma)都必须从制作性施为的境域出发才能得到理解。进一步的问题则是:对于实有与现实性的这两种传统诠解(其一是追溯到把握性与知觉性施为的康德式诠解,另一是回溯到制作性施为的古代－中世纪诠解)是怎么汇合的呢?何以这两者实质上是必然的?迄今为止,这两种诠解还能以其片面性与独特性决定性地统治着对存在一般之存在论问题之追问,这又是什么缘故?

144 我们问:在 essentia 与 existentia 的形成过程中,在对存在者之领悟与诠解的面前浮现的是什么?存在者何以必然虑其存在而得到理解,因而这些概念能够从存在论诠解中生发?我们首先追问实有概念之本源。

我们先前曾经完全粗略地说过:*existentia* 被掌握为 actualitas,现实性,也就是从 actus、agere 的角度加以掌握。现实性首先对于每个人都是可理解的,而毋需随意使用一个概念。我们有意暂且转向这样一个问题:在中世纪哲学中该自然领悟是被如何看待的,这一领悟在某种意义上相合于对实有的自然说明。

我们已经看到,第三种学说的代言人试图将目光转向所与,试图发现并规定现实者中的现实性。这种诠解仅是十分贫乏与粗糙的。在古代这仅是全然零散的、偶然的评注(亚里士多德:《形而上学》,卷 Θ)。中世纪也未曾展示新的进路。苏阿雷茨试图给予这些概念详细的限定,却是完全处在传统存在论的框架之中。我们有意从他对实有概念的探讨出发,同时默默记着康德的诠解。

Res existens, ut existens, non collocatur in aliquo praedica-

mento，[1]一个现实的事物作为现实的东西不被安置在任何实事性谓词之下。这也就是康德的论题。Quia series praedicamentorum abstrahunt ab actuali existentia；nam in praedicamento solum collocantur res secundum ea praedicata，quae necessario seu essentialiter eis conveniunt[2]，因为实事性基本谓词之系列是不管其陈述的存在者是否现实存在的。Existentia rei absolute non est respectus， 145
sed absolutum quid[3]，一事物的现实性并非对某他物的关系，而是某种在自身之中的直接的东西。这就意味着：现实性属于现实者，且使之现实，而现实性自身并非一现实者。这一直是一个谜。固然从基督教的观点看，存在者之实现是通过上帝完成的，然而被实现的存在者作为被实现者仍然是自为地绝对持存的，是某种自为的存在者。但以这种途径，关于现实性自身我们没有经验到任何东西，而只是关于现实者之实现有所经验。Actualits[现实性]是 agens[能动者]之actum[活动]的一个规定。埃吉丢斯·罗马努斯在他的《〈箴言书〉评注》中说道：Nam agens non facit quod potentia sit potentia... Nec facit agens ut actus sit actus，quia cum hoc competat actui sec. se；quod actus esset actus non indiget aliqua factione. Hoc ergo facit agens，ut actus sit in potentia et potentia sit sub actu.[4][因为能动者并非潜能之为潜能的原因……能动者也并非现实之为现实的原因，因为这属于现实自身；现实之为现实并不需要原因。能动者所做的因而是：现实应当存在于潜能之中而潜能应当被实现。]Esse nihil est aliud quam quaedam actualitas impressa omnibus entibus ab

---

① 苏阿雷茨：《形而上学论辩集》，disp. XXXI，sec. VII，4。——原注

② 同上。——原注

③ 同上书，disp. XXXI，sec. VI，18。——原注

④ 埃吉丢斯·罗马努斯：Sent. II，dist. III，qu. I，art. I。——原注

ipso Deo vel a primo ente. Nulla enim essentia creaturae est tantae actualitatis, quod possit actu existere, nisi ei imprimatur actualitas quaedam a primo ente.[①][存在无非是某种被上帝或第一存在者加诸一切存在者之上的现实性。因为没有一种被创造的存在者之本质具有这样的现实性以至于它可以现实地存在，除非第一存在者将某种现实性加诸其上。]此间展示了一个素朴的看法，据之现实性仿佛是某种被加到事物上去的东西。——甚至 distinctio realis 的辩护者也反对把 existentia 理解为一种 ens。卡普瑞奥路斯说[②]：esse actualis existentiae non est res proprie loquendo... non est proprie ens, secundum quod ens significat actum essendi, cum non sit quod existit... Dicitur tamen [海：existentiae] entis, vel rei。现实性并非严格言说意义上的事物，它并非真正的存在者，它自身并非实有着
146 的东西，它并非存在者，而是在存在者之中(quid entis)的某某，属于存在者的某某。接下来的段落就更清楚了：esse creaturae... non subsistit; et ideo, nec illi debetur proprie esse, nec fieri, nec creari, ac per hoc nec dicitur proprie creatura, sed quid concreatum... Nec valet si dicatur: esse creatum est extra nihil; igitur est proprie ens. Quia extra nihil non solum est quod est; immo etiam dispositiones entis, quae non dicuntur proprie et formaliter entia, sed entis; et in hoc differunt a pentius nihilo.[③]被创造者的现实存在自身并非现实的，它自身并不需要生成(Werden)与被创造(Geschaffen-

---

① 引自卡普瑞奥路斯：I Sent., dist. VIII, qu. I, art. I(Quinta conclusio[第五条结论])。——原注

② 卡普瑞奥路斯：I Sent., dist. VIII, qu. I, art. II(Solutiones, IV[第四条解答])。——原注

③ 同上书，I Sent., dist. VIII, qu. I, art. II(Solutiones, IV)。——原注

werden)。因此就不可以说,现实性自身是被创造的某物。它毋宁是 quid concreatum[所一同创造的],随着对被创造者的创造随之一同被创造了。现实性固然属于现实者,但它自身不是现实者,而是 quid entis[那属于存在者的],并且本身是 quid concreatum[具体的]甚或是 dispositio entis[存在者的倾向],存在者的一种状态。

我们可以概括起来说:现实性并非 res,但因此也并非无。这里没有像在康德那里一样,从与经验着的主体的联系出发来阐明现实性,而是从与创造者的关系出发来阐明它。诠解在这里陷入僵局,无法取得进展。

我们对现实性的这一特征描述是通过回顾对解释路向的追问完成的,我们可以从这一描述中得到什么呢?如果我们把该诠解与康德的加以对照,我们就会看到,康德回溯到了与认识能力(知觉)的关系,并且谋求凭借回顾认识与把握来诠解现实性。与此相反,在经院哲学中,现实者是凭借回顾实现来加以诠解的,也就是说,其解释路向并非如何将已成的现成者把握为现实者,而是现成者作为其后可能的被把握者,乃至一般而言作为现成者,如何来到手前,并且如何 147
一般而言首先成为手头性的东西。于是这里就显示了一种向着"主体"、向着此在的关系(虽然仍是不确定的):拥有作为生-产制作之被生-产制作者、作为实现之现实者的在手前的现成者。这是符合 actualitas 与ἐνέργεια之含义的,换言之符合概念传统的。现时代流行以不同的方式诠解现实性与现实者之概念。人们在内施效应于主体的意义上掌握这概念,或是在施加效应于他物,与他物共处于效应关联体的意义上;物的现实性(Wirklichkeit)在于物相互施加力的效应(Kraftwirkungen)。

现实性与现实者的这两个含义,即内施效应于主体或者外施效应于他物,预设了存在论上在先的第一含义,也就是从实现与被实现性的角度理解的现实性。那对主体内施效应者必定在该词的第一意义上已是“现实的”了；仅当现实者是现成的，效应关联体才是可能的。从后面提到的那两个含义出发来诠解现实性及其存在论意义，这在存在论上是不对头的、不可能的。毋宁说，现实性就像 actualitas 这个传统概念一样必须从实现的角度加以理解。然而，应当如何由此出发来理解现实性，这是完全晦暗不明的。我们尝试在这一晦暗中显明某些东西，尝试阐明 essentia 与 existentia 概念的本源，尝试表明，这两个概念在多大程度上源于一种**存在领悟**，而这种存在领悟是从**实现**的角度，或者象我们一般所说，从**此在之制作性施为**的角度来统握存在者的。essentia 与 existentia 这两个概念源自从制作性施为角度对存在者的诠解，确实是从这样一种制作性施为的角度，
148 它在这一诠解中并未被专门把握，并未被明确地概念化。如何更确切地来理解这一点呢？在我们就此回答之前，我们必须表明，我们确定现在点出的这一领悟境域——生 - 产制作着的此在——，这并非仅仅基于存在者之存在对主体的关系、对作为物之生产制作者的上帝的关系；毋宁说，存在者在存在论上的基本规定整个出自该境域。我们尝试参照对实事性，*realitas* 的诠解拿出证据，这样就可以搞清楚 essentia 与 existentia 的共通本源。

我们不准备立刻就描述此在之制作性施为的特征。我们仅试图表明，上面所援引的实事性、essentia 的诸种规定——forma、natura、quod quid erat esse、definito——是从制作某物的视角获得的。制作立于对何所性的主导诠解境域中。为了拿出证据，我们不能停留在中世纪术语上面，因为它们不是本源的，而是对古代概念的翻译。只有在古代概念上我们才能显露真正的源泉。在这样做的时候，我们必须避开对古代概念的一切现代诠解与涂抹。古代对存在者之实事性的主要规定源于制作性施为、源于制作性存在统握，至于

这一点的证据,我们只能粗略地给出。所需要的是深入到直到亚里士多德的古代存在论的具体发展阶段,深入到具体基本概念继续发展的诸多标记。 149

b)回溯到作为 essentia 与 existentia 之隐涵领悟境域的此在对存在者之制作性施为

在描述 essentia 之特征的诸概念中,我们可以举出μορφή[形、形式、形态]、εἶδος(forma)[理型、相(形式)]、τὸ τί ἦν εἶναι(存在者之所已曾是、本质),或者也有γένος[种、科属],进而还有φύσις(自然)、ὅρος[界说]、ὁρισμός(definitio)[定义、界定(定义)]与οὐσία(essentia)[本体、实体(本质)]。我们从考察μορφή这个概念开始。在存在者上面规定其实事性的东西便是其形(Gestalt)。某物有了如此这般的形,它也就成了这般如此的东西。这个表达源自感性直观的范围。就此人们首先想到的是空间形态。但μορφή这个术语摆脱了这一限制。这个术语所意指的并非仅是空间形态,而是存在者的整个[纹]理(Gepräge),就之我们可以觉察存在者之所是。从一物的形[态]与[纹]理我们可以获知它具有何种物宜(Bewandtnis)①。铸理与造形赋予了行制作与所制作其特有的[外]观(Aussehen)②。[外]观正是希腊表达εἶδος或者ἰδέα的存在论意义。在物之[外]观中我们看到物之所是,看到物的实事之性与受理之性。如果我们一如存在者在知觉中来照面的那样接受它,那么我们必须说:某物的[外]观植

① “理者……在物之质,曰肌理,曰腠理,曰文理……”见戴震《孟子字义疏证》,卷上,“理”。“拟其形容,象其物宜”,见《系辞上》。又,“夫物有所宜,材有所施,各处其宜,故上下无为”,见《韩非子·扬权》。——译注

② 这个词也可译为“外观”甚至“相”。但名词“外观”确实源于动词意义之“观”。下文以“[外]观”译之,表示其兼具名词、动词意义。——译注

根于存在者的[纹]理之中。正是形[态]赋物以物之[外]观。通过回顾希腊概念来看，εἶδος，[外]观，乃是奠基于、植根于μορφή也就是[纹]理之中的。

但是，对于**希腊存在论**来说，εἶδος与μορφή，也就是[外]观与[纹]理之间的奠基关联恰恰是反过来的：不是[外]观植根于[纹]理，而是[纹]理，μορφή，植根于[外]观。这一奠基关系只能这样来说明：在古代，实事性的这两个规定，物之[外]观与[纹]理，首先不是在
150 对某物的知觉之秩序中得到理解的。在统握之秩序中我通过物之[外]观深入其[纹]理。在行知觉之秩序中最末的乃是实事上最初的。然而，如果[外]观与[纹]理之关系在古代是颠倒的，那么行知觉之秩序与知觉自身就不可能是诠解它们自己的主导线索，这一诠解应当从**制作的视角**出发。我们也可以说，受理铸成者（Geprägte）就是一形下成器者（Gebilde）。陶匠由陶土形成（bildet）一罐。在范形（Vorbilde）意义上的形（Bild）的导引衡准之下，一切对形下成器者的形成（Bilden）乃得以实行。在对有待形[下生]成、[受理]铸成的物之先行获取的[外]观之观望打量中，该物便被制作了。物的这个被先行获取与先行视看的[外]观，正是希腊人用εἶδος、ἰδέα在存在论上所意指的东西。按照范形形成的形下成器者，其本身乃是范形之形肖者（Ebenbild）。

如果形下成器者、[纹]理（μορφή）奠基于εἶδος之中，这就意味着，这两个概念是借助回顾形成、铸成、制作来加以理解的。从实行形成、铸成以及这里必然包含的先行获取有待形成者的外观出发，就确定了这两个概念之间的秩序与关联。先行获取的外观，范－形（Vorbild）[1]，显示了物，显示了物在制作之先之所是，以及物作为被制作

① 其字面意思是先－形，也就是“先行获取的外观”。——译注

者其外观应当如何。先行获取的外观尚未外化为受理铸成者、现实者，它毋宁是想－象（Ein-bildung）之形［象］（Bild），就像希腊人所谓φαντασία：即形成（Bilden）首先自由地带给所视之境的东西，就是被视看的东西。康德仍然让形式与质料，μορφή［形式］与ὕλη［质料］，在认识论上发挥基础性作用，与此同时却在阐明认识的客观性时派给想象力一个突出的功用，这一点决非偶然。εἶδος作为在想象力中有待铸成者被先行获取的［外］观，就物先于一切实现之所已是 151
与之所正是的方面给出了该物。因而先行获取的［外］观，这个εἶδος也可被称为τὸ τί ἦν εἶναι，即一存在者之所已是。一存在者先于制作之所已是者，［外］观（制作以之衡量自身），同时也就是受理铸成者真正所源出者。εἶδος，物先行之所已是，便给定了物之种，物之起源，物之γένος。因此实事性也就同于γένος，后者应当被译为种与源。这就是该表达的存在论意义，它不是流俗意义上的类别（Gattung）。逻辑含义奠基在第一性的含义之中。当柏拉图探讨存在者之最高何所规定时，他在绝大多数情况下讲的是γένε τῶν ὄντων，也就是存在者之源与种。甚至在这里也是着眼于存在者在受理被铸中的源头来诠解实事性的。

φύσις这个规定也指向与“何所”相同的诠解方向。φύειν的意思是让生（wachsen lassen）、成器（erzeugen）、首先是自身成器。那使得成品或者所成之器得以可能（可成器）者，又是有待成器者应当如何生成与如何存在之［外］观。现实的物源于实事之φύσις，自然。所有先于被实现者的东西，还摆脱了必然随着所有实现一同所与的不完满性、片面性与感性化。那先于一切实现而有的何所，那给出尺度的［外］观，还没有像现实者那样屈服于变化和生灭。它先于这一现实者，并且作为这一向来在先者，就是存在者之存在上面的真实者，这一向来在先者也就是那存在者（向来被统握为可制作者与被制作

者）预先之已是。希腊人把这一存在者之存在上面的真实者同时诠
152 解为真实存在者自身以至于照柏拉图本人看来，那构成现实者之现实性的东西，理念，就是真正的现实者。

［外］观，εἶδος，与［纹］理，μορφή，各自包含着那属于一物者。作为包含者它构建了那把物规定为完成者、完全者的东西的界限。那作为这一包含着一切实事规定之归属性的东西，也被掌握为那构建了一存在者之完成性与完全性的东西。经院哲学说 pefectio［完满］，希腊语说τέλειον［完成］。实事的这个通过其完成性被标识的界限性，同时就是对物的明确完整限定之可能对象，也就是说，是对ὁρισμός［定义］、对界定、对全面把握受理铸成者之实事界限的概念而言的可能对象。

概括地说，关于 realitas 之规定性就有：规定性之产生全都着眼于在塑形中被塑成形者、在铸造中受理铸成者、在形成中形［下］成［器］者、在成器中所成之器与被完成者。塑形、形成、成器按照其意义都是一种“让－出身”、“让－源出于”。我们可以通过一种**此在之基本行为**来标识所有这些行为，这种基本行为我们简称为**制作**。实事性（realitas）的这个被称举的特性在希腊存在论中首次被确认，随后即变得黯淡且被形式化了，换言之就转为传统，使用起来就像磨损了的硬币；这一特性规定了那属于被制作者一般之被制作性的东西。但**生**－产制作（*Her*-stellen）同时意味着：带入可通达者的或窄或宽的圈子里，过来（her），来到这里（hierher），进入这个“此”（Da），以至于被制作者就其自身**自为而持立**，并且作为**自为而持立**者保持为可现身的而**前有**（*vorliegt*）。由此派生了希腊词ὑποκείμενον［底层、主题、主词］，即前有者（Vorliegende）。在人类行为最切近的圈子里首先前有与持续前有的，且相应持续可用的，乃是我们不断与之打交道

的器物整体，乃是依其本义自身相互谐和的存在着的物之整体，乃是 153
所使用的器具与所持续利用的自然产品：房子与庭院、森林与田野、太阳、光与热。日常经验把那如此手－前现成的看作第一性的存在者。可用的全部财物、所有，就是素朴直接的存在者，也就是希腊语的οὐσία①。甚至在亚里士多德的时代，οὐσία这个表达已经具有哲学理论上固定的术语含义，但仍然同时标识着所有物、占有物、财产之类的含义。οὐσία前哲学的真正含义是贯穿到底的。据此存在者所意指的便一如手前现成的可用者。Essentia 只是对οὐσία的字面翻译。人们用于何所是与实在性的这个表达 essentia，同时也表达了存在者之特殊的存在方式，其可用性，或如我们也说的那样，其现成性，该现成性是存在者基于其被制作性而有的特点。

Essentia 之规定着眼于制作中的被制作者，或者说，着眼于那属于这一作为制作的制作的东西而产生。与此相反，οὐσία这个基本概念则更多地强调可用的手前现成者意义上的被制作者之被制作性。此间所意味的首先是手前现成者、房子与庭院、田产（das Anwesen），就像我们也说的，作为在场者（das Anwesende）的现成者。必须从οὐσία作为现成者与在场者的意义出发来诠解动词εἶναι、esse、existere。存在、现实存在、实有（Existieren）在传统意义上指现成性。而制作并非诠解 existentia 的唯一境域。然而，从其现成性的角度看，现成者在存在论上没有被回溯到所用者的可用性上从而

① 希腊文οὐσία出自联系动词εἶναι的分词单数阴性形式οὖσα，兼有“本体”（“实体”）与“财产”、“所有物”等义。海德格尔这里把这些不同的意义贯通起来了。又，德文中 anwesend（在场的）从联系动词之过去分词 wesen 变来，且 Anwesen 有“田产”义，而 Anwesenheit 则为“在场”、“存有”之义。因此海氏以德文 Anwesenheit 诠解希腊文οὐσία。——译注

被考虑许多，没有回溯到制作性的、一般而言实践性的施为上，而是
154 回溯到了对可用者的*发现遭遇*上。然而这一施为，即对被制作者与现成者的发现遭遇，是属于制作自身的。正如我们所说，一切制作都是先行－视看的与环顾－视看的。制作一般具有其*视看*，它是视看的，且唯因如此，它才能偶尔盲目地有所冲向。视看并非制作性施为的附加物，而是肯定地属于它、属于它的结构，并且引导着施为。因此，如果属于制作的存在论建制的、环顾视看意义上的这一视看也已在存在论诠解有待制作的何所之处显得突出起来，这也并不值得惊异。一切的形成与铸成都预先具有对有待制作者的[外]观(εἶδος)的展－望。此间已经看到，在对作为εἶδος的一物之何所性的特性描述中，那一同属于制作的视看现象显露了。在制作过程中，物之所已是已经预先被视看了。希腊存在论中所有如下表达的优先性盖源出于此：ἰδέα、εἶδος、θεωρεῖν[观看、理论、沉思]。柏拉图与亚里士多德谈到了ὄμμα τῆς ψυχῆς[灵魂之目]，观看存在的灵魂之目。对被制作者或有待制作者的观望打量尚不需要成为严格意义上的理论察看，而首先是环顾视看性自身定向意义上的单纯观望打量。

因而，出于一些我们在这里没有更切近触及的理由，希腊人把对现成者的通达方式原初地规定为*直观性发现遭遇*，规定为直观性觉察，νοεῖν[以目知觉、观察；思维]甚或 θεωρεῖν。这一施为也被标识为αἴσθησις[感性察看]，即严格意义的感性察看，也就是对现成者的纯粹察看性觉察，正如康德也还使用的表达“感性论”。在这一纯粹直观性施为中——该施为仅是环顾视看意义上的观看、制作性施为意义上的观看的变相——现实者之现实性显明了自己。古代存在论的真正奠基人巴门尼德已经说过：τὸ γὰρ αὐτὸ νοεῖν ἐστίν τε
155 καὶ εἶναι，νοεῖν，也就是行知觉、素朴觉察、直观，与存在、现实性是

一回事[①]。巴门尼德的这个命题在字面上先行说出了康德的论题：现实性就是知觉。

现在我们看得更清楚了：对 essentia 的诠解，以及对那个对 essentia 来说是基本概念的οὐσία的诠解，回溯到了对存在者的制作性施为上，而纯粹察看却被确认为对在其自在存在中的存在者的本真通达方式。我们顺便补充一下，对古代哲学的存在论基本概念的这种诠解远未穷尽此间必将要说的东西。首先这里就完全没有关注希腊的世界概念，只有从希腊的实有概念出发才能阐明这个世界概念。

对我们来说就产生了这样一个任务：即去表明，在对制作性施为的诠解性回溯中可以找到 essentia 与 existentia 的共同本源。在古代存在论自身之中对于这种回溯我们明显是毫无经验的。古代存在论仿佛以一种素朴的方式诠解存在者并提出上述概念。至于如何来掌握这两个概念之间的区别与联系、如何将它们论证为对于每一存在者都必然有效的东西，我们却毫无经验。然而——人们或许会说——这真的是一种缺陷而非一种长处吗？就其成就的稳固与显著而言，素朴的探究难道不是优于一切反省深思与过于有意识的探究吗？人们可以同意这种说法，但同时也必须理解，哪怕是素朴的存在论，只要它还是存在论，就必定一向已经（因为这是必要的）是反省深思的，是真正意义上的反省深思：即它谋求通过回顾此在（ψυχή[灵魂]、νοῦς[心灵]、λόγος[言说、理性]）就其存在来把握存在者。在存在论诠解那里，与此在行为的关涉可以这样来进行：所关涉到的东

① 巴门尼德的这条命题通常被译解为“思维与存在是同一的”或者“能被思维者与能存在者（能是者）是同一的”。这也是西方哲学史中所谓“思有同一性”的最初表达。这里海德格尔译解的独特性在于把通常译为“思维”、“想”的νοεῖν理解为“直观”、“看”。νοεῖν的原意确实包含有这层意思，但海氏的主要理据应当出自胡塞尔《逻辑研究·第六研究》。——译注

156 西，此在及其行为，并非特别的问题，毋宁说，素朴存在论诠解回溯到此在行为的方式一如这种诠解获知此在之日常自然自身领悟的方式。存在论是素朴的，这并非由于它根本没有回顾此在，并非由于它根本没有反省深思——这一点已被排除了——而是由于这一向着此在的必然回顾并未超出对于此在及其行为的流俗统握，因而就没有特别强调该统握——因为它属于此在一般之日常性。这里的反省深思还停留在前哲学认识的轨道上。

如果向着此在及其行为的回顾属于存在论上的设问与诠解，那么只有当这种向着此在的回溯之必然性被严肃看待时，古代存在论的问题论才会被带向自身且在其可能性中得到概念把握。只要此在照其生存之本质一向已经存在在自身那里，为了自身而被展示，并且其本身一向已经领会着诸如存在者之存在之类，那么这种回溯就归根结底全然不是什么回溯。此在并不需要首先回溯到其自身。关于回溯的这个说法只能这样来证实：古代存在论在表面上遗忘了此在。**对古代存在论基地的明确突出**不仅仅对于一种可能的哲学领悟来说在根本上是可能的，而且在事实上，它也被古代存在论自身的不完善性与不确定性所需要。基本概念自身并未得到专门明确的论证，而只是简单地在那里——离开了这个事实，就无法知道以下这点何以仍然处在黑暗之中：即这个第二命题所说的东西是否正确以及为何
157 正确——essentia 与 existentia 属于每一个存在者。这个论题对于**每一个**存在者都有效，这一点无论如何并未得到证实，无论如何并非直接明见的。仅当预先确定了，一切存在者都是现实的，——现实的现成者的领域与存在者的领域彼此相合，并且每一存在者都通过何所性得到构成，那么才能断定上述的问题。如果对该论题的正确性所尝试的证明遭到失败，也就是说，如果存在没有与现实性、现成性这些旧意义上的 existentia 相合，那么这个论题首先就需要一个就

其对现成者意义上的存在者的被限制了有效性的明确论证。于是这个问题就被再次提出了:该论题所意指的东西是否具有普遍有效性,如果该论题的实事内涵从一切可能的存在方式的角度看得到了充分的拓展与原则上的把握的话。我们对希腊人的理解不仅想要,而且必须比他们的自我理解更好。只有这样我们才现实地拥有了他们给出的遗产。只有这样,我们特有的现象学研究才不是缝缝补补,不是偶然修正,不是改善或者搞糟。创造性成就之伟大从来就有这样的标志:从自身出发便提出这样的要求——得到比其自我理解更好的理解。渺小之物并不要求更高的被理解性。而古代存在论决非渺小之物也决不能被克服,因为它展现了必然的第一步,每一种哲学在根本上都必定会走的那一步,以致每一种现实的哲学必将不断重复这一步。只有自负虚荣、险于野蛮的现代性才想使人相信,柏拉图已是"被了结掉了",就像人们相当雅驯地所宣称的那样。把立足点推移到哲学发展的后继阶段,采取一个康德或者黑格尔的立足点,借助新康德主义或者新黑格尔主义来诠解古代思想——这样做确实无法给予古人更好的理解。一切这样的复兴运动,在它得见天日之前就已 158
过时了。必须看到,康德以及黑格尔在原则上仍然站在古代的地基上,——但即使他们也没有弥补作为一种必然性隐藏在西方哲学的整个发展之中的疏失。Essentia 与 existentia 属于每一存在者这个论题需要的不仅是澄清这些概念之本源,而且还是普遍论证一般。

对我们来说就提出这样的具体问题:"现实地理解这第二论题"这个尝试把我们所引向的究竟是一个怎样的问题?处理问题的传统方式,其奠基是不充分的,我们可以通过证明这一点来使自己搞清上面的问题。

§12. 处理问题的传统方式之不充分奠基的证明

a)制作性施为的意向结构与存在领悟

迄今为止的思想之不充分，这在必要的肯定性任务方面可以看得很清楚。实事性，essentia，与现实性，existentia，这些存在论的基本概念源于在制作性施为中被制作者的视角，或者说源于可制作者本身与被制作者之被制作性的视角，这个被制作者可以作为完成者在直观与知觉中被发现遭遇。在本源上诠解 essentia 与 existentia 的途径或者就可以因之被预先标出。在讨论康德论题时提出了研究知觉之意向结构的任务，以便摆脱康德解释的歧义性。这就引出了
159 现在这条途径：在存在论上本源地论证 essentia 与 existentia 之概念，以致我们追溯到了制作性施为之意向结构。我们将以类比的方式，针对反康德的言论说：现实性（existere、esse）明显不等同于制作与被制作者，同样不等同于行知觉与被知觉者。然而现实性也不等同于被知觉性，因为被知觉存在只是存在者之把握特性，而非其自在存在之规定。然而，或许凭借制作性可以赢获一个界定存在者之自在存在的特性？因为物的被制作存在确实是它在行知觉中的可被把握性的前提。如果我们意指存在者之被把握性，我们必然是把该存在者放到与行把握的主体、与此在的关系中来理解的，但是一般而言，这里的此在首先并非撇开了一切被把握存在的、在自身之中的存在者之存在。然而，从被制作性的角度看，情况难道与知觉性把握那里有所不同吗？在制作性施为中难道没有一种主体对被制作者的关系吗？难道被制作性不因而也表达了丝毫不弱于被知觉性的主观关

涉性吗?然而,这里有着谨慎与猜疑,它们反对一切只是运用所谓严格概念进行论证的所谓敏锐,这个所谓敏锐却盲目地攻击那些概念应当真正意味的东西——现象。

在对某物的制作性施为所特有的指向意义与统握意义中包含有:将制作性施为的相关者掌握为应当(作为在其自身之中的完成者)在行制作之中并且通过行制作现成存在的东西。我们把一向属于意向施为的指向意义标识为属于意向性的存在领悟。在对某物的制作性施为之中,我制作着与之相关的那个东西之存在,就以某种方 160
式在制作性意向的意义上被领会了;以至于与其特有意义相应,制作性施为把有待制作者从对制作者的关涉中解脱了出来。它把有待制作的存在与被制作者从该关涉中解脱出来,这并不违反、反倒符合其意愿。那个属于制作性施为的、存在者之存在(施为与该存在者相关)预先便把该存在者掌握为自为地给予自身自由者与独立者。在制作性施为中被领会的存在正是完成者之自在存在。

依其存在论本质,制作施为作为此在对于某物的行为固然一向是且必然是对于存在者之关系,然而它是这样一种特殊的施为,以至于持续制作的此在恰恰这样自言自语道(无论明说与否):照其固有的存在方式,我的施为之所向并未束缚在该关涉上,而恰恰应当通过该施为作为完成了的东西而独立。它不仅作为完成了的东西在事实上不再束缚于制作关涉,而且作为有待制作的东西便早已被预先领会为将从该关涉中解脱出来的东西。

于是在制作的特殊意向结构中,也就是在其存在领悟中就含有面对该施为相关者的特别的解脱特性与给予自由特性。与此相应,被制作性(作为效应性的现实性)固然在其自身中包含了对行制作的此在的关涉,但正是这个关涉,与其特有的存在论意义相应,把被制作者领会为自为的被解脱者因而也是自在地存在着的东西。对于这

些特性化的制作意向性之类的东西，对于它们特殊种类的存在领悟，
161 应当简单地来看，以一种未曾沾染流行认识理论、不带偏见的眼光。不管概念是多么严格地逻辑化，只要它们是盲目的，它们就一文不值。对于制作之意向结构此类的东西，进行不带偏见的视看，在分析中诠解之、接近且坚执之，并且为了这样被坚执与被视看的东西衡量概念的构成——这便是那被多方谈及的所谓现象学本质直观的最清醒平实的意义。那些从报纸或者周刊获知有关现象学信息的人，必定让自己相信，现象学是神秘主义之类的东西，是某种类似“印度观脐内视者之逻辑”之类的东西。这并不可笑，在那些想要在科学上被严肃对待的人那里，这是相当通行的。

必须看到：在制作之意向结构中包含着一种对某物的关涉，通过这一关涉这一某物就被领会为并非束缚在主体上并且依赖于主体的东西，相反倒是被解脱的与独立的东西。从原则上讲：我们这里遭遇到了此在之全然特别的超越性，以后我们还要更深入地考察这个超越性，并且，下文将会显示，只有在时间性的基础上，这个超越性才是可能的。

制作性施为中的有待制作者之解脱这个值得关注的特性，迄今为止并未得到充分诠解。在制作性关系中，有待制作者并未被领会为应当作为被制作者自在地现成存在的东西，毋宁说，按照有待制作者中所有的制作意图，它已被统握为这样的东西、被统握为作为被完成者对于**运用**来说随时可用的东西。制作性施为并不单纯意指某种被设立在一旁的东西，而是意指被制作者，也就是设立到**这里来**的东西（*Her*-gestelles），**到此在的周遭环境这里来**，这个周遭环境与制作者的周遭环境并不必然相合。运用者的周遭环境自身可以处于与制
162 作者的周遭环境的内在本质关联之中。

我们通过现象学分析就制作之意向结构试图呈示的东西，决非

臆想虚构，而是已然包含在此在之日常的、前哲学的制作性施为之中。此在制作着生活在这样一种存在领悟之中，而无须以概念掌握之或者把握该领悟本身。在对某物的制作性施为中直接包含着对施为所与之相关的东西的自在存在之领悟。因而，在其特殊的素朴性（就该词的褒义而言）中的古代存在论（虽然未加明言地）遵循着此在之日常、切近施为——这一点决非偶然，因为对于此在而言制作性施为自身便导致了对存在者的施为，在该施为之内存在者之自在存在直接地得到了领悟。然而，对于（作为被制作者）的存在者之存在的诠解，难道没有在自身之内包含了一种难以容忍的片面性吗？能够统握一切作为被制作者的存在者吗？能够通过回顾制作性施为赢获与确认存在概念吗？然而，确实并非一切我们所谓存在的东西，都是通过制作性此在被带入存在的。恰恰是那种被希腊人首先当作其存在论研究起点与主题的存在者，也就是作为自然与宇宙的存在者，决非被制作性此在所制作。以宇宙为取向的希腊存在论如何能够从制作出发领悟宇宙之存在，特别是在古代人还不知道世界之创造、创生，反倒相信世界之永恒性的情况下？对于古代人来说，世界是ἀεὶ ὄν［永远存在］，也就是一向已经现成了；是ἀγένητος、ἀνώλεθρος，也就是无生无灭的。面对宇宙这种存在者，返观制作又当如何呢？我们曾把οὐσία、εἶναι、existere 诠解为现成性与被制作性，这种诠解在这里难道不是落空了吗？这种诠解，哪怕它在其他方面有正确之处，难道不是在任何情形下都是非希腊的吗？如果我们受此类论证的 163
影响并且承认制作性施为显然不可能是古代存在论的主导境域，那么我们就是通过这种承认表明了：尽管我们已经对制作之意向性进行了分析，但我们仍未以一种足够充分的现象学方式去视看这一意向性。在制作性施为的自身领悟之中，正是这种作为与某物自身相关的施为给予它与之相关的东西以自由。看起来只有被制作的存在者才能在这个意义上被领会。然而,这只是看起来如此。

如果我们把制作性施为就其完整结构对我们再现出来,即可表明,它一向运用我们称之为**质料**的东西,例如房屋的材料。这种材料在它那方面最终不再是被制作的,而是**已然在那里了**。作为毋需被制作的存在者,它是被发现遭遇的。在制作及其存在领悟之中,我就这样使自己对毋需制作的存在者而为。我使自己对这类东西而为,这不是偶然的,而是与制作之意义与本质相应的,只要这种制作总是**出自**(*aus*)某物而制作某物。毋需制作的东西根本只能在制作之存在领悟之内得到领会与发现。换言之,首先正是在那属于制作性施为的存在领悟中,因此也就在对毋需被制作的东西的领悟中才能产生**先于**并且**为了**进一步制作的、自在地存在的存在者。正是那仅仅在制作中才可能的、对毋需制作的东西的领悟领会着那已然先行而有且为一切有待制作者奠基、并因而更是已然自在存在的东西之存
164 在。制作之存在领悟远不是仅把存在者领会为被制作者,毋宁正是它开启了对于直截了当地已然自在存在的东西之存在的领悟。这样我们在制作中遭遇的恰恰是毋需被制作的东西。在以制作-运用的方式与存在者打交道的过程中,那先于一切制作、被制作者与可制作者先行而有的东西之现实性,或者说迎面阻碍着制作性、形成性改造过程的东西之现实性向我们迎面涌来。物质与质料这些概念源出于一种依循制作的存在领悟。否则,物质作为被制作的某物**之所从出**者,其理念便仍然处于隐秘之中。在古代哲学中,物质与质料这些概念,亦即ὕλη[质料]这个概念,也就是μορφή[形式、形态],或者说[纹]理的相反概念发挥了一种基本作用,这并非由于希腊人是物质主义者,而是因为:如果存在者——不管是被制作者还是毋需被制作者——在存在领悟(它包含于制作性施为本身之中)之境域中得到诠解,那么物质就是一个存在论概念,它必然会产生出来。

制作性施为并不仅仅局限于可制作者与被制作者，它在自身中蕴藏了（对于存在者之存在的）领悟可能性之可观的广度，这个广度同时便是古代存在论基本概念所拥有的普遍意义之基础。

但有一点还是不清楚的：**为什么**古代存在论恰恰从这里出发诠解存在者。这并非不言自明的，并且也不可能是偶然的。为什么制作恰恰是对存在者进行存在论诠解的境域——从这个问题出发就产生了探究该境域并且明确论证其存在论必然性之必要。因为，古代存在论事实上活动在该境域中——这并不已是对该境域之权利与必然性的存在论论证。只有当给出了这个论证，产生于这一存在论的 165
设问方式的存在论基本概念，essentia 与 existentia，才能签收其有效的出生证明。我们着眼于其 essentia 与 existentia 来诠解存在者；对上述的这个诠解境域之合法性的论证只能这样进行：**从此在之最本己的存在建制**出发以使人领会，此在何以必定首先并且在绝大多数情况下在制作性－直观性施为之境域中领会存在者之存在。必须追问：此在内部的那个最宽泛意义上的制作性－运用性施为具有何等功能？只有当我们预先就其基本特征阐明此在一般之存在建制，也就是说，只有当此在之存在论得到稳固之后，对以上追问的回答才是可能的。然后就可追问：是否可以从此在之存在方式出发，从其生存方式出发来使人领会"为什么存在论首先素朴地依循那种制作性的，或者说知觉性－直观性的施为"这个问题。然而，对于此在之存在方式的深入分析，我们尚未做好准备。必须先行看到的只是，古代存在论从制作或者说从行知觉出发来诠解在其存在之中的存在者；并且，既然康德是在向知觉的回溯中诠解现实性的，那么这里就展现了传统的延续性关联。

b)古代的([以及]中世纪的)存在论与康德存在论之间的内在关联

“就其根基掌握在第二论题中得到确认的问题”这个尝试引导我们重提在本源地诠解康德论题时已经提出的同一个任务。康德追溯到知觉与直观一般来诠解现实性,希腊人则通过回溯到νοεῖν与θεω-
166 ρεῖν来统握存在——这两者的方向是一致的。只不过在康德那里,并且在他之前很久,那些从古代传承下来的范畴积淀已经变得不言自明了,这就是说,丧失根基、没有基础,且其来历已然全不可解了。

如果古代存在论与康德存在论之间具有这样的内在关联,那么我们就必定能够以古代存在论的诠解(也就是对制作性施为及其存在领悟的诠解)为基础来让自己搞清,康德的解释(将现实性解释为绝对设定)到底是什么意思。在康德那里,绝对设定显然不是指,主体在这个意义上从自身出发、出于自身设定现实者:即主体自由地、任意地安置了此类东西,并且以主观方式把某物当作现实者接受下来,出于某种理由就认为某物现实存在;毋宁说,被正确领会的绝对设定的意思是——即使康德没有明确地诠解之——:把“设定”当作“**让某物持立在其自身之上**”(确切地说也就是绝对的),当作自在自为的被解脱者与被赋予自由者,就像康德说的那样。康德把现实性诠解为知觉或者说绝对设定,即使在康德的这个诠解里,人们也可以通过被推进得足够远的现象学诠解看到,在这里运用被赋予了“解脱”与“赋予自由”的特性,这些特性特别在制作之意向结构中对我们显露出来。换言之,行知觉以及属于行直观的存在领悟之特殊的指向意义也被标识为赋予自由的“让现成者照面”。决非偶然地,正是在古代存在论中,行知觉,也就是最宽泛意义上的νοεῖν,已经作为行为起作用了,在此行为的引导下,在其中来照面的存在者就在存在论上被规定了。因为纯粹的行直观与行知觉（如果其意向意义得到了领会）比起制作来具有更加纯粹的“赋予自由”特性——只要在行直 167
观与纯粹的察看中，此在如此行为，以至于它甚至放弃了对存在者的一切使用，放弃了对存在者的繁忙操劳存在。更有甚者，在单纯的直观中，每一种对主体的关涉都被搁置一边，并且存在者不仅被领会为将被赋予自由者及有待制作者，而且被领会为自在地已然现成者、从自身出发来照面者。于是，从古代直到康德、黑格尔的时代，直观便一直是认识的理想，也就是对存在者一般之把握的理想，并且认识中的真理性这个概念以直观为取向的。就康德而言，还要注意，与对存在论的传统神学式奠基相一致，他是以创生性认知的理念来衡量认知的，前者作为认知首先设定了被认知者，将它带入存在并因而首先让它存在（intellectus archetypus［理智原型、智识原型］）。本真的真理是直观真理、直觉把握。

古代存在论起源于对存在者的制作性与直观性施为，从这个起源还可以看清我们很快就会触及的进一步的东西。在中世纪，基督教神学吸纳了古代哲学——自在地说，这一点全然不是自明的。实际上，甚至亚里士多德——13 世纪以来他成了决定基督宗教神学（不仅是天主教神学）的尺度衡准——也是经过了艰难的斗争与辩论才占据了他后来拥有的权威地位的。这种情况之所以会发生，其原由是，对于基督教的世界解说而言，与生成起源的创造历事相应，一切并非上帝自身的存在者都是被创的。这是一个不言自明的前提。即使无中生有的创造并不同于从一种在面前现成而有的材料制作出某物，创造之创的确具有制作之普遍的存在论特性。创造在某种意 168
义上也要回顾制作才能得到诠解。尽管有基督教的世界解说与存在者解说（解说为 ens creatum［被创造的存在者］）这个另外的渊源，古代存在论的基础与基本概念似乎仍是为了形体（Leib）设置的。作为

ens increatum[非被创造的存在者]上帝毕竟是毋需制作的存在者,且对于一切其他存在者而言,上帝是 causa prima[第一因]。无论如何,由于中世纪对古代存在论的接受,后者还是经受了一个本质性的偏转,因而失落了古代对问题的特殊提法——这一点我们现在无法深入探讨了。但由于中世纪所做的这个转换古代存在论便经由苏阿雷茨进入了近代。甚至在近代哲学(就像在莱布尼茨与沃尔夫那里)独立返回古代的地方,这也是在对古代基本概念的领悟中发生的,而这种领悟则是经院哲学预先造成的。

这就清楚了:我们不可安于、不必安于对 essentia 与 existentia 这两个概念的庸常领悟;显示其本源的可能性还是有的。只有对 essentia 与 existentia 这两个概念的彻底诠解才能建立一个基础来一般地提出它们之间的差别这个问题。差别自身必定源于它们统一共同的根基。

因而这里也就提出了这个问题:"essentia 与 existentia 属于每一存在者"这个论题在这一形式中是否仍然正确,——能否证明它似乎对于一切存在者一般而言的普遍的存在论有效性。人们力图去做这样的证明,这就表明它是不可能的。换言之,在标出的这个意义上,是无法保持该论题的。固然可以在制作境域中以存在论的方式诠解现成的存在者。固然可以表明,拥有上述特性的何所性无论如何都属于现成存在。但仍然会有这个问题:是否一切存在者都被现
169
成者穷尽了。现成者的领域与存在者的领域相重合吗?抑或还有这样的存在者,照其存在意义恰恰不能把它概念化为现成者?事实上,那最不可被概念化为现成者的存在者,那我们自身一向所是的此在,恰恰正是那现成性、现实性的一切领会所必定回溯到的东西。这一回溯的意义是必须澄清的。

c)限制与转换第二命题的必要性。对存在的基本分说与存在论差异

如果此在显示出一种完全不同于现成者的存在建制，如果我们所用的术语“生存”(Existieren)的意思不同于 existere 与 existentia (εἶναι[是、存在；这里的意为“实有”])，那也就可以追问：实事性(Sachheit)、essentia 与 οὐσία[本体、实体；这里的意为“所是”]能否属于此在之存在论建制。实事性，realitas 与 quidditas[何所性]不正是用来回答“*quid* est res”也就是“实事是什么”这个问题的吗？粗略的考察已经显示：我们自身所是的存在者，此在，就其本身是根本不能以“这是什么？(*was* ist das)”这个问题来询问(*befragt*)的。仅当我们问：“它是谁(*wer* ist es)？”，才能接近这一存在者。此在不是被“何所性”(Washeit)，而是被——如果我们可以构造这个表达的话——“孰性”(*Werheit*)所构成的。[对该问题的]回答给出的不是一个事物(Sache)，而是一个我、你、我们。但另一方面我们也还问：这个“谁”是什么，此在的这个“孰性”又是什么，——在与上述“什么”(即现成者之严格意义上的实事性)的差别中，这个“谁”是什么？毫无疑问我们确实在这么问。但这只是表明，我们藉之也来追问“谁”之本质的这个“什么”，与“何所性”意义上的“什么”，明显无法重合。换言之，essentia 这个基本概念，也就是“何所性”，首先是在我们所 170
称的此在这个存在者面前，才真正成了问题。很清楚，把这个论题奠基建立为普遍-存在论论题的方式是不充分的。如果它确实应当拥有一种存在论含义，那么它就需要限制与转换。必须以肯定的方式显示，哪种意义的存在者能够被询问其“什么”，而哪种意义上的存在者则必须通过“谁”这个问题被提问。只有从这里出发才能把分别 essentia 与 existentia 的问题复杂化。它不仅在追问何所性与现成

性之间的关联，而且也在追问孰性与生存之间的关联，我们用的这个生存(Existenz)被领会为我们自身所是的存在者之存在方式。说得更普遍些，"existere 与 existentia 属于每一存在者"这个论题只是指明了"将每一存在者分说为一个它所是的存在者(ein Seiendes, *das* es ist)，和它的存在方式(*Wie*)"这个普遍问题。

我们早已指明了"对存在的基本分说"与"存在论差异"之间的关联。以经院哲学的方式把存在分说为 existere 与 existentia——这个分说问题只是一种切中存在论差异(也就是存在者与存在之见的差别)一般的特殊的提问方式。现在的情况表明，存在论差异变得更加繁复，无论这个差别听上去、看上去有多么形式化。之所以更加繁复，因为"存在"这个名目之下现在有的不仅是 existere 与 existentia，同时还有我们意义上的孰性与生存。对存在的分说每次都随着存在者之存在方式发生变化。这一点无法限制为传统意义上的现成存在与现实性。急迫的是追问存在之可能的复多性，因而同时追问存在一般之概念之统一性。同样，存在论差异的空疏形式会在问题
171 内涵方面变得越来越丰富。

然而首先对我们显露的是这样一个问题：在现成者(现成性)之外存在着我们所谓此在意义上的、生存着的存在者。但是，难道我们不是一向已经熟知了这一我们自身的存在者——在哲学中甚至已经在前哲学的认知中？对于这个明确的强调——在现成者之外也还有着我们自身所是的存在者——难道可以夸大到如此程度吗？一切此在，就其存在而言，都一向已对自己本身知晓，并知晓自己有别于其他的存在者。我们自己就曾说过，古代存在论——虽然原本以现成者为取向——已然熟知了 ψυχή[灵魂]、νοῦς[心灵、心智]、λόγος[言、理性、逻各斯]、ζωή[生物、生命体]、βίος[生命]、灵魂、理性、最宽泛意义上的生命。诚然；然而必须想到，对存在者在存在体上的实

际了解并未已然确保对其存在的恰当诠解。固然，此在熟知，它并非它所经验到的其他的存在者。至少此在能够熟知这一点。并非每一此在都[在实际上]熟知这一点，例如神秘思想或魔幻思想就混同了物我。然而，即使此在熟知，它自身并非其他的存在者，这其中也未包含这样一个明显的认识：它的存在方式不同于它自身所不是的存在者的存在方式。就像我们在古代的例子里所看到的那样，此在就其自身及其存在方式来说，在存在论上反倒易于从现成者及其[存在]方式的角度被诠解。众多前见阻挡并搞乱了对于此在之存在论建制的特殊追问——这些前见植根于此在自身的生存中。这种情形，我们将在对第三论题的探讨中，在与其他情形的对照之下搞清楚。其目标首先是把我们一般而言更切近地带往存在方式的复多性这个问题——这种复多性超越了仅仅现成存在的单一性。

172 # 第三章　近代存在论论题：存在的基本方式是自然之存在（res extensa）与精神之存在（res cogitans）

§13. 借助康德对问题的阐释来刻画 res extensa 与 res cogitans 之间的存在论差别

对最初两个论题的讨论每次都导致把对现实性的意义（或者说实事性与现实性的意义）的追问明确返转到此在的行为上——为了以该行为的意向结构以及居于每一行为之内的存在领悟为线索来追问与施为相关的存在者之建制：在其被知觉性中的、行知觉之所知觉者，在其被制作性中的、制作之所制作者（可制作者）。这两种行为同时揭示了彼此之间的关联。一切制作都以视看的觉知方式（最宽泛意义上的知觉方式）被引导。

这种向此在之行为回溯的必要性以一般的方式指示了，此在自身具有一种突出的功用可使存在论研究一般得到充分的奠基。这意味着，研究此在的特殊存在方式与存在建制是不可避免的。进一步我们要再次强调，一切存在论，甚至最原初的存在论，都必定要回顾此在。哲学在哪里苏醒，此在这一存在者便也已在视野之中，哪怕其
173 明晰性有所不同，哪怕对此在之基本存在论功用的洞察方式会有变化。在古代与中世纪，对这种回溯的运用似乎是难以避免的。在康德那里我们看到了一种向自我的有意识回溯。无论如何，在他那里

向主体的这一回溯具有另外的动机。该动机并不直接源于对此在之基本存在论功用的洞察。毋宁说，在康德的阐释中，这一回溯是在他那里已占主导地位的、哲学问题之主体取向的结果。这一取向自身规定着哲学传统，并且自笛卡儿以来就是从自我、从主体出发的。近代哲学中的这个原初的主体取向的动机乃是这样一种看法：我们自身所是的这一存在者，对于认知者而言首先被给出，并且作为唯一的确定者被给出；主体是直接地可通达的，是绝然确实地可通达的，它比一切客体都更被[我们所]熟知。与此相反，客体最初则是以一种间接化的方式被通达的。我们即将看到，以这种形态出现的这个看法是站不住脚的。

a）近代的主体取向，它的非基本存在论动机以及它对传统存在论的依赖

接下来讨论第三论题。在做这个讨论时我们感兴趣的不是主体性在近代哲学中所声称扮演的优先角色。至于什么动机导致了主体的这种优先性，近代哲学的发展过程产生了什么后果，我们就更不感兴趣了。我们所瞄准的其实是原则性问题。我们已经表明，古代哲学把存在者之存在、把现实者之现实性阐释、领会为现成存在。在存在论上起范例作用的存在者，也就是说凭借它读解出存在及其意义的存在者，乃是最宽泛意义上的自然，[包括]自然产物以及由之被制 174
作的器物，即最宽泛意义上的可用者，或者用康德以来的用语：客体。近代哲学彻底转变了哲学问题的方向，从主体、自我出发。人们会猜测并预料，与这种朝着自我的基本问题转向相应，目前处于中心位置的存在者在其存在方式上就变成决定性的了。人们预料，存在论目前是把主体当作起范例作用的存在者，并且是眄顾主体之存在方式来阐释存在概念的，——于是主体的**存在方式**就成了存在论问题。

然而事实恰非如此。近代哲学原初的主体取向之动机并不是基本存在论的。也就是说，这一动机并不在于认识到了“从此在自身出发才能阐明存在与存在结构”这个情况的**确实**发生以及**如何**发生。

笛卡儿——他已经以各种方式实行了朝着主体的预备性转向——非但没有提出对主体之存在的追问，更有甚者，他还沿用了古代或者说中世纪哲学所发展的存在概念及其附属范畴作为阐释主体之存在的指导线索。笛卡儿的存在论基本概念是从苏阿雷茨、邓·司各特与托马斯·阿奎纳那里直接吸取的。这十来年的新康德主义传播了一种历史观，从笛卡儿开始为哲学彻底重新断代。从他往前回溯，直到柏拉图的整个一段历史据说只是一片黑暗——甚至柏拉图本人也被用康德的范畴来阐释了。与此相反，今天我们有权强调，笛卡儿以来的近代哲学仍然沿用着形而上学的旧问题；因而，不管提出了多少新东西，它仍然停留在传统之中。不过，即使这么纠正了新
175 康德主义的历史观，也还没有触及近代哲学之哲学领悟的决定性方面。这个决定性的方面在于，旧形而上学问题不只随着新问题得到了沿用，而且新问题恰恰是在旧问题的基础上提出并处理的，——因而，从存在论原则来看，近代哲学的转向根本就不是什么转向。相反，这个转向，这个笛卡儿带来的伪似的批判性新开端，接受了传统存在论。由于这个所谓的批判性新开端，古代形而上学就变成了独断论（而它早先并没有独断论的样式），也就是说，变成了这样一种思想方式，它试图借助传统的存在论概念来获得关于上帝、灵魂与自然的肯定的－存在体的认识。

虽然，从原则上看，在近代哲学中一切古代的东西都保留了下来，然而，对主体的突出与强调势必导致这样的结果：以某种方式将主客体差别置于中心位置，并且相应更为透彻地去把握主体性的本己本质。

一般而言，首先必须看到近代哲学是以哪种方式把握主客体的这一差别的；更确切地说，近代哲学是如何描述主体性之特性的？主体与客体之间的这个差别渗透在全部近代哲学的问题之中，并且一直延伸到当今现象学的发展过程中。在他的《纯粹现象学与现象学哲学之观念》中，胡塞尔说道："范畴论无论如何必须从一切存在差别中最彻底的这个差别——作为意识[海：也就是 res cogitans]的存在与作为在意识中'显示着的'、'超越的'存在[海：也就是 res extensa][之间的差别]——出发。"[①]"在意识[海：res cogitans]与实在[海按： 176
也就是 res extensa]之间开裂着一个真正的意义深渊。"[②]胡塞尔不断涉及这个差别，并且正是以笛卡儿的用语：res cogitans－res extensa。

如何来更确切地规定这个差别呢？如何在实在性（也就是这里的现实性、现成性）的对立方把握主体之存在、自我之存在呢？断言了这个差别，这并不就意味着，这些存在者的不同存在方式也就得到了专门的概念化把握。然而，假如可以把主体之存在显示为不同于现成性的东西，那么迄今为止对存在与现实性（或者说现成性）所做的等同，也就是古代存在论所做的等同，也就因此得到了原则性的限制。在存在的这个被首先看到的二元多样性的对立方来追问存在概念之统一性，这就变得越发紧迫了。

应该从什么视角在存在论区分主客体呢？为了回答这个问题，我们可以适当参考笛卡儿的[对此问题的]规定。他首次把这个差别明确地移到了中心位置。或者我们也可以到近代哲学决定性的发展

---

① 胡塞尔：《观念》I，第 174 页。——原注[参见胡塞尔：《纯粹现象学通论》，第一卷，李幼蒸译，北京，商务印书馆，1996 年，第 183 页。译文有改动。——译注]

② 同上书，第 117 页。——原注[参见胡塞尔：《纯粹现象学通论》，第 134 页。译文有改动。——译注]

终点那里去寻求答案,到黑格尔那里去寻求答案,他把这个差别表述自然与精神的差别,或者说实体与主体的差别。我们所选择的既非该问题发展的起点,亦非其终点,而是笛卡儿与黑格尔之间的决定性中间位置——康德对该问题的看法,这个看法受到笛卡儿的影响,同样又影响了费希特、谢林与黑格尔。

b)康德对自我与自然(主体与客体)的看法及其对主体之主体性的规定

康德如何把握自我与自然之间、主体与客体之间的差别?他如何描述自我的特性?也就是说,自我性之本质何在?

α)personalitas transcendentalis[先验的人格性]

康德在原则上坚持了笛卡儿的规定。于是乎康德的研究在本质上也变成了(并且一直保持为)对主体性的存在论阐释。对他来说,就像对笛卡儿那样,自我(Ich)、ego[本我、自我]乃是 res cogitans[能思的物、思维着的物、行思维的物],行思维的 res,某物,也就是行表象的、行知觉的、下判断的、赞成的、反对的某物,但也是爱、恨、努力等等的某物。笛卡儿把所有这些行为称为 cogitationes[我思行为,想法]。自我乃是拥有这些 cogitationes 的某物。然而,按照笛卡儿,cogitare[思]总是 cogito *me* cogitare[我思"我思"]。每一行表象都是"我行表象",每一下判断都是"我下判断",每一意愿都是"我意愿"。这个"我-思"(Ich-denke),这个"me-cogitare"[我-思]总是被共同表象的,虽然没有被专门、明确地意指。

康德接受了这样一个规定,即把 ego 规定为 cogito me cogitare 意义上的 res cogitans,只不过他对该规定的把握是以存在论上更基本的方式进行的。他说:自我是这样的,其规定就是完全的 reprae-

sentatio[表象、再现]意义上的表象。我们知道,在康德那里,规定(Bestimmung)不是一个随随便便的概念和语词,而是对术语 determinatio[规定、界定]或者说 realitas[实在性,按照海氏此书的理解为实事性、事物性、何所性]的翻译。自我是这样一个 res,其实事性(Realität,通常译为实在性)乃是表象,乃是 cogitationes。作为这些规定的拥有者,自我是 res cogitans。必须只把 res 领会为严格的存在论概念所意指的东西:某物(Etwas)。然而在传统存在论中,规定,determinatio 或者说 realitas 则是物的 notae[称谓]或者说 praedicata[谓词],也就是物的谓词——我们可以回想一下鲍姆嘉顿的《形而上学》第 36 节。表象是自我的规定、谓词。那拥有谓词 178
的,在语法学与普通逻辑学中被称为主词(Subjekt)。作为 res cogitans,自我是一个语法学-逻辑学意义上的拥有谓词的主词。这里 Subjectum[主词]被认为是一个形式的-断言的(formal-apopantische)范畴。"断言的"属于这样一种东西的结构,这种东西就是陈述一般之陈述内涵之形式结构。在每一陈述中,都有某某(etwas)就某某被陈述出来。那陈述所就(wovon)、所关于(Worüber)的东西,就是为陈述奠基的 subjectum。那被陈述出来的"何所"则是谓词。拥有规定的自我,就像每个他物那样,是一个拥有谓词的 subjectum。然而这个作为自我的主词是如何"拥有"它的谓词——表象的呢?这个 res est cogitans[那事物是能思的],这个行思维的某物(Etwas),按照笛卡儿意味着:cogitat se cogitare[它/他思"思自己"]。思维者的能思存在(Denkendsein,或可译为"是能思的"、"是思维着的")在思维中是被共同思维的。对规定、谓词的有(*Haben*),也就是对它们的知(*Wissen*)。作为主词的自我——这个主词仍然一向在形式的-断言的意义上被理解——以"知"的方式有其谓词。我思维着将这一思维知为我的思维。作为这一特殊的主词我知我所有的主词。我知我自己。基于这一“对其谓词的有”，这一主词就是一种突出的东西，也就是说，自我是κατ' ἐξοχήν[突出的、卓越的]主词。自我是自身意识意义上的主词。这一主词不仅与其诸谓词区别开来，并且它还把它们当作被知的东西，也就是当作诸客体(Objekte)来拥有。这个 res cogitans，这个行思维的某物，是谓词之主词(Subjekt)，作为这个主词它就是对诸客体而言的主体(Subjekt)。

主体性、自我性意义上的主体－概念，在存在论上是以最内在的方式与 subjectum、ὑποκείμενον[主词、基底、基质]这个形式的－断言的范畴联系着的，而在 subjectum、ὑποκείμενον之中完全没有包含什么具有自我性的东西。恰恰相反，ὑποκείμενον乃是现成者、可用者。由于康德首次阐明了——虽然笛卡儿，特别是莱布尼茨也已预
179 先提及了——自我是真正的 subjectum，用希腊语说就是真正的实体(Substanz)：ὑποκείμενον，黑格尔才能够说：真正的实体就是主体，或者真正意义的实体性就是主体性[①]。黑格尔哲学的原则包含在近代问题设置发展的直接路线之中。

自我的最一般结构存乎何处？或者说：什么构建着自我性？回答是：自身意识。一切思维都是“我思”。自我不是单纯的、随便被孤立出来的点，它是“我－思”。它并不把它自身知觉为一个具有“它确实思”之外的其他规定的存在者。自我毋宁自知为其规定(也就是说其行为)的基础，自知为其在这些行为的杂多性中的本己统一性的基础，自知为其自身之自身性的基础。自我的一切规定与行为都是以自我为基础的。我行知觉、我下判断、我行事。康德说，“我思”必定能够伴随我的一切表象[②]，也就是说，能伴随对 cogitata[所思]之一

---

① 参见黑格尔：《精神现象学·序言》，见《精神现象学》，贺麟、王玖兴译，商务印书馆，1979 年，上卷，第 10 页及下页。——译注

② 参见康德：《纯粹理性批判》，B132。——译注

切 cogitare［思］。这个命题不能这样来理解，似乎在每一次施为那里，在每一次最宽泛意义上的思维那里，自我－表象也总是在那儿，毋宁说，我对自己意识到了一切行为与我的自我的联系，也就是说，我对自己把在其杂多性中的一切表象意识为我的统一，该统一在我的自我性（作为 subjectum［主体］）自身中有其根据。只有以我－思为根据，杂多才能被给予我。康德以概括的方式把自我阐释为"统觉之本源的综合统一"。这是什么意思？自我是其诸规定之杂多性统一之本源根据——以这种方式：作为自我，我在返观虑及我的自身的情况下一并拥有了所有这些规定，预先一并保持（亦即联结）这些规定——［这也就是］综合。统一之本源的根据乃是其之所是，它作为行统一的东西，作为综合性的东西，正是这个根据。对表象杂多的联结与对在其中被表象者杂多的联结必定是被共同思维的。这种联 180
结的方式是这样的：思维着的我也共同思维自己；也就是说，我不单是把握被思维者与被表象者，我并不是直截了当地去知觉（perzipiere）这些东西，毋宁说我在一切思维中都连带着共同思维自己，我并不是知觉（perzipiere），而是统觉（*ap*perzipiere）自我。统觉之本源的综合统一乃是在存在论上对突出主体的特性描述。

综上所述，可以清楚地看到：凭借自我性这个概念就赢得了人格性的形式结构，或者如康德所云，*personalitas transcendentalis*。"我把一切与其说是关注于诸对象，不如说是一般地关注于我们对于诸对象的认知方式（就该认知方式应当是先天可能的而言）的认识称为先验的。"[1]先验认识与诸对象无关，也就是说与存在者无关，而与规定了存在者之存在的概念相关。"这样一些概念的一个体系或可称

① 康德：《纯粹理性批判》，B25。——原注

为先验－哲学。”[①]先验－哲学的意思无非就是存在论。我们的这个阐释并不粗暴——这一点要在以下句子的意思中得到验证，这个句子是康德在《纯粹理性批判》出第二版以后大约十年写在一篇文章里的，此文正好在他逝世后发表，题为“关于 1791 年柏林皇家科学院提出的有奖课题：莱布尼茨与沃尔夫时代以来的德国形而上学取得了哪些实质性进步?”。康德在此文中写道：“存在论(作为形而上学的一个部分)是这样一门科学，它构建一个一切知性概念与原理的体系，但仅就它们面向被给予感性因而可被经验证实的对象而言。”[②]
181 存在论“被称为先验－哲学，因为它包含了所有我们先天认识的条件与首要因素。”[③]康德在这里一贯强调，存在论作为先验－哲学不得不与对诸对象的认识有关。这并不像新康德主义所阐释的那样意味着认识论。毋宁说，由于存在论处理存在者之存在，而正如我们所知，康德相信存在、现实性等同于被知觉性、被认识性，那么对他来说，存在论作为关于存在之科学必定就是关于诸对象之被认识性及其可能性的科学。因此存在论才是先验－哲学。把康德的《纯粹理性批判》阐释为认识论，这全然失去了本真意义。

我们从先前的讨论便已得知，依据康德，存在等同于被知觉性。存在者之存在之基本条件，也就是被知觉性之基本条件，因而就是诸物之被认知性之基本条件。然而，对于作为认知的认知而言，基本条件乃是作为“我－思”的自我。因而康德总是不断提醒：自我并非表象，也就是说，并非被表象的对象，并非诸客体意义上的存在者；毋宁说，自我是一切行表象、一切行知觉的根据，这就是说，自我是存在者之被知觉性的根据，亦即一切存在之根据。作为统觉之本源的综合

① 康德：《纯粹理性批判》，B25。——原注
② 康德：《著作集》(Cassirer 版)，第 8 卷，第 238 页。——原注
③ 同上。——原注

统一,自我乃是一切存在的存在论基本条件。存在者之存在之基本规定乃是诸范畴。自我并非存在者之诸范畴之一,而是诸范畴一般之可能性之条件。由此自我并非自身归属于知性之主干概念(康德如此称呼范畴)[1],毋宁说,自我按照其表达那是:"一切知性概念之承载者"[2]。它首先使先天的存在论基本概念得以可能。因为自我 182 并非什么被剥离的东西,并非一个什么点,而总是"我思",也就是说,"我联结"。而康德则这样阐释范畴:在知性之每一联结中,它都作为向每一有待实行的联结预先给出被联结者之相应统一性的东西,已经被预先看到并领会。范畴乃是思维着的"我联结"之可能方式之统一性之可能形式。可联结性,与此相应还有其自身的形式,也就是说,其各自的统一性植根于"我联结"之中。于是自我就是存在论基本条件,也就是说,自我就是为一切特殊的先天者奠定根据的先验者。我们现在领会了:自我作为我-思乃是(作为 personalitas transcendentalis 的)人格性之形式结构。

β)**personalitas psychologica**[心理学的人格性]

然而上面这些并没有穷尽康德对主体性概念的规定。这个先验的自我-概念固然仍是对自我性(形式意义上的人格性)做进一步阐释的样板。然而 personalitas transcendentalis 并未覆盖全部的人格性概念。康德把 *personalitas psychologica* 与 personalitas transcendentalis(也就是自我性一般之存在论概念)区别开来。康德将前者领会为植根于 personalitas transcendentalis 之中,也就是说植

---

① 康德称范畴为"纯粹知性的真正主干概念"。参见康德:《纯粹理性批判》,A81/B107。——译注

② 康德仅称"我思"为"一切概念一般之承载者"。参见《纯粹理性批判》,A341/B399。——译注

根于“我思”之中的实际机能，以对其经验状态（亦即其表象作为现成的、不断流转的事件）有所意识。康德在纯粹的自身意识与经验的自身意识之间，或者如他所云，在统觉之自我与**概观之自我**[①]之间，做了区分。概观的意思是对现成者的知觉、经验，也就是通过所谓内感
183 官对现成的心理过程之经验。纯粹自我，自身意识的、先验统觉的自我并非经验事实，毋宁说，在一切经验的行经验（empirisches Erfahre）中，该自我（作为“我行经验”）一向已经被意识为一切行经验之可能性之存在论根据。作为灵魂的经验自我在理论上同样可以被思维为理念，那样就与灵魂这个概念相合了，在这里灵魂被思维为生灵性（Animalität）之根据，或如康德所云，动物性（Tierheit）、生命一般之根据。自我作为 personalitas transcendentalis 乃是这样的自我，它在本质上从来只是主体、自我－主体。自我作为 personalitas psychologica 则是这样的自我，它从来只是客体，只是被遭遇发见的现成者、自我－客体，或者就像康德所直言的：“这一自我－客体，这个经验的自我，是一个物（Sache）。”因而一切心理学都是关于现成者的实证科学。康德在《论形而上学的进步》这篇文章里说道：“对于人类的理智来说，心理学不比、也不会比人类学，亦即对人类的知识更多，只不过这门知识得限制在这样一个条件上：即就人类将自己作为内感官之对象加以认知而言。但是，人类就其自身也被意识为其外感官之对象，这就是说，他有一个身体，与之相联的则是被称为人类灵魂的内感官之对象。”[②]康德将统觉之自我作为逻辑自我与这个心

---

① 原文为 Ich der Apprehension。Apprehension 乃康德在《纯粹理性批判》A 版演绎中“*Von der Synthesis der Apprehension in der Anschauung*”这个部分所提的概念（A98）。现有的中译本或译为“领会”（邓晓芒、韦卓民），或译为“感知”（蓝公武）。本译著中“领会”、“感知”均有他意。据上述段落中康德对此概念的讨论（A99），且依此概念与 Apperzeption（统觉）在语文上的对称性，姑译作“概观”。——译注

② 康德：《著作集》（Cassirer 版），第 8 卷，第 294 页。——原注

理学自我区别开来。“逻辑自我”这个表达目前需要更精细的阐释，因为新康德主义已然完全误解了康德的这个概念及其他许多具有本质重要性的概念。康德无意用“逻辑自我”这个标识来述说李凯尔特(Rickert)所指的那个自我：一个逻辑上的抽象项，某种普遍的、无名的、非现实的东西。对康德而言，“自我是逻辑自我”并非像李凯尔特所认为的那样，指一个在逻辑上被构想出来的东西，而是这样一个意思：自我是 Logos 之主体，也就是思维之主体，自我是作为“我联结”的自我，这个“我联结”为一切思维奠定了根据。在他谈到逻辑自我 184
之处，康德又多加发挥道：“它仿佛就像是某种基体性的东西[海：也就是说，就像是ὑποκείμενον]，当我抽掉寄寓于它的一切偶性时，它仍然保留着。”①在一切实际的主体那里，这一自我性都是相同的。这不可能是指，这一逻辑自我是某种普遍的、无名的东西；毋宁说，按照其本质，它恰恰是向来属我的东西。自我性包含了：自我是向来属我的。一个无名的自我是木制的铁那样荒谬的东西。当我说：“我思”或者“我思自己”时，这第一个自我并非某种另外的东西，似乎在第一个自我里面说话的是一个普遍的、非现实的自我；毋宁说，这第一个自我恰恰与那被思的自我(或如康德所云，可被规定的自我)相同。统觉之自我同一于可被规定的自我，概观之自我，只是在行规定的自我这个概念中，毋需共同思维我作为被规定的经验自我所是的东西。费希特(Fichte)曾把行规定的自我与可被规定的自我这对概念当作其《知识学》的原理加以运用②。统觉之行规定的自我存在。康德说，关于这一存在者及其存在，我们无法陈述更多的东西，除了

① 康德：《著作集》(Cassirer 版)，第 8 卷，第 249 页。——原注

② 参见费希特：《全部知识学的基础》之第一部分第一原理。在原理部分费希特用到的只是“行设定”的自我与“被设定的”自我之间的关系。“行规定”与“被规定”的自我当参见同书之“定理”部分，特别是第一定理至第四定理。——译注

“它存在”。仅仅因为这一自我作为这一自我自身存在，它才能把自己自身遭遇发见为经验自我。

“我对于我意识到我的自身——这个思想已然包含了一个两重性的自我：作为主体的自我与作为客体的自我。下面这一点，虽然是一宗无可置疑的事实，其何以可能却是完全无法说明的：行思维的我对于我自身而言能够是一（直观之）对象，并且我能因之将自己与我自身区别开来。然而，它显示了一个远远高于一切感性直观的机能，以至于，作为知性之可能性之根据，它导致了与一切牲畜（我们没有理由赋予它们对自己自身说‘我’的机能）的完全分
185 离，并向外展望无限的自身造就的表象与概念[海：亦即存在论概念]。然而，这里所意指的并非一个双重的人格性，毋宁说，只有行思维与行直观的自我才是人（Person），而被我所直观到的客体之自我则与我之外的其他对象一样是物（Sache）。”①先验统觉之自我是逻辑自我，亦即“我联结”之主体——这并不是说，它是与现成的、现实的心理自我相对立的另一个自我，更不是说，它根本不是存在者。这只是说，这一自我之存在乃是成问题的，按照康德是根本不可规定的，在原则上无论如何不可借助心理学来规定。personalitas psychologica 预设了 personalitas transcendentalis 。

γ）personalitas moralis [道德的人格性]

然而，即使通过把自我的特性描述为 personalitas transcendentalis 与 personalitas psychologica，描述为自我－主体与自我－客体，也没有在康德那里赢得对自我、对主体性的真正的、核心的特性描述。这个描述包含在 *personalitas moralis* 这个概念里。

---

① 康德：《著作集》（Cassirer 版），第 8 卷，第 248 及以下诸页。——原注

按照康德，人的人格性，亦即其人格存在之建制，既没有被构建生灵
性（Animalität）之根据的 personalitas psychologica，也没有被一般
而言刻画了人之理智性（Vernünftigkeit）之特征的 personalitas
transcendentalis ——更没有被这两者的结合——所穷尽。康德的
著作《单纯理性限度内的宗教》中有一个地方显示了这一点。在该
书①的第一部分之第一编（“论人性中向善的原初禀赋”），康德列举
了人的规定性的三个要素：第一是动物性（Tierheit），第二是人性
（Menschheit），第三是人格性（Persönlichkeit）。第一个规定性，动 186
物性，描述了人作为生物一般之特征；第二个规定性，人性，则将人描
述为生命，而同时又是有理智的；第三个规定性，人格性，将人描述为
有理智的，同时又有责任能力的存在者。当他在第三个地方列举人
格性与人性之差别时，很明显，与等同于人性的 personalitas tran-
scendentalis 相对照，这里的人格性具有更为狭窄的意义。完整的
personalitas 概念不仅包含了理智性，而且包含了责任性。因而，在
康德那里，人格性具有一种三重意义：其一是自身意识意义上的自我
性一般这个广义的、形式的概念，它可以是先验的，自我－思维，也可
以是经验的，自我－客体；然后则是狭义的、本真的［人格性］概念，它
以某种方式包含了另外两种含义或者说意指，不过该规定性还是有
其中心的，我们现在就必须来考察这个中心。本真的人格性乃是
personalitas moralis。如果 personalitas 一般之形式结构包含在自
身意识之中，那么 personalitas moralis 就必定表达了自身意识之某
种变样，于是它就必定呈示了自身意识的一个固有种类。这一道德
的自身意识才真正就人格之所是刻画了人格之特征。康德是如何阐

---

① 康德：《著作集》（Cassirer 版），第 8 卷，第 248—249 页。——原注［参见康德：《单纯理性限度内的宗教》，李秋零译，北京，中国人民大学出版社，2003 年，第 9—12 页。——译注］

明道德的自身意识的呢？就人把自己领会为道德的，也就是说领会为行动着的存在者来说，人又把自己认知为什么呢？他把自己领会为什么？这种对自己自身的道德知识又是哪个种类的呢？显然，对自己自身的道德知识与前面所谈论的自身意识的种类，与经验的或者先验的自身意识并不相合。道德的自身意识首先就不可能是对一个实际的、恰好现成的状态的经验性认知与经历；也就是说，对于康德而言，道德的自身意识从来不可能是感性的自身意识，不可能是被
187 内感官或者外感官所中介的自身意识。道德的自身意识，尤其当它涉及本真意义上的 personalitas 时，将是人之本真的精神性，而不会被感性经验所中介。按照康德，广义的感性不仅包含了感觉机能，而且还有他通常称为苦乐之感受（Gefühl）的东西，这就是说，对适意的愉悦或者对不适的不悦。最宽泛意义上的"乐"（Lust）不仅是欲求某某的"乐"与对于某某的"乐"，而且总同时也是——如果我们可以这样说的话——"作乐"（*Belustigung*），亦即人在欲求某某的"乐"中经验到自己在取乐（也就是说，经验到自己是欢乐的）的方式。

我们必须在现象学上澄清这一事态。在感受一般之本质中包含着：它不仅是对某某的感受，而且这一对于某某的感受同时也使得感者自身及其状态（即最宽泛意义上的其存在）"可感"。以形式的、普遍的方式把握，感受对于康德而言表达了"使自我彰显"的一种特有样态。对某某有感受总同时也包含了一种自感，而自感中则包含了"自己自身彰显出来"的一种样态。我在"感"（Fühlen）之中彰显自己自身的方式方法，乃是通过我在这一"感"之中对之有感受的东西得到共同规定的。这就表明，感受并非对于一种对于自己自身的简单反思，而是在"对某某有感受"中的自感。这个结构已经有些复杂，但它是内在统一的。康德所谓感受之中的本质性的东西并非我们在日常领悟中俗常意指的东西：与概念性理论把握及自知相对的、作为

某种不确定的、含混的瞬间预感以及诸如此类东西的感受。感受现象中在现象学上起着决定性作用的是：它直接发现并通达接近了被感受者——固然不是以直观的方式，而是在直接拥有－自己－自身的意义上。必须牢记感受结构的两个环节：感受作为“对某某的感 188
受”，并且在这一“对某某有感受”中同时就是自感。

必须注意，按照康德并非每种感受都是感性的（也就是说被苦乐，于是被感性所规定的）。如果说道德的自身意识并不应当使经验主体之偶然瞬间状态变得明显，也就是说，道德的自身意识不可能是感性－经验的，那么这也并不排除，这种自身意识似乎也是被界定周全的康德意义上的感受。道德的自身意识必定是一种感受，如果它应当同理论性“我思自己”意义上的理论知识区别开来的话。因此康德谈论“道德感受”或者“对我的生存之感受”。这并非对我自身的偶然、经验经历，但也不是对作为思维主体之自我的理论知识与思维，而是使自我彰显在其非感性的规定性（亦即其作为行动者的自身）中。

这一道德感受又是什么样的呢？什么使得该感受得以彰显呢？康德如何从这个通过道德感受被彰显的东西自身出发来规定道德人格之存在论结构呢？对他来说，道德感受是敬（*Achtung*）。道德的自身意识（也就是 personalitas moralis，人之本真的人格性）在敬中彰显自己。我们首先尝试更切近地看一下康德对这一敬之现象之分析。康德称之为一种感受。照前面所说，必定可以在敬中指明感受之本质结构，也就是说，首先，敬是对某某有感受；其次，作为这个“对某某有感受”，它是对“自－感者－自身”之彰显。康德在《实践理性批判》的第一部分第一卷的第三章《纯粹实践理性的诸动机》中给出了对敬的分析。现在为了在我们的意图框架中描述康德分析之特征，我们无法深入所有的具体细节，且更不可能呈现对领悟来说所基 189

本必需的所有道德性概念，例如义务、行动、法则(Gesetz)、准则、自由。康德对敬之现象的阐释确实我们从他那里得到的最精彩的道德现象之现象学分析。

康德说："通过道德律(das sittliche Gesetz)对意志所进行的所有规定中本质的东西乃是：它作为自由意志(因而就非但不受感性冲动的共同作用，而且还自身摈斥一切感性冲动，并且克制一切偏好，只要它们可能违背该法则)仅仅受到法则的规定。"[①]这一命题仅仅以否定的方式把道德律的效验规定为道德行动的动力。法则达到的是对偏好，也就是说感性感受的克制。但对感受的这一否定性效验，也就是说对感性感受的克制与摈斥，"其自身也是感受"[②]。这让人回想起斯宾诺莎《伦理学》中的那个著名命题：情感只能被情感所克服。[③] 如果出现了对感性感受之摈斥，那么其中必定可以显明实行摈斥的肯定性感受。由此康德说道："结果我们能够先天地看到[海：这就是说从"对感性感受的摈斥"这个现象出发]，道德律(das moralische Gesetz)作为意志之规定根据——其途径为：道德律阻止我们的一切偏好[海：感性感受]——必定自身引发一种感受。"[④]从"摈斥"这个否定性现象出发，那摈斥者以及那为摈斥奠定根据者必定可

---

① 康德：《著作集》(Cassirer 版)，第 5 卷，第 80 页。——原注[参康德著：《实践理性批判》，邓晓芒译，北京，人民出版社，2003 年，第 99 页。译文略有改动，以与本书译名协调，下同。——译注]

② 同上书，第 81 页。——原注[《实践理性批判》，邓晓芒译，第 100 页。——译注]

③ 斯宾诺莎的原命题为："一个情感只有通过一个和它相反的、较强的情感才能克制或消灭"(《伦理学》第四部分，命题七)。见斯宾诺莎著：《伦理学》，贺麟译，商务印书馆，1983 年，第 175 页。——译注

④ 康德：《著作集》(Cassirer 版)，第 5 卷，第 81 页。——原注[此间海氏所引《著作集》版康德原文与通行"哲学丛书"版之原文有出入。按后者，该句当如此结束："……——必定引发一种感受，该感受可被称为痛苦(Schmerz)。"参见 Kant，*Kritik der praktische Vernunft*，Felix Meiner Verlag，hrsg von Karl Vorlaender，Hamburg 1974，第 85 页；又见，邓晓芒中译本第 100 页。——译注]

以先天地、肯定地被看到。一切被克制的感性偏好都是自矜与自大意义上的偏好。道德律压制自大。“既然该法则毕竟自在地是某种 190
肯定性的东西,也就是说一个智性[海:亦即非感性的]的原因性、也就是自由之形式,那么由于它与主观的对立者,也就是与我们之中的偏好相反而削弱着自大,所以它同时就是敬之对象,又由于它甚至压制了自大,亦即使之谦卑,那么它就是至敬之对象,因而也是一种并非拥有经验本源而是被先天认知的肯定性感受之根据。于是对道德律的敬乃是一种通过智性根据发挥效用的感受,该感受是我们能够完全先天地认知并洞察其必然性的唯一感受。”[①]这一对法则的敬可被称为“一种道德感受”。[②]“该感受(以道德感受名之)仅由理性[海:也就是说,并非由感性]引发。它并不用于评判行动,也根本不用于为客观的道德律自身建立根据,而只是用作动机,以便使道德律自己成为准则[海:也就是说,成为意志之主观的规定根据]。但我们能给这样一种特殊的、不能拟之为任何病理学感受[海:也就是说,在本质上并不受任何身体状态所制约]的感受取一个什么更恰当的名称呢?它是这样奇特的种类,以至它显得仅服从理性、确切地说实践的纯粹理性之命令。”[③]

我们想为自己澄清以上这些表述中有些艰涩的分析。对以上所述,我们能做何概括呢?敬是对(作为道德行动之规定根据的)法则之敬。作为这个对某某(即对法则)之敬,敬是被某种肯定性的东西——法则,所规定的,这肯定性的东西自身并非经验性的东西。对

---

① 康德:《著作集》(Cassirer 版),第 5 卷,第 81/82 页。——原注[参见康德著:《实践理性批判》,邓晓芒译,北京,人民出版社,2003 年,第 101 页,译文略有改动。——译注]

② 同上书,第 83 页。——原注[参见康德:《实践理性批判》,邓晓芒译,第 103 页,译文略有改动。——译注]

③ 同上书,第 84 页。——原注[参见康德:《实践理性批判》,邓晓芒译,第 104 页,译文略有改动。——译注]

191 法则之敬这个感受是被理性自身所引发的感受，而非被感性以病理学的方式所触发的感受。康德说，它并不用于评判行动，这就是说，道德感受并不以“我对被实行的行动采取立场”这样的方式随着道德行动之后；毋宁说，对法则之敬作为动机根本首先构成了行动之可能性。它是法则作为法则可以首先被我所通达的方式。这同时也就意味着：对法则之敬这个感受并不用于为法则奠定根据（就像康德表达的那样），也就是说，法则并非因为我对之有敬而是其所是；毋宁相反，对法则有敬的感受并因而以某种方式彰显法则——这乃是道德律一般本身能够对我来照面的方式。

感受是对某某之感受，以至于感者自我在其中同时自感其自身。把这一点运用到敬这种感受上，这就意味着：在对法则之敬之中，敬着的自我必定同时以某种方式彰显了自身，这既非后起的，亦非偶然的，毋宁说，对法则之敬——将法则彰显为行动之规定根据的这一特定方式——本身同时就是对于（作为行动者的）我自身之特定的彰显。敬之所对的东西，或者说，该感受对之有感受的东西，康德称之为道德律。理性（作为自由的东西）将该法则给予自己自身。对法则之敬乃是行动着的自我对作为吾身（Selbst）——这个吾身不能通过自大与自矜来领会——的自己自身之敬。在其特殊的彰显中，敬作为对法则之敬同时便与人格相关。“敬在任何时候都是对人［格］的，
192 而非对物的。”[1]在对法则之敬中，我就将自己置于法则之下。敬中所含有的对法则特殊的“有感受”之方式，乃是一种“听命于”。在对法则之敬中，我听命于作为自由吾身（Selbst）的我自身。在这个“我听命于”之中，我对自己彰显了，也就是说，我作为我乃是吾身。问题

① 康德：《著作集》（Cassirer 版），第 5 卷，第 84 页。——原注［康德：《纯粹理性批判》，邓晓芒译，第 104 页。——译注］

是：作为什么？或者更确切些：作为谁？

我听命于法则，我听命于作为纯粹理性的自己自身，也就是说，在这个“听命于自己自身”中，我把自己提升为（作为自由的、自我规定着的存在者的）自己自身。我自己的这个向着我自身的、听命式的自我提升，就其本身把我彰显、展示给在我的尊严（*Würde*）中的我自身。用否定的方式说，在对（我给予作为自由存在者的我自身的）法则之敬中，我无法不敬自己自身。敬是自我之“即－自己－自身－而在”之方式，自我藉此乃不自弃其灵魂中的英雄。作为对法则之敬，道德感受无非是吾身之（对自己自身、为自己自身）应责式存在。道德感受是自我领会自己自身的一种卓越方式，自我以此直接地、纯粹地、自由摆脱一切感性规定地把自己自身领会为自我。

在“敬”的意义上的自身意识构成了 personalitas moralis 。必须看到，在作为感受的敬中一度包含着“听命于”意义上的“对法则有感受”。这个“听命于”按照其内涵（我所听命的东西，我对之有“敬”之感受的东西）同时就是（作为在最本己尊严中的自我彰显的）自我提升。康德清楚地看到了（作为听命式自我提升的）“敬”之意向结构中的这个值得惊奇的相对努力的双重方向。他在《道德形而上学探本》（*Grundlegung zur Metaphysik der Sitten*）的一个注释里抗议［对他的误解］——似乎他谋求“在‘敬’这个词后面只是［寻找］一种含混感受中的避难所”：敬是一种与偏好与畏惧有“相似之处的东西”。[①] 193
为了领会这个注释，可以回想一下，古代哲学是通过δίωξις［追逐、追求］与φυγή［规避、躲避］来描述最宽泛意义上的实践施为，也就是ὄρεξις［渴望、渴求、贪欲］的。δίωξις的意思是随后追求某某、竭力趋

① 康德：《著作集》（Cassirer 版），第 4 卷，第 257/258 页。——原注［引文见《道德形而上学探本》第一部分，康德原注 2。——英译者注］

向;φυγή的意思则是退让、逃避、从某某撤退、致力于摆脱某某。康德所云对某某的"偏好"就是δίωξις(致力于趋向某某),所云"畏惧"则是φυγή(在某某面前竭力躲避),康德把畏惧理解为在某某面前的退缩害怕。他说,敬这个感受与偏好与畏惧(力趋与力避)这两种现象有相似、相应之处。他谈到了相似之处,因为ὄρεξις的(感受的)这两种变样,是被感性地规定的,而敬则是一种纯粹精神性的力趋及力避。敬在什么程度上有似于力趋与力避?"听命于法则"在某种方式上是一种畏惧,是一种对作为要求的法则之顺服。另一方面,这种"隶属于法则"作为φυγή同时也是一种δίωξις,在这个意义上是一种力趋式的偏好:在对(理性作为自由理性给予自己本身的)法则之敬中理性提升了自己、努力趋向于自己自身。对敬与偏好以及畏惧的这种类比澄清了,康德是何等明晰地看清了敬这个现象。对于康德的道德性阐释而言,敬及其规定的这一基本结构完全是在现象学上得到综观统察的,这也就说明了,舍勒在《伦理学中的形式主义与质料的价值伦理学》中对康德的批判是根本不得要领的。①

通过对敬的分析,我们已经为自己澄清了:此间所有的这个现
194 象,它在康德的意义上不是某种发生在经验主体之状态进程中一如其他感受的感受,毋宁说,敬这个现象乃是一种人之生存在其中得以彰显的本真样态,[这一彰显]不是在纯粹确认、去－认－知的意义上,而是这样的:在敬之中我自身存在,这就是说,行动。对法则之敬eo ipso [当然就]意味着行动。敬的意义上的自身意识之方式已然彰显了一种本真人格存在方式之样态。虽然康德没有直接在此方向

① 舍勒对康德感受学说(特别关于"敬"的感受)的批评,可以参见舍勒著:《伦理学中的形式主义与质料的价值伦理学》,倪梁康译,北京,三联书店,2004年,第290页及下页。——译注

上有所推进,然而这个可能性其实还是有的。对于这个领悟来说,必须牢记感受一般之形式的基本结构:对某某有感受、自感,而这个自感则是自己－自身－得以彰显之样态。敬彰显了尊严,在这尊严面前、对这尊严而言,吾身自知是应责的。吾身首先在应责性中得以发明,且吾身并非是普通认识意义上的自我一般,而是向来属我的,是作为一向个别实际自我的自我。

c)康德对人(Person)与物(Sache)的存在论划分。作为自在目的自身的人(Person)之存在建制

虽然康德并未以我们下面所用的方式提出问题,我们还是愿意这样来表述问题:吾身是在敬之道德感受中**在存在体上**(*ontisch*)被彰显为存在着的自我的,那么以这一方式得以彰显的吾身**在存在论上**(*ontologisch*)必须被规定为什么呢?敬乃是实际存在着的本真自我通达自己自身的存在体上的进路。在对其自身作为实际的存在者的这一彰显中,必定给出了规定这个如此彰显的存在者之存在建制之可能性。换言之,在敬中得以彰显的道德人格——也就是personalitas moralis——之存在论概念是怎么样的?

康德实际上已经在其《道德形而上学》(*Metaphysik der Sitten*)中给出了对这个他没有明确提出的问题的回答。形而上学意味着存 195
在论。道德形而上学意指人类生存之存在论。康德在人类生存之存在论中、在道德形而上学中给出了这个回答——这一点表明:对于人格分析之方法论意义,因而对于"人是什么"这个形而上学问题,康德有着清晰之极毫不含糊的领悟。

让我们再来阐明一次,道德感受中包含着什么:人之尊严,只要人服务,这个尊严就提升人。在尊严与服务的这种统一性中有着人自身的主奴合一。就像康德某次所说的,人在敬中,这就是说,人以

道德行动的方式造就了自己自身。[1] 在敬中彰显的人格具有何种存在论意义呢？康德说："现在我主张：人乃至每一有理性的存在者，都是作为自在目的自身（而非仅是为了这样那样的意志加以随意运用的工具）实有（existiert）的；在他的一切行动中——无论该行动指向他自己自身还是其他有理性的存在者——人必须一直被同时思考为目的。"[2]人作为自在目的自身实存，他决非工具，他甚至亦非上帝的工具；他甚至与上帝相对，是其自身之目的。从这里出发，这就是说从对存在者（这种存在者非但被其他存在者认作、当作目的，而且作为目的客观地——也就是现实地——实有）的描述出发，道德人格的本真存在论意义就变得清楚了。道德人格作为其自身之目的实有，这就是说，它自身就是目的。

只有这样，我们才获得了一个基地来在存在论上区分自我性的存在者与非我性的存在者，区分主体与客体，区分 *res cogitans*［思维物］与 *res extensa*［广延物］。"其实存（Dasein）并非根据于我们的意志，而是根据于自然［海：这就是说，根据于生理组织意义上的自
196 然］的存在者仍然拥有（如果它们是无理性的存在者）一种仅是相对的、作为工具的价值，因而叫作物（*Sachen*），反之有理性的存在者则被称为人（*Personen*），因为其自然［海：这里"自然"的意思是同于 essentia 的φύσις］已将之作为自在目的自身（亦即作为不可仅用为工具的东西）加以突出了，就其限制了一切任意（并且是敬之对象而言）。"[3]那构建了人［格］之自然（即其 essentia）并且限制一切任意的东西，这就是说被规定为自由的东西，正是敬之对象。反过来说，在敬中被对象化的东西，亦即在其中得以彰显的东西，正表明了人［格］

① 康德：《实践理性批判》，《著作集》（Cassirer 版），第 5 卷，第 107 页。——原注
② 康德：《著作集》（Cassirer 版），第 4 卷，《道德形而上学探本》，第 286 页。——原注
③ 同上书，第 286/287 页。——原注

之人格性。人[格]之存在论概念的意思很简单：人[格]乃是“客观的目的，亦即，[乃是]就其实存自己自身就是目的的东西（Dinge）[海：东西乃是最宽泛意义上的 res]。”①

凭借对 personalitas moralis 的这种阐释，这才搞清楚了：人（Mensch）是什么，什么界定着他的 quddditas[所是]，什么界定着人之本质亦即严格的人性（Menschheit）概念。康德并非在“所有人的总和”这个含义上使用“人性”这个表达的。康德所谓人性乃是一个存在论概念，其意为人之存在论建制。正如现实性乃是现实者的存在论建制，然则人性就是人之本质，公正性就是公正的东西之本质。于是康德就能以如下方式来表述道德性之基本原则——绝对命令：“这样来行动，以使你将人性（无论在你的人格中还是他人的人格中）一向同时当作目的，而决非仅作为工具来加以运用。”②这个原则标志了本真的人之应然（Seinsollen）。它预先描画了人之所能是，正如从人之生存之本质出发所规定的那样。这条命令是绝对命令，这就 197
是说，并非假言命令。它并不服从于如果－那么[这样的条件句式]。道德行动之原则并没有这样的意思：如果你意欲达到这样那样的某个目的，那么你就必须如此这般来做。此间没有什么“如果”与“假言”，因为这里所探讨的行动着的主体，依其本质自身就是目的，就是其自身之目的，并非有条件的东西，并不隶属于他物。由于这里没有什么“假言”与“如果－那么”，所以这一命令就是绝对的、摆脱了“如果”的。人作为道德行动者，亦即作为实有着的、其自身之目的存在于目的王国之中。此间必须在客观的意义上领会目的，亦即将之领会为存在着的目的、人[格]。目的王国乃是交互共在，乃是人[格]本

① 康德：《著作集》（Cassirer 版），第 4 卷，《道德形而上学探本》，第 287 页。——原注

② 同上。——原注

身之交汇往来，因而便是自由王国。它是实有着的人[格]之间王国，而并非什么某个行动着的自我与之相关的价值体系，并非什么于其中目的作为属人的某物（在趋往偏向某物的关联背景之下）得到奠基的价值体系。必须在存在体的意义上把握目的王国。目的乃是实有着的人[格]，目的王国乃是实有着的人[格]自身之交互共处。

我们必须牢记这个划分，康德基于对道德自我的分析已然确认了这个划分，人（Person）与物（Sache）之间的划分。依照康德，人与物都是 res（最宽泛意义上的东西），都是具有实存、实有着的东西（Dinge）。康德是在手前现成存在的意义上使用实存（Dasein）与实有（Existieren）这两个概念的。虽然对于人与物的存在方式他都用这个漠然无别的“实存”（手前现成存在意义上的）来表达，我们还是必须看到，他在存在论上将人与物清晰地区分为存在者的两个基本种类。与此相应，康德也分派给存在者的这两个基本种类两种不同
198 的存在论，亦即两个种类的形而上学。在《道德形而上学探本》里康德说道：“于是就出现了一个两重性的形而上学之理念，一门自然形而上学与一门道德形而上学”，[①]这就是说，一门 res extensa 之存在论与一门 res cogitans 之存在论。康德是这样规定道德形而上学亦即严格意义上的人格之存在论的：它“应当研究一种可能的纯粹意志之理念与原则，而非人类意志一般的行动与条件，后者的绝大部分都是从心理学那里获得的”。[②]

我们因之已经赢获了一种洞见，可以粗略地、然而还是大体不差地看到康德在存在论上如何原则性地将 res extensa 与 res cogitans 之间的区别把握为人[格]与自然（物）之间的区别，看到他如何将不

① 康德：《著作集》（Cassirer 版），第 4 卷，《道德形而上学探本》，第 244 页。——原注

② 同上书，第 247 页。——原注

同的存在论分派给区分开来的存在方式。此间显示了一种全然不同于笛卡儿的提问水准。然而，看起来我们甚至赢获了更多的东西。难道我们竟然未曾因而确认了主体与客体之间的真正区别，以致要在这里发现进一步的乃至根本性的存在论问题显得非但事属多余，甚至全无可能？我们讨论第三论题正是出于这一意图。然而我们并非为探讨问题而探讨问题，而是为了借此认识到，那日常作为有待认知的东西被预先给予我们的究竟是什么——认识到我们自身所是的那种存在者之存在论建制。我们并不致力于一味地为批判而批判，毋宁说，批判与问题必须出于同实事自身的争辩交流。无论康德对 res extensa 与 res cogitans 之间区别的阐释有多么清楚，它还是带来了我们现在必须进一步澄清的问题。我们通过对康德的这个阐释的追问来做澄清。我们必须试着搞清楚，在康德对人格性的阐释中 199
成问题的究竟是什么。

§14. 对康德式解决的批判；证明从原则上提问之必要性

悬而未决的问题乃是规定我们，人，一向所是的存在者之存在方式。必须特别加以追问的则是：康德有没有通过阐释 personalitas transcendentalis、personalitas psychologica 与 personalitas moralis 充分地规定了人之存在？

a) 对康德阐释 personalitas moralis 的批判性考察。在回避对其存在方式做存在论基本追问的情形下从存在论上规定道德人格

我们的批判性考察从参照康德对 *personalitas moralis* 的阐释

开始。人格是一个“东西”(Ding)、res、作为其自身之目的实有的某物。目的性，更确切地说自身目的性属于这一存在者。该存在者正是以这种方式是其自身之目的。“是其自身之目的”这个规定性属于人的此在之存在论建制——这一点是无可争议的。但是否这样就已经阐明了此在之存在方式？已经做出的那些尝试是否就足以表明，此在之存在方式是如何参照其通过目的性的构成而得到规定的？在康德那里寻找对该问题的阐明(甚至对该问题的提法)，这是徒劳的。相反，上述引证已经显示，康德诚然谈到了人之 Existieren 与作为目的之物(Dinge)之 Dasein，但对他来说，“Existieren”与“Dasein”这
200 两个术语意谓着手前现成存在。他以同样的方式谈论自然之 Dasein，事物(Sache)之 Dasein。他从未说过，在关涉人时，Existenz 与 Dasein 这两个概念可以具有另外的意义。康德只是表明，对作为人之 essentia 之规定不同于事物与自然物之 essentia。然而，他虽未明说，或竟 de facto[在实际上]暗指了道德人格之特殊存在方式呢？

那作为其目的自身实有的存在者以“敬”之方式拥有自己自身。敬意味着对自己自身的“应责式存在”(Verantwortlichsein，或译为“是负责任的”、“是应责的”)，而后者复指“自由存在”(Freisein，或译为“是自由的”)。“自由存在”不是人之属性，而是“道德行动”之同义语。行动(Handeln)乃是一种作为(Tun)。于是道德人格之特殊存在方式包含着自由作为。康德有一次说过：“智识性的(Intellektuell)是这样一种东西，其概念正是作为。”① 这个简短的批注意味着：精神性的存在者正是这种以作为之方式存在的东西。自我乃是一种

---

① 《康德对〈纯粹理性批判〉的反思录》，Benno Erdmann 编，Leipzig 1884，第 968 条反思。——原注[其出处《康德对批判哲学的反思录》之第二卷，由 Benno Erdmann 编自康德手稿上的批注。第一卷为《康德对〈人类学〉的反思录》(1882)；第二卷为《康德对〈纯粹理性批判〉的反思录》(1884)。——英译者注]

"我为"，于是其本身就是智识性的。必须牢记康德这个特殊的语言用法。作为"我为"的自我乃是智识性的，这就是说，纯精神性的。因而他也经常把自我称为心智（Intelligenz）。心智所意指的并非**具有**心智、知性与理性的存在者，而是作为心智实有的存在者。人格乃是实有着的目的，乃是心智。目的王国，亦即作为自由的人格之交互共在，乃是可智思的（intelligible）的自由王国。康德尝谓：道德人格乃是人性。人性存在完全是以智性的方式被规定的，这就是说被规定为心智。心智、道德人格乃是其主体，后者之存在乃是行动。行动是一种手前现成存在意义上的"实有"。道德人格意义上的可智思的实体之存在固然得到了如此刻画，然而还没有**在存在论上被概念化**，还没有被专门做成这样的问题——**这一行动**呈现出了**什么样的一种实** 201 **有方式与手前现成存在方式**。自我不是物（Sache），而是人（Person）。由此出发就可以领会费希特式提问之缘由。费希特试图接着康德更彻底地把握在后者那儿得到加强的、关注自我问题的近代哲学之趋势。如果自我是通过行动之存在方式得到规定的，因而也就不是物（Sache），那么哲学那始于自我之开端便不是事（实）-（实）物（Tat-Sache），而是事（实）行（动）（Tathandlung）①。

问题仍然保留着：如何将这个行动自身阐释为存在方式呢？这个问题牵涉到康德的那面则是：难道他不是再次退缩，将该行动着的自我把握为与其他手前现成存在者同列的一个手前现成存在者——存在着的目的了吗？**从对作为道德人格之自我的阐释出发，我们就自我之存在方式无法得到什么实质性的消息**。如果我们追问，康德如何规定"我思"之自我，或者（如同我们可以不那么确切地讲的）康

① 事实行动与本原行动是费希特知识学的基本概念。参见费氏著：《全部知识学的基础》，第一部分，§1，6。——译注

德如何在实践主体的对方规定理论主体，也就是 personalitas transcendentalis，那么我们或许倒更容易就主体之存在方式获知消息。因为，我们先前并未期望可以通过参照 personalitas psychologica 得到什么回答——既然康德直截了当地将自我-客体、概观之自我、经验自身意识之自我称为物（Sache），并明确地归之于自然、手前现成存在之存在方式，虽然这个做法是否正确仍是有疑问的。

b）对康德阐释 personalitas transcendentalis 的批判性考察。康德对我-思之存在论阐释之不可能性之否证

在康德阐释“**我**-**思**”，亦即先验自我时，有没有规定自我之存在
202 方式？**甚至在康德对** *personalitas transcendentalis* **的阐释中寻找该问题的答案都是徒劳的**，这不仅是因为，康德实际上从未试图阐释作为“我-思”的自我之存在方式，还因为他恰恰试图明确显示，**确实**并且**何以**无法阐明此在，亦即自我之存在方式。他在《纯粹理性批判》“先验辨证论”第二卷第一章“论纯粹理性之谬误推理”①中引出了这个证明，证明阐释“我思”意义上的自我之存在乃是不可能的。第一版（A 版）的处理则更为充分。

从史学角度看，康德关于纯粹理性之谬误推理的学说乃是对 psychologia rationalis［理性心理学］的批判，这就是说，对关于灵魂的传统形而上学（独断论意义上的形而上学，康德实际上以道德形而上学取代了它的位置）之批判。psychologia rationalis 的特征是尝试借助（它应用于作为“我思”之自我的）纯粹存在论概念就作为存在者亦即灵魂的这个自我达到某种认识。在“论纯粹理性之谬误推理”中，康德指出，源自存在论概念的这个形而上学心理学推论及其在

① 康德：《纯粹理性批判》，B399ff。——原注

“我思”上的应用乃是一个谬论。他把存在论的基本概念称为范畴。他将范畴分为四组[1]：即量的范畴、质的范畴、关系范畴与模态范畴。康德把理性心理学所应用的存在论基本概念归入这四组之中——在他看来，这四组乃是唯一可能的范畴。

放到关系范畴之下来看，这就是说，参照偶性与实体之关系一般
来看，灵魂乃是实体——旧的形而上学心理学如是说。依照质，灵魂 203
是单纯的；依照量，灵魂是单一的，这就是说，在数目上是同一的，在不同时间中乃是一个相同的东西；依照模态，灵魂实有着与空间中的可能对象相关[2]。对源于四组范畴的这四个基本概念（实体性、单纯性、自同性与实有性）加以应用，就得到了灵魂的四个基本规定；形而上学心理学对此的四个推论见下。

其一，作为实体，亦即作为现成者，灵魂是在内感中被给予的。因此它是与外感中的被规定为物质与身体的所与者相反的；这就是说，作为在内感中所与的实体，灵魂乃是非物质的。

其二，作为单纯的实体，灵魂乃是某种不可分解的东西。作为单纯的东西，它不会析解为片段。结果就是，它是不坏的、不朽的。

其三，作为在不同时间中变异流转的状态下单一恒同的东西，灵魂就在这个意义上是人格：亦即直截了当地行奠基的东西、持续的东西（灵魂之人格性）。

康德将上面的这三个规定——非物质性、不朽性与人格性——概括为有灵性（Spiritualität）之规定，这就是说，概括为形而上学心理学意义上的精神概念。精神性、有灵性这个概念在原则上必须与康德的另外一个精神概念，也就是作为（“道德行动着的人格”这个意

① 康德：《纯粹理性批判》，B106。——原注
② 参见康德：《纯粹理性批判》，A344/B402。——译注

义上的)心智的精神概念分别开来。

从模态这第四个范畴出发,非物质的、不朽的人格便被规定为与一个身体发生相互作用的实有者。结果,这个有灵的东西赋予身体以生命。这样一个物质中的生命之根据,我们称之为本真意义上的灵魂。然而,如果按照第一组范畴所表明的,生灵性,亦即动物性的
204 这个根据乃是单纯的、不坏的、自为地自身持存的,那么灵魂就是不死的。有灵性导致了灵魂之不朽性。

我们已经看到,康德首次表明了,通过把范畴应用于作为"我思"之自我,是不会就作为有灵实体的自我说出什么有意义的东西的。为什么[理性心理学的]这个推论是错误的呢?为什么这些范畴作为自然之范畴、现成者之范畴与事物之范畴的无法应用于自我呢?为什么从这些范畴性的规定出发无法获得对灵魂及自我的存在体式认识呢?[理性心理学的]这个推论之所以是错误的,这是因为它建立在一个根本性的谬误之上。它将范畴应用于作为"我思"的自我,亦即应用于 personalitas transcendentalis,并且从这些被陈述给自我的范畴引出了关于作为灵魂之自我的命题。然而这样做为什么不可以呢?范畴究竟是什么呢?

自我乃是"我思",这个"我思"在每次思维中都被共同思维为行统一的我－联结之条件根据。范畴乃是(思维可将之作为联结实行的)可能联结之形式。自我作为"我思"之可能性根据同时就是联结之形式(亦即范畴)之可能性根据及条件。这些范畴作为以自我为条件的东西是无法回过头来又应用于自我自身以把握自我的。那直截了当地作为条件的东西,亦即作为统觉之本源的综合统一的自我,是无法借助以它为条件的东西得到规定的。

这是范畴之不可能应用于自我之上的一个根据。另外一个与之相关的根据则是,自我不是单纯以经验方式被确立的东西;毋宁说,

作为某种绝对非杂多的东西，自我倒是为一切经验之所以可能奠定了根据。植根于自我及其统一之中的范畴，作为综合统一之形式，只 205
能应用于可联结者被给予出来的地方。每一行联结，亦即对可联结者之每一行判断的规定，需要某种预先给予联结、给予综合的东西。某物之被预先给予或者给予我们，只能通过激发性（Affektion）的方式；这就是说，只能通过我们被我们自身所不是的他物所切中、所击中的方式。我们必须被接受性这个官能规定，以便为了行判断而拥有一种可联结者。然而，作为"我思"的自我并非"激发性"、和被切中的东西，而是纯粹的自发性，或者如同康德所云，功能、功用、作为、行动。只要我愿就我的实存（Dasein）做出陈述，就必须有某种关于我的实存自身的可规定的东西被给予我。然而，可规定的东西之被给予我，只能通过接受性，或者说，只能以接受性之形式为根据，以空间与时间为根据。空间与时间是感性之形式，是感性经验之形式。只要我以范畴为引导线索去规定、联结我的实存，那么我就将我的自我认作了感性的、经验的思维。与此相反，统觉之自我不是任何规定活动可以通达接近的。如若不然，那么我就会以手前现成者之范畴将自我思维为自然物。这就会导致一个 subreptio apperceptionis substantiae［用实体剥夺统觉］，也就是将纯粹自我暗自调换为被思作现成者的自我。纯粹自我自身决不会作为为了规定（亦即为了范畴之应用）的可被规定者被给予我。因而，对自我的存在体认识便是不可能的；由此导致，对自我的存在论规定便也是不可能的。唯一可说的东西只是：自我乃是"我行动"。于是便显示了先验统觉之自我与 personalitas moralis 之自我之间的某种关联。康德以如下方式概括了他的思想："'我思'表达了规定我的实存［海：亦即现成存在］的活动。实存因之就已经被给予了。但是我应当如何规定它（亦即我应 206
当如何将属于它的杂多设定在我之中），其方式并未因之被给予。属于它[海：亦即属于'给予'自身]的乃是以一个先天所与的形式(亦即时间)为基础是自身直观，这自身直观是感性的，并且属于可被规定者之接受性。如果我现在还没有另一种自身直观，它同样将我之中的行规定者(我只对自己意识到该行规定者的自发性)在行规定这个活动面前给予出来——就像时间将可被规定者给予出来那样——那么我就无法将我的实存规定为一个自身主动的存在者，而只能对我表象我的思维(亦即行规定)的自发性，而我的实存则仍然只是在感性上(也就是作为一个显象之实存)可被规定的。不过这个自发性却使得我将自己称为心智。"[①]把这段话简单地概括一下：我们没有对我们自身的自身直观，而只有对在空间、时间形式中运动的东西的所有直观、所有直接给予。而依照康德那紧跟传统的信念，时间是感性之形式。因而，要把范畴应用于认识自我，是无法给出什么可能的基地的。康德完全正确地说明了，作为自然之基本概念的范畴并不适用于规定自我。不过他只是以否定方式显示了：为其他的存在者、为自然设置的范畴在这里失灵了。他并未表明，那个"我行动"自身是无法以现有的方式、在这里表现出来的存在论建制中得到阐释的。或许时间恰恰正是自我之先天性——然而这个时间无论如何得有一个比康德所能了解的更为本源的意义。他把时间算作感性，因此自始便合乎传统，在视野里只有自然时间。

207 从自然范畴的这种不切合并不能得出这样的结论：根本不可能对自我一般做任何存在论阐释。这个结论只能从这样的前提推得：唯一可能为对自我之认识奠定基础的东西与适用于自然的认识方式完全一致。范畴不适用于纯粹自我，正是这一点导致了必须预先追问对主体进行切合的(这就是说摆脱了整个传统的)存在论阐释之可

---

① 康德：《纯粹理性批判》，B158，注释。——原注

能性。当康德本人在其道德形而上学(亦即人格存在论)中——与“纯粹理性的谬误推理”中的理论相反——尝试在存在论上将自我阐释为目的与心智时,以上述方式来追问就越发显得切近了。无论如何,他恰恰没有提出对于目的、心智的存在方式进行基本追问。他对实践自我进行了某种存在论阐释,他甚至认为一门“实践的独断论形而上学”乃是可能的。——这门形而上学可以从实践的自身意识出发,在存在论上规定人之吾身及其与不朽和上帝之关系。

这样就揭出了康德那里的自我-问题的一个本质缺陷。我们面临着康德自我学说内部的一个特别的矛盾。就理论自我来看,可以表明不可能对其进行规定。从实践自我的视角看,则有着一种对其进行存在论界定的尝试。康德那里有着一个特别的疏忽,他未能本源地规定理论自我与实践自我之统一性。这两者之间的这个统一性与整全性是某种后起的东西呢,还是某种先于两者的、本源性的东西?两者是在本源上共属一体的呢,还仅仅是以后起的、外在的方式 208
联结起来的?如何把握自我一般之存在?然而,非但理论的-实践的人格的这个整全自我之存在结构没有在其整全性上得到规定,而且理论的-实践的人格对经验自我、对灵魂的关系,乃至灵魂对身体的关系,更是没有得到规定。固然精神、灵魂、身体在存在论上已经自为地以各种不同的方式得到了规定(或者说未加规定),但我们自身所是的存在者之整全——身体、灵魂与精神,它们的本源整全性之存在方式,这些在存在论上全都处于晦暗之中。

我们目前先概括一下康德在主体性阐释问题上的立场。

第一,关于 personalitas moralis 康德实际上给出了存在论规定(我们随后会看到,这个规定是对头的),但没有对作为目的之道德人格提出基本追问。

第二,关于 personalitas transcendentalis,也就是“我思”,康德

以否定的方式表明，自然－范畴是无法应用于对自我进行存在体式认识的。但他并未表明，以其他任何方式对自我进行存在论阐释也是不可能的。

第三，从康德在自我存在论立场上的这个矛盾来看，丝毫不值得惊奇的是，无论 personalitas moralis 与 personalitas transcendentalis 之间的关联，还是这两者的统一体与 personalitas psychologica 之间的又一个关联，或者这三种人格规定的本源性整全，全都没有成为存在论问题。

第四，那作为目的实有的存在者之自由的"我行动"，心智之自发性被确认为自我之特殊品性。康德对心智这个表达的使用一同目
209 的；他说：目的实有，并且：有心智。心智并非主体的行为方式与属性，而是作为心智存在的主体自身。

第五，心智，人[格]（die Personen），作为精神实体与作为有形实体，[事]物（Sache）的自然物（Naturdinge）区别开来。

然则这就是我们对 res cogitans 与 res extensa 之区别之康德阐释的立场：康德清楚地看到了，不可能将自我把握为现成的东西。他甚至以肯定方式就 personalitas moralis 给出了关于自我性的存在论规定，但没有推进到对人格之存在方式做基本追问的境地。我们或许可以就这么表述我们对康德的立场，但这么做或许会把对问题的核心领悟搞糟——因为这个立场尚未包含终极判词。

c)"被制作存在"意义上的存在作为（作为有限精神实体的）人格之领悟境域

引人注目的仍有那么一件事情：康德是把人格之实存当作物（Ding）的实存来谈论的。他说，人格作为自在目的自身实有着。他在手前现成存在的意义上使用"实有"这个词。正是在他触及 personalitas moralis 的本真结构(该结构为:自身即是目的)之处,他将现成性这个存在方式归给了该存在者。这一切的发生并非偶然。在自在之物这个概念里——无论自在之物就其何所性是否可知——已然包含了传统的"现成存在之存在论"。更有甚者,康德就(作为自发的心智的)自我性所做的核心正面阐释全都是在传统的古代－中世纪存在论的境域之内进行的。对敬以及道德人格的分析——即使它开了个好头,意义极为丰富——只不过无意识地动摇了传统存在论留下的巨大包袱。

只是,我们何以就能断定,在将自我规定为自发性与心智之时, 210
传统的现成者存在论就像在笛卡儿那里一样,仍然发挥着作用且丝毫未见减弱? 在考察康德对自我的分析时我们已经看到,他把自我规定为 subjectum[主体、主词],后者的意思是ὑποκείμενον[基底、底层],对于规定而言现有者(Vorliegende)。按照古代的存在立义,存在者在原则上被领会为现成者。本真的存在者,οὐσία[本体、实体],乃是就其自身的可用者、被制作－出来者、自为的持续在场者、现有者、ὑποκείμενον、subjectum、实体。有形的物与精神性的物都是诸实体(οὐσίαι[οὐσία之复数])。

同时,我们已经多次强调,对于古代与中世纪的形而上学来说,有一种特定的存在者是作为一切存在之原型冒出来的,这就是上帝。对于从笛卡儿直至黑格尔的整个近代哲学而言,这一点仍然是有效的。甚至康德,即使他认为不可能从理论上证明上帝之实存,对他来说,上帝作为 ens realissimum[最实在的存在者]仍然是存在论上的原型,是先验的 prototypon[原型],也就是说这样一种存在论原型,与之相合才能获得本源存在之理念、才能规范一切派生的存在者之规定。但正如我们在苏阿雷茨与笛卡儿那里看到的那样,上帝乃是 ens infinitum [无限的存在者],而非上帝的存在者则是 ens finitum

[有限的存在者]。上帝乃是本真的实体。res cogitans 与 res extensa 乃是有限的实体(substantiae finitae[有限的实体])。康德立即预设了笛卡儿的这个存在论基本论题。依照康德,非上帝的存在者,即有形的物——事物,与精神性的物——人格、心智都是有限的存在者。它们构建了现成者之大全。现在必需表明,归根结底甚至康德那里的人格都是被立义为现成者的,——即使在这里,他也未曾超越现成者存在论。

211 如果这一点可以得到证实,那么我们就得表明,甚至对于阐释人格(亦即有限的精神性实体)而言,对存在者的古代解释境域(亦即着眼于制作的解释境域)也是衡量尺度。必须看到,有限的实体,无论事物还是人格,其之所以是现成的,并非由于简单随意的缘故,毋宁说由于它们处于交互作用之中,处于 commercium[交流]之中。这一交互作用植根于原因性[①],康德将这个原因性把握为发挥作用的机能。与此相应,他把事物与人格之间在存在论上的基本区别也区分为一个双重的原因性:自然之原因性与自由之原因性。目的,人格,形成了自由存在者之 commercium。诸实体的交互作用是笛卡儿以来近代形而上学的核心问题。关于诸实体之交互作用以及这些实体与上帝的关系这一问题,列举一下不同解答的名目也就足够了:机械论、偶因论、harmonia praestabilita[预定和谐]。康德拒绝了所有这些解答。康德式形而上学的一个基本原则就是:我们只能就原因[海:亦即就发挥作用的机能]将"世界的每一物"认识为原因,或者说只能认识作用之原因性或者作用,而无法认识物自身,无法认识物藉之产生作用或藉之被作用的规定。[②] "实体性的东西[海:实体]乃

---

① "交互作用"与"原因性"均属康德范畴表之第三组,参见康德:《纯粹理性批判》,A80/B106。——译注

② 康德:《反思录》,第 1171 条。——原注

是自在之物自身，并且是不可知的。”[1]表现出来并因而可以觉知的只是偶性，也就是物之相互作用。人格乃是有限实体，并通过自发性被描述为心智。于是问题就出现了：人格以及实体一般之有限性在于何处？首先就在此处：每一个在另他实体之旁的实体都预先有其 212
界限，它冲撞着这另他实体，仿佛后者是一种在任何情形下都被预先给予实体的存在者，并且以仅以发挥作用这种方式显示着自身。如果一个存在者应当对自身所不是的存在者有所认知，并认知着有所施为；这就是说，如果能达到实体之间的某种 commercium，那么一个实体对另他实体所表现出来的这种作用就必须能被后者所接受。对于心智来说，这就意味着：实体必须具有这样一种机能，仿佛能被另他存在者所击中，因为它不是这另他存在者。因而，有限实体就不能仅仅具有自发性，而是必须以同样本源的方式被规定为接受性；这就是说，被规定为对于另他实体之作用的感觉机能。有限精神实体之间的 commercium 只有以如下方式才得以可能：这种实体在存在论上不仅通过自发性（也就是从自身出发施加作用的机能）被规定，而且同时也通过接受性被规定。康德把另他实体所施加的作用（只要这个作用击中了某个实体的感觉性）称为激发（Affektion）。因而他也可以说，心智意义上的实体不仅是功能、认知，而且同时也是激发。有限实体就另他存在者所觉知的东西只能是该存在者当作其自身的作用转到把握者上去的东西。如果我们可以用一次康德所用的术语（尽管这术语是误导性的），[那就可以说]只有外在的方面，而非内在的方面，才总是可以通达、可以觉知的。心智之有限性在于它必然依赖接受性。在它们之间必定有一种 influxus realis[实在的影

---

① 《反思录》，第 704 条。——原注

响],一种它们的实在性(亦即它们的谓词、它们的偶性)的彼此的交互影响。诸实体间直接的 commercium 是不可能的。

213 对精神实体有限性的这种阐释具有什么样的存在论基础呢?为什么有限实体无法把握另他实体之实体性,亦即其本真的存在呢?康德在某条反思中说道:"然而有限的存在者无法从自身出发即认知他物,因为它不是后者的创造者。"[①]在《形而上学讲演录》里他又说道:"造物主之外的存在者都无法觉知他物之实体。"[②]如果我们把这两条基本命题结合起来,那么这里的意思就是:只有一存在者之创造者才能本真地在前者的存在中觉知该存在者。在对某物的**行制作**中便包含了对一个存在者之存在的原初直接关涉。而这就隐含着:**一个存在者之存在**无非意指**被制作性**。对于有限实体而言,向着存在者之本真存在的推进是被隔断的,因为有限心智并未亲自行制作,也不曾亲自制作那有待把握的存在者。如果确实只有制作者、创造者才能把握实体(亦即那构建了存在者之存在的东西),那么在这里,存在者之存在就必须被领会为"被制作存在"。只有创造者才能具有本真的存在认识,我们这些有限的存在者则只能认知我们亲做的东西——且在我们做出它的限度内。然而,我们自身并非绝对的由自己制作自身的存在者,我们自身也是被制作者;因而,正如康德所云,我们只是部分的创造者。[③] 之所以无法认识实体(亦即在其本真存在中的现成物)之存在,其根据在于实体乃是被制作的。有限物(无论其为事物抑或人格)之存在预先就在制作之境域中被概念把握为"被制作性",这个境域无论如何乃是这样一种解释方向,它与古代存

① 《反思录》,第 929 条。——原注

② 康德:《形而上学讲演录》,Pölitz 编,Erfurt,1821,第 97 页。——原注

③ 《反思录》,第 1117 条。——原注

在论提出的方向虽不必完全吻合，却仍然归属于、源出于后者。 214

我们尝试为自己澄清如下情况：甚至对道德人格的康德式阐释，其基础最终也在古代－中世纪存在论之中。为了领会这一点，就必须将人格之普遍规定从概念上把握为有限实体，并规定有限性的意思。有限性就是对接受性之必然指引，这就是说，不可能自身便是另一个存在者的创造者与制作者。只有一个存在者之创造者才能认知该存在者之本真存在。物之存在必须被领会为"被制作存在"。在康德那里，这一点不言自明地作为基础起作用，不过没有明确地表达出来。甚至康德对诸有限实体及其彼此关联的阐释也回溯到了我们在阐释οὐσία以及（就存在者之本质被给出的）一切规定时便已遭遇到的同一个存在论境域。无论如何，行制作在这里是以另外的意义（与所谓机能相关联的意义）起作用的。

我们早就说过，在对某物的行制作中包含着特定的"解脱"与"给予自由"之特性，有基于此，被制作者便被预先立义为自为的被设立者、独立者以及由自己而来的现成者。这样的立义发生在行制作自身之中，而非仅在制作之后，它已经包含在对谋划的意识之中了。为了阐释认知存在者之存在之可能性，目前得谈论行制作之机能。在这种谈论中就得追问行制作的另一个已然被我们触及的结构项。一切行制作都是依照原－形（Ur-bild）与范－形（Vor-bild）进行的。行制作中包含着一个范形的先行自行想象现形。我们早就听说，εἶδος这个概念也产生于制作境域。在对范－形先行的自行－想象现形 215
（Sich-einbilden）与筹划中已经直接把握了有待制作者之本真所是。在自行－想象现形中直接把握了首先被思维为行制作着的仿形（Nachbilden）之原－形与范－形。在εἶδος中已经先行把捉了那构建存在者之存在的东西。在εἶδος中，所谓"物自显的方式"，或者也可谓，物被造就的方式（如果它们的确被造就了）已然被先行把捉与界定了。那包含在行制作之中的、对范－形的先行把捉乃是对被制作者之所是的本真认知。因而只有某物的制作者、创造者才在其之所是中觉知了存在者。基于创造者与制作者对范形的预先自行想象现形，创造者与制作者也是本真的认知者。作为自行－制作－自身者（非被造者），他同时就是本真的存在者。

鉴于这样的语境，οὐσία这个概念在希腊存在论中也有一个双重含义。οὐσία的意思一方面是被制作的现成者自身或者其现成存在。另外οὐσία同时具有与εἶδος一样的含义，这里εἶδος的意义是仅仅被思维到的、想象现形的范形，这就是说，存在者作为被制作者本真地之所已是，存在者之外观，那界定存在者的东西，存在者作为被制作者外显的方式、被造就的方式。

上帝被思维为塑形者，确切地说，被思维为万物的范－形与原－形的塑造者。上帝无需被预先给予的东西，因而不是通过接受性得到规定的。毋宁说，上帝根据其绝对自发性，亦即作为 actus purus［纯粹活动性、纯粹现实性］预先给出了一切存在的东西，不宁唯是，上帝甚至还预先给出了一切可能的东西。事物与人格之有限性植根于物一般之被制作性之中。Ens finitum［有限的存在者］之所以是有限的，乃因它们是 ens creatum［被创造的存在者］。然而这意味着，esse，ens，存在者存在（Seiendsein，或译，“是存在着的”）所意指的就是被制作存在（Hergestelltsein，或译，“是被制作的”）。于是，对人格亦即主体之有限性根据的存在论追问导致我们将人格或者说主体的存在（实有、实存）认知为被制作性，并且导致我们看到，就事关**存在论取向**而言，康德是在**古代－中世纪存在论的轨**
216 **道上**运思的，并且，只有从这里出发才能领会《纯粹理性批判》的提问方式。①

我们追问主体（人格）之存在论建制之规定。对于我们的这个原则性追问而言，可以从康德所论中得到本质性的东西。就对主体谓词之**知**，因而对主体自身之**知**属于主体而言，作为人格的主体是一个卓越的 subjectum［主体］。因而，主体之主体性同义于自身意识。后者构建了现实性，该存在者之存在。因而，在对康德或者说笛卡儿思想的极端化把握发挥之中，德国观念论（费希特、谢林、黑格尔）就在自身意识中看到了主体之本真的现实性。由此出发，以笛卡儿哲学为开端，随之就发展出了哲学的整个问题。黑格尔说："对于精神之本性来说，最重要之点，不仅是精神**自在地**是什么和它**现实地**是什么之间的关系，而且是它**自知**是什么和它**现实地**是什么之间的关系；这一自知就是精神之**现实性**之基本规定，因为精神本质上［海：就是］ 217
意识。"②由此出发便可说明，为何德国观念论仿佛致力于通过这一特别的自身意识辩证法探询主体与精神之存在方式。这是从自身意识出发来解释主体。这个解释在笛卡儿那里就已预先成形，并在康德那里首次得到了明快的思考。然而，在这个解释中，ὑποκείμενον［基底］、现前先有者意义上的主体之原初规定就被略过了；或者说，

---

① 海穆索斯（Heimsöth）在一篇很有价值的文章里汇集了可以照亮康德哲学这一存在论基础的材料：《康德观念论形成过程中的形而上学动机》（参见《康德研究》，卷 XXIX（1924 年），第 121 页及以下诸页）。当然，在海穆索斯那里，对这些材料的基本存在论提问以及相应的分析是完全看不到的。不过，与上个世纪新康德主义那种靠不住的、根本纯属臆造的康德阐释相比，这无论如何还算是通向恰当康德阐释的一个进步。——早在 19 世纪中叶，新康德主义兴起之前，黑格尔学派已经清楚得多地看到了［康德与古代－中世纪存在论之间的］这个关联——其中首推艾德曼（J. Ed. Erdmann）。在当代，H. 毕西勒（Pichler）首先重新指点了康德哲学的存在论基础。见毕西勒著《论克里斯蒂安·沃尔夫的存在论》（1910），特别参见其终篇：《存在论与先验逻辑》（p73ff）。——原注

② 黑格尔：《逻辑学》，"第二版序言"，Felix Meiner 版，第 1 卷，第 16 页。——原注［参见黑格尔：《逻辑学》（即"大逻辑"），杨一之译，北京，商务印书馆，1991 年，上卷，第 15 页，译文略有改动。——译注］

这一规定在自身意识、自行概念化把握中被辩证地扬弃了。在康德那里，这个规定已经不再是专门的存在论问题，而已成为不言自明的东西了。在黑格尔那里，在将主体阐释为自身意识，亦即阐释为自行概念化把握、阐释为概念的过程中，该规定遭到了扬弃。对黑格尔而言，实体的本质在于成为实体自身的概念。这是从自身意识出发来阐释主体性。这个阐释的发展比以往更多阻碍了给予我们所是的存在者以原则性存在论阐释之可能。即使对我们的此在的那个规定（即我们自身也以某种方式手前现成地存在，我们不曾也不会制作自身）是不充分的，在主体概念被全然把握为ὑποκείμενον与自身意识这个环节上仍然包含着一个原则性的问题。或许“把主体当作ὑποκείμενον来追问”这个提法是不对的，但还是必须承认，主体之存在并不仅仅在于自知——至于尚未规定这一自知的存在方式，这一点［暂时］完全不必理会——，与此同时也规定了此在之存在：此在在某种意义上是手前现成地（必须注意这个表达）存在的；并且是以这种方式
218 式——它并不是以本己的力量将自己带入此在的。在人格性之存在论结构这个问题上，虽然康德比他的前人推进得更远，他还是未能明确地追问人格之存在方式——我们在剖析了问题的所有不同面相之后，已经看到了这一点。整全的存在者（也就是 personalitas psychologica、是 personalitas transcendentalis 与 personalitas moralis 三者之统一，人实际上就是作为这个统一生存的）在存在论上仍然未加规定，不宁唯是，对此在本身之存在的追问就压根儿没有发生过。在对主体所做的漠然不加分别的描述刻画中，此在仍然是一个现成的东西；把主体规定为自身意识，这并未就自我之存在方式说出任何东西。哪怕最极端的自身意识辩证法（就像费希特、谢林与黑格尔各自以不同的形式发展的那种辩证法）也无法解决此在生存的问题，因为这个问题根本就不曾提出过。然而，一旦我们想到，康德为了澄清

主体性投入了多大的精力来思考及阐释，一旦我们想到，尽管如此，他仍未推进到此在之特殊的存在方式上；那么，就像我们一开始仅以断言的方式所提出的那样，这一切只是表明，显而易见，必须在一个倒转了的境域中确立对我们自身所是的那种存在者的阐释——这个阐释，其自明性最小，其风险性最大。因而，务必明确地考虑一条此在自身藉此可以得到恰切存在论规定的道路。

主体原本是通过主体性、通过自知亲知得到规定的——这便是我们的问题处境。对我们来说，就有这样的追问：这个问题处境究竟产生了哪些正面的任务，以至于在根本上忽略了追问存在建制？

§15. 原则性问题：存在方式之杂多与存在概念一般之统一

自笛卡儿以降，res cogitans 与 res extensa 之间的区别诚然得到了特别强调，并且成了哲学问题域之指导线索。然而，把这些特地在其不同性中专门标出来的存在者之不同的存在方式展示出来——这一点却是不成功的。更不用说把存在的这个不同性作为存在方式的杂多性归属于存在一般之本源理念了。更确切地说，其不成功在于根本未曾进行这个尝试。毋宁说，res cogitans 与 res extensa 是在一个平常的存在概念，也就是“被制作存在”意义上的存在概念的指导下得到统一把握的。然而我们知道，对存在的这一阐释之所以产生，那是着眼于现成者（亦即此在所不是的存在者）的缘故。因而这一追问就变得越发迫切了：我们必须如何规定我们自身所是的存在者之存在，既把它与一切非此在性的存在者之存在相区分，而又从本源的存在概念之统一性出发来领会它？我们在术语上把此在之存在标为生存（Existenz）。生存是什么意思？去生存（Existieren）拥有哪些本**质关节**？

a）对此在之生存建制的初步预览；从主体-客体-关系（res cogitans - res extensa 之间）出发；主体-客体-关系是对"领会存在之存在者"之存在之生存建制之误解

如果我们试图澄清此在之生存，那么我们就得完成一个双重性的任务。也就是说，我们不仅要在存在论上把一个专门独特种类的存在者与其他诸存在者相区分，而且同时还要提示**这样一种**存在者
220 之存在：**存在领悟**属于该存在者之存在（生存），**并且一切存在论问题都要回溯到对该存在者的阐释之上**。无论如何，我们的意思并不是说凭一个命题就切中并充分解析了生存之本质。我们现在只需标出**提问之方向**，只需为**此在之生存建制**给予**初步预览**。这么做意在搞清楚，存在论一般之可能性在多大程度上依赖于如何以及在什么程度上显露此在之存在建制。就此我们重新说，笛卡儿以来在哲学中活跃着一种对主体的强调，这种强调无疑包含了一种哲学探问的真正活力，这种活力只是把古人已经看到的东西尖锐化了；另一方面同样必然的是，不仅要从主体出发，而且还应追问，是否必须将主体之存在规定为哲学问题域的出发点，以及如何来做这样的规定——更确切地说是以这样的方式来规定：对主体的取向**并非片面主体主义的**。哲学或许必须 始于"主体"，且以其最终追问回溯而终于"主体"，但它仍然可以不用片面主体主义的方式提问。

康德对人格性的分析，我们已经做了说明和批判性的探讨。这些应当足以表明，对主体之存在方式的切入与把握、哪怕仅以正确的方式追问该存在方式——这决非不言自明之事。从存在体的视角看，我们最为接近我们自身所是的、名之为此在的存在者；因为我们便是该存在者自身。然而，对我们来说，这个在存在体上最接近的东

西在存在论上恰恰是最遥远的。笛卡儿为他的形而上学沉思之第二部分取名为："De natura mentis humanae：quod ipsa sit *notir* quam corpus"［论人的精神之本性以及精神比物体更容易认识（着重体为海氏所加）］，也就是《论人的精神之本质以及精神比身体与物体更容易认识》。主体具有这种伪似的、在先的熟知性。尽管这样，或者说恰因这样，笛卡儿及其后学便完全误解乃至逾越了主体之存在方式， 221
以至于没有一种精神辩证法可以弥补这一失误。固然 res cogitans 与 res extensa 之间的明确区别似乎可以保证以［精神辩证法］这一方式切中主体之独特性质。不过，在讨论第一论题（此在之行为具有意向特性）我们有过一些考虑。而从这些考虑出发我们知道，根据意向性，主体已然处于与它自身所不是的东西的关联之中。

如果我们把这些应用到康德对主体－概念的掌握上，这就意味着：自我是一个对其谓词有所知的 subjectum［主词、主体］，而这些谓词乃是表象，也就是最宽泛意义上的 cogitationes［所思］，它们本身意向地指向某物。这就隐含着，在对其谓词（作为意向行为）的有所知着的拥有过程中，自我也已自行对行为所指向的存在者施为。既然人们总是以某种方式将行为所指向的这一存在者称为客体，那么就可形式化地说：总有一客体属于主体，［主体与客体这两者中，］如果没有一个，那么另一个也无法被思维。

凭借这一规定，对主体概念的片面主体主义掌握似乎已经得到克服。那托尔普（Natorp）说："因而，在意识［海：也就是 res cogitans］这个表达里就整体而言有三个环节严格地合为一体，但它们还是能够通过抽象彼此分别开来：1.对一个东西而言被意识到的某物；2.某物或其自身对之而言被意识到的东西；3.上述两者之间的关系，也就是对某个东西而言，某物被意识到。仅为简化该关系起见，我把第一个某物［海：被意识者］称为内容，把第二个东西称为自我，把第

三个关系称为**被意识性**（*Bewusstheit*）。”[①]似乎那托尔普用这最后一
222 个名目“被意识性”来意指现象学标为意向性的那种东西。从形式上看，情况确实就是这样。然而更切近的考察也许可以显示，对于那托尔普来说，这个被意识性乃是一个他所谓的“不可还原的极”，[②]而它丝毫不能经受任何样态化的。依照那托尔普，某物之被意识性没有任何不同的方式，一切意识之区别都是被意识者也就是内容的区别。依照其概念，res cogitans 是一个通过被意识性与被意识到的内容相关的自我。对客体的关系属于自我，反过来说，对主体的关系也是客体的特征。关系乃是一种相互关系。

或许李凯尔特（Rickert）对主体－客体关系的掌握更加形式化。他说：“主体概念与客体概念就像其他［成对］概念那样相互需要，例如形式与内容，或者同一性与差别性。”[③]然而，这里必须追问：主体与客体这一对概念何以相互“需要”？很显然这只是因为这对概念所意指的东西自相需要。然而，客体需要主体吗？显而易见。因为相对持立的东西总是**为**一个把握者才是相对持立的。当然。不过，是否每一个存在者都必定是客体？是否自然事件为了是其所是，也必须为主体而存在？当然不必。存在者被预先认作客体。那么由此可以推断，有一个主体属于之。因为在刻画描述作为客体的存在者时，我已然不言而喻地共同设定了主体。然而，通过把存在者刻画描述为客体与**对象**，我已不再把在其自身中的、就其本己特有存在方式的存在者当作问题，而是把存在者当作**相对持立**者、当作**对象**。在这个
223 伪似的纯康德式阐释中，存在的意思不过是对象性。

这就清楚了，如果把客体设定在主体的对方，那么问题便完全没

① P.那托尔普：《依据批判方法的普通心理学》，Tübingen，1912，第 24 页。——原注

② 同上书，第 27 页。——原注

③ 李凯尔特：《认识的对象》，第三版，第 3 页。——原注

有进入这样一个维度——依据这个维度可以在与主体之存在方式的关系中追问被客体化了的存在者的存在方式。反过来说，总有一个被把握者属于被当作行把握者的主体。然而，主体必定行把握吗？是否主体之存在可能性依赖于某物作为客体被给予主体之行把握？当然不是。不是在任何情况下都可以直接对此问题下决断的。乍看上去，似乎这里从主－客体关系出发就为问题设置赢得了一个更为实质性的出路，而对问题的掌握比片面地从主体出发较少先行的偏见。然而，更切近地观察，就会发现，始于主体－客体－关系的这个开端阻断了我们真正在存在论上追问存在方式之进路。这里的存在方式既包括主体之存在方式，又包括可以成为然而未必成为客体的存在者之存在方式。

然而，即使人们承认不从孤立的主体开始，而从主－客体关系开始这种做法的合法性，也必须追问：为什么主体“需要”一个客体，并且反过来，为什么客体“需要”一个主体？因为一个现成者不会为了随后需要一个主体，就先从自己出发成了客体；毋宁说，它在一种通过主体而行的客观化中才成了客体。存在者之存在无需主体，然而只有对于一个行对象化的主体而言，才会有诸客体。因而主体－客体－关系之实存依赖于主体之实存方式。但是，这是为什么呢？是因为随着此在之生存已经设定了这样一种关系吗？主体完全可以放弃对客体的关系。难道它不能这样吗？如果它确实可以如此，那么主体对客体的关系就不包含于客体之中；[与客体的]自行相关就属于主体自身之存在建制。自行相关包含在主体这个概念里。主体就 224
自在而言便是自行相关者。于是就必然以这样的方式追问主体之存在：在主体这个概念里，“朝－某某－自行相关”之本质规定性（亦即意向性）被共同思维了；这就是说，对客体的关系并非根据客体的偶然现成存在便被附加到主体上去的东西。意向性属于此在之生存。

对于此在而言，随着此在之生存已经以某种方式揭示了一个存在者以及与存在者的一种关联，这一点是毋需专门对象化的。与其他东西不同，去生存意味着：自行施为着即存在者而在。此在如此生存，以至于它一向已即其他存在者而在——这一点属于此在之本质。

b）以领会存在的方式自行指向存在者；在这种自行指向中吾身之“随同被揭示存在”。实际的-日常的吾身领悟就是从所关切的东西反映回来

然而，为了澄清此在之生存，我们的上述做法已然赢得了哪些东西呢？在对第一论题的讨论中我们早就提出了知觉现象之意向性，那时我们已经处于现在这个位置上了。在那里我们已经把意向性描述为被 intentio 与 intentum 所规定的东西，同时也是被以下情况所规定的东西：每一意向施为都包含了对（与该施为有关的）存在者之存在领悟。不过我们在这里还是留下了一个悬而未决的问题：存在领悟是如何“属于”意向行为的。在初步标出意向性之后，我们当时并未立即就此追问，而只是说，意向性是一个谜。

然而现在，在追问对主体存在之阐释这个语境下，不禁产生了这
225 样的问题：自我如何通过每一行为的意向性来规定自己？先前对意向性做规定时，我们是把自我搁在一边的。如果意向性意味着“朝着某某－自行指向”，那么那被［驱使］指向［他物］的显然正是自我。然而这个自我又是怎么回事呢？它是一个点还是一个中心？或者，就像在现象学里也说过的那样，是一个发射自我活动的极？这里重新提出了那个决定性的问题：这个自我－极“具有”哪种存在方式？我们是否可以从意向性之形式化概念——自行指向某物出发，推论出一个作为该活动之承担者的自我？难道我们不必以现象学的方式追问：此在之自我，其吾身，以何种方式被给予此在自身？这就是问：此

在以何种方式生存着是其自身，有其本己（真正在“本己”这个词的严格意义上）？在一切意向行为中，此在所是的那个吾身均以某种方式随同在此了。属于意向性的不仅有“朝着某某－自行指向”，不仅有它所指向的存在者之存在领悟，而且还有（自行施为而与某物相关的）吾身之“随同被揭示存在”。意向的自行－指向并不就是一种发于自我－中心的活动射线，似乎后者必定只是以这样一种方式后来才与自我相关：该自我在一种第二层面的活动中自行回溯指向第一层面的活动（也就是第一层面的朝着某某－自行指向）。毋宁说，吾身之“随同被展示性”是属于意向性的。但是这样一个问题仍然保留着：这个吾身是以何种方式被给予的？并不是以这样一种方式（就像依傍康德的人或许会主张的那样）：“我思”伴随着一切表象，并且随着被指向现成者的活动一同进行，这种方式也就是一种被指向第一层面活动的反思活动。自我作为对于某物的意识同时也意识到其自身——从形式方面看，这个说法是无可置疑的。把 res cogitans 刻画描述为 cogito me cogitare、刻画描述为自身意识，这也是对头的。这个形式化规定虽然为［德国］观念论的意识辩证法提供了基本框架，却远没有阐明此在之现象实情；也就是说，远没有阐明该存在者 226
是如何在其实际性生存中把自己显示给其自身的——如果我们不是用认识论上预先构想的自我概念与主体概念来歪曲此在的话。

首先我们必须清楚地看到这一点：此在对其自身生存着在此，即便当时自我并未明确地以一种向自己自身返转或者回转的方式指向自己自身——这种方式在现象学上被称作与外知觉相对的内知觉。吾身就其自身而言便对此在在此，毋需反思，毋需内知觉，先于一切反思（Reflexion）。回转意义上的反思只是自身把握的一个样态而已，但并非原初的自身－展示之方式。在实际此在中揭示吾身自己自身的方式方法，未必不能恰当地名之以反映（Relexion），只是不能将之理解为与反思相同的表达:一种折回自我的自身凝视;倒是应当理解为光学含义上的反映一词的文脉。反映在这里意味着:就某物折射,由此返照,亦即从某物反映回来以显示自己。黑格尔在哲学上已经看到且能够看到如此之多闻所未闻的东西,这是因为他具有一种异乎寻常的强力凌驾语言之上,能把隐秘的东西从它们的藏身之所拽出来。在黑格尔那里能够又一次听到"Reflexion"这个术语的光学含义,即使其文脉与意图与我们的全不相同。我们说,此在毋需先行向自身回转,似乎它原来面向诸物而立,瞠目凝视诸物,其自身却在自己背后。毋宁说,不是在别处,正是在诸物自身之中,在这些日常环绕着它的诸物当中,此在才发见了自己自身。它**发见自己**原本就**在诸物之中**,持续不断地在**诸物之中**——因为,它料理诸物,为诸物所纠缠,总是以某种方式栖息在诸物之中。每个人都是他自己
227 所操劳与关切的东西。人们对自己及其生存的日常领会都是出于他们所操劳关切之物。人们由此出发领会自己自身,因为此在首先是在诸物之中发见自己的。毋需为了拥有吾身对自我进行专门的监视与窥探;毋宁说,在此在直接地、热切地把自己交给这个世界之时,此在之本己吾身就由诸物反身映射出来了。这不是什么神秘主义,也没有预设什么万物有灵论,而只是指引了此在之基本现象学实情——在有关主-客体-关系的一切谈论之前,人们必定已经看到了这个实情,不管这种谈论有多么敏锐犀利。在这种实情面前,人们必有自由以实情衡量概念,而非相反以概念框架壅阻现象。在日常生活中,我们与自己打照面首先主要经由诸物;并且,我们的吾身对自己自身的展示,也是通过这种方式——这确实是一种引人注目的实情。然而,常识(它既盲目又敏锐)会反对这种实情说:这纯然不是真的,也不可能是真的——可以清楚地证明这一点。那就让我们举一个异常平实简单的例子:工场里的手工匠人,把自己交给工具、材

料、有待制作的制品，一言以蔽之把自己交给他所关切的东西。这里非常明显，鞋匠不是鞋子，不是榔头，不是皮革，也不是纱线、锥子、钉子。他应当如何在这些东西当中、在这些东西之间发见自己？他应当如何从这些东西出发领会自己？鞋匠当然不是鞋子，但他还是从他的东西出发领会他自己，自己，他的“吾身”。问题就来了：我们得怎样以现象学的方式在概念上把握这个吾身，这个如此自然地在日常得到领会的吾身？

实际此在运行于其中的这个自身领悟看上去是个什么样儿呢？当我们说：实际此在从日常所关切的领会自己、领会其吾身，此时我 228
们不可以某种被臆想的灵魂概念、人格概念或者自我概念为基础；毋宁说必须看到，在其日常性中的实际此在运行在何种自身领会之中？首先必须确认，这里的吾身究竟在什么意义上被经验到、被领会到。在绝大多数情况下，我们首先以日常的方式来把捉我们自身；我们不会费神去剖析灵魂生活。我们以日常的，而非严格意义上的本真的方式（正如我们可以在术语上加以确定的）来领会自己；我们不是持续不断地从我们本己生存之最本己、最极端的可能性，而是以非本真的方式来领会自己的；我们诚然领会着我们自身，然而其方式一如我们并未居有自己，一如我们在生存之日常性中已然在诸物众人那里迷失了我们自身。“非本真”意味着：归根结底我们对于自己不能是本己的。然而“是迷失的”并不具有否定性的轻忽含义，而是意谓着某种属于此在自身的肯定性的东西。此在以平常方式领会自身，这就是把吾身领会为非－本真的。此在的这个“非－本真的自身领会”的意思完全不是“不真切的自身领会”。相反，实际生存着热切入世逐物，这其中便包含着这种自身拥有；这种自身却拥有可以是真切确凿的，而一切对灵魂的夸张深入倒很有可能是最高层次的不真切甚或是古怪－病态的。此在之出于诸物的非本真自身领悟既非不真切的，亦非虚幻不实的（似乎这里领会到的不是吾身，而是什么别的东西，似乎吾身只是被臆指的）。本真的此在本身恰恰是在其特殊的“现实性”中——是以一种真切的方式，如果可以这么说的话——经验到非本真的自身领悟的。对吾身的那种真切现实然而非本真的领会是这样进行的：这个吾身（我们通常作为这个吾身混混沌沌地过日子）从它所交付给的东西那里“反映”出自己。

229 **c）为了阐明日常的自身领悟而彻底阐释意向性；作为意向性之基础的“在-世界-之中-存在”**

吾身是从诸物回映出来的。然而，有个问题是不容拒绝的：在哲学上，我们应当怎样将这个谜一般的回映做成概念呢？有一件事是确然无疑的：要成功地完成这个阐释，我们只有确认现象，并且不能以过时的说明在现象似乎要消失的时刻让它归于无形——好像我们无法对付一个现实的现象，非得寻找出路似的。

那个从诸物反映回来的吾身存在于诸物之中。但是这个“之中”的意思不是说吾身作为诸物当中的一个物件，或者附在诸物上的东西或是外层现成地存在。如果吾身从诸物出来和我们打照面，那么此在必定以某种方式即诸物而在。我们主张，非本真的吾身从诸物回映出来。至于这个回映是否可能以及何以可能——此在之存在方式，其生存，必定可以让此问题得到概念把握。此在必定即诸物而在（*bei* den Dingen sein）。我们也曾听说：此在之行为（它生存在这行为之中）乃是意向地朝着某某－指向。行为的指向性表达了一种“即我们与之打交道的东西而在”，表达了一种“即之－逗留盘桓”，表达了一种“随所与共行”。当然。然而，对于我们如何在诸物之中重新发见自己，以这种方式被掌握的意向性仍然没有用概念加以把握。此在并不把自己“送到”诸物的位置上去，也不把自己作为诸物一类的存在者放到它们的通类里去，以便随后将自己作为现成地待在那里的东西发现出来。然而，只有先行“送出”，我们才能从诸物回到我们自身。问题仅仅是，如何来领会这种“送出”；此在的存在论建制是如何使得这个“送出”得以可能的。

有一件事是确定无疑的：诉诸施物行为之意向性，这并没有把我 230
们所处理的现象概念化；说得更小心些，可以表明，迄今为止在现象学里唯一流行的那种刻画描述意向性的方式乃是不充分的和外在的。然而另一方面，此在并非以从伪似的主观领域跃入客体圈这样的方式把自己“送”给诸物的。然而，也许有着一种专门的“送出”方式——以至于，当我们不愿意让正在谈论的非本真自身领会逸出现象学的视野，那么我们恰在此时看到了该方式的特殊性。我们所主张的这个“送出”，又是个什么情形呢？

我们有一个双重性的任务：首先是更彻底地掌握意向性自身；其次则是阐明，这对于我们所谓将此在“送出”给诸物而言，具有何种结果。换言之，我们应当如何来领会哲学中通常标为“超越性”的东西？哲学里一般教导说，超越者乃是诸物、诸对象。然而，那本源地超越的东西，亦即，那行超越的东西，并非与此在相对的诸物；严格意义上的超越者乃是此在自身。超越性乃是此在之存在论结构之基本规定。它属于生存之生存论状态（Existenzialität）。超越性乃是生存论上的（existenzialer）概念。可以表明，意向性植根于此在之超越性，且仅在此根基上才可能，——不能反过来从意向性出发来阐明超越性。“明了此在之生存论上的建制”这个任务恰好先于那个内在统一的双重任务：更彻底地阐释“意向性与超越性”现象。我们的任务是凭借更本源地掌握意向性与超越性来将此在一般之生存之基本规 231
定纳入视野。通过这个任务，我们同时也就推进到了迄今为止的整个哲学尚未知晓的中心问题，哲学以奇特而不可解决的窘迫疑难纠缠在这个问题中。我们不可奢望一举解决这个中心问题;甚至只是充分明了地把这个问题摆出来——这也是难以奢望的。

α)器具、器具关联脉络与世界;在世与世内性

目前我们必须做的仅仅是搞清楚:形式化地讲,掌握 res cogitans 与 res extensa 之间、自我与非我之间的存在论区别决不能像费希特提出该问题所用的形式那么直接与简单。他当时说:“先生们,请你们思维墙,然后思维那思维墙的。”在提出“请你们思维墙”这个要求时,其中已经包含了对实情的构建性强制,包含了一个非现象学的开端。因为在以自然方式对诸物施为时,我们决不会单独思维**一个**物;当我们专门掌握一个自为之物时,我们是把它从一个它依其实事内涵所归属的关联脉络中**突显出来**加以掌握的:墙、房间、周遭环境。提出“请你们思维墙”的要求,把这个要求理解为向那思维墙的回溯的开端,把这个要求理解为对主体进行哲学阐释的开端,这意味着:让你们在那些先于一切明确把握且为了一切明确把握而已然被预先给予的东西面前盲目无视。然而,什么被预先给予了?如何才能显明我们原本且在绝大多数情况下就之逗留盘桓的存在者?坐在这个课堂里,我们确实没有去把握四面的墙壁——除非我们无聊闷得慌。然而,在我们把墙壁当作客体加以思维之前,墙壁已然在那里了。在以思维的方式进行一切规定活动之前,还有其他很多的东西把自己给予我们。其他很多东西——但是以什么方式呢?这些东西并非作为一堆杂物,而是作为一个周遭环境被给予的。这个周遭环
232 境在自身之中包含了一个封闭完整而可被领会的关联脉络。这是什么意思呢?这里的物有这样的属性,那里的物有那样的属性,诸物相邻、相积、相错,乃至于我们仿佛从一物摸索到另一物,以便将诸物逐一相联,最后造成一个关联脉络——是这样吗?这是一个挖空心思

想出来的构造。原初所与的倒是一种物的关联脉络——哪怕没有被明确专门地意识到。

为了看到这一点，我们必须更清晰地掌握：在其关联脉络中的物究竟意味着什么，原本存在着的诸物具有何等存在特性。环绕着我们的**最切近**的物，我们称之为**器具**。其中一向已经包含了一种多样性：工具、交通工具、度量器具，举凡我们与之打交道的物。原初被给予我们的就是**器具整体**之统一。这个统一在其范围内不断变化，可宽可窄；专门进入我们视野的往往只是其部分。诸物之器具关联脉络（就拿这里环绕着我们的那些物来说）持立在视野之内，但这不是为了一个探究的审视考察者——仿佛我们坐在这里就为了描述物——哪怕在沉思冥想的意义上也不是。器具关联脉络**可以**以这两种甚至其他方式来和我们打照面，但它不是一定如此不可。器具关联脉络原本以完全的不被突显、不被思虑方式持立于其中的视野，乃是实践性**环顾寻视**、**实践性日常趋向**之视野与目光。"不被思虑"意味着：没有为了对诸物进行思虑而被专题把握，毋宁说我们只是环顾寻视着趋向诸物。环顾寻视以原初的方式将存在者发现、领会为器具。当我们在这里穿门而入的时候，我们并未去把握座位本身，也没有去把握门把手。然而，它们都以这样一种特殊的方式在这里：我们环顾寻视着经过它们，避开、推开它们，诸如此类。楼梯、走廊、窗户、座位、黑板以及其他更多的东西都不是以专题的方式被给予的。我 233
们说，一个器具关联脉络环绕着我们。每一个别的器具依其本质都是**为了某某的器具**，为了行驶，为了书写，为了飞行。每个器具都与它**所为**的东西，与这个东西之所是有着内在的关涉。指引出一个**所为**的，总是某个"**为-之故**"。"**为-之故**"**之关联脉络**构成了器具之特殊结构。每个特定的器具都与另一个特定的器具有着一种特定的关涉。我们还可以更清楚地掌握这个关涉。随着每一个我们发现为器具的存在者，都有一种特定的**物宜**。“为之故”之关联脉络乃是一种物宜关涉之整体。在物宜整体之内随着个别存在者而有的这个物宜并非一种附属于物的属性，亦非基于另一物之现成存在才有的一种关系。毋宁说，正是随着椅子、黑板与窗户而有的物宜将物做成了物之所是。“**物宜关联脉络**”并非首先源出于更多物之共同出现的而是产品意义上的关系整体，而是一种物宜整体，它可窄可宽——房间、住宅、小区、乡镇、城市——然而却是原本的东西，正是在其之内特定的存在者才作为如此这般的存在者存在，才如其所是而在，且以相应的方式把自己显示出来。如果我们现实地思维墙壁，那么起居室、客厅、房子都已预先被给予了——即使未被专题把握。一个特定的物宜整体是被**预先**领会的。在每一种切近的、环绕着我们的器具整体之内明确地首先注目什么，或者干脆说把握与观察什么，这无法确定；然而总在一定界限内可变并任凭我们决定。我们在一种周遭环境中生存着逗留在这样一种可领会的物宜整体之中。我们穿行于其中。我们一向已经实际生存着存在于一个周围世界之中。我们自
234 身所是的存在者并不像这间课堂里的桌椅黑板那样**也**是手前现成的，而是具有这样的区别：我们自身所是的存在者知道它对其他诸物，也就是对例如窗户凳子之类有个关系；这些东西，椅子凳子之类相邻而在；与此相反，此在与例如墙壁也有这样一种相邻关系，而它还知道这个相邻关系。知道与不知道之间的这个区别还不足以在存在论上清晰地确定两种具有不同本质的方式：现成物一块儿现成存在的方式，以及此在对现成物施为而相关的方式。此在并非诸物之间的又一个现成者，而是具有这样一个差别：此在把握诸物，此在以**在－世界－之中－存在**的方式生存，这个**此在之生存之基本规定乃是此在一般而言能够把握某物的前提**。连字符的写法是为了指出，这个结构乃是统一的。

然而，周围世界与**世界**是什么呢？对于每个人来说，在某种方式上周围世界都是各各不同的，而我们却活动在一个共同的世界之中。然而关于世界这个概念，这样的确认并没有说出多少东西。阐明世界－概念乃是哲学的中心任务。世界这个概念，或者说以此标出的现象，乃是迄今为止的哲学一般而言尚未认知的东西。你们会想，这个说法太放肆太狂妄了。你们会反对我说，迄今为止的哲学怎么会从未看到世界呢？古代哲学的开端不就是追问自然吗？说到当代，人们今天难道没有做更多的探索来再次确立这个问题吗？在我们自己的上述讨论中，难道我们没有不断强调着来表明，传统存在论正是出于对手前现成者、对自然的原初片面取向吗？我们怎么可以主张 235
说，迄今为止都忽视了世界现象呢？

不过——世界并非自然，并且根本不是现成者，也不像围绕着我们的诸物整体、器具关联脉络那样是周围世界。我们将整全宇宙的意义上的自然理解为俗云全世界（Weltall）的东西。在哲学上看到的自然是一并而言的所有那些存在者：动物啊、植物啊，还有人，但那不是世界。俗云全世界的东西就像每个或重要或不重要的东西那样不是世界。毋宁说，存在者之大全乃是——说得更小心些，能够是**世界之内的东西**。那么世界呢？它是世界之内东西的总和吗？决不是。我们把自然甚或环绕我们的切近的诸物称为并且领会为世界之内的东西，这一点已经预设了，我们领会着世界。世界不是我们计算存在者总和，作为结果得到的后起的东西。世界不是在后的东西，而是严格意义上在先的东西。在先的东西：那先于对这个那个的存在者的一切把握而在每个生存着的此在中已经预先得到揭示与领会的东西，那作为一向已被预先揭示者站到我们这里来的在先的东西。作为已经在先的被揭示者，世界乃是我们以非本真的方式与之打交道的东西；乃是并未为我们所把握，而是不言自明地存在的东西——

不言自明到这种程度，以至于我们把它完全忘却了。世界是这样的：它已被先行揭示，且它是我们对存在者的回溯所由之出发之处——我们与这存在者打交道，逗留在这存在者那里。我们之所以能够推进到世界之内的存在者，这只是因为我们作为生存者一向已经生活在一个世界之中了。当我们居留在物宜关联脉络中时，我们一向已经领会了世界。我们领会着“为－之故”、“为－之故”关联脉络之类的东西——我们将后者标识为**意蕴**之关联脉络。我们必须在尚未从
236 各个不同方面深入这个十分困难的世界现象的时候，严格地把现象学的世界概念与庸常的、前哲学的世界概念区别开来；按照后者，世界意指存在者自身、自然、诸物以及存在者大全。这个前哲学的世界概念所标识的东西，我们在哲学上称之为世界之内的存在者，后者在它那一方面预设了现象学意义上的世界——当然这里所谓“现象学意义”还是尚待规定的。“在－世界－之中－存在”属于此在之生存。一把椅子并无“在－世界－之中－存在”这个存在方式，毋宁说它出现于世界之内的手前现成者之内。椅子并没**有**一个由之出发可以领会椅子自身、在其中椅子可以作为其所是的存在者生存的世界；毋宁说，椅子乃是手前现成的。这就再次提出了这样的问题：这个谜一般的东西，世界，究竟是什么？当然首先是这个问题：世界它**如何存在**？如果世界并不同于自然，也不同于存在者之大全，甚至也不是全部存在者之结果，那么它究竟如何**存在**？我们应当如何来规定世界自身之存在方式？

我们现在尝试这样来规定在其存在论结构之中的此在：我们从此在这一存在者的现象实情那里汲取其规定自身之环节。粗略地说，这里我们乃是以某种方式从客体出发，以便达到“主体”。然而我们看到，这个出发点是必须沉思一番的，这取决于人们是否在其中囊括了属于它的一切东西。对于我们来说已经得到表明的是：那预先

被给予的存在者并不只是一个我们所思维或能思维的物，——我们并不因为思维了某个现成物就拥有了那可能与此在相对而立的东西。这个东西甚至也不只是一个物之关联脉络；我们毋宁应该说：在经验手前现成的存在者之前，世界已然被领会了；这就是说，我们，此在，一向已经把握着存在者而存在于一个世界之中。在世自身便属于我们本己存在之规定。这个“在－世界－之中－存在”中所谈到的世界如何**存在**？随着这个问题，我们就站到了一个——和其他位置 237
一样——对哲学来说特别危险的位置上；由于危险，人们很容易就回避本真的问题，以便获得某种舒适安宁并且搞到一种便捷的解决方式。世界并非手前现成者之总和，它根本不是什么手前现成的东西。它是“在－世界－之中－存在”的一个规定，此在存在方式的这个结构的一个环节。世界可以说是类乎此在的。它不像诸物那样是手前现成的；毋宁说它**在此**，就像我们自身所是的此－在那样；这就是说，它生存。我们自身所是的存在者之存在方式，此在之存在方式，我们称之为生存。可以用纯粹的术语来说：世界并不是手前现成的，它生存；亦即，它具有此在之存在方式。

这里再次出现了一个对于一切哲学活动来说都有特征性的路障：我们的研究所探询的这个现象，对于常识来说是不熟悉的，因而就是根本不存在的，因此常识必定通过论证把它撇在一边。我们有意选择此类之中一个有说服力的论证探察一番，注意它究竟说了些什么。如果世界属于我自身一向所是的存在者，属于此在，那么世界就是主观的东西。如果世界是主观的东西，而自然与存在者之大全作为世界之内的东西又是客观的东西，那么自然与宇宙这类存在者也正是某种主观的东西。我们已经主张说，世界并不是手前现成的，世界倒是生存着，世界具有类乎此在的存在——这样我们就站到极端主观唯心论那里去了。这样，前面对世界的阐释就靠不住了。

对于如上论证，我们首先有一个原则性的反驳：即便把世界规定为主观的东西这样就导致了唯心论，这并不能确证这个规定是靠不住的。因为迄今为止我并不知道有什么不可错的决定性判决，可以依之断定唯心论乃是错误的；同样也没有这样的决定性判决，可以依
238 之断定实在论乃是正确的。切不可把流行时尚与党派意见当作真理的标准；倒是必须追问，这个今天人们害怕它几乎就像害怕上帝－在－我们－中间道成肉身一般的唯心论究竟在追寻什么。唯心论到底有没有以比实在论更为根本与彻底的方式提出哲学问题，这是尚无定论的。迄今为止所获得的那种唯心论形式或许确实是靠不住的；然而对于实在论，连这句"靠不住"都不好说——因为实在论根本还没有推进到哲学问题的维度；这就是说，实在论还根本没有推进到可以断定"靠得住"还是"靠不住"的地步。在当前哲学中，什么东西一被宣称为唯心论，它就会遭到十分巧妙的党派政治的排斥。但这毕竟不是什么实质性的论据。细看起来，当前所蔓延的在唯心论面前的畏惧其实就是在哲学面前的畏惧，当然这里我们无意立刻把哲学与唯心论等同起来。在哲学面前畏惧，这同时就是错失那个必须首先提出并解决的问题——有了这个问题，我们才能判断，靠得住的究竟是唯心论还是实在论。

常识关于我们所阐述的世界概念的论证，我们且概括如下：如果世界并非手前现成者而是属于此在之存在，亦即以此在的方式存在，那么世界就是主观的东西。这个想法看上去很合逻辑也很严密。然而那个主导性的问题（正是对该问题的探讨才把我们引向世界现象）恰恰却是规定：主体是什么且如何存在，——什么属于主体之主体性。如果此在之存在论的基本要素尚未确立就把什么东西诋毁为主观主义，这就还是一种盲目的哲学煽动。归根结底正是世界现象迫使我们去更彻底地掌握主体－概念。情况究竟如何，我们要学着领

会。但我们也无意对自己隐瞒:这里需要毫无前见,尤其需要“严 239
密”。

世界那是某种“主观的”东西,这预设了:虑及这个世界现象时,我们相应也规定了主体性。世界是主观性的,这意味着:就此在这个存在者以在世的方式存在而言,世界属于此在。世界仿佛是“主体”从其内在“投射出来”的东西。然而在这里我们可以谈论所谓“内在”与“外在”吗?这个投射的意思能是什么呢?显然不是说:世界是我的一个块片,附在我上面的某个东西,就像一物现成地附在另一物上;我就从主体这个物上把世界抛出去,以便藉之俘获他物。毋宁说此在自身就其本身已经被投射了。只要此在生存,对此在而言,随着此在之存在就有一世界预先[向前]-被抛(vor-geworfen)了。“去生存”不同于其他,意思是:预先[由此向前]抛出世界(sich Welt vorher-werfen),并且是以这种方式:随着这个先抛之被抛性,这就是说,随着一个此在之实际生存,一向也已经有手前现成者被发现了。随着先抛,随着预先[向前]被抛的世界,一世内的现成者所由而出方可被发现的所在也就被揭示了。必须确认一个两重性的东西:1.在-世界-之中-存在属于生存这个概念;2.实际生存着的此在,实际的在-世界-之中-存在,一向已是即世内存在者而在。即世内存在者而在总是属于实际的在-世界-之中-存在。广义的即现成者而在,例如在或宽或窄的周遭环境中环顾寻视着与诸物周旋,乃是奠基于“在-世界-之中-存在”之中的。

对于初步地领会这个[世界]现象来说,重要的是必须搞清楚两个结构之间的本质区别,这两个结构就是作为此在之规定的在-世界-之中-存在与作为现成者之**可能**规定的世内性。一方是作为此在之基本建制的“在-世界-之中-存在”,另一方则是作为现成者之可能而非必然规定的世内性——这两方之间的区别,我们尝试通 240

过对照再次加以描述刻画。

世内存在者，例如有自然。在这里，在多大程度上以科学的抑或非科学的方式发现自然，这都是一样的；这就是说，无论我们是以理论化的物理学－化学的方式思维自然这个存在者，还是将自然意指为“外部自然”：山岭、森林、草地、溪流、麦田与鸟鸣——这都是一样的。自然这个存在者乃是世界之内的。然而世内性仍然并不属于自然之存在；在与最宽泛意义上的自然这个存在者的周旋之中，我们领会到，自然这个存在者作为现成者，作为我们所遭遇、我们被转交给它的存在者而存在——该存在者由自己而来一向已然存在。它的存在毋需我们的发现，亦即毋需在我们的世界之内来照面。世内性只不过在自然作为存在者被发现时，归给自然这个存在者的。如果无法给出根据使人洞察到此在必然生存，则世内性就未必作为自然之规定归给自然。但如果我们自身所是的存在者生存了，这就是说，如果一种“在－世界－之中－存在”存在了，那么 eo ipso［当然］存在者也就或多或少作为世界之内的东西被实际地发现了。现成者之存在、自然之存在并不将世内性作为其存在规定包含在自身之中，而是把它当作发现自然之可能性之可能的、同时也是必然的规定。被发现的自然，这就是说存在者（就我们对作为被揭示者的这个存在者有所施为而言）便含有：它一向已经在世界之中存在；但世内性并不属于自然之存在。与之可勘对照的是，属于此在之存在的并非世内性，而是在－世界－之中－存在。世内性可以归给自然，但决不会归给此在。另一方面，“在－世界－之中－存在”诚然要归给此在，但它并
241 不是作为一个可能规定归给此在的——这并不像世内性之于自然。毋宁说，只要此在存在，此在它就在一个世界之中存在。如果没有这个“在－世界－之中－存在”，或者先于这个“在－世界－之中－存在”，此在就不以任何方式“存在”，因为恰恰是这个“在－世界－之中－

存在”才构建了此在之存在。“去生存”说的便是：在一个世界之中存在。“在－世界－之中－存在”乃是此在之存在之本质结构；世内性便不是某个存在结构；说得更仔细些，世内性并不属于自然之存在。我们之所以说“更仔细些”，是因为在这里我们必须考虑到一个限制：我们在这里仅就“有存在者”，仅就“这存在者乃是世内的东西”谈论其存在。而还有［其他的］存在者，世内性确实以某种方式属于其存在。后面这种存在者便是一切我们称之为历史性的存在者的东西。此间“历史性的”具有“世界历史性的”这样更为宽泛的意义，这就是说属于在本真意义上乃是历史性的，生存着、创造着、塑造着、培养着的人类的万物——文化与产品。此类存在者仅仅作为世界之内的东西存在；或者更确切地说，仅仅作为世界之内的东西产生与生成。文化并不像自然那样存在。另一方面我们也得说，一旦文化产品，甚至原初的器具作为世内的东西存在，那么即使历史性的此在不再生存，它们仍然能够存在下去。这里有一个引人注目的关联，不过我们只能简单提一下：一切世界历史性存在者意义上的历史性存在者（文化产品），就其产生来看与就其衰亡消逝来看，是处于全然不同的存在条件的。这些关联属于历史存在论。我们之所以提出它们来，是为了搞清楚一些限制。在这些限制之下我们才能说，世内性不属于现成者之存在。

仅当此在生存，世界才存在；只要此在生存，世界便存在。而即使此在不生存，自然也能存在。“在－世界－之中－存在”这个结构昭示了此在之本质特性：此在对自己预先［向前］抛出了一个世界，这种抛出不是后起的，不是偶然的；这种对世界的预先［向前］抛出属于此在之存在。在这种预先［向前］抛出中，此在一向已经从自身走了 242
出来，生存－出来（ex-sistere），它在一个世界之中存在。因此此在就不是什么主观内在领域之类的东西。我们之所以要为此在之存在方式保留“生存”这个概念，其理由在于，“在－世界－之中－存在”属于这个存在。

β）为何之故；作为非本真的与本真的存在领悟之根据的向来我属性

从“在－世界－之中－存在”这个规定出发——我们还不能以真正的现象学方式再现这个规定——我们还要标出此在生存结构的两个环节。对于领会下面的东西来说，这两个环节是相当重要的。此在以“在－世界－之中－存在”的方式生存，而它本身则为其自身之故存在。此在这个存在者不是仅仅单纯地存在着；毋宁说，只要它存在，那么对它来说事情就牵涉到其本己的能在。此在为其自身之故存在，这属于生存者这个概念，同样也属于“在－世界－之中－存在”这个概念。此在生存着，这就是说，它为其本己的“在－世界－之中－能在”之故存在。正是这里显示出的结构环节激发着康德在存在论上将人[格]规定为目的，不过他没有探询目的性之特殊结构，没有追问其存在论上的可能性。

进一步说，我们自身所是的这个存在者，这个为其自身之故生存的存在者，作为该存在者乃是向来－我属的。此在不仅像每个存在者一般那样，在形式－存在论的意义上同一于自己自身——每个存在者都同一于自己自身——，此在也不仅仅是对自己意识到这个自同性而有别于自然物；毋宁说，此在拥有一种自身性意义上的、特殊的与己相同性。情况便是这样，以至于此在以某种方式成其本己，它拥有自己自身；唯是之故，它才能失去自己。由于自身性属于生存；
243 这就是说，由于这个以某种方式发生的“成其本己”，生存着的此在便能够为其自身择其本己并由此出发原初地规定其生存；这就是说，它能够本真地生存。然而此在它也能够让他者就其存在来规定自己，并且在这种对其自身的遗忘中原本便以**非本真的方式**生存着。同样本源的还有，在其可能性中的此在同时就被它对之施为相关的、作为世内的东西的存在者所规定。此在首先是从这个存在者出发来领会自己的；这就是说，它首先是在非本真的自身性中揭示自己的。我们已然说过：非本真的生存并不意味着一种虚幻的、不真实的生存。进一步说，非本真性属于实际此在之本质。本真性只是一种样态化，而非全盘抹掉非本真性。我们进而强调了，此在日常的自身领会是保持在非本真性之中的，以至于在这里此在毋需（折回自身的内知觉意义上的）明确反思便对自己有所知，以在诸物之中自身发见的方式对自己有所知。此在之存在建制如何使这类东西可能，我们已经试图通过刚才做出的、对生存的阐释给予阐明了。

通过分析**此在生存的几个本质结构**，从诸物出发进行日常自身领悟的可能性在多大程度上更加明晰了呢？我们已经看到：为了领会最切近的存在者以及一切来和我们打照面的存在者，为了领会其处于物宜关联脉络总的器具关联脉络，需要对物宜整体、意蕴关联脉络，亦即世界一般的先行领悟。我们且从这个先行被如此领会的世界返回世内存在者。由于我们作为生存者已经预先领会了世界，我们就能从作为世内的东西的、来照面的存在者出发，以某种方式不断地领会自身并与自身打照面。鞋匠不是鞋子，但归属于其周围世界的做鞋器具，作为它所是的这种器具则只能从属于（作为"在－世 244
界－之中－存在"之生存建制的）此在之生存建制的各自的世界出发才是可领会的。从**诸物**出发领会着自己的此在，作为"在－世界－之中－存在"，从其世界出发来领会自己。鞋匠固然不是鞋子，但生存着的他乃是他的世界——正是这个世界才使他可能发现作为世内的东西的器具关联脉络，才使得他可能逗留盘桓在这个器具关联脉络那里。我们由之与自己打照面的并非孤立的诸物本身，而是作为世内东西的诸物。因而日常此在的这个自身领悟并不那么很依赖于对诸物本身的认识的广度与强度，而是依赖于“在－世界－之中－存在”的直接性与本源性。就算只是断片式的来照面者，就算也许只是被一个此在简陋领会的东西，儿童的世界，作为世内的东西，仿佛也是承载着世界的。重要的只是：生存着的此在，按照其生存可能性来说，是否还算本源，以便能够亲自**看到**那个随其生存一向已被揭示的世界，并将之付诸言辞，以使他人亦能明确地目睹。

诗无非是以基本的方式将作为“在－世界－之中－存在”的生存诉－诸－言辞，或者说使之被发现。随着被[诗]诉说出来的东西，那先前盲目无视的他人首次得以目睹世界。为了验证这个观点，我们且倾听莱纳·玛丽亚·里尔克（Rainei Maria Rilke）《马尔特·劳里兹·布里格手记》[1]中的一处内容。

“是否有人相信，有着这样一些房子？不，人们会说我在作假。这次倒是真的，毫无删减，自然也毫无添加。我当由何处得到房子？人人皆知我之贫困。人人皆知。房子？不过，为了确切些，我们得说那是些不再存于某处的房子。那是些从顶到底都被拆光了的房子。在那里的是另一些房子，那些曾在一旁矗立的、高高的邻近房子。在它们边上所有的东西都被移走之后，这些房子显然就有坍塌的危险；
245 因为，在废墟的地基与光秃秃的墙垣之间，长长的，涂着焦油的杆子组成的整个支架全都给撞歪了。我不知道自己说过没有，我指的就是这堵墙。但它不是现存房屋的所谓外墙（不过人们还是得假设这现存房屋），而是那些早先旧物中的最后一件。人们看得到它的内壁。人们看得到不同楼层上房间的隔墙（上头还贴着墙纸），看得到

---

[1] *Aufzeichnung des Malte Laurids Brigge* 是里尔克发表于 1910 年的一部长篇小说。——译注

这里那里地板或天花板开始的地方。在房间隔墙的旁边，沿着整面外墙，还残留着一处肮脏的白色区域；穿过这个区域的、在一种无可名状的丑恶中犹如软虫犹如消化的运动中蠕动着的，乃是盥洗室锈迹斑斑的落水管。沿着煤气灯管道，在天花板边缘，还残留着些灰蒙蒙的、布满尘埃的痕迹。这里那里的这些痕迹，仿佛完全出人意料地，兜了个圈子，到达了一面色彩斑斓的墙壁，并且进入了一个黑糊糊的、仿佛被冷酷无情地挖出来洞眼。不过最让人难忘的还是那些墙壁本身。这个房间的顽强生命是不会熄灭的。它还在这里，它就保留在仍在那里的钉子上面；它就立在残余的、一掌宽的地板上，它就在屋角的延伸部分之间，那里还有一小点内部空间的样子。人们会看到，房子的生命也在油漆的颜色里面，这颜色年复一年地缓慢变化：从蓝到惨绿，从绿到灰，从黄到一种陈旧黯淡、最终朽坏的白。但这生命也在一些更新鲜的所在，它们保留在镜子、图片和柜子后面；因为它逐渐形成了自己的轮廓，也随同蜘蛛与尘埃一起待在这些现已暴露的隐秘之所。它在每一道擦痕之中，它在糊墙布边缘下的潮湿气泡之中，它摇曳在撕破的布片之中，它从难看的陈年污迹中泛出来。那些被断壁残垣的碎裂墙面围成的墙体不断变蓝、变绿乃至变黄。从中却涌出了生命的气息，风也未尝驱散这黏滞、钝重、发霉 246
的气息。这里有着正午、疾病、呼气与陈年的烟雾，有着从肩头渗出的、让衣服变得沉重的汗水，有着口中呼出的浊气与墙脚发酵出的劣质烧酒气味。这里有着呛人的小便气味，有着煤炭的燃烧与发灰的土豆粉，有变质油脂发出的明显、浓重的气味。这里有被疏忽婴孩的挥之不去的甜味，有上学儿童的害怕气味，有成年小伙子眠床上的欲望气味。还有许多来自底下的东西加入进来，那些从小巷的深处蒸发上的东西；此外还有那些从高处滴落的雨水，它们在城市上空的时候就不那么纯净了。还有些东西带来了那些缓弱的、已变得驯服的屋间之风，这些风总是待在同一条街道上。另外，这里还有许多人们不知其源的东西。不过，我有没有讲过，所有的这些墙都给拆了，直到最后一面——？那么，就让我对这面墙滔滔不绝吧。人们会说，我曾在它前面呆了许久；但我愿发誓，我一认识这面墙后，便狂奔而去了，因为认识它，这真是太可怕了。我认识这里所有的东西，这就是它何以直接进入了我：它在我之中便到家了。”[①]我们注意到，世界，或者说“在－世界－之中－存在”——里尔克称之为生命——是以一种多么基本的方式从诸物向我们迎面踊跃而来。里尔克在这里用他的词句从所敞露的墙上读出来的东西，并不是被设想强加到墙里去的；恰恰相反，只有作为对这面墙中“现实”地存在的东西（这种东西在我们与这墙的自然关系中从墙那里踊现出来）的解释与照亮，那种
247 描写才是可能的。诗人不但能够看到这个本源的世界——虽然它不是被思维到的，决非以理论的方式被发现的——，而且里尔克还领会了“生命”这个哲学概念。狄尔泰（Dilthey）已经猜想到了这个概念，我们则是用作为“在－世界－之中－存在”的生存这个概念来掌握它的。

d）主导问题是存在方式之杂多性与存在概念之统一性；参照该问题所做的分析之成就

我们尝试着来清理一下第三章中首先批判地探讨的东西，**参照存在方式之杂多性与存在概念之统一性这个主导问题来进行概括**。自笛卡儿以来，特别是德国观念论是从自身意识出发规定人格、自我与主体的存在建制的。我们已然目睹这一切所导致的问题。仅仅掌握反思自我这个形式化意义上的自身意识概念乃是不够的，毋宁必

① R.M.里尔克：《选集》两卷本，Leipzig 1953，第2卷，第39—41页。

须提出此在之自身领悟的各种形式。这就导致了这样一个洞见：自身领悟总是从此在之存在方式，从生存之本真性与非本真性得到规定的。于是就有了反转提问方式的必要性。借助自身意识是无法规定此在之存在建制的，倒是必须反过来，从被充分澄清了的生存结构出发来澄清自身领悟之各种不同的可能性。

为了标识这样一条考察之路，我们且更确切地考察一下反映——“由诸物自身而来的自我领会”这个意义上的反映。“由诸物而来反射吾身”这个意义上反映在前面具有谜一般的性质。现在我们追问：周围世界之诸物必须在什么意义上来掌握？它们具有哪些 248
存在特性？对它们的阐释都预设了些什么？通过这些追问，反映对我们就会变得清楚一些。周围世界之诸物具有“物宜”这一特性，它们处于物宜整体之中。仅当世界之类的东西对于我们而言被揭示了，物宜整体才是可领会的。这就把我们引向世界概念。我们曾试图澄清，世界不是发生在手前现成者之内的东西，而是属于“主体”的某种“主观的东西”——不过这里所谓“主观的东西”，其意义要领会得当，以便可以从世界现象出发同时对此在之存在方式加以规定。我们将“在－世界－之中－存在”确认为生存之基本规定。这个结构被界定为相反于世内性，后者乃是自然的一个可能规定。不过，自然的被发现，或者说，自然在此在之世界之内的发生，这却不是必然的。

此在之生存建制，亦即“在－世界－之中－存在”，乃是作为主体之特别的“送出”出现的；这个“送出”构建了一个我们以更确切的方式规定为此在之超越性的现象。

莱布尼茨对存在者做了单子论的阐释——虽然他没有确认存在者本身。在做这种阐释时，莱布尼茨已经在某种意义上亲眼看到了这个特别的世界现象。他说：每一可能性之存在者都按照其表象的不同强度反射着一切存在者。每一个单子，亦即每一个自为的存在者，都是通过再现，通过反射世界整体之可能性得到刻画描述的。单子们不需要窗户，它们从自身出发便具有认知世界整体的可能性。他的单子论虽然有那么大的困难（这首先是因为，他把其纯正的观照嵌入了传统存在论），但是单子之再现这个理念却必定看到了某种在迄今为止的哲学中几乎没有发生任何影响的肯定性的东西。

249 我们已经获取了一个多重性的结果。

首先，自身领会不可以在形式上等同于一种被反思的自我-经验；它随此在的不同存在方式而变化；确切地说，它以本真性与非本真性这两种基本形式而变化。

其次，“在-世界-之中-存在”属于此在之存在建制。前者是这样一种结构，它必须明确地与现成者之世内性区别开来——只要世内性不属于现成者（特别是自然）之存在，而是被分派给现成者的。即使世界不存在、此在不生存，自然也能存在。

第三，非此在类的存在者之存在具有一种更为丰富与复杂的结构；因而，这就超越了把现成者的刻画描述为物之关联脉络的通常做法。

第四，从对此在之自身领悟的正确概念把握能够得到：对自身意识的分析预设了对生存建制的阐明。只有借助对主体的彻底阐释才能既避免一种不纯正的主观主义，又避免一种同样盲目的实在主义。就这种实在主义错认了世界现象而言，它也许是一种比[主张]诸物自身更实在主义的东西。

第五，我们把“在-世界-之中-存在”刻画描述为此在之基本结构。这就澄清了，对世内存在者的一切自行施为（亦即我们已经标识为“对存在者之意向施为”的东西）是植根于“在-世界-之中-存在”这个基本建制的。意向性以此在之特殊的超越性为前提；而不能反过来从（迄今为止一直被流俗地阐释的）意向性概念出发阐明超越性。

第六,作为对存在者的施为,意向性总是包含着对(intentio与之相关的)存在者的一种存在领悟。于是便清楚了,对存在者之存在 250 领悟是与“领会世界”相关联的,而后者乃是经验到一个世内存在者的前提。只要“领会世界”同时就是此在“领会-自己-自身”——因为“在-世界-之中-存在”构建了此在之规定——,那么这个属于意向性的存在领悟就囊括了此在之存在与非此在类的世内存在者之存在。这就意味着

第七,这个以某种方式囊括一切存在者的存在领悟首先是漠然无分别的;我们把一切以某种方式作为存在者来照面的东西统称为存在着的,而不考虑分别出特定的存在方式。存在领悟是漠然无分别的,但它又是随时可分别的。

第八,虽然对存在者的那个表面上明晰的区分(区分为res cogitans与res extensa)是以一个传统的存在概念(存在等同于现成性)为引导线索的,然而[我们]目前的分析却表明了,这两种存在者之间有着存在建制上的彻底区别。此在与自然在存在建制上的存在论区别是如此尖锐,以至于如果从一个统一的存在概念一般出发的话,这两种存在方式似乎简直就是不可比较、无法规定的。生存与现成存在的不同程度,甚至高于传统存在论中上帝之存在规定与人之存在规定之间的不同程度。因为上帝与人这两个存在者在概念上一向都是被把握为现成者的。于是这些问题便越发尖锐了:在这样彻底区分存在方式之后,还能不能找到一个统一的存在概念(正是这个概念才使我们合法地将不同的存在方式称为存在方式)?如何在与存在方式之可能的杂多性相关的条件下掌握存在概念之统一性?对存在 251 者之日常领会所揭示出来的存在之差异性如何同时与本源的存在概念之统一性相关?

对存在之差异性的追问，以及这个追问即刻产生的效力将我们引向了第四章的问题。

第四章　逻辑学之论题：一切存在者，无论其各自的存在方式如何，都可以通过“是”来称谓与谈论。系词之存在 252

探讨**第四论题**，我们会遭遇到一个极其核心的问题，它在哲学中反复出现，然而却仅在一个相当狭窄的语境里被讨论——我们所遭遇的这个问题便是追问“是”（ist），也就是陈述，Logos[言说、言词、逻各斯]中的系词意义上的存在（Sein）。“是”之所以受有“系词”这个称号，乃着眼于它在命题中处于主词与谓词之间的联系性中间位置：S是P。与这个基本位置相应——人们在Logos与陈述的这个位置上才发现了那个“是”——，并且与古代存在论展开问题的进程相一致，人们已在关于Logos的科学，也就是逻辑学中论述了这个作为系词的“是”。于是可以说，那个**被挤到逻辑学里去**的存在问题决不是随意提出的，而是极其核心的。我们说“被挤到逻辑学里去”，这是因为逻辑学本身已在哲学内部发展成了一门分离出去的学科，因为逻辑学自身成了这样一门学科：它基本上是以僵化以及脱离哲学一般之核心问题为基础的。康德首先重新赋予逻辑学一种核心的哲学功效，当然这在部分上是以存在论为代价的；特别是康德没有设法挽救所谓教科书逻辑学的外化与空疏。甚至黑格尔那个将逻辑学重新在概念上把握为哲学的继续尝试，也更多地是对传统问题与知识积累的一种清理，而非对逻辑学问题本身的彻底掌握。19世纪甚至未能保持黑格尔的提问水准，而是重新沦为教科书逻辑学，以至于 253

将具有认识论与心理学本性的问题与特殊的逻辑学问题混为一谈。谈到19世纪最有意义的逻辑学工作，可以举出以下名字：J. St. 穆勒(J. St. Mill)、洛采(Lotze)、西格瓦特(Sigwart)和舒佩(Schuppe)。舒佩的认识论逻辑学在今天引起的关注实在是太少了。在19世纪下半叶的哲学当中，关于逻辑学发展阶段的特点，可以举出如下例子：一个狄尔泰那种级别的哲学家，终其一生只满足于在他的课上讲述最无聊的、无非用了点心理学来重温的教科书逻辑学。胡塞尔通过他的《逻辑研究》(1900/1901)才把逻辑学及其问题重新带入光明。然而，甚至他也未能成功地以哲学的方式对逻辑学加以概念把握；相反他倒强化了这样一个趋势：将逻辑学发展为一门脱离哲学的、作为形式化学科的分离独立科学。虽然最初的现象学研究产生于逻辑学的问题域，但逻辑学自身未能跟上现象学自身的发展步伐。晚近值得注意的是艾弥尔·拉斯克(Emil Lask)的两部独到的、显示了哲学冲动的著作：《哲学之逻辑学》(1911)与《判断学说》(1912)。即便拉斯克大多以形式主义的方式，在新康德主义的概念图式内处理问题，他却还是有意识地要求对逻辑学进行哲学领会；在这么做的时候，他在实事自身的压力之下也就必然地返回了存在论问题。然而，拉斯克未能摆脱其同代人的信念：更新哲学乃是新康德主义的使命。

对逻辑学的命运的这个粗略描绘意在显示，由于系词"是"这个问题是在逻辑学中得到处理的，那么它就必然与(作为存在之科学的)哲学之本真问题隔绝开来。
254 只要逻辑学没有重新被收回存在论中，换言之，只要黑格尔——他反过来把存在论化到逻辑学里面去了——没有在概念上被包容(这意味着通过对提问方式的彻底化克服并且同时吸纳黑格尔)，那么问题就不可能取得任何进展。克服黑格尔是西方哲学发展过程中一个必要的内在步骤；如果西方哲学还应该活下去，那么这一步就是必须走的。能否成功地把逻辑学重新变成哲学，这一点我们并不知道；哲学不应该做预言，但它也不应该睡大觉。

我们的问题则是，回答对系词“是”与存在论基本问题之间关联的追问。为此必须首先从传统出发，充分具体地标出系词问题，——这就需要我们对逻辑史的主要阶段做一概览。然而课程的时间限制不允许我们这么做。我们且选择一个解决办法，仅了解一下几种有代表性的对系词问题的处理，看看它们在逻辑史上是如何出现的。我们首先探询，该问题在亚里士多德（他通常被称为逻辑学之父）那里是如何产生的。然后我们要描述刻画一种对系词及陈述的完全极端的阐释，这来自托马斯·霍布斯。接着我们要标出J. St. 穆勒对系词的定义，穆勒的逻辑学对19世纪具有决定性的意义。最后我们要确认那些围绕在系词周围的问题，看看洛采在其逻辑学中是如何阐述它们的。以这样的方式，我们将会看到，这个看似简单的“是”的问题是如何具有各方面的复杂性的，——这个问题是如此的复杂，以至于我们会提出这样的疑问：如何从存在论提问方式的统一性出发来本源地领会对“是”的各种解决尝试或者说阐释尝试。

§16. 参照逻辑史进程中几个有代表性的讨论标明系词这个存在论问题 255

系词意义上的存在，作为“是”的存在，在我们的讨论里已经反复碰到了。即使没有用概念把握存在，但在日常此在中我们一向已经领会了存在之类的东西——因为我们一向凭借某种领会在日常言谈中运用着“是”这个表达，并且一般而言凭借各种词尾的屈折变化运用着诸动词。这一点是有必要指出的。而一旦指出了这一点，我们也就是指涉了系词意义上的存在问题。然后就可得出在讨论第一论题时曾提出的那个观察。我们观察到，康德是把现实性阐释为绝对设定的，康德认识到的是一个更为普遍的存在概念。他说过："于是，某种东西可以是仅以关系方式被设定的，或者更准确地说，仅被思维为对作为一物之标志的某种东西的关系（respectus logicus[逻辑关系]）；然则存在（Sein），亦即对该关系的肯定，无非就是一个判断中的联结概念。"①依照更早的讨论，我们必须说：存在此间所意指者一如主词-谓词-关系之被设定性，即那个在（属于判断的）形式化的"我联结"中被设定的联结中的被设定性。

a)亚里士多德那里的、在行联结思维中的陈述之"是"这个意义上的存在

这个作为主词-谓词-关系的存在之含义，亚里士多德已经在他的论著Περὶ ἑρμηνείας[论解释、解释篇]，De interpretatione [论解释、解释篇]中明白指出了。这篇论著标题的德文翻译是"论陈述"，更好的译法是"论解释"。其主题乃是 Logos，更确切地说是
256 λόγος ἀποφαντικός[证明的逻各斯、展示的逻各斯]，也就是这样一种言谈与言谈形式，其功能乃是如其所是地展示存在者。亚里士多德区分了 Logos 一般（亦即这样一种言谈，它意指着并具有某种形式，它可以是祈祷、要求甚或抱怨）与λόγος ἀποφαντικός，后面这种言谈具有展示的特殊功能；在德语中我们把后面这种言谈称为陈述（Aussage）、命题（Satz）或者也以一种容易引起误解的方式称为判断（Urteil）。

亚里士多德首先把λόγος ἀποφαντικός规定为φωνὴ σημαντ-

① 康德：《证据》，第 77 页。——原注[参见《康德著作全集》，第二卷，李秋零译，北京，中国人民大学出版社，2004 年，第 80 页。译文略有改动。——译注]

ική, ἧς τῶν μερῶν τι σημαντικόν ἐστι κεχωρισμένον[1][一连串有意义的声音，它的每个部分都有其独立的意思]，一串词的表达，它能意指某物，乃是以这种方式：这个词的关联体的部分，也就是个别的词，已经自为地意指了某物，主词概念与谓词概念。并非每种Logos，并非每种言谈都是λόγος ἀποφαντικός，虽然每种言谈都是σημαντικός[有意义的]，亦即都意指某物；但并非每种言谈都有如其所是地展示存在者之功能。行展示的只是那种ἐν ᾧ τὸ ἀληθεύειν ἢ ψεύδεσθαι ὑπάρχει，[2][自身或者是真实的或者是虚假的]的言谈，也就是“真存在”（Wahrsein，或译为“是真的”）与“假存在”（Falschsein，或译为“是假的”）在其中出现的言谈。真存在乃是某种特定的存在。在作为陈述的 Logos 中，按照它 S 是 P 的这个形式，也会有“是”，会有作为系词的存在。对于他人而言，每个作为陈述的 Logos 要么是真的要么是假的。其真假与那个“是”处于某种关联之中——无论该关联是同一还是相异。问题这就来了：“真存在”与那个同样出现在 Logos 也就是陈述中的、系词“是”意义上的存在如何相关？为了大体上看到，并且在存在论上阐释真理与系词之间的这个关联，必须怎样来提问呢？

让我们先就亚里士多德来说说，他是怎么看系词之存在的。亚里士多德说：αὐτὰ μὲν οὖν καθ' αὐτὰ λεγόμενα τὰ ῥήματα ὀνόματό ἐστι καὶ σημαίνει τι,—ἵστησι γὰρ ὁ λέγων τὴν 257 διάνοιαν, καὶ ὁ ἀκούσας ἠρέμησεν,—ἀλλ' εἰ ἔστιν ἢ μή

---

① 亚里士多德：《解释篇》，4，16b26f。——原注[中译文参见《亚里士多德全集》，第一卷之《解释篇》，秦典华译，北京，中国人民大学出版社，1997年，第51页；注意，海氏在这里以及以下对亚氏词句的翻译，均与通行译法有出入。——译注]

② 同上书，17a2f。——原注[中译文参见《亚里士多德全集》，第一卷，秦典华译，第52页。——译注]

οὔπω σημαίνει· οὐ γὰρ τὸ εἶναι ἢ μὴ εἶναι σημεῖόν ἐστι τοῦ πράγματος, οὐδ᾽ ἐὰν τὸ ὂν εἴπῃς ψιλόν. αὐτὸ μὲν γὰρ οὐδέν ἐστιν, προσσημαίνει δὲ σύνθεσίν τινα, ἣν ἄνευ τῶν συγκειμένων οὐκ ἔστι νοῆσαι.①[动词本身便是一个词,并且有一定的意义,因为说话的人一旦停止了他的思想活动,听话的人,其心灵活动也跟着停止。但是,动词既不表示肯定也不表示否定,它只有在增加某些成分后,不定式“是”、“不是”,以及分词“是”才表示某种事实。它们自身并不表示什么,而只是蕴涵着某种联系,离开所联系的事物,我们便无从想象它们。]亚里士多德在这个段落里谈到了动词,后者——就像他所说的②——随同意指着时间,因而我们在德语里习惯把动词称为“时间词”(Zeitworte)。对于上面所引的段落,我们译解如下:如果我们说出自为的动词——例如“去走”(gehen)、“去做”(machen)、“去打”(schlagen)——那么它们就成了名词,并且意指着这样的东西:那个“走”(das Gehen)、那个“做”(das Machen)。那么谁说出了此类词,他也就ἵστησι τὴν διάνοιαν[停止了他的思想活动],停止了他的思维,这就是说,他居留于某物,他借此意谓着某个有规定的东西。与此相应:谁要是听到了“去走”、“去站”、“去放”这类词,他也就停留了,这就是说,他就逗留在他借着这些词所领会到的东西那里。所有这些动词都意谓某物,但它们并没有说,所意谓的东西存在还是不存在。如果我说:去走、去站,那么我并没有借此说出,是否有人现实地在走或者站。这就是说,“存在”、“不存在”并不意指一个事物(Sache)——我们要说,它们根本不意指

① 亚里士多德:《解释篇》,16b 19—25。——原注[中译文参见《亚里士多德全集》,第一卷,秦典华译,第51页。——译注]

② 亚里士多德关于动词与时间之间关系的论述,参见《亚里士多德全集》,第一卷,秦典华译,16b 17—19。——译注

任何自身存在的东西。甚至当我们全然直截地说出自为的词“存在着”，τὸ ὄν[存在着]时，它也是不[意指任何自身存在的东西的]；因为在“存在着”这个表达中，存在这个规定并**不存在**；这就是说，存在并非存在者。然而这个表达还是**随同**意指了，προσσημαίνει[蕴涵、预示]了，某物；毋宁说某个σύνθεσις[联系]，某个联系——如果没有已经思维到被联系的东西或者说可被联系的东西，那么这个联系是无法被思维的。只有在对被联系者的思维中，在对可被联系者的思维中，σύνθεσις，被联系性，才能被思维。就在“S 是 P”这个句子里意谓了这个被联系性之存在而言，那么存在便仅在对被联系者的思维中才有一个含义。存在所有的并非独立的含义，而是προσσημαίνει；存在之行意指乃是附加性的，就是附加在对相互有关的东西的行意 258
指与意指性思维的旁边。在此存在表达了关系自身之存在。εἶναι προσσημαίνει σύνθεσίν τινα[存在随同蕴涵了联系]，表达了某个联系。康德也曾说过：存在是一个**联系性概念**。

在这里我们无法进一步深入所援引的这个段落了，一如根本无法进一步深入 De interpretatione 全篇。对于注释工作来说，这篇东西呈现了巨大的困难。亚里士多德的古代注释者们，阿弗罗狄西阿斯的亚历山大（Alexander of Aphrodisias）与波菲利（Porphyrius），对这个段落都评注出了不同的意义。托马斯又以另外的方式加以解释。这一切表明的并非文本的传承有什么缺陷——就目前这个地方而言，文本是很清楚的——，而是问题自身的实质性困难。

我们首先必须记住：“是”意指存在者之存在，而并不像一个现成物那样存在。在“黑板是黑色的”这个陈述里，主词“黑板”与谓词“黑色的”意谓着某个现成的东西，就是黑板这物件，以及这块作为黑色东西的黑板，与在其上的现成的黑色。与之相反，那个“是”则并不意谓像黑板自身以及在其上的现成黑色那样存在的现成东西。对于这个“是”,亚里士多德说道:οὐ γάρ ἐστι τὸ ψεῦδος καὶ τὸ ἀληθὲς ἐν τοῖς πράγμασιν, οἷον τὸ μὲν ἀγαθὸν ἀληθὲς τὸ δὲ κακὸν εὐθὺς ψεῦδος, ἀλλ' ἐν διανοίᾳ,[这里真与假不在事物——这不像善之为真与恶之为假,存在于事物本身——而只存在于思维之中;][①]这个“是”所意谓的东西,并非一个厕身于诸物之列的存在者,一个如同诸物那样的现成者;它是ἐν διανοίᾳ[存在于思维之中],存在于思维之中。这个“是”乃是综合,确切地说,乃是亚里士多德所谓σύνθεσις νοημάτων[所思者之联系][②],在思维中的所思者之被联系性。此间亚里士多德谈论的是S与P之综合。但在上面援引的段落中,他同时说到了ἐνδέχεται δὲ καὶ διαίρεσιν φάναι πάντα[同样也可以把这一切都称为分散][③],但人们也可以将这一切——S与
259 P在一命题中的联结,这个联结被“是”所表达——掌握为διαίρεσις[区别、分开、分散]。S=P不仅是一种联结,同时也是一种拆解。对于领会命题结构而言(这个结构是我们还要继续探究的),亚里士多德的这个观察是本质性的。在一个与此一致的段落亚氏说:这个“是”说的是一种综合,而它因之就是ἐν συμπλοκῇ διανοίας καὶ πάθος ἐν ταύτῃ[依于思想的一种结合,也是思想的一种遭受][④],它在知性作为联结者所实行的结合之中;这个“是”所意谓的东西乃是一种不厕身于诸物之列的存在者,且这个存在者仿佛是思维的一

---

① 亚里士多德:《形而上学》,E4,1027 b 25ff。——原注[中译参见亚氏著《形而上学》,吴寿彭译,北京,商务印书馆,1991年,第124页,译文略有改动。——译注]

② 亚里士多德:《论灵魂》,第三卷,第六章,430a28。——原注[中译参见亚氏著《灵魂论及其他》,吴寿彭译,北京,商务印书馆,1999年,第153页。译文略有改动。——译注]

③ 同上书,430b3f。——原注[这里的中译可参见《亚里士多德全集》,第三卷之《论灵魂》,秦典华译,北京,中国人民大学出版社,1992年,第79页。——译注]

④ 亚里士多德:《形而上学》,K8,1065a22—23。——原注[中译参见亚氏著《形而上学》,吴寿彭译,北京,商务印书馆,1991,第224页;译文有改动。——译注]

种状态。它不是ἔξω ὄν[外部存在者]，不是外在于思维的存在者，也不是χωριστόν[分离的东西]，不是独立的自－为－持立者。然而这个"是"究竟意谓着哪一种存在者，这还是晦暗不明的。这个"是"应当意谓着这样一种存在者之存在——它并不厕身于现成者之列，却是一种存在于知性之中的（粗略地说，存在于主体之中的）的主观性的东西。目前已有的规定是：借着"是"与"存在"被标出的存在者并不厕身于诸物之列，而是存在于知性之中。只有搞清楚了此间知性、主体的意思是什么，搞清楚了必须如何来规定主体对现成者的基本关系——这就是说，只有澄清了"是真的"之含义为何，它与此在处于怎样的关系，才能以正确的方式在这些规定之间做出决断。应当如何来处理这些核心然而棘手的问题，我们首先在亚里士多德与康德观点的内在亲缘性中可以看到。系词意义上的存在按照康德乃是一种 respectus logicus[逻辑的关系]，按照亚里士多德则是 Logos 中的综合。由于在亚里士多德看来这个存在者，这个 ens[存在者]并非 ἐν πράγμασιν[在事物之中]，并不厕身于诸物之列，而是 ἐν διανοίᾳ[在思维之中]，所以它的含义并非 ens reale[实在的存在者]，而是经院哲学所谓的 ens rationis[理性的存在者]。而后者只是对 ὄν ἐν διανοίᾳ[在思维之中的存在者]的翻译而已。

b)霍布斯那里何所是(essentia)境域中的系词之存在 260

霍布斯所给出的对系词与命题的解释也是处于亚里士多德－经院哲学传统的影响之下的。人们通常把他对逻辑学的诠释当作极端唯名论的例子举出来。唯名论对逻辑学问题是这样诠释的：在阐释思维与认识时，它是从在陈述中被表达出的思维出发的，而它所由出发的陈述则表现为被说出的词语关联，表现为词语与名称——唯此方被称为唯名论。就命题所提出的一切问题，因而也包括了"真"的问题与系词问题，都被唯名论的提问方式引向了词语关联。我们已经看到，很久以来，在希腊人那里，对认知的追问已被引向了Logos，因而对认识的沉思便成了逻辑学。只是仍还有这样的问题：Logos是在什么方向上成了论题的，又是在什么视角上得到确认的。在古代逻辑学中，在柏拉图与亚里士多德的时代，智者之术里已经传播着某种唯名论；后来，在中世纪，尤其是在英国方济各派那里，这个思想派别的不同形态再次出现。晚期经院哲学唯名论的极端代表是奥卡姆(Occam)，其唯名论式的提问方式对于其神学问题，甚至对于路德的神学提问方式及内在困难均具意义。霍布斯之所以形成了一种极端唯名论立场，这不是偶然的。在其论著《论物》的第一部分《逻辑学》[①]中，与探讨命题，propositio[命题]相联，他也探讨了系词。我
261 们有意稍微深入地处理霍布斯的系词与陈述概念，这不仅因为它较少为人所知，更因为对问题的极端唯名论表达在这里是无与伦比的清晰；撇开论点是否可靠不谈，这里一直表现出一种哲学的力量。

"是"构成了命题S是P的简单组成部分。因而这个"是"可以从命题、陈述的概念得到更切近的规定。霍布斯是如何界定propositio的？他很显然仿效着亚里士多德，从对言谈、Logos、oratio[言说、言谈]之可能形式的标识出发。他列举了precationes，祈祷，promissinones，承诺，optiones，希望，iussiones，命令，lamentationes，抱怨；就所有这些言谈形式，他说：它们都是affectuum indicia，对心之活动的指示。这里就已经表明了特征性的阐释。霍布斯他是从这些言谈形式的**语词特性**出发的：它们是灵魂类东西的**符号**。然而他没有更为确切地阐释这些言谈形式的结构，这一点直至今日

① Th. Hobbes, Elementorum philosophiae sectio I. 〉De corpore〈, Pars I sive Logica. cap. IIIff. 〉De Propositione〈. [霍布斯：《哲学原理》，第一篇，"论物体"，第一部，亦作逻辑学。第三章以下，"论命题"。]——原注

仍然表现为阐释上的基本困难。就那种对逻辑学起决定性作用的言谈形式，也就是 propositio，他说道：Est autem Propositio oratio constans ex duobus nominibus copulatis qua significat is qui loquitur，concipere se nomen posterius ejusdem rei nomen esse，cujus est nomen prius；sive（quod idem est）nomen prius a posteriore contineri，exempli causa，oratio haec homo est animal，in qua duo nomina copulantur per verbum Est，propositio est；propterea quod qui sic dicit，significat putare se nomenposterius animal nomen esse rei ejusdem cujus nomen est homo，sive nomen prius homo contineriin nomine posteriore animal.［相反，命题是由两个连接在一起的名词所构成的稳定的表述，它们表示了这个说话人说出的东西，他自己认为后一个名词是事物自身的名词，或者这么说：他认为，在前的名词，主词，被包含于在后的名词之中。就以“人是一种动物”这样一个命题为例。在这个句子里，动词“是”联结了两个名词，前面的名词人和后面的名词动物。］[①]然而断言乃是由两个名称结合起来的言谈，言谈者藉此表明，他领会了，在后的名称，也就是谓 262
词与在前的名称命名着相同的事物；或者这么说也一样：他领会到，在前的名称，主词，被包含于在后的之中。就以“人是一种生物”这样一句言谈为例吧。在这个句子里，动词“是”联结了两个名称。这句言谈表现了一种断言。——必须看到，在这个界定里，霍布斯一开始就把主词与谓词掌握为两个名称，并且完全是以外在的方式来观察命题的：［命题乃是］两个名称，S 是 P。P 是在后的名称，S 是在前的名称，而“是”则是前面的名称与后面的名称之结合。在进行这种特

① 霍布斯：《逻辑学》，cap. III，2，见《拉丁版哲学著作全集》，第一卷（Molesworth 版，1839—1845 年）。——原注

征描述时，他将陈述想成了一种词语序列，出现着的词语的一个序列，而这个词序整体则指示着（significat[指示、标识]）运用这些词语的人领会了某物。系词"是"指示着言谈者领会到命题中的两个名称与相同的事物有关。生物所意谓的与人一样。与此相应，est[是]，"是"也就是一个signum[符号、标记]，一个符号。

纯然外在地看，在对propositio[命题]的这个阐释中，有着和在亚里士多德那里同样的问题进路。亚里士多德是以这样一种一般化的特征描述开始其De interpretatione[《解释篇》]中的讨论的：Ἔστι μὲν οὖν τὰ ἐν τῇ φωνῇ τῶν ἐν τῇ ψυχῇ παθημάτων σύμβολα, καὶ τὰ γραφόμενα τῶν ἐν τῇ φωνῇ.["口语是灵魂状态的符征，文字是口语的符征。"][①]"词语的口头表达是灵魂状态的σύμβολον，符征，识别标记；而文字同样又是口头表达的符征，signum[符号]。"对于亚里士多德而言，在所写、所说与所思之间，或者说文字、词语与思想之间也有着一种关联。当然在他那里，对这个关联进行考虑的线索则是σύμβολον、符号这个完全形式化的、没有得到进一步澄清的概念。在霍布斯那里，这个符号－关系则更加外在
263 化了。这个问题只是在晚近才得到了实质性的研究。在第一项逻辑研究"表达与含义"里，胡塞尔就符号（Zeichen）、指号（Anzeichen）与标识（Bezeichnung）给出了本质规定，同时将它们与意指（Bedeuten）区别开来[②]。所写的那种关涉所说的符号功能完全不同于所说关涉于在言谈中被意指的东西的符号功能，反过来又不同于所写、亦

① 亚里士多德：《解释篇》，16a 3f。——原注[中译文参见《亚里士多德全集》，第一卷之《解释篇》，秦典华译，北京，中国人民大学出版社，1997年，第49页，译文略有改动。——译注]

② 参见胡塞尔：《逻辑研究》，第二卷第一部分，倪梁康译，上海，上海译文出版社，1998年，第26页及以下诸页，译名有改动。——译注

即文字关涉藉之被意谓的东西的那种符号功能。这里表明了符征关系的多样性，其基本结构很难掌握，需要更加详尽的研究。在《存在与时间》第 17 节“指引与符号”中可以找到对胡塞尔研究的某种扩充，那里的取向是原则性的[1]。当前符征已经成了一种流行的套话，然而人们却使自己免于研究：藉之所意谓的究竟是什么；或者说，人们不晓得，在[符征]这个套话下面究竟隐藏着什么样的困难。

命题里的 subjectum 是在前的名称，praedicatum 是在后的名称，“是”则是联系。如何更确切地在其符号功能中来规定这个作为联结概念的“是”呢？霍布斯说，联结毋需必然被 est，被“是”所表达，nam et ille ipse ordo nominum，connexionem suam satis indicare potest[因为各种名称的秩序或次序本身就足能指示它的联系][2]，因为仅仅诸名称的顺序便足以充分指示这个结合了。联系自身之符号，如果它得到表达的话，系词或者动词变化的屈折形式，在它们这方面具有特定的显示功能。Et nomina[海：也就是 nomina copulata] quidem in animo excitant cogitationem unius et ejusdem rei[而名词[海：也就是被连接的名词]就肯定在心灵中激起有关这一事物本身的思]，名称，主词与谓词，引发关于同一种事物的思想。Copulatio autem cogitationem inducit causae propter quam ea nomina illi rei imponuntur[而这种联系就引出了因这些名词而产生的对该 264
事物的因果的思][3]，而联系自身，或者说它们的符号——系词，同样导致这样一种思想——两个前后有序的名称何以要加到同一个事物上，其根据在这一思想中被思维了。系词不单单是联结之符号，联结

① 参见海德格尔：《存在与时间》，陈嘉映译，北京，三联书店，1987 年，第 95 页，译名有改动。——译注

② 霍布斯：《逻辑学》，cap. III，3。——原注

③ 同上书，cap. III，2。——原注

概念,它还指示了被联结者性植根于何处,指示了 causa[根据、理由、原因]。

在霍布斯的极端唯名论取向之内,这种系词观必定是令人惊异的,那么霍布斯如何来说明这一系词观呢?我们来举一个例子,corpus est mobile[物体是运动的][1],物体是运动的。我们借 corpus[物体]与 mobile[运动的],思维了 rem ipsam[事物自己],事物自身,utroque nomine designatam[用两个名称进行符指][2],借两个名称进行了符指。然而,借着这两个被接连安置的名称,我们不仅思维了相同的事物,物体-运动的,non tamen ibi acquiescit animus[心灵并未停在这里],精神并未停歇在这里,它进而追问:这个物体存在或者运动存在是什么?也就是 sed quaerit ulterius,quid sit illud esse corpus vel esse mobile[那个形体存在或者能运动的存在是什么]?[3] 霍布斯把系词的指示功能回溯到对在 nomina copulata[被联结的名称]中所意谓的存在者之所是的指示,回溯到这样一个追问:在被命名的事物中构建了区别的是什么?正是基于这样的区别,该事物才有别于他物,以如此而非其他方式被命名。追问 esse aliquid[如何是],我们就是在追问 quidditas[何所性],追问一存在者之何所是。现在才清楚,霍布斯把何种功能意义归给了系词。作为对于联系名称的根据进行思维的标志,系词指示了:在 *propositio*[命题]中,也就是在陈述中,我们思维了 *quidditas*,也就是物之何所是。Propositio 是对这样一个问题的回答:事物是什么?在唯名论取向
265 中,这个问题意味着:将两个不同的名称归给相同事物的根据何在?在命题中说出"是"、思维系词,这意味着相同事物上的主词与谓词之

① 霍布斯:《逻辑学》,cap. III,2。——原注

② 同上。——原注

③ 同上。——原注

可能与必然的同一关涉之根据进行思维。在“是”中被思维的东西，根据，正是何所是（realitas）。因而，“是”表明了在陈述中被述及的res［事物］之essentia或者说quidditas。

依照霍布斯，从被这样掌握的propositio结构出发就能在nomina concreta与abstracta［具体的与抽象的名称］中领会名称之基本区别。逻辑学有这样一个古老的信念：概念是从判断中发展而来的，并且是被判断所规定的。Concretum autem est quod rei alicujus quae existere supponitur nomen est，ideoque quandoque suppositum，quandoque subjectum Graece ὑποκείμνον appellatur［被设定为实有的事物的名词是具体的，因此，只要它被设定了，它就是希腊称作ὑποκείμενον［基底］的主词］[①]，那concretum［具体的］那是被思维为现成者的东西的名称。因而suppositum［在下者］、subjectum（ὑποκείμενον）［主词（底层、主题、主词）］也为了concretum［具体的］的表达得到使用。物体（corpus）、运动的（mobile）或者类似的（simile）便是这样的名称。Abstractum est，quod in re supposita existentem nominis concreti causam denotat，[②]抽象名称则标识在行奠基的事物中现成的、具体名称的根据。物体性（esse corpus）、运动性（esse mobile）或者类似性（esse simile）就是抽象名称。[③] Nomina autem abstracta causam nominis concreti denotant，non ipsam rem[④]，抽象名称标识了具体名称之根据，而非事物自身。Quoniam igitur rem ita conceptam voluimus appellari corpus，causa ejus nominis est，esse eam rem extensam sive extensio vel corporeita[⑤]，然

① 霍布斯：《逻辑学》，cap. III，2。——原注
② 同上。——原注
③ 同上。——原注
④ 同上。——原注
⑤ 同上。——原注

而，我们之所以还是将现有的具体物体例如如此命名，其根据在于，
266 那被预先所与者乃是有广延的，这就是说，是被物体性所规定的。按照其在命题中的定位来说，具体名称乃是在先的，抽象名称则是在后的。霍布斯说，这是因为，如果没有系词“是”，表达了何所是与 quidditas 的抽象名称便不可能存在。依照霍布斯，抽象名称**源于系词**。

我们必须牢记对系词的这样一种特征描述：它指示着相同事物上的主词与谓词之可能的同一关涉性之根据。这个对根据的指示意谓事物之何所是，因而系词“是”就表达了何所是。霍布斯并不认为任何意义上的“是”都表达了“实有”、“现成存在”或者诸如此类的东西。我们面临着这样的问题：既然系词表达了何所是，那么系词之表达功能与现象，或者说与现成存在之表达、与实有之表达，又处于怎么样的关系呢？

把不同的名称赋予相同的事物，这么做的**根据**是由系词指明的。这个规定是必须记住的。“是”说的是：一物的主词－名称与谓词－名称的同一化关系是有根据的。对 propositio 加以更为确切的规定还有进一步的结果。我们已经指出，陈述中是有真假的；并且，在“是”意义上的存在与真性存在（Wahrsein）意义上的存在之间有着某种关联。这就提出了这样的问题：霍布斯是如何掌握属于 propositio 的 veritas［真理、真］或者 falsitas［谬误、假］，也就是真理与谬误的呢？如下命题表明了他对上述那个关联的看法：Quoniam omnis propositio vera est...，in qua copulantur duo nomina ejusdem rei，falsa autem in qua nomina copulata diversarum rerum sunt，[1] 如一陈述中主词与谓词这两个名称的结合与关涉相同的事物，则该
267 陈述就是真的；如被结合的名称关涉不同的事物，则该陈述就是假

① 霍布斯：《逻辑学》，cap. V，2。——原注

的。相同事物上的陈述环节之间的正确的同一化关涉之真性被霍布斯看作被联结性之统一根据。他将系词的意义界定为与真理相同。作为系词的“是”同时也表达了命题中的真性存在。对真理的这一规定与亚里士多德的规定有亲缘关系（尽管也有本质性的区别），此间我们就不深入讨论了。与这个真理界定相应，霍布斯便可以说：Voces autem hae verum，veritas，vera propositio，idem valent，[①]真（wahr）、真理（Wahrheit，一译“真性”）、真命题（wahrer Satz）这些词的含义都是一样的。霍布斯直截了当地说，真理一向就是真命题。Veritas enim in dicto，non in re consistit，[②]真理持存于所说本身而非诸物之中。这让我们想起亚里士多德的命题：ἀληθεύειν［真］真性存在并不 ἐν πράγμασιν［在物之中］，并不在物之中，而是 ἐν διανοίᾳ［在思维之中］，在思维之中。相应于他的极端唯名论立场，霍布斯并没有说“在思维之中”，而是说：在被说出的思维之中，在命题之中。

霍布斯对该论点的演证是颇有特点的。Nam esti verum opponatur aliquando apparenti，vel ficto，id tamen ad veritatem propositionis referndum est[③]，虽然真的东西偶尔会与假象或者幻象相对立，然而“真”这个概念还是必须回溯到本真的真理，亦即命题的真理上去。霍布斯让我们想到，我们也可以谈论例如真的“人”，这在传统上是为人熟知的。这里我们意谓着一个与画出来的、塑出来的、在镜子里映射出来的人相对立的“现实的”人。霍布斯说，“现实的”这个意义上的“真”并非原初的含义，而应当回溯到 propositio 268
［命题］中的 veritas［真、真理］；甚至托马斯·阿奎那归根结底也是支持这个观点的，虽然他关于物之真理的立场与霍布斯不同。霍布

① 霍布斯：《逻辑学》，cap. III，7。——原注

② 同上。——原注

③ 同上。——原注

斯完全片面地强调了：真性存在乃是命题之规定，而我们对真的物的谈论只是非本真的方式罢了。Nam ideo simulachrum hominis in speculo, vel spectum, negatur esse verus homo, propterea quod haec propositio, spectrum est homo, vera non est; nam ut spectrum non sit verum spectrum, negari non potest. Neque ergo veritas, rei affectio est, sed propositionis①，因为，可以否认，人在镜子（sepectum）里的图像，镜像，εἴδωλον[外观，样子]就是一个真的人；因为“镜像是一个人”这个陈述作为陈述是不真的。因为无可否认，图像并非真的人。我们称一物是真的，那仅仅因为关于它的陈述是真的。所谓物的真性存在，那只是第二位的方便说法。我们称存在者是真的（例如真的人），有别于假象，那是因为关于它的陈述是真的。霍布斯想要用这个论点来搞清楚“真理”这个名称的含义。然而立刻就会提出这样的问题：关于存在者的陈述为什么是真的？很显然，这是因为我们关于它进行陈述的东西并非假象，而是现实的、真的人。我们不可走得太远，宣称此间有一个所谓的循环——因为一方面要做的是从判断真理出发来阐明“真理”的含义（真理就是如此这般，也就是判断真理），另一方面又涉及了这样的问题：将那真实的东西真正地证明为判断——这样就表明了，在存在者之现实性与关于该现实者的陈述之真性之间有着一种谜一般的关联。在我们阐释康德如下的存在观时，这个关联已经产生了：存在等同于被知觉性、被设定性。

269　霍布斯在如上讨论中把物的真理还原为关于物的命题之真理。他为该讨论加上了如下具有代表性的评注：Quod autem a metaphysicis dici solet ens unnum et verum idem sunt, nugatorium et puerile est; quis enim nescit, hominem, et unum hominem et vere

---

① 霍布斯：《逻辑学》，cap. III，7。——原注

hominem idem sonare[1]，然而，形而上学家们通常习惯说，是存在者，是一个，是真的，这三者都是相同的。这种说法纯属无聊，简直是幼稚的闲扯，因为谁不知道“人”同“一个人”同“一个现实的人”所指的是相同的东西呢？霍布斯在这里想到的是那种关于诸超越者及其规定的经院派学说——这可以追溯到亚里士多德[2]——，这些规定归于作为某物一般之某物；依照这种规定，每个某物在某种意义上都存在，都是一个 ens[存在者]，每个某物都是**一个**某物，都是 unum[一个]，并且每个某物作为一般而言存在着的东西，也就是说，作为以某种方式被上帝所思维的东西，都是一个**真实的东西**，都是 verum[真的东西]。然而，经院派并不像霍布斯所归咎的那样，认为 ens、unum、verum、超越者，都 *idem* sunt[是**同一的**]，都意指相同的东西；它只是说，这些规定都是可互换的，也就是说，用一个可以替换另一个，因为它们一起全都同样本源地归于每个作为某物的某物。对于诸超越者之基本含义，霍布斯何以必定盲目无视（然而经院哲学也没有在其本真意义上实现诸超越者），我们在这里无法进一步讨论了。这里只需看到，他是多么极端地否认任何物之真理，而将真理之规定仅仅归于命题。

霍布斯的这个观点对于理解当代逻辑学具有特别的含义，因为后者仍也坚持着这些通过下面的讨论得以清晰的论点——在下面的讨论中，真正的洞见紧挨着片面的解释。Intelligitur hinc veritati et falsitati locum non esse，nisi in iis animantibus qui oratione utun- 270

---

[1] 霍布斯：《逻辑学》，cap. III，7。——原注

[2] 亚里士多德论“一”与“是”的相同（特举“一人”、“人”、“存在着的人”为例），见《形而上学》，第四卷，第二章，1003b24 以下；论“是”与“真”之关系，见第五卷，第七章，1017a32—37；以及第六卷，第四章，1027b20 以下。——译注

tur，[1]从这里出发便可洞见到，真理与谬误的所在仅仅是这种运用言谈的生物。由于陈述是言谈，是词语关联脉络，而真理的所在又是陈述，那么仅在运用言谈的生物之处，才会有真理。Esti enim animalia orationis expertia，hominis simulachrum in speculo aspicientia similiter affecta esse possint，ac si ipsum hominem vidissent，et ob eam causam frustra eum metuerent，vel abblandirentur，rem tamen non apprehendunt tanquam veram aut falsam，sed tantum ut similem，neque in eo falluntur，[2]即使没有言谈、没有语言的生物——禽兽，能够被镜子里的人像所影响，就像看到真人那样，它们可能害怕也可能用动作表示亲近；然而它们并不把这样被给予的东西把握为真的或者假的，它们仅仅把［镜像与真人］把握为相似的东西；就此而言，它们并没有受错觉的摆布。顺便说说，这里出现了一个巨大的困难：我们如何来构建，被给予禽兽（作为生物）的究竟是什么，这些所与又是如何对它们揭示出来的。霍布斯说，所与并非作为真的或假的东西被给予禽兽，因为它们无法进行言谈，无法就被给予它们的东西做陈述。然而，霍布斯他还是得说，镜像是作为相似的东西被给予禽兽的。这里就已经产生了一个问题，一般而言，某物在多大程度上可以作为某物被给予禽兽。我们还有进一步的追问：一般而言，某物是否作为存在者被给予禽兽？这已经是一个在存在体上提出的问题，某物是如何被给予禽兽的。通过更切近的考察，人们看到，说得谨慎些，既然我们自身并非纯粹的禽兽，那么我们原本就不懂得禽兽的“世界”。然而，既然我们同时确实又作为生存者生活着——这是
271 一个专门的问题——，那么对我们来说，就有可能回溯到那被给予

[1] 霍布斯：《逻辑学》，cap. III，8。——原注
[2] 同上。——原注

（作为生存者的）我们的东西上；就有可能通过还原构建出那能够被给予（并不生存而仅仅是生活着的）禽兽的东西。一切生物学都必须运用这种方法论语境，不过这离搞清楚问题还远着呢。目前的距离确实还远，以至于就生命及其世界的基本规定对生物学的这种基本追问仍不稳固。这表明了，生命科学已经再次揭示了必然内在于它的哲学。霍布斯满足于声称：禽兽没有语言，所与即使作为相似的东西，也并不作为真的或者假的东西被给予它们。Quemadmodum igitur orationi bene intellectae debent homines，quicquid recte ratiocinantur；ita eidem quoque male intellectae debent errors suos；et ut philosophiae decus，ita etiam absurdorum dogmatum turpitudo solis competit hominibus，[①]正如对于人来说［海：霍布斯借此把语言的基本特征明晰化了］，所有被理性地认知的东西都可归于对言谈理解得好，那么错误同样也要归因于对言谈与语言理解得差。与哲学之光彩辉煌一样，无意义断言之丑陋黯淡同样仅仅属于人类。Habet enim oratio（quod dictum olim est de Solonis legibus）simile aliquid telae aranearum；nam haerent in verbis et illaqueantur ingenia tenera et fastidiosa，fortia autem perrumpunt，[②]言谈与语言与蜘蛛网有类似之处，关于梭伦（Solon）所立之法有人也曾这样说过[③]。柔弱的精神总是粘在词上并陷入其中，而强悍的精神则破之而去。Deduci hinc quoque potest，veritates omnium primas，ortas esse ab arbitrio eorum qui nomina rebus primi imposuerunt，vel ab aliis posita acceperunt. Nam exempli causa verum est hominem 272

---

① 霍布斯：《逻辑学》，cap. III，8。——原注

② 同上。——原注

③ 梭伦之友阿那卡西斯在前者立法时曾嘲笑说：法律就像蜘蛛网，只能缠住弱者，但遇到富人与权贵就会被扯得粉碎。参见普鲁塔克：《梭伦传》（5）2—3，见普鲁塔克著：《希腊罗马名人（对照列）传》，北京，商务印书馆，1999年，第171页。——译注

esse animal, ideo quia eidm rei duo illa nomina imponi placuit[①], 从这里也能推断出，最初的真理来自那首先为万物命名者或者从其他命名者那里接受这些名称者的自由意见。因为，例如“人是一种生物”这个命题之所以是真的，乃是因为人们乐意把[“人”与“生物”]这两个名称赋予同一个事物。

霍布斯关于陈述、系词、真理与语言一般的观点就是这些。通过上面最后关于语言的说法我们就清楚了：霍布斯把陈述看作词的纯粹序列。但是，我们从前面所援引的东西同时也看到了，唯名论是无法贯彻到底的。因为霍布斯无法停留在作为词之序列的陈述那里。他必然被迫要让这个词之序列与 res[事物]发生关系；而此时他并未更切近地阐释名称与万物这种特殊关系，以及这种相关性之可能条件（名称之含义特征）。撇开他对问题的整个唯名论立场不谈，对于霍布斯而言，系词“是”仍然意味着比某种发音现象与书写现象更多的东西，这两种现象是以某种方式插在其他现象之间的。作为词之结合，系词指示了对相同事物上两个名称之同一化可相关性之根据之思维。“是”意谓了我们就之做陈述的诸物之何所是。因而就出现了一个超越了单纯词序的多重性质：一物之诸名之同一化关系、对（在这种同一化关系中的）事物之何所是之把握、对这种同一化可相关性之根据之思维。在把陈述阐释为词序时，霍布斯迫于现象本身的
273 压力越来越多地放弃了他的固有立场。这也正是一切唯名论的特征。

c) J. St. 穆勒那里在何所是(essentia)与现实存在(existentia)境域中的系词存在

我们现在尝试简略地说明一下J. St. 穆勒的陈述与系词理论。

---

① 霍布斯：《逻辑学》，cap. III，8。——原注

在这种理论中我们遭遇了一种关乎系词的崭新问题，以至于探询存在与真性存在之间的引导性追问变得更为复杂了。J. St. 穆勒（1806—1873）在其主要著作《逻辑体系，演绎的与归纳的》（初版1843，第八版1872，我们引用的是贡佩茨（Th. Gomperz）的德译本，1884年第二版）中提出了其陈述与系词理论。对我们的问题来说，主要部分见于第一卷第一书第四章的《论命题》及第五章的《论命题的内涵》。在哲学上对J. St. 穆勒有决定性影响的有英国经验论——洛克与休谟，进而还有康德，但首先是他父亲詹姆斯·穆勒（1773—1836）的著作《对人类精神现象的分析》。穆勒的逻辑学在19世纪的前半叶与后半叶具有很大的意义。它实质性地决定了包括法国及我国的一切逻辑学工作。

就其整个规划而言，穆勒的逻辑学在基本信念上决不是均衡的；它应该是唯名论的，但也不像霍布斯那么极端。虽然我们可以把其著作的第一书所发挥的那套唯名论理论认作是穆勒的唯名论，然而在实际贯彻其理论信念的第四书，在阐释科学方法时，那里关于物的非唯名论观点则在实际效果上与其理论相对立，以至于穆勒最终转 274
而尖锐反对一切唯名论，因而也反对霍布斯。穆勒是借助对言谈形式的一般性标识描述开始其命题研究的："一个命题是言谈的一部分；在该言谈中，一个谓词对一个主词做出肯定或者否定。一个主词和一个谓词，这就是要构造一个命题所需的全部；但正如我们不能因为仅仅看到两个名称放在一起，就得出结论说，它们是主词与谓词，[命题的]意向是用其中的一个对另一个做出肯定或者否定，同样必然应该有某种样态或形式的指示来指明这是一种意图；有些符号把述谓与其他任何种类的言谈区别了开来。"①这里再次表明了主词与

① J. St. 穆勒：《逻辑体系》，贡佩茨译，Leipzig1884（第二版），第1卷，第85/86页。——原注[本节所引穆勒著作段落依据穆勒原文译出。——译注]

谓词作为名称得以并置的途径。但这个对词语的并置要成为述谓需要一个符号。

“这有时是通过诸词之一的一个轻微变化完成的，这被称为屈折变化；例如，当我们说，火燃烧(Fire burns)时，第二个词从燃烧的动词原型 burn 到第一人称单数 burns 的变化显示了，我们意在把谓词‘燃烧’(burn)肯定到主词‘火’上去。但这一功能[海：即指出述谓化的这个功能]更通常是由‘是’(*is*)——当指向肯定时，与‘不是’(*is not*)——当指向否定时来实行的；或者也可由‘是’的动词原形 *to be* 的其他部分来实行。用来做述谓符号的这个词被称作系词，正如我们以前所观察到的那样。重要的是，我们关于自然的概念与关于系词的规定应该是清晰明确的；因为对此的混乱观念乃是在逻辑
275 学领域中散布神秘主义，将思辨歪曲为无聊诡辩的原因之一。

人们容易假设系词是某种比单纯的述谓符号更多的东西；它也可以符指实存[海：现成存在]。在‘苏格拉底是正义的’(Socrates is just)这个命题中，可以看到，其蕴涵的不仅是：‘正义的’这个质能够被肯定地加到苏格拉底上；而且还有：苏格拉底存在(*is*)，也就是说，实有(exists)。无论如何，这无非表明了 is 这个词是有歧义的；这个词不仅实行了肯定断言中的系词功能，而且也有一个本己固有意义，借着这个意义，它自己可以被做成一个命题的谓词。把这个词当作系词的用法并不必然含有对实有的肯定断言——这一点可以从‘人头马萨蹄尔是诗人的虚构’(a centaur is a fiction of the poet)这样的命题中表现出来；这里不可能蕴涵‘人头马萨蹄尔实有’，因为这个命题自身明确地断言了这种东西是没有实在的实有性的。

也许很多卷帙都充斥着关于存在(τὸ ὄν，οὐσία，Ens，Entitas，Essentia 以及诸如此类的概念)本性的轻率思辨，这些思辨源于忽视了 *to be* 这个词的双重意义；在比较早的时期，从这狭窄地带升起的

迷雾扩展到了形而上学的整个表面。然而，并不能因为我们现在能够摆脱许多柏拉图与亚里士多德没准无可避免地落入的错误就说我们胜过了他们的伟大智能。”①这里也表现得很明显，头脑清楚的英 276
国人是如何结算世界历史的。从援引的段落可以看到，穆勒着手解决问题的方向最初完全同于唯名论。命题乃是一个词语序列，该序列需要一个符号，以便能被认作述谓。已经预先刻画了穆勒系词观的一个进一步的特征要素乃是：他相信在系词“是”(ist)中有着一种双重含义：它一方面意指**联结功能**或者说符号功能，但同时同样意指**实有**。穆勒强调，正是那种想把系词的这两个含义(联结功能或者说符号特征，以及作为实有之表达所具有的含义)并为一体的企图把哲学推向神秘主义。在以下的讨论进程中，我们会看到如何才能把以下问题确立起来：系词在什么程度上是双重含义的甚或具有更多的含义。但正因如此，质询这个**多义性的统一基础**就成了一个必要的问题。因为同一个词有这么多的含义，这决不是偶然的。

从穆勒着手的工作看，他试图解析作为语词序列的陈述(该陈述乃是关于它就之陈述的诸物的)；或者说，就像英国经验论通常所做的那样，不是把陈述看成词语的并置，而是那些纯粹是在主体中联系起来的诸表象之并置。只不过，穆勒转而非常坚决地反对表象联结或者单纯词语联结意义上的判断观。他说：“当然，在判断的任何情况下，例如当我们判断说：‘金子是黄色的’，在我们的心灵中真就发生了一种过程……我们必须具有‘金子’观念与‘黄色的’观念，而这两个观念必须在我们的心灵中并置起来。”②穆勒在某种意义承认了关于思维的经验论阐释：表象在灵魂中的某种并置。“然而，首先很 277

① J. St. 穆勒：《逻辑体系》，贡佩茨译，Leipzig1884(第二版)，第 86/87 页。——原注
② 同上书，第 96 页。——原注

明显，这只是[海：在判断中]所发生的东西之一部分”[①]；“而我的信念[海：这就是笛卡儿所说的 assensus——赞同，也就是判断中的赞同]指涉的并非这些观念，它指涉的乃是事物。我所相信的[海：这就是说，我所赞同的，我在判断中对之说‘然也’的]乃是一宗事实。”[②]然而从这里必然可以推出：命题中的‘是’表达了实事之事实性，表达了其现成存在，而不仅仅是名称联结的一个符号。一方面这意味着：命题与事实有关，另一方面这又意味着：那个“是”乃是名称联结之符号。应当如何来排除系词的这种歧义性呢？

穆勒试图运用这种途径——引入一个对于一切可能命题一般之区别。他区分了**本质的**命题与**偶然的**命题；用经院哲学的术语说，这就是 essentielle 与 akzidentelle 的命题[③]。穆勒对该命题分类的进一步描述能够表现出他在这里的意图。他又把本质的命题称为**词语的**(*verbal*/*wörtliche*)命题，把偶然的命题称为**现实的**(*real*/*wirkliche*)命题。穆勒对此还有进一步的描述。他相信自己通过这个描述接上了康德的传统。本质的，也就是词语的命题乃是**分析命题**，而现实的，或者说偶然的命题乃是**综合命题**。康德如此区分判断乃是为了引出其主要问题，这个主要问题表现为这样一种追问：先天综合命题何以可能。在这个追问中还隐藏了另一个追问：一门作为科学的存在论何以可能？穆勒的分类与康德并不吻合，当然这在这里是无关紧要的。本质的判断总是词语的，这意味着，本质的判断仅仅释明
278 词义。它并不关涉事实，而关涉名称之含义。既然名称具有什么含义这完全是任意的，那么词语的命题，或者更确切地说释词性的命题，严格说来就既非真的，亦非假的。这些命题并没有什么在事物上

① J.St.穆勒：《逻辑体系》，贡佩茨译，Leipzig1884(第二版)，第96页。——原注

② 同上书，第97页。——原注

③ 这是两个源于拉丁语的德语词，意思也是“本质的”与“偶然的”。——译注

的标准,而仅仅依赖于语言使用上的一致。词语的命题或者本质的命题就是定义。依照穆勒,最单纯最重要的定义概念乃是:一种指出词义的命题,“也就是说,要么是它在通常接受中所承载的含义,要么是说者或作者为其话语之特殊目的有意附加的东西。”①定义乃是名称性定义,对词的说明。穆勒关于命题与定义的理论与他后来在《逻辑体系》第一卷第四书中所实际贯彻的并不一致。那实际贯彻的东西要好过他的理论。“一个名称的定义……乃是将该名称用作主词所构造的一切本质命题之总和。一切其真实性[海:穆勒实际上并无权利谈论真实性]蕴涵在名称中的命题,一切我们只要听到名称就意识到的东西,都包含在定义之中——如果这个定义是完全的话。”②所有定义都是关乎名称的,然而——注意这里穆勒实际上已经突破了自己的理论——:“在一些定义中,很显然除了说明词义并未意指什么东西,而在其他一些定义中,除了说明词义之外,还有意蕴涵着:与该词对应的某事物实有。这个[海:即关于陈述就之提出的东西之现成存在之表达]在某种情况下究竟是否被蕴涵,这无法从表达的单纯形式推出。”③这里显示了对唯名论立场的突破。他必须超越词语 279
序列而回溯到词序所意指的东西之关联脉络。“‘人头马萨蹄尔是一种上半身是人下半身是马的动物’和‘三角形乃是一种有三条边的直线图形’是两个就形式而言完全相同的表达;虽然前者并未蕴涵任何与词项对应的事物实际实有[海:前者说的只是人们对‘人头马萨蹄尔’这个词所理解的东西],而后者说到的东西则存在。”④穆勒说⑤,对这两种看上去具有相同特性的命题之间区别的检验乃是:在前一

① J. St. 穆勒:《逻辑体系》,贡佩茨译,Leipzig1884(第二版),第151页。——原注
② 同上书,第153页。——原注
③ 同上书,第163页。——原注
④ 同上书,第163/164页。——原注
⑤ 同上书,第164页及下页。——原注

种命题里，可以用“意指”这个表达替代“是”。在前一个命题那里我可以说，人头马萨蹄尔意指如此这般的一种动物，我可以这么说而并未改变该命题的意义。然而在“三角形乃是一种有三条边的直线图形”这第二种情况下，我则不能用“意指”替代“是”。因为那样就不可能从该定义（该定义并非单纯的词语定义）推导出某种几何学真理，而这种推导实际已经发生了。在这关于三角形的第二条命题中，那“是”的意思并不同于“意指”，而是在自身中隐藏了一个关于*实有*的陈述。这里的背景中隐藏着一个十分困难的问题：如何来领会数学性的实有，以及如何来证明这种公理。穆勒把在不同的命题中有否以“意指”替代“是”的可能性用作区分作为词语说明的纯粹定义与陈述实有的命题的标准。从这里可以看到，他尝试在所谓词语命题或者本质陈述中用“意指”来掌握“是”的意义。这种命题的主词乃是主
280 题*词*。这主题词作为词乃是有待规定的，正因如此穆勒把此类命题称为*词语性*命题。而陈述了“实有”意义上的“是”的那种命题则是*现实的*命题，因为后者意味着现实性。如同在康德那里一样，［这里的］现实性等同于实有。

通过对分析的，也就是说本质的或者语词的命题那里的“是”进行表达转换，穆勒试图避免系词之歧义，并藉此解答对“是”中的存在之不同含义的追问。然而，容易看到，即使在本质命题中用“意指”“替代了”“是”，系词仍然在这里，并且处在目前引入的“意指”这个动词的屈折形式之中。也容易表明，在名称的每一个*含义*中都有某种*对事物的关涉*，以至于穆勒所声称的语词命题无法完全与该命题所意谓的存在者相分离。名称，最广义的语词并没有一个先天确认的尺度来衡量其含义内涵。名称及其含义随着对事物的认识的转变而变化，而名称与词语之含义总是按照某个含义项的统治，这就是说，总是按照某个投向（被名称以某种方式指称的）事物的目光的统治而

变化的。一切含义，甚至表面上看起来单纯的词义，都是源于事物的。每个术语体系都预设了某种对事物的认识。

因此，考虑到穆勒对语词命题与现实命题的区分，我们必须说：现实的陈述，这就是说关于存在者的陈述，不断丰富与调整着语词命题。那个实际上浮现在穆勒脑海中的区别，乃是在粗疏流俗的意谓与领会中浮现出来的存在者观（正如这种存在者观已然沉淀在每种语言之中），与对存在者的明确把握与探询（不管在实践中还是在科学研究中）之间的区别。

在这个意义上，对语词命题与现实命题的分离乃是无法贯彻到 281
底的，毋宁说，一切语词命题都是枯萎干涩了的现实命题。在对定义进行更切近的探讨时，穆勒本人不得不反对他所做的这个区别，不得不反对自己的理论而回转到这一点：甚至一切语词陈述也都是指向关于事物的经验的。“如何来定义一个名称，这种研究可能不仅具有相当的困难与复杂性，而且还得包含一种深入到（被名称所标识）的事物本性中去的思考。”[①]“关于名称的唯一充足相应定义是……说出事实，说出名称在其符指中所包含的事实整体。”[②]这里穆勒明白无误地说，甚至语词命题也要回溯到事实上去。然而，进一步看，甚至穆勒用来替代语词命题之“是”的那个“意指”，也表达了存在陈述（Seinsaussage）——这一点从穆勒对语词命题的命名就很容易看出来。他称之为本质性命题，这意味着，这种命题陈述了 essentia，也就是一物之何所是（Was*sein*）。霍布斯曾把一切命题都解析为关于何所是的命题。

于是乎，系词的歧义就变得尖锐起来了。霍布斯说过，一切命题

① J. St. 穆勒：《逻辑体系》，贡佩茨译，Leipzig1884（第二版），第 171 页。——原注

② 同上书，第 155 页。——原注

都陈述了何所是，亦即一种存在方式。穆勒则说，撇开语词命题不谈——这种命题实际上不应是关于存在者之陈述——现实的命题就实有者做出陈述。"是"与 est[是]的意思对于霍布斯而言同于 *essentia*，对于穆勒而言则同于 *existentia*。在对第二论题的探讨中我们已经看到，[本质与实有]这两个存在概念以某种方式联系在一起
282 并规定着每一个存在者。由此我们看到，关于存在的一种存在论理论是如何对关于"是"的各种可能的逻辑学理论发挥影响的。

我们在这里毋需进一步深入现实的命题以及穆勒对它的阐释方式，这尤其因为他是以实有与现实性这两个在他看来漠然无别、不必进一步提问的概念来掌握这种命题的。我们只需注意，他认识到三种不同的范畴、现实者的三种领域：首先是感受或者意识状态，其次是有形实体与精神试题，第三是属性。至于穆勒的命题理论对其归纳及推理学说的影响，我们这里同样无法深入了。

我们只需掌握这一点：穆勒理论中出现了对"实有"意义上的"是"含义之强调。

d)洛采那里的系词之存在与双重判断学说

最后，让我们转向洛采的系词观。洛采很早就研究逻辑学问题了。我们可以看到他有两种逻辑学方面的著作，就是小《逻辑》与大《逻辑》。这两种著作几乎是和他的大小《形而上学》同时完成的。小《逻辑》(1843)的出发点是与黑格尔争辩，但它还是在很大程度上受到了黑格尔的决定性影响。大《逻辑》(1874，第二版 1880)则更为宏大与独立。此书尤其受到穆勒的强烈影响，具有科学论取向。

在小《逻辑》中洛采谈论了"既进行联结又进行分解的系词"[①]他

① 洛采：《逻辑》(1843)，第 87 页。——原注

在这里带回了亚里士多德已经强调过的思想——陈述既是σύνθεσις 283
[综合]又是 διαίρεσις[分解]。洛采对"是"作为系词强调程度，这就是说，对其作为联结概念（正如康德所认为的）之联结功能的重视程度，在对否定判断的如下评论中得到了显示：S 不是 P，这是自柏拉图《智者》以来逻辑学与存在论的基本困难。[1] 此间系词有了"不是"这一特征，仿佛有了一种否定性的系词。洛采说："否定性的系词是不可能的"[2]，因为分解（否定）并非一种联结方式。如果我说，S 不是 P，如果我对 S 否认 P，那么这不能意味着我把 P 与 S 联结了起来——洛采就是这样主张的。他把这个思想发展成了对后来的大《逻辑》来说本质性的一个理论：在否定判断中，否定是一种新的、第二层的判断——它所判断的乃是那种真正总是得到肯定性思维的第一层判断的真实性。这种第二层判断是关于第一层判断的真实或者谬误的判断。这就引出了洛采的如下说法：每一个判断仿佛都是一个双重的判断。"S 等同于 P "的意思是：S 是 P，是的，这是正确的。"S 不等于 P"的意思则是：[S 是 P 或者 S 等同于 P] 不，这是不对的。这就是说，"S 等同于 P"作为肯定判断永远起着奠基作用。

我们且不进行批评，首先必须针对洛采问这样一个问题：难道否定就单纯地等同于分解吗？当洛采说明一个否定性系词，也就是一种分解性的联结不可能时，这里的"分解"是什么意思呢？进而还要问：系词的原初意义就是联结吗？当然[系词]这个名称的意思就是这个。但问题还在那里：我们是否可以即刻以对作为系词的"是"的

---

① 爱利亚学派的巴门尼德曾经教导说"'非存在'存在的话绝不可听"。"非存在"是不可说、不可思的。但在否定判断 S 不是 P 中，分有了"不是"的主词 S 就是"非存在"（"不是者"），因此每个否定判断都在说着某种意义上的"非存在"。据此柏拉图在《智者》中对巴门尼德论题的这种"困难"做了讨论。参见《智者》，例如 237a—b，258b—c。——译注

② 同上书，第 88 页。——原注

标识来引导“是”及其存在论意义的问题；是否通过把“是”看成系词与联结，我就在对“是”的阐释上已经有了一个先行偏见，使得我们或许不再可能抵达问题的中心。

284 正如我们已经强调的那样，洛采还进一步发展了他关于判断以及一切陈述的双重性的学说。他还把这种双重性称为主要思想与附加思想的双重性。S 之“是 P”就是表达了命题内涵的主要思想。附上去的“是的，就是这样的”、“是的这是真的”则是附加思想。在这里我们再次看到，亚里士多德已经强调过的东西如何在对主要思想与附加思想的这一区别中回归了：那“是”一方面意指了联结，而另一方面意指了真性存在。洛采在他的大《逻辑》里说道：“现在已经清楚了，对我们来说，在本质上各不相同的判断形式只能有在本质上各不相同的系词（也就是各不相同的附加思想）之含义那么多——我们就主词与谓词的联系方式造就了这些附加思想，并且用了命题之句法形式或多或少充分地将之表达出来。”[①]对于那种在逻辑学中大多作为例子起作用的范畴性陈述，“S 等同于 P”，洛采评注说：“关于这一形式，几乎没什么可教的，其构造看起来完全是透明单纯的；只需表明，这个表面上的清晰性完全是一个谜，这种关于系词之意义蔓延在范畴性判断中的这种晦暗，将会在很长时间里构成对逻辑学研究工作进行最新改造的有力动机。”[②]事实上洛采在这里已比他的后学看到了更多的东西。正是由于洛采工作的影响，这个系词问题（我们此间仅在几处对其历史略加指示）无法得到什么结果。相反，洛采的理念与康德哲学在认识论上的复兴纠缠在一起；大概从 1870 年以来，
285 这种特殊的纠缠导致系词问题被更多地排除出了存在论问题领域。

---

① 洛采：《逻辑》(1874)(Felix Meiner 版 Leipzig1912)，第 59 页。——原注

② 同上书，第 72 页。——原注

我们曾经看到,亚里士多德已经把陈述,也就是 Logos 规定为那种能够有真有假的东西。判断乃是真理的承载者。认识具有"是真的"之标志。因而认识的基本形式乃是这样一种判断,它不仅是原初的,而且是唯一真实的。霍布斯的观点"认识是判断"成了现代逻辑学与认识论的信条。认识所指向的东西,乃是判断的客体或者对象。按照康德在阐释认识时所实行的所谓哥白尼革命(即并非认识应当符合对象,相反对象应当符合认识),认识之真理,也就是说判断之真理就成了对象、客体或者更确切地说对象性或者客体性之衡量尺度。然而正如系词所显示的,在判断中总有一个存在被表达了。真判断是对对象之认识。真的被判断存在(wahres Geurteiltsein,或译为"是被判断为真")规定了对象之对象性或者被认知客体之客体性。客体性或者对象性乃是判断意义上的认识就存在者方面的某物达到的东西。存在者之存在成了与对象性相同一的东西,而对象性则无非意味着真的被判断存在。

首先是胡塞尔在《逻辑研究》中表明,就判断而言,必须在进行判断与被判断的事态之间做出区分。在判断的行为进行中被意谓的这个被判断者,或者命题内涵、命题意义(简单地说就是意义)乃是起效力的东西。意义意味着在一个真判断中被判断的东西本身。[①] 这就是那真的东西,而那真的东西所构建的不外对象性。真陈述之被判断存在等同于对象性等同于意义。这个以判断、以 Logos 为取向, 286
因而成为认识之逻辑学(认识之逻辑学是马堡学派奠基人赫尔曼·柯亨的主要著作之标题)的认识观,以及用命题逻辑来引导真理与存在的取向乃是新康德主义的主要标的。认识等同于判断,真理等同

① 参见胡塞尔的《第一研究》第11节。胡氏著:《逻辑研究》,第二卷第一部分,倪梁康译,上海译文出版社,1998年,第45页及下页。——译注

于被判断存在等同于对象性等同于有效意义——这种观点占据着统治地位，以至于现象学也受到这一站不住脚的观点影响。只要对胡塞尔的工作（特别是1913年的《纯粹现象学及现象学哲学之观念》）做进一步的研究，就能看到这一点。当然了，不应该直接把胡塞尔的阐释混同于新康德主义的阐释——尽管那托尔普在一个详细的批判中相信，胡塞尔的立场与他自己的立场是可以一致起来的[①]。更为年轻的新康德主义代表人物们，尤其是霍尼希瓦尔德（Hönigswald），这个学派里最敏锐的一个代表人物，一方面受到马堡学派关于认识的逻辑观点的决定性影响，另一方面则受到胡塞尔《逻辑研究》关于判断的分析决定性影响。

e）对系词之存在的各种阐释；需要彻底地提出问题

在对“是”（人们称之为系词）的阐释之概观中，我们已经看到，纠缠着该现象的有一系列规定：存在（Sein）一方面意味着何所是（霍布斯），另一方面又意味着实有（穆勒），进而“是”又是那种在判断的附加思想中被判断的东西，判断之真存在于其中得到了确认（洛采）；我们已经看到，正如亚里士多德已经说过的那样，这个“存在”也意指了
287 “真存在”，还有，这个“是”具有联结之功能。系词之特征性规定有：那“是”或者说其存在等同于何所是，essentia；那是等同于实有，existentia；那“是”等同于真存在，或者就像今天人们所说的，起效力；最后，存在作为联结功能因而作为对述谓的指示。

---

① 当是指那托尔普《根据批判方法的普通心理学》第一卷第2章第6节以及第11章第三部分，参见 Paul Natorp, *Allgemeine Psychologi nach kritischer Methode*, E.J. Bonset, Amsterdam, 1965，特别是第33页及34页以及第281页 。又参见胡塞尔：《逻辑研究》之《第五研究》§8，特别是胡塞尔的有关注释。亦可参见，Iso Kern, *Husserl und Kant*, Martinus Den Haag, 1964, p.334f, 359。——译注

现在我们必须追问：对“是”的所有这些不同阐释是偶然的，还是源于某种必然性？为什么就不能成功地使这些不同阐释非但并行不悖并统一，而且还可以通过一种彻底的提问在概念上将它们把握为必然的呢？

对于系词问题，历史上出现过那么几种有代表性的处理方式。让我们再次以概括的方式回顾一下我们对这几种处理方式的历史再现。我们已经看到，霍布斯试图以极端唯名论的方式阐释命题或者说陈述，而穆勒则在理论上把唯名论仅仅限制在他所谓本质的或语词的命题（也就是定义）上。在这样的命题中，“是”的意思一如：主题词“意指”。按照穆勒，“是”仅在他所谓的偶然陈述或者现实陈述这种命题中才有存在含义——这种陈述都就存在者陈述了某事。但是我们还得到了这样的结论：甚至那种释义的语词命题也必然关涉对实事的认识，因而关涉与存在者的关系。穆勒事先采取的那种分离并未贯彻始终，他本人在考察进程中也超越了自己唯名论立场。这个事实不仅对于穆勒的理论，而且对于唯名论一般都是重要的。它证明了，唯名论作为理论是站不住脚的。洛采的系词理论我们则是这样描述的：他说，每一判断实际上都是一种由主要思想与附加思想组成的双重判断；他试图通过这样的说法把“是”所有的含义包摄在命题结构之中。主要思想被确认为判断内涵；附加思想则是关于第 288
一层判断的判断，在附加思想中第二层判断（第一层判断是真的或者假的）被陈述了出来。从洛采的这个判断理论出发，与新康德主义把认识看作判断的观点相交织，就产生了某种观点，把客体之客体性，因而存在者之存在，看作真判断中的被判断存在。这个被判断存在遂被等同于判断所关涉者，被等同于对象。被判断存在等同于对象性，而对象性、真判断与意义则被等同了起来。

为了检验我们对［系词学说的］这个关联脉络的理解，可以用如下方式做一个测试：拿几个命题做例子，用不同的理论来阐释它们。搞这么个检验首先是考虑到我们在下文要进行的现象学讨论。为此我们选的都是平常不过的命题。

“天空是蓝色的。”照其理论，**霍布斯**会这样来阐释这个命题：“天空”与“蓝色的”这两个词关涉了同一个 res。这些词的可联结性的根据是被 res 表达出来的。可联结性的根据之所以被表达，乃是因为，在那个主词与谓词同一地与之关涉的某物上，**何所是**得到了表达。霍布斯必定会这样来阐释“天空是蓝色的”这个命题：这个命题陈述了一个对象之何所是。

与此相反，**穆勒**会强调说，这个命题不仅陈述了主词之实事规定性这个意义上的何所是，而且同时在说：天空**是**蓝色的，“天空”这个**现成**物——如果我们可以这么说的话——如此这般地现成存在。被陈述的**不仅有何所是**，essentia，而且与之一道，还有 *existentia* 意义上的 esse，现成存在。

289　下一个例子：“太阳存在。”对于这个例子，霍布斯根本无法用其理论来阐释，而穆勒会把该命题用作陈述实有，esse，exitentia 的命题的基本例子。“太阳存在”意味着：它是现成的，它实有。

至于“物体是有广延的”这个命题，霍布斯必定会按照其理论将其阐释为表达了何所是的这样一种命题。但穆勒也必定会在这个例子中看到一种本质命题，它没有就实有、现成存在与物体做任何述说，而只是表达了：广延性属于物体之本质，属于物体之理念。如果穆勒将此命题同时看作语词命题(那样该命题说的只是：“物体”这个词意指广延性)，那么就必须立即追问：该含义何以“意指”如此这般的某某？其根据何在？是否这只是一种任意的约定：我确认了这样一个含义并且说，它有如此这般的内涵？抑或按照穆勒，该语词命题关于一种实事内涵做某某述说，以至于该实事内涵是否实有，在这里竟是无关紧要的？“物体是有广延的”，这在某种意义上是个分析判断，但并非语词判断。这是一个分析判断，它关于物体之实在性（关于康德意义上的 realitas）给出了一个实在规定。这里的“是”具有 esse essentiae［本质上是］意义上的 esse 的含义，但无论如何没有穆勒将“是”与“意指”等同起来时所意谓的那种单纯的功能。

第四个例子取自穆勒，说的是：“人头马萨蹄尔是诗人的虚构”。按照穆勒，这是一个纯粹的语词命题。这个命题为穆勒的如下说法提供了例子：有这样一种并不陈述实有意义上的存在，而只是释词的命题。如果我们更切近地考察这个命题，确实会涌现这样一层意思：人头马萨蹄尔之何所是在其中得到了陈述。但这个关于人头马萨蹄尔所述说的何所是（Wassein），却恰恰表达了其存在（Sein）的一种方 290
式。它说的是，人头马萨蹄尔之类的东西只是以想象的方式现成存在的。这个命题是一个关于实有的陈述。必须在某种意义上随同思维最广义的现成存在，这样才能在其受到约束的形式与含义中领会该命题。这说的是：人头马萨蹄尔并不现实实有，而只是诗人之虚构。这个命题仍然不是语词判断；那“是”的意思也并非现成存在意义上的实有，然而它仍然表达了一种存在样态。

上面提到的所有命题都还在其“是”中包含了进一步的含义，因为所有这些命题作为被说出的东西都以隐含的方式随同述说了它们的真存在。这正是洛采提出附加思想这个理论的缘由。这个真存在如何与“是”自身相联，——“是”的各种含义如何集中在陈述之统一性之中，这些都是对命题的正面分析必须给出的——当然就我们在考察的目前阶段所能贯彻的程度而言。

为了在总体上掌握对于系词的各种不同解释，我们做一个简略的概括：

第一，“是”意义上的存在没有独立含义。这是一个古老的亚里士多德论点：προσσημαίνει σύνθεσίν τινα——[“是”]它仅在一种联结性思维中意指某物。

第二，根据霍布斯，这个存在的意思是主词与谓词之可联结性的根据之存在。

第三，这个存在的意思是何所是，esse essentiae。

第四，在所谓语词命题中，存在等同于意指，然而其意思或者也同于现成存在(esse existentiae)意义上的实有(穆勒)。

第五，存在的意思是每一判断的附加思想中所陈述的真之存在或者假之存在。

291 第六，真存在乃是——借之我们回溯到了亚里士多德——对一种仅仅存在与思维之中，而不在物中的存在者之表达。

总而言之：在“是”中包含有：

1. 是－某某(偶然的)；2. 是－什么或者说何所是(必然的)；3. 是－如何或者说如何是；4. 是－真(Wahr-sein，一译“真存在”)。存在者之存在的意思则是：何所性(*Washeit*)、如何性(*Wieheit*)、真性(*Wahrheit*，一译“真理”)。由于一切存在者都被“何所”与“如何”所规定，并且作为存在者都在其何所是与如何是中得到揭示，所以系词就必然具有多重含义。然而这种多义性并非什么“缺陷”，而只是表达了存在者之存在的自在多重结构——因而也就表达了存在领悟一般之自在多重结构。

追问作为系词的存在是被对于陈述与陈述真理的阐述(更确切地说是对于词语联结现象的阐述)所引导的。把“是”描述刻画为系词，这并非偶然的命名，而是表达了：对于这个被标识为系词的“是”的阐述是以被说出的、被外化为词语序列的陈述为指导的。

必须追问：把“是”标识为系词，这是否切中了随着“是”得到表达的存在之存在论意义？对“是”的传统提问方式能够坚持下去，还是说系词问题之所以混乱，恰恰在于如下事实：人们预先将这个“是”描述刻画为系词，而进一步的所有提问便这样被编定了方向？

§17. 作为系词的存在与现象学的陈述问题 292

a）对陈述现象的不充分确认与界定

系词问题之所以困难而复杂，不是因为提问方式一般而言从Logos出发，而是因为就整体而言，对Logos现象的确认与界定都是不充分的。对Logos的研究好像它首先是被强加到关于诸物的庸常经验上去的那样。对于素朴的目光而言，陈述是作为被说出的现成词语的现成关联把自己给出的。就像有树木、房屋和人那样，也有词语。词语彼此按序前后排列，在这个序列中某些词排在另一些词的前面，就像我们在霍布斯那里清楚地看到的那样。如果说词语的现成关联是以这种方式被给出的，那么就会出现一个问题：什么样的纽带造成了该关联之统一性？这就提出了对于联结、对于系词的追问。我们已经指出，把问题限制到作为纯粹词序的陈述上的这个做法，事实上是行不通的。归根结底，在任何一个陈述中，总有某种唯名论理论不愿承认的东西被一同领会到——哪怕这个陈述被看成纯粹词序。

亚里士多德在他关于Logos的论著中首先提出的那些命题已经透露了：属于陈述的有多重规定，而陈述不只是一种发声表述与词语序列[1]。据此Logos不只是一种φωνή［声音］或者声音整体，而是同时通过词与在思维中被思的含义相关——该思维同时思了存在着

---

① 参见亚里士多德：《解释篇》，16b26—17a8，中译文参见《亚里士多德全集》，第一卷之《解释篇》，秦典华译，北京，中国人民大学出版社，1997年，第51—52页。——译注

的物。词、含义、思维、所思、存在者都预先属于 Logos 的完整组成。
293 我们在这里作为属于 Logos 的东西列举出来的，并非单纯彼此相续、并列现成的东西，以至于从词、含义、思维过程、所思及存在着的物之并列－现成存在产生了某种它们之间的关系。把词、含义、思维、所思及存在者之间的这个关系形式化地描述刻画为符号与被符指者之间的关系，这是不够的。甚至语音与语义之间的关系已不可被视为一种符号关系。语音并不像道路标志是道路方向的符号那样是含义的符号。不管词与含义之间是个什么关系，含义与含义中的所思之间的关系又不同于词与所思之间的关系，而含义中的所思与在所思中被意谓的存在者之间的关系复不同于语音或者含义与所思之间的关系。用一种一般化－形式化的方式来刻画描述词、含义、思维、所思与存在者之间的关联，这无论如何是不够的。在霍布斯那里，尤其是在穆勒那里，我们已经看到，原本以词语序列为取向的唯名论命题理论被向外驱赶到所谓所思之现象与所思及的存在者之现象上去，以至于唯名论理论归根结底还是要考察超出语音的东西。

不过，决定性的问题仍然在那里：如何阐释那超出词序、必然属于 *Logos* 的东西。很可能恰恰由于从作为词序的 Logos 出发而误解了 Logos 的其他组成部分。实际上这一点甚至可以得到证明。如果命题是一种需要联结的词序，那么词的前后继起序列也就对应
294 着表象的前后继起序列——后者也需要一种联结。这个与词语序列对应的表象序列是某种心理的东西，某种在思维中现成的东西。就陈述关于存在者做了陈述而言，这种在思维中现成的表象关联必须对应于物或者说心理物之关联。那么我们就有了一种与词语关联对应的、灵魂中的表象关联，该关联应当与外部的存在着的物的某种关联发生关系。这就有了这样一个问题：灵魂中的表象关联如何才能与外物相一致？人们通常将此表述为真理问题或者客观性问题。然

而,这个自是根本颠倒了的设问方式是被如下事实所激发的——陈述一开始就被看成语词序列。甚至希腊人也是以这种方式——即使不是唯一的方式——来阐明 Logos 的。这个路数就转入了逻辑学的设问传统,迄今为止都没有得到克服。

综上所述已很清楚:我们不仅需要对属于完整的 Logos 概念的东西加以标识,——仅仅超越唯名论,把含义、所思、存在者也说成属于 Logos 的东西,这还是不够的;实质性的事情乃是对这个在本质上属于 Logos 整体的现象之特殊关联加以标识。这个关联并不是在诸物的约束下,以并置的方式后发产生的。词、含义、思维、所思、存在者的这个关系整体必须预先得到原初规定。我们必须追问:可以用何种方式确定该整体的建构规划,以便在其中放入 Logos 的特殊结构?如果我们以这种方式提问,那我们就使得自己预先摆脱了以被言说的语词序列来指引陈述-问题的这一被孤立出来的、同时也是孤立化的做法。发声表述可以属于 Logos,但它并非必定属于 295
Logos。如果一个命题可被发声表述,那么这之所以可能,仅仅是因为该命题原是某种不同于以某种方式得到联结的词语序列的东西。

b)以现象学的方式展示陈述的几个本质结构。陈述之意向行为及其在"在世"中的基础

被看成陈述的 Logos 究竟是什么?我们不可期望把这个结构整体压缩为少数几个命题。可以做的仅仅是把本质结构收入眼帘。我们有没有通过迄今为止实行的考察为此做好准备?当我们把作为整体的 Logos 做成问题时,我们必须把目光投向什么方向?陈述具有特征性的双重含义,它意味着行陈述与所陈述。行陈述乃是此在之意向行为。依其本质,它乃是就某物行陈述,也就是在自身中便与存在者相关。即使可以表明,就之做出陈述的东西并不存在,只是空

洞的假象，这也并未以任何方式损害，相反倒是证实了陈述的意向结构。即使我只是就假象下判断，我也是在与存在者发生关系。现在这对于我们来说几乎是不言自明的。然而，柏拉图之前的古代哲学需要几个世纪的发展，才能发现这个不言自明，才能看到，甚至谬误与假象也是存在者。确实，那并未以它应该有的存在方式存在的东西，乃是缺了什么的东西，乃是μὴ ὄν[非存在]。假象与谬误并非虚无，并非οὐκ ὄν[不存在，虚无]而是一种μὴ ὄν，它确然是一种存在者，只是带有某种缺陷①。在《智者》这篇对话中，柏拉图达到了这样一种认识，每一Logos本身都是λόγος τινός[关于某物的λόγος]②，即每一陈述都是关于某物的陈述。这个说法表面上平淡无奇，但还是具有谜一般的性质。

296 我们更早的时候就曾听说，每一种意向关系在其自身中就具有一种对于意向关系与之相关的存在者之特殊的存在领悟。因而，某物如果可以成为一个陈述可能的所关涉者，那么它就必须已经以某种方式作为被揭示者(*Enthülltes*)与可通达者预先给予了陈述。陈述本身并不原本地进行揭示，它一向已经按照其意义与预先所与的被揭示者相关。这已经意味着，陈述本身并非本真意义上的认识。为了作为陈述可能的所关涉者起作用，存在者必须作为被揭示者预先被给予。然而，只要存在者作为被发现者(*Entdectes*)被预先给予此在，那么正如我们早就表明的那样，它就具有世内性这个特征。“就某物进行陈述”这个意义上的意向施为依照其存在论结构植根于此在之基本建制之中。我们把这个建制标识为“在－世界－之中－

① 柏拉图曾总结说，μὴ ὄν并非指存在的反面——全然不存在，而是指异于存在，在某方面有所“不是”者。据此修正了巴门尼德以来的爱利亚派存在学说。参见《智者》，257b。——译注

② 参见同上书，262e。古典学家们对这个短语的读解与翻译有争议，参见严群译《泰阿泰德 智术之师》，北京，商务印书馆，1963年，第205页注1。——译注

存在”。只因此在以在世的方式生存，那么存在者便随着此在之生存被揭示给了此在，以至于这个被揭示者可以成为某陈述的可能对象。只要此在生存，那就一向已经逗留在某存在者那里，该存在者是在某个范围之内以某种方式被发现的。不仅仅此在在它那里逗留的这个存在者被揭示了，而且作为此在的存在者自身也同时被揭示了。

陈述可以——但并非一定——以语词性发声表述的方式说出来。语言属于此在自由支配的东西。当霍布斯为了在本质上对人进行规定而提出语言的基本含义时，他在一定程度上是对的。然而，只要他没有追问语言属于其存在方式的那个存在者必须如何存在，那么他就仍然停留在外围。语言自身决不是像物那样现成的东西。语言并不等于印在词典里的词语总和。毋宁说，只要语言存在，它的存在方式就如同此在，这就是说，语言生存，它是历史性的。

言说着某物的此在将自己道出为生存着的在世者、存在者那里 297
的逗留者与周旋者。只有生存着的存在者，也就是以在世的方式存在的存在者领会了存在者。只要存在者被领会了，那么通过这一领悟也就分说了含义关联脉络之类的东西。这个含义关联脉络是可能以语词得到表达的。首先有的并不是被带上含义符号烙印的词语；毋宁反过来，从领会着自己自身与世界的此在，亦即从一个已然被揭示的含义关联脉络中才产生了每一个词语的这种含义。如果从词语按照其本质所意味的东西来掌握词语，那就不能把它们看成自由随意地浮现出来的物。如果我们将词语认作这样的东西，那么我们就无法追问，它们作为自由随意浮现出来的物所有的关联脉络。这种设问方式总是不充分的——如果想用它来阐释陈述并因而阐释认识与真理的话。

通过以上的指点，我们只是全然粗略地勾勒了我们想在其中发现陈述结构的草图大纲。我们已经把指导性的目光锁定在整体上——我们必须首先察看这个整体，以便概观语词、含义、所思与存在者之间的关系关联脉络。我们必须预先将目光投向它的那个整体，无非就是生存着的此在自身。

陈述的原初特性乃是ἀπόφανσις[展示、证明]，这个规定亚里士多德已经看到了，其实柏拉图也已经看到了。贴着字面翻译，这个词的意思是：把某物由它自身展示出来——ἀπό，让它如其自在所是的那样被看到——φαίνεσθαι。[①] 陈述的基本结构是展示它就之做陈述的东西。那陈述就之做陈述的东西，那在陈述中原初地被意谓的东西，便是存在者自身。如果我说："黑板是黑色的"，那么我并不是在
298 就表象，而是在就所意谓者自身做陈述。从这个基本功能，即陈述的展示特性出发，可以规定陈述所有的进一步的结构环节。陈述的一切环节都是被**证言性的结构**所规定的。

大多数人是在述谓的意义上看待陈述的，这就是把一个谓词加到主词上去；或者从全然外在的角度看，这就是后一个词与前一个词的关系；又或者——如果超越词语取向来看——是一个表象与另一个表象的关系。然而不管怎样，必须抓住展示这个陈述的**原初特性**。只有从这个展示特性出发才能规定陈述之述谓结构。因而，述谓原本是对预先所与者的解析，更确切地说是一种**指示性的分解**。这个解析的意义并非实际上把预先所与的物分解为物之块片，毋宁说它是证言性的，这就是说，对预先所与的存在者之多重规定性之互属性予以展示。在这种解析中，预先所与的存在者同时也被呈现、指示在其自显着的规定性之互属性之统一性之中。陈述意义上的指示乃是解析-展示性的，其本身是**行规定的**。解析与**规定**同出一源地归属

① 关于同一个概念的解说可以参见《存在与时间·导论》，陈嘉映译，北京，三联书店，1987年，第41页。——译注

于述谓之意义，述谓在它这方面乃是证言性的。至于亚里士多德熟知其为σύνθεσις[综合]和διαίρεσις[分别]的东西，不可加以外在的阐释，以为在古人那里已经发生了这种情况并在后来得到了延续——似乎表象相互之间是分开的，只在后来才又彼此相联；毋宁说，陈述或者说Logos的这个综合与分别施为，在其自身中便是展示性的。

然而这个解析性的行规定——作为行展示——总是自行相关于已然被揭示的存在者。在行规定的展示中如此可通达的东西，在陈述中能够作为被说出的东西得到传诉。陈述乃是对解析性行规定之 299
特殊结构的指示，而这个行规定能够是传诉。陈述作为被说出的东西就是传诉。甚至传诉的特性也必须以证言方式加以概念把握。传诉的意思不是把词语甚或表象从一个主体传递到另一个主体，好像传诉是不同主体的心理事件之间的交换交流似的。一个此在以说话的方式向另一个此在传诉沟通，这意味着：它以展示着陈述某物的方式与另一个此在共享了对被陈述的存在者的相同领会性关系。在传诉之中，通过这种传诉，一个此在随同另一个此在，随同被告之者，一起进入了与那陈述就之而行、言谈由之而起的东西的相同存在关系之中。传诉并非一堆积累起来的命题，毋宁必须把它们掌握为可能性——通过这种可能性，一个此在随同另一个此在一起进入与(以相同方式得到揭示的)存在者的相同基本关系可能性。

综上所述，情况就变得清楚了，陈述所具有的认识功能并非原初的，而只是第二位的。存在者必须已然得到了揭示，关于该存在者的陈述藉此方才可能。当然了，并不是每一交谈都是一系列的陈述以及与之相应的传诉。在理想的意义上，它或许会是科学讨论。不过，既然哲学交谈不仅预设了随便一种对于存在者的基本态度，而且还需要一种关于生存的更为本源的规定(对于这个生存我们这里无法深入了)，那么哲学交谈就已经有了另外一种特性。在这里我们通过陈述而有的主题只是一种全然特殊的现象，我们无法从该现象出发阐释如何一种语言命题。我们必须注意，绝大多数语言命题，即使以语言、语词的方式看来它们具有陈述特性，仍然会表现出另外一种结构——与指示这个严格意义上的命题之结构比较，
300 它相应地有所不同。我们可以把陈述定义为**传诉着行规定的指示**。通过指示也就确定了陈述结构的首要环节。

c)作为传诉性-行规定的指示的陈述与系词"是";存在者在其存在中的被揭示性与作为陈述中之"是"的无差异之存在前提的存在领悟之有差异性

然而，系词跑到哪里去了？我们标出了陈述-结构，这让我们获得了什么以领悟系词？首先是这样一点：只要"是"这个名称已经把我们推向一种特定的观点，那么我们就不该让"系词"这个名称误导我们。现在我们来追问命题中的"是"，姑且仍然撇开它从词语序列中外在地呈现出来的系词特性。

这"是"将自己作为存在之表达给出。作为属于陈述的东西，它能够与什么样的存在者相关呢？又必定与什么样的存在者相关呢？这"是"所归属的陈述又在什么程度上与存在者相关呢？能否从中理解：命题之词语序列外在地抽取出来的"是"何以竟表明自己为多义的，这就是说何以竟表明自己在含义方面漠然漫无差异？是应该将"是"之含义的这个漠然漫无差异或者说其多义性把握为缺陷呢，还是说"是"的这个漠然漫无差异或者说其多义性对应于其关涉着陈述的特殊表达特征？我们已然看到，对在陈述中被言谈所及的那个东西的解析性规定性展示已经预设了该存在者之被揭示性。在陈述之前，并且是为了陈述，陈述者已经与存在者自行相关，并且领会了在

它的存在之中的该存在者。在关于某物的陈述中必定说出了存在领悟；陈述着，亦即展示着的此在本身已经生存在这存在领悟之中—— 301
既然此在作为生存者一向已经（以领会着存在者的方式）与存在者自行相关了。然而，因为对（可能成为解析性陈述之可能对象的）存在者之原初揭示并不是由陈述提供的，毋宁说在本源的揭示方式中已经被提供了，所以陈述者在陈述之前便已领会了他谈论所及的存在者之存在方式。对言谈所及者之存在领悟并非首先出自陈述；毋宁说，这个陈述说出了该存在领悟。那"是"在它的含义上可以是漠然漫无差异的，因为在对存在者的原初领会中已经确定了不同的存在样态。

由于"在－世界－之中－存在"在本质上属于此在，而此在自身之被揭示也与之相一致，所以每一个实际生存着的此在——这意味着言说着的且说出自己的此在——已经领会了在它的存在中的不同存在者之多样性。系词的漠然漫无差异并不是什么缺陷，它只是描述刻画了一切陈述第二位的特征。命题中的"是"之所以能够达到其含义上的不确定性，这是因为那"是"作为被说出的东西发源于说出自己的此在，这此在已经如此这般地领会了在"是"中被意谓的存在。在"是"在命题中被说出之前，它已经从实际的领会中接受了其差异分殊。只要言谈所及的存在者已经预先在传诉中得到确定，那么对这个存在者的存在领悟也已这样被预先给予了，并且"是"之含义也已得到确定，以至于不必在语言形式中（无论为"是"还是其屈折变化）另外凸显该含义。在陈述之前，对存在者的领会中，有待揭示的存在者之何所是，以及在其存在之特定样态（例如现成存在）中的该存在者，一向已被潜藏地领会了。如果相反采取倒转的做法，为了阐明"是"而从被说出的命题开始，那么我们便无望以正面方式领会 302
"是"之特性（即其特殊的漠然漫无差异）——我们指从这种特性之本源出发，在其必然性与可能性中进行领会。在作为传诉的陈述之中，那个在 Logos 之展示功能中已然实行的、对“是”之含义的差异分殊可以保持其不确定，因为展示自身就预设了存在者之被揭示性，因而也就预设了存在领悟之差异分殊。如果从语词序列出发，那么就只剩下了把“是”描述刻画为联结词这样一种可能性。

不过人们会说：虽然掌握作为联结词的“是”之特性的方式或许是外在的，然而“是”的这个系词特性不可能全属偶然。也许，“是”意谓了一种在词语或者表象的所有被联结性之前的、在（言谈所及的）存在者自身之中的被联结性。不过我们自己已经说过，σύνθεσις与διαίρεσις，即行规定意义上的综合与解析属于陈述之展示结构。如果σύνθεσις与διαίρεσις具有展示存在者的功能，那么这个作为存在者的存在者，亦即从其存在来看，必定有这样一种情况：简略地说，它要求这样一种作为（与它相合的）展示功能的联结。解析性－规定性陈述意在使预先所与的存在者之有环节的多样性得以在其统一性中被通达。因而存在者自身（亦即那就之做出陈述的东西）之规定具有一种“在一起”的特性；外在地看来，这也就是被联结这个特性。然而，只要陈述是就存在者被做出的，那么那“是”便必定意指了这样一种“在一起”。那“是”必将表达一种综合，完全不管它在一个被说出的命题里是否依其语词形式起到系词的作用。那么，那“是”就不会因为它在命题里起到系词的作用而才是个联结性概念。恰恰相反，它之所以是系词，是命题中的联结性概念，这正因为在对存在
303 者的表达中，“是”之意义意谓着存在者，而存在者之存在在本质上是被那个“在一起”和被联结性所规定的。正如我们将会看到的，全然外在地说，被联结性之类的东西存乎存在之理念之中；而“是”之所以得到系词之特性，这也决不是偶然的。不过这样一来，把“是”描述刻画为系词，这就不是在语音和语词层面上的工作了。从陈述就之方成其为陈述的东西出发进行领会，这毋宁说乃是一

种纯粹的存在论工作。

我们越接近这个“是”,它就越是一个谜。我们不可相信上面所说的东西已经把“是”讲清楚了。现在搞清楚的只有一件事情:从被说出的命题出发对“是”所做的规定无法导向相应的存在论问题域。那“是”在语形上漠然漫无差异,然而它在活生生的言谈中却一向已经拥有持有差异的含义。不过陈述并非原初就是行揭示的,毋宁说它预设了一个存在者之被揭示性。于是解析着行展示的陈述所意谓的就**不仅仅是泛泛的存在者**,而是**在其被揭示性中的存在者**。这就提出了一个问题:对在陈述中言谈所及的东西——也就是在其被揭示性中的存在者——的这个规定,是否也一同进入了“是”之含义——陈述对象之存在藉此才得以被指示。假设情况确实如此,那么“是”中所包含的就不仅是每次都在陈述之前就已被分殊的(现成存在意义上的)存在之含义,也就是 esse existentiae;也不仅是 esse essentiae 这个含义或是两义兼有;也不仅是在其他任何一种存在样态之中的存在含义。属于“是”之含义的同时还有就之进行陈述的东西之**被揭示存在**。在说出陈述时,我们往往习惯强调“是”。例如我们说“黑板**是**黑色的。”这个强调表达了言谈者自身是以何种方式方法,或愿意以何种方式方法来领会其陈述的。那被强调的“是”等于在说,黑板事实上就是黑色的,它真地就是黑色的;我就之行陈述的存在者**一如**我所陈述的。那被强调的“是”表达了被说出的陈述之**真** 304
存在。更确切地说,在这个偶尔发生的强调中,我们看到的只是:归根结底,在每一个被说出的陈述中,陈述自身之真存在都被一同意谓了。洛采从该现象出发达到其附属思想的理论,这决不是偶然的。问题在于,人们是否必须对该理论采取肯定的态度,——每个陈述是否必然会被分为一个双重判断;或者说,不直接从存在理念出发,能否在概念上把握“是”的这个补充含义——真存在。

为了把上面所说澄清为一个问题,我们首先必须追问:陈述的这个真存在——它在对“是”的强调中也偶尔以公布的方式得到表达——意味着什么?陈述的这个真存在是如何与陈述所及的存在者之存在——系词意义上的“是”原本就意谓着这种存在——自行相关的?

§18. 陈述之真理,真理一般之理念及其与存在概念的关系

a)作为揭示的陈述之真存在;作为揭示方式的发现与展现

我们已经获悉了亚里士多德关于 Logos,亦即陈述之真存在的一个引人注目的观点,这个观点从那时起就一直保留在传统之内。据之陈述之真存在οὐκ ἐν πράγμασιν[不在事物之中],不在诸物之中,而是ἐν διανοίᾳ[在思想之中],在知性之中①,或如经院哲学所说,在 intellectu[智识、理智]之中。只有当我们预先获得了一个充分的真理概念,我们才能来决断,亚里士多德的这个观点是否正确、在什么意义上成立。于是便可表明,真理何以不是出现在其他现成诸物之间的存在者。然而,哪怕真理并不作为一个现成者出现在现
305 成者之间,借此也还无法决断,它能否造就对现成者之存在,亦即现成性的一个规定。只要这个疑问还没有得到澄清,那么“真理并非存在于诸物‘之间’”这个亚里士多德的命题就仍然是有歧义的。不过,他的观点的肯定部分,也就是“真理应该存在于知性之中”也同样

① 亚里士多德原文指判断之真与假不在事物(οὐκ...ἐν τοῖς πράγμασιν),而在于思想(ἀλλ' ἐν διανοίᾳ)。参见《形而上学》,第六卷,第四章,1027b26—29。——译注

是有歧义的。这里也必须追问：这句"真理存在于知性之中"是什么意思？这是否意味着，真理是某种发生一如心理过程那样的东西？真理在什么意义上应该存在于知性之中？知性自身如何存在？我们看到，此间我们再一次回到了对知性之存在方式的追问，对作为此在行为的领会之追问[①]，这也就是说，回到了对此在自身的生存规定性之追问。舍此我们甚至将无法回答这样一个问题：如果真理存在于（属于此在之存在的）知性之中，那么真理在什么意义上存在？

亚里士多德观点的[肯否定]两个方面都是有歧义的，以至于应该提出这样的问题：这个观点在什么意义上成立呢？我们将会看到，在那种素朴流俗的阐释形态下，该观点的破立两面都是不成立的。然而这就意味着，虽然真理并不像现成者那样厕身于诸物之列，但它还是以某种方式归属于诸物。反过来说，如果把知性理解为现成心理主体的[活动]过程，那么真理并不存在于[这个意义上的]知性之中。于是便可提出：真理既不现成地厕身于诸物之列，也不出现在一主体之中，那么它就该存于诸物与此在"之间"的中间位置上——这里对"之间"这个词几乎做了字面的理解。

假如纯然外在地来理解亚里士多德的这个观点——就像人们通常习惯的那样——那么它就会导致一种不可能的设问方式。因为人们说的是：真理并不存在于诸物之中，亦即并不存在于客体之中，而是存在于主体之中。这就导致如下断言：真理在某种意义上乃是灵魂的规定，乃是某种内部的东西，某种内在于意识的东西。问题这就 306
来了：内在于意识中的东西如何可能与外在于客体中的超越者自行相关？这样那个设问方式就无法挽回地陷入无望的僵局，因为问题

---

① 注意这里"知性"（Verstand）与"领会"（Verstehen）的同源性。这完全出于海氏用德文 Verstand 去译解亚氏的 διανοίᾳ。——译注

自身如果颠倒了，那么这个提问就永远无法获得回答。这个不可能的提问方式的结果就此表明，理论被推向了一切可能的臆造，——例如人们看到，真理不存在于客体之中，但也不存在于主体之中，这样人们就进入了第三种意义领域，进入了一种臆造，它的可疑程度一点儿也不亚于中世纪关于天使的思辨。如欲避免这种不可能的提问方式，唯一的可能性在于反省这个（诸如真存在之类的东西应该在它"之内"具有本已实有的）主体之所是。

我们首先追问："一个陈述是真的"，这意味着什么？为了找到答案，需要返回到我们已然给出的陈述规定——陈述乃是一种传诉性的－行规定的指示。最后提到的那个特性"指示"乃是原初的，它意味着：一个陈述让在其中为言谈所及的东西以行规定的述谓的方式被看到；它使得言谈所及的东西可被通达了。这个对存在者的述谓性展示具有"揭示着让照面"这个普泛特性。在领会被传诉的陈述时，听者所指向的并不是词语，也不是含义或者传诉者的心理［活动］过程，他所指向的自始就是被述说的存在者本身；在领会陈述时，这个存在者应该在其特殊的如是－存在中向听者迎面而来——只要陈述在它这方面是切合实事的。指示具有揭示之特性；并且，只因它是行揭示的，它才能够是规定与传诉。这个揭示乃是陈述之基本功能。揭示造就了传统所谓真存在这样一个特性。

307 归于存在者的揭示方式按照陈述所及的存在者之实事内涵，按照陈述对象之存在方式而各自有别。我们把对于现成者（例如最宽泛意义上的自然）的揭示称为发现。对于我们自身所是的存在者（此在），即具有生存这种存在方式的存在者的揭示，我们就不称之为发现，而称之为展现、敞现。术语在一定界限内总是任意的。然而对作为揭示、彰显的真存在之界定却决非我个人的任意臆造；毋宁说它只是表达了对于真理现象之领悟，希腊人已经在一种非科学的，但还是哲学的领会中领会了它——即使这种领会并未在所有方面都本然地明确。柏拉图已经明确讲过，Logos——也就是陈述——的功能乃是δηλοῦν[使可见，使明显，表明，证明]，也就是彰显[①]；或者就像亚里士多德考虑到希腊文对真理的表达时更明晰地所说的：ἀληθεύειν[真理、去蔽]。λανθάνειν意思是遮蔽，α－意谓一种剥离，因而ἀ-ληθεύειν说的就是：将某某从其遮蔽状态中领出来、彰显。对于希腊人而言，真理意味着去蔽、发现、揭示。当然，对于希腊人而来，对该现象的阐释并非在每个方面都是成功的。因此这个真理领悟所造就的实质性理路无法贯彻到底，而是——出于某种我们此间无法深察的原因——陷入了迷误，以至于在今天，希腊真理领悟之本源意义在传统中完全被掩盖了。

我们尝试更切近地深入这个对真理现象的领悟。真存在意味着揭示。我们以此既概括了发现样态（对非此在性的存在者之揭示）也概括了展现样态（对我们自身所是的存在者之揭示）。我们在这个全然**形式化的意义**上把**真存在**掌握为**揭示**，在此它还不十分贴合某个 308
特定的存在者及其存在方式。**作为揭示的真存在**是作为**此在**自身**的存在方式**（此在的**生存**）提出来的。只要此在生存——按照我们先前所说的，这意味着，只要此在以在世的方式存在——，它就是真的；这也就是说，对此在而言，随着被揭示的世界，一向已经存在了被揭示的、被敞现的、被发现的存在者。对现成者的发现植根于如下事实中：此在作为生存者一向已经与一个被展现的世界相关。它生存着领会了诸如世界这样的东西，并且**随着其世界的被展现性**，此在同时

① 参见《智者》，262D，作为言语的Logos的这一功能严群先生译为对事物有所“表白”，殊为允当。参见严氏译：《智术之师》，北京，商务印书馆，1963年，第205页。海氏关于Logos的类似论述又见《存在与时间》§7之B部分，不过那里只引证了亚里士多德，没有提到柏拉图。——译注

也自为地揭示了自身。我们已经听说，此在的这个自身被展现性，那个在实际上首先获得的自身领悟，乃是从（在某种意义上）被发现的诸物（此在作为生存者逗留在这些诸物那里）出发对自己进行领会的结果。由于此在自身之被展现性（因而，还有与之一致的、世内存在者之被发现性）属于此在之本质，我们便可以说：此在生存于真理之中，这就上说，生存于它自身以及（它与之相关的）存在者之被揭示性之中。正因为此在本质上已经以生存着的方式存在于真理之中，它本身才可能犯错误，才可能有对存在者的遮掩、伪装和隐瞒。

真存在乃是揭示。但人们会说，揭示乃是自我的一种行为，因而真存在乃是某种主观的东西。我们答复说：诚然是“主观的”；但对这个“主体”概念的意义必须领会得当，应该将之领会为生存着的，也就是说在世界之中存在着的此在。现在我们就能领会，“真存在无法在万物之间，而只能ἐν διανοίᾳ，在知性之中找到”这个亚里士多德的观点在什么意义上是正确的。如果把知性与思维理解为现成灵魂的心理性领会活动，那么“真理出现在主体领域”这个观点的意思便还
309 是无法领会的。与此相反，如果把διάνοια也就是知性，理解为这个在其证言展示结构中的现象，也就是说理解为对某物的揭示性指示，那么人们就会看到，作为对某物的揭示性指示的知性，以其结构，在自身之中就可被作为揭示的真存在所规定。思维，作为人的自由行为处于这样的可能性之中：作为揭示切合或者失落在面前给出的存在者。陈述之真存在存乎其结构之中——因为在其自身之中的陈述乃是此在之行为，而此在作为生存者乃是被真存在所规定的。

b）揭示之意向结构；真理之生存论上的存在方式；被揭示性作为存在者之存在之规定

只要此在作为在世生存，那么它便一向已经即存在者而逗留。

我们说“即存在者”(Bei Seiendem)，这就是说，这个存在者在某种意义上被揭示了。在其被揭示性中的被揭示者(亦即揭示按其意向结构与之相关的存在者)在本质上属于作为揭示的此在。对于每一意向行为本身所关涉的东西的存在领悟属于揭示，同样也属于该意向施为。在揭示性陈述中此在指向了它自始便在其被揭示性中领会的某物。揭示性陈述之 intentio[意向]之 intentum[意向相关项]具有被揭示性这个特性。如果我们把真存在等同于揭示，把ἀληθεύειν[是真的、去蔽]等同于δηλοῦν[使显现、摆明]，如果揭示在其自身之中本质地而非偶然地关涉于一个有待揭示者，那么揭示之环节以及揭示依其结构与之相关的被揭示性便属于真理概念。然而，仅当揭示存在，这就是说，仅当此在生存，被解释性才存在。作为被揭示性与揭示的真理与真存在[①]具有此在之存在方式。真理依照其本质决 310
非像一物那样现成存在，而是生存着。因而，如果领会得当，那么亚里士多德观点的那个否定部分[真理不出现于万物之列]就又是有效的了。亚里士多德说，真存在并非万物之间的某物，它不是现成的东西。当然了，亚里士多德的这个论点还需要补充和更切近的规定。原因在于：正因真理存在，只因真理生存(亦即它具有此在之存在方式)，正因它所关涉的东西之被揭示性同时也属于它，它才虽然并非现成的东西，但却作为陈述所关涉的东西之被揭示性成为现成者之存在之可能规定。只要这个现成者例如在一个揭示性陈述中得到了揭示，真理便是现成者之存在之规定。

当我们说，真存在并不意谓现成存在于诸物之间的东西；其实这

① 通常译为“真理”的概念 Wahrheit 字面是“真性”，以此与“被揭示性”(Enthülltheit)有一致之处。与 Wahrheit 有关的译名讨论详见本书译者的附录。——译注

个说法也还承受着某种歧义。因为，作为对某物的揭示，真存在一向恰恰意谓着它对之自行相关的这个存在者，意谓着在其被揭示性中的这个现成者。被揭示性确实并非现成者之上的现成规定，并非现成者之属性，而属于作为行揭示之生存。无论如何，作为陈述所及的东西之规定，被揭示性还是现成者之存在之规定。

这就出现了这样一个与亚里士多德的论点有关的结果：真理不存在于知性之中——如果知性被理解为现成主体的话。真理存在于诸物之中——只要这些诸物被理解为被发现的东西，被理解为对之做出的陈述之被发现的诸对象。真存在既不现成存在于诸物之间，也不现成存在于灵魂之中。然而另一方面，真理作为揭示既存在于此在之中，又是其意向施为的一个规定，它也是存在者、现成者（就其作为一被揭示的东西存在而言）之被规定性。其缘由在于：真存在
311 “存乎”主体与客体“之间”——如果在通行的外在含义上来理解这两个术语的话。真理现象关联着此在之基本结构，也就是关联着此在之超越性。

c)陈述之“是”中的何所是与现实性之被揭示性。真理之生存论上的存在方式以及防止主观主义误解

我们现在所处的位置能够更明晰地看到命题之“是”这个问题。“是”可以意谓：一存在者之现成存在，existentia；一现成者之何所是，essentia；或者兼指上述两者。在“A 是”（“A ist”——或译为“A 存在”）这个句子里，“是”陈述了存在，例如陈述了现成存在。“A 是 B”的意思可以是：B 作为 A 的“如此－存在”（So-sein）之规定来述说 A；而在这里，A 究竟是否现实地现成存在，则是悬而未决的。然而，“A 是 B”的意思也可以是 A 是一个现成的东西，而 B 则是一个现成地存在于 A 上面的规定性，以至于在“A 是 B”这个句子里，可以同

时意谓存在者之 existentia 与 essentia。此外“是”还意指了真存在。作为行揭示者，陈述意谓了在其被揭示的，亦即真的如此－存在之中的现成存在。根本不需要遁入所谓附加思想、所谓包含在陈述之内的第二层面判断。只要陈述中的“是”得到领会且被说出，它已经在其自身中意指了一个陈述所及的、作为被揭示者的存在者之存在。说出一个陈述时，这就是说，说出指示时，这个指示，作为关乎与它相关的东西的意向性揭示行为，也就说出了自身。这个与它相关的东西依其本质就是被揭示的。只要这个关乎与它相关的存在者的揭示施为说出了自身，而这个存在者又是在其存在之中得到规定的，那么言谈所及的东西的被揭示存在也就 eo ipso［当然］被一同意谓了。312
“在陈述中被意谓的存在”这个概念自身中便包含了“被揭示性”这个环节。如果我说，“A 是 B”，我不仅意谓了 A 之“是 B”，而且还将这个 A 之“是 B”作为被揭示者来意谓。它是在这个所说出的“是”中被一同领会的，以至于我并不在后来再实行一个其内容为“上面的第一层面判断是真实的”那样一个判断。洛采的这个理论源于一种颠倒的真理概念；人们据之无法看到，在陈述施为自身中（也就是在第一层面的判断中），按照其结构，已然包含了真存在。在现成者上面的被发现性自身并不是现成的，毋宁说现成者是在此在之世界之内来照面的——这个世界被展现给生存着的此在。更切近地看，作为传诉性－规定性的指示，陈述乃是这样一种样态，在其中此在将被发现的存在者作为被发现的东西据为己有。在关乎存在者的真陈述中的这个对存在者的居有并非在存在体上将现成者收入一个主体，好像诸物被转移进了自我似的。但这同样也不只是以一种我们从主体汲取而后归之于诸物的规定来主观主义地阐明诸物。所有这些阐释都颠倒了陈述自身之施为基本结构，颠倒了其证言指示本质。陈述乃是对存在者的指示性“让看”。在对存在者的指示性居有（一如其被发现的那样）之中，依据居有之意义，存在者各自的实事规定性被明确地奉于被发现的存在者。我们在这里再次面临这样一种特殊的情况：对现成者在其如此－存在中的揭示性居有恰恰并非主观化，相反却是将被发现的规定奉于存在者，一如存在者自在地那样。

313 真理作为揭示属于此在，且与属于被揭示者的被揭示性一同属于此在；真理它生存。由于真理据有此在之存在方式，这就是说，依照其本质据有超越者之存在方式，那么真理它也就是在世界之内来照面的存在者之一种可能规定。这个存在者（例如自然）在其存在上——无论它存在与否——无论如何并不依赖于其真假；这就是说，并不依赖于其是否被揭示，是否作为被揭示者来与此在打照面。当且仅当此在生存，才有真理、揭示与被揭示性。如果没有“主体”——理解得当的话，“主体”的意义就是生存着的此在，那就既没有真理也没有谬误。然而，难道真理竟如此依赖于“主体”？难道真理并非主观化的，虽然我们却又知道，它是某种离开了主体随意的“客观性的”东西？凭“仅当此在生存，真理才生存”[这么一句话]便否定了一切客观真理？如果仅当此在生存，真理才生存，难道一切真理不会因此归于主体的随意与任意吗？这是把真理阐释为属于此在生存的揭示，阐释为随着此在生存与否而起落的东西——如果这一阐释就结果而言实质上使得所有约束性客观决断成为不可能的，如果把一切客观认识说明为由于主体的仁慈才得以存在的东西，那么这个阐释难道没有自始便被标为靠不住的东西吗？为了避免这个要命的结构，我们是否必须一开始就为所有的科学与哲学认识设定如下前提：有着一种自在地持存着的，就像人们所说的那样，无时间的真理？

实际上，这么来论证的人几乎在在皆是。人们悄悄地求助于人类的健全知性，他们用那些并非实事性根据的论据来工作，他们悄悄

地诉诸庸常知性的见解——对于这种见解来说,假如不存在永恒真 314
理,那实在是不堪忍受的事情。然而,首先得说,哲学认识与科学认识一般并不关心自己带来什么结果,哪怕它们让小市民的知性那样的不舒服。重要的乃是概念上清楚而未受削弱的明晰性,以及对研究结果的认知。一切其他的结果与议论都是无关紧要的。

真理属于此在自身之存在建制。如果说真理乃是某种自在地无时间的东西,这就会提出这样一个问题,我们的阐释在什么意义上没有从主观上去说明真理,所有真理在什么意义上被相对主义地敉平了,而理论又在什么意义上陷入了怀疑主义。2 乘以 2 等于 4,这个命题不仅在从前天到后天的这段时间内才是有效的。这条真理确实不依赖于某个主体。这对我们上文所提出的"当且仅当行揭示的、真的、在真理之中生存着的此在存在,真理才存在"这条命题意味着什么呢?人们在阐释真理时常用来做论据的牛顿定律并非永恒地在那里的;并且在牛顿发现该定律之前,它并不是真的。该定律在被发现性之中,且仅通过被发现性才是真的,因为被发现性就是该定律的真理。从中不能推出这样的结论:如果它通过发现才真,那么在发现之前它就是假的;也不能得到这样的结论:如果其被发现性与被揭示性不可能的,亦即如果此在不再生存,那么该定律便是假的。在被发现之前,牛顿定律既不是真的也不是假的。这并不意味着,随着所揭示的法则被发现的存在者先前不曾如其(在被发现之后)已显示或正显示的那样存在。被发现性,这就是说,真理,恰恰把存在者揭示为先前已经存在的东西,而不顾被发现性与未被发现性。作为被发现的
存在者,它可以被领会为那一如正在与将在而在的东西,而不顾其自 315
身的每一可能的被发现性。因为自然一如它所是的那样存在,所以它不需要真理;就是说,它不需要被揭示性。在真命题中被意谓的持存内容"2 乘以 2 等于 4"能够持存在一切永恒性中,而毋需就之有一

条真理。只要就之有一条真理，这条真理所领会的恰恰是：那在该真理中所意谓的东西，在其如此－存在方面并不依赖于该真理。然而，只要还没有绝对明证地证明，人类此在之类的东西（按照其存在建制，它能揭示存在者，且能将之作为被揭示者居为己有）之生存从永恒性而来，且为一切永恒性而有，那么“有永恒真理”［这个说法］便只还是一种任意的假设与断言。仅当此在生存，“2 乘以 2 等于 4”这命题才能作为真陈述存在。如果此在根本上不再存在，那么这命题便不再有效了。这不是因为命题本身是无效的，不是因为它成了谬误，不是因为“2 乘以 2 等于 4”变成了“2 乘以 2 等于 5”，而是因为某物的被揭示性（作为真理）只能随着行揭示的、生存着的此在而生存。并无正当根据预设永恒真理。甚至，如果我们预设有真理之类的东西，这都纯属画蛇添足。一种至今仍受偏爱的认识论主张，为了反对怀疑主义，我们必须为一切科学与认识制定这样的前提——真理是有的。这个前提之所以画蛇添足，乃是因为，只要我们生存，我们便存在于真理之中，对于我们自身来说，对于我们所不是、且以某种方式加以揭示的世内存在者来说，我们都存在着。在这种情况下，被揭示性的限度乃是无关紧要的。**我们**毋需预设，在某处有着“自在”真理（作为在什么地方飘浮着的先验价值或者有效意义）；毋宁说，真理自身，这就是说此在之基本建制预设了我们，对于我们的本己生存而言，它是前提。真存在，被揭示性乃是我们能够存在（一如我们作为
316 此在生存）的基本条件。真理乃是我们一般而言能够预设某物的前提。因为在任何情况下，预设都是以行揭示的方式把某物设置为存在着的。一般而言前提预设了真理。我们无须为了认知首先预设真理。具有此在特性的存在者——也就是按照其本质生存于真理之中的存在者——必定永恒存在，这一点是无法证明的。人们可以出于某种宗教理由或者其他理由相信这一点，——然而我们所谈论的并

非一种(按照其证明意义远非科学认识基础的)认识。是否任何一个实际生存着的此在、是否我们中的任何一人都已从自己出发自由地决断了本身，是否任何一个生存着的此在都能够从自己出发就此做出决断，无论它是否意欲进入此在？决不。设置永恒真理，这一直就是个虚妄的断言，正如"'当且仅当此在生存，真理才存在'这个说法会把真理交给相对主义与怀疑主义"这个主张是一种素朴的误解。恰恰相反，相对主义与怀疑主义的理论源于一种部分得到证实的、对于绝对主义与独断论的颠倒了真理概念的反对。后面这种真理概念的根据在于以外在的方式将真理现象看作对主体或者客体的规定；或者，在这两种看法都不合适的情况下，将真理现象看作某个第三种意义领域。如果我们不想受到任何欺骗，如果我们不想悄悄地让某种隐藏起来的世界信念在研究中发挥作用，那么就会提出这样一个洞见：仅当此在自身生存，揭示与被揭示性，这就是说，植根于此在超越性之中的真理，才生存。

d)真理之生存论上的存在方式；对存在一般之意义的存在论基本追问 317

然而尚需更进一步。真理并非现成者，然而它是现成者之存在之可能的规定性，只要该现成者被发现。如何才能通过被发现性来规定存在者之存在，特别是(按照其本质不依赖于此在之生存的)现成者之存在？如果现成者之存在可以通过被发现性得到规定，那么存在者之存在或者更确切地说每一存在者之存在方式都具有真理之存在特性。不过，我们能否因此就说"存在具有一种存在方式"呢？存在者存在，并且拥有一种存在，然而存在的确不是存在者。但是在"存在不是存在者"这个命题里，我们已经关于存在陈述了"是"。当我说，存在是这个那个，这里的"是"说的是什么呢？在关于存在——

它不是存在者——的所有陈述中,系词具有何种意义呢?[①] 在所有的存在论命题中,系词具有何种意义呢?这个问题乃是康德在其《纯粹理性批判》中所探究的秘要,即使该秘要从外面看起来并不那么显眼。存在之类必须在某种意义中给出——如果我们有权言之,如果我们与存在者自行相关;这就是说,在其意义中将之领会为存在者。存在如何才"有"(gibt es)?仅当真理生存,亦即,仅当此在生存,才有真理?"是否有存在"这取决于此在之生存?如果是这样,那么这就不是在重复断言:"存在者,例如自然是否存在"取决于此在之生存。有存在以及能有存在的方式方法并未对"存在者是否以及如何作为存在者来存在"做出任何预先判断。

318　问题集中在这样一个追问上:真理之生存如何与存在以及有存在的方式方法相关?存在与真理在本质上相互关涉吗?存在之生存随着真理之生存而起落生灭吗?存在者,只要它存在,就独立于关乎它的真理;而真理则仅当此在生存才存在;与之相反(如果我们可以用一种更为简洁的方式来说的话),存在却生存——情况就是如此吗?

通过对"**是**"及其**多义性**的批判性讨论(首先在顾及它与**真存在之关联**的情况下),我们已经又一次回溯到了**存在论上的基本追问**。在第四论题那里,我们也已经看到了讨论前面三个论题时已经提出的东西:存在这个概念决不简单,同样它也并非不言自明。存在之意义是最错综复杂的,存在之根据是晦暗的。需要理出头绪、澄清晦

---

① 参见亚里士多德:《形而上学》,Γ卷,第二章,1003b10:διὸ καὶ τὸ μὴ ὂν εἶναι μὴ ὄν φαμεν[为此故,我们即便说"非是"(或"非存在")也得"是"一个"非是"]。——原注[这里要注意,按照希腊哲学中的概念构造方式,被以"是"述说者就可被称为"存在者"("是者"),故有此表面的悖谬。中译文参见《形而上学》,吴寿彭译,北京,商务印书馆,1991年,第57页。——译注]

暗。我们对该任务是否已经着手准备，以致执行该任务必需的光明与线索已经是合用的？本讲座的第一部分现已接近终结。对该部分的考察不仅把那些看起来微不足道的问题的含混与困难带到了我们面前；并且，那些各种各样的存在论问题（按照其本己内涵）不断把提问推回到对我们自身所是的存在者的追问上。因而，在存在论的问题领域之内，我们自身所是的存在者，此在，具有其本己的特点。因此我们可以谈论**此在的存在论优先性**。在以上的考察进程中，我们已经看到，在哲学的整个历程中，甚至在哲学明显首先是、仅仅是自然存在论的地方，都实行了一种向νοῦς［心灵］，也就是精神，向ψυχή［灵魂］，也就是灵魂，向 λόγος，也就是理性，向 res cogitans［能思的物］，也就是意识、自我、精神的回溯，——在某种意义上，所 319
有对存在的阐明都以此类存在者为指针。

至于此在的这个存在论优先性的根据，我们已经大略有所刻画。这根据在于，该存在者在其最本己的建制中被构成的——以至于**存在领悟**属于其生存，一切朝向存在者、朝向现成者乃至朝向其自身的施为基于该领悟才得以可能。如果我们抓住**哲学之基本问题**，追问存在的意义与根据，那么，只要我们无意在想象中工作，我们就必须在方法上紧紧抓住那使我们得以通达存在之俦的东西：抓住属于此在的存在领悟。只要存在领悟属于此在之生存，那么，**此在自身之存在建制**以及**存在领悟之可能性**越是得到本源与全面的阐明，则该领悟以及在其中被领会与意谓的存在便越是可被切合、本源地通达。如果此在基于归属它的存在领悟而拥有一种在一切存在论问题上的优先性，那么此在就需要经受一种**预备性的存在论研究**，该研究为一切包含了（对于存在者一般之存在，以及对于各种存在领域之存在的追问的）进一步的问题域提供了基础。因而，我们把对此在的这个预备性存在论分析标识为**基础存在论**。它之所以是**预备性的**，这是因为它**只是引导了对存在意义及存在领悟之境域的澄清**。它只能是预备性的，因为它想做的只是为一种彻底的存在论赢得基础。因而，在提出存在意义及存在论境域之后，它必须在一个更高的层面上得到重复。这条道路上何以没有循环，或者表述得更好些，一切哲学阐释
320 的循环或者循环性何以不是什么人们在绝大多数情况下都害怕的怪物，我们在这里无法详加讨论了。通过把此在作为存在论主题的基础存在论，我们自身所是的存在者便抵达了哲学问题的核心。人们可以称之为人类中心主义的或者主观主义的-唯心主义的哲学。不过哲学行当的这种招牌是毫无意义的；它要么变成对某种立场无实质根据的宣扬，要么变成对之同样无实质根据的煽动性怀疑。此在之成为基础存在论主题，这并不是我们突发奇想；相反，这源于必然，源于存在一般之理念之实事内涵。

因而，"对此在进行基础存在论式的阐释"这个任务大体上是清楚的。然而完成这个任务却决不简单。首先我们不可幻想举手之间就完成了这个任务。存在问题提出得越是清楚明晰，困难就越是难以捉摸，对一门课来说尤其如此。该讲座课还未能预先确立方法之完全统治，还未能预先设定对问题整体的充分概观。这里只涉及以存在论基本问题为取向。这是无可避免的——如果我们想给出一个具有充分说服力的哲学概念，正如它自巴门尼德以来在我们的历史中一直活跃的那样。

第二部分

对于存在一般之意义的基础存在论追问。存在的基本结构与基本方式

对第一部分中四个论题的讨论在当时应该使得我们接近了存在论基本问题——并且是以这样的方式：那时涌现的四组问题将自己表明为一个在自身中统一的东西，表明为造就了存在论基本问题域整体的那些问题。作为四个存在论基本问题提出来的是：第一，存在论差异（亦即存在与存在者之间区别）的问题；第二，对存在的基本分说问题，存在者之实事内涵与存在者之存在方式；第三，存在之可能样态与存在之多义性的统一问题；第四，存在之真理特性问题。

我们把这四个问题相应分配给这第二部分的四章以供研讨。

第一章　存在论差异的问题 322

把存在一般与存在者之间的区别问题置于首位，这不是没有根据的。因为对于这个区别的探讨才首先使得我们可能以一种清晰明确的、在方法上可靠的方式把存在之类的东西放到与存在者的区别之中来加以主题化的观看，并将之设立为研究。存在论（亦即作为科学的哲学）之可能性是随着充分清晰地实行存在与存在者之间的区别之可能性，因而也是随着实行从对存在者的存在体式考察到对存在的存在论主题化的跨越之可能性而起落生灭的。因而本章的探讨要求占据我们的主导兴趣。仅当我们掌握了对存在本身的领悟，我们才能确认存在及其与存在者的区别。然而，在概念上把握存在领悟意味着首先领会**那个**存在领悟归属于其存在建制的存在者——此在。提出此在之基本建制（即其生存建制）乃是对此在之生存建制进行预备性存在论分析的任务。我们将之称为此在之生存分析论。它必须达到这样一个目标：阐明此在之基本结构（就其统一性与整体性而言）植根于何处。诚然，在第一部分中，在当时的肯定式批判性探讨所需要的限度之内，我们已经偶尔给出了这种生存分析论的**个别片段**。然而我们既没有成系统地贯彻这一分析，又不曾专门突出此在之基本建制。在我们研讨存在论基本问题之前，需要实施此在之生存分析论。然而，在本讲座课的限度之内，这是不可能的，如果我 323
们意欲提出存在论一般问题的话。因而我们必须选择一条退路，并且将此在生存分析论的实质性结果当作已被证明的结论预先加以设定。生存分析论所包含的内容，就其实质性成就而言，我的论著《存在与时间》已经提出了。生存分析论的结果(亦即在其根基处突出此在之存在建制)就是:此在之存在建制植根于时间性之中。如果我们预设了这样一个结果,那么它并不意味着:我们可以满足于仅仅听到"时间性"这个词儿。至于此在之基本建制植根于时间性之中,对于这一点此间暂不明确提出证据。然而,我们还是必须尝试以某种方式赢得对时间性之意味的领悟。为此我们选择如下途径:我们以庸常的时间概念为出发点;并且学着观看,那通常被认作时间的东西,那迄今为止在哲学中独自成了[时间]问题的东西,如何预设了时间性自身。必须看到,被庸常地领会的时间确实以及如何属于且源于时间性。通过这一观察,我们可以努力前进到时间性现象自身及其基本结构。我们借之赢得了何物呢?至少是对此在之本源的存在建制的洞察。然则,只要存在领悟属于此在之生存,这个领悟也就必定植根于时间性之中。存在领悟在存在论上的可能条件乃是时间性自身。因而从时间性必定可以显示出这一点:我们从何处出发领会存在之类的东西。时间性承担了使存在领悟得以可能的任务,因而也就承担了使对存在的主题化解释、对存在之分说及其多重方式得以可能的任务;这就是说,承担了使存在论得以可能的任务。由此产生
324 了一个关涉时间性的专门问题域。我们称之为时态性。"时态性"这个术语与"时间性"这个术语并不重合,虽然德文的"时间性"(Zeitlichkeit)只是对[出自拉丁文的]"时态性"(Temporalität)一词的翻译。只要时间性自身作为存在领悟以及存在论本身的可能条件成了主题,那么术语所意谓的就是"时间性"。"时态性"这个术语应当表明,生存分析论中的时间性展示了我们由之领会存在的境域。我们在生存分析论中所探询的东西——生存,结果将自身表明为时间性;时间性在它那方面为存在领悟构建了境域,而存在领悟在本质上属于此在。

关键在于对在其时态规定性中的存在加以察看，并且揭示这种规定性的问题域。但只要以现象学的方式将在其时态规定性中的存在变得清楚可见了，那么我们就由此把自己置于这样一个境地：可以更清晰地掌握存在与存在者之间的区别，并且可以确认存在论差异之根据。由此我们可以给出第二部分第一章的提纲，这第一章是处理存在论差异问题的：时间与时间性（§19）；时间性与时态性（§20）；时态性与存在（§21）；存在与存在者（§22）。

§19. 时间与时间性

关键在于，穿越庸常的时间领悟而推进到时间性；此在之存在建制植根于时间性之中，而被庸常地领会的时间也属于时间性。第一步在于确认庸常的时间领悟。在自然的经验与领会中，我们用“时间”来意谓什么呢？虽然我们不断地计时，或者说考虑盘算时间（不必明确地以钟表测时），虽然我们沉溺于作为最日常普通东西的时间之中，无论我们迷失在时间之中还是被时间所纠缠，——虽然时间对于我们来说熟悉的得就像我们此在之中的东西；然而，一旦我们试图 325
甚至仅仅在日常可领会性的界限之内来澄清时间，它就确然变得陌生、成了谜一般的东西。关于这个情况，奥古斯丁所说的那番话已经耳熟能详了。Quid est enim“tempus”? Quis hoc facile breviterque explicaverit? Quis hoc ad verbum de illo proferendum vel cogitatione conprehenderit? Quid autem familiarius et notius in loquendo conmemoramus quam “tempus”? Et intellegimus utique, cum id loquimur, intellegimus etiam, cum alio loquente id audimus. —Quid est ergo“tempus”? Si nemo ex me quaerat, scio; si quaerenti explicare velim, nescio: fidenter tamen dico scire me, quod, si nihil

praeteriret, non esset praeteritum tempus, et si nihil adveniret, non esset futurum tempus, et si nihil esset, non esset praesens tempus.[①] "时间究竟是什么？谁能轻易地概括说明它？谁对此有明确的概念，能用言语表达出来？在谈话中，有什么比时间更常见、更熟悉呢？我们谈到时间，当然了解，听别人谈到时间，我们也领会。那么时间究竟是什么？没有人问我，我倒清楚，有人问我，我想说明，便茫然不解了。但我敢自信地说，我知道如果没有过去的事物，则没有过去的时间；没有来到的事物，也没有将来的时间，并且如果什么也不现成存在，则也没有当前的时间。"新柏拉图主义者辛普里丘则说：τί δὲ δή ποτέ ἐστιν ὁ χρόνος, ἐρωτεηθεὶς μόγις ἂν ὁ σοφώτατος ἀποκρίναιτο."至于说什么是时间，对于这个问题，即使最有智慧的人几乎也无法找到答案。"[②]对于把握时间与阐释时间的困难，再引进一步的证据就多余了。我们自己澄清在自然领会中时间所意谓的
326 东西的每一次尝试、纯粹无蔽地突出对于时间所领会到的东西的每一次尝试，都使我们确信这一点。我们首先是没有任何方向。我们不知道应该把目光投向何方，不知道应该到哪里去寻觅并找到诸如时间之类的东西。但有一条出路把我们搭救出这一困境。庸常的时间领悟很早就已经在哲学中得到了概念表述。因而，在得到明确表达的时间概念当中，我们尚有时间现象的表面特征可用。如果我们坚持进行一种概念式的特性描述，那么时间这个现象便不再完全躲开我们。不过，即使在时间概念的概念性把握活动中掌握了时间，我

① 奥古斯丁：《忏悔录》，第 XI 卷，第 14 章。——原注[中译文参见《忏悔录》，周士良译，北京，商务印书馆，1989 年，第 242 页。中译文并略做改动，以配合海氏的德文翻译。——译注]

② 辛普里丘：《亚里士多德〈物理学〉评注》，H. Diels 编，Berlin1882，第 695 页，17f。——原注

们也不可用方法上的谨慎与批判为代价得到这一收获。这正因为，如果时间现象如此难以掌握，那么在传统的时间概念中反映出来的时间阐释是否彻底符合时间现象，这仍然是成问题的。即使时间阐释符合时间现象，也还要讨论这样一个问题：这一时间阐释（哪怕它是符合时间现象的阐释）是否切中了在其本源建制中的现象；或者说，那个庸常的与真正的时间概念是否仅仅掌握了时间的表面特征，该表面特征当然是时间所特有的东西，但仍然没有在时间的本源性中把握时间。

只有当我们提出了这些保留意见，才能确保对传统时间概念的批判性探讨可以让对时间现象的领悟得益。对于领会基础存在论的考察方式而言，一切都依赖于将在其本源结构中的时间现象带入其视线。既然如此，那么，如果我们只是为了有机会提供时间定义而去关注某一个或者更多的时间定义，这就完全是无的放矢了。我们首先需要以传统时间概念为线索，对时间现象进行多方面的定位。不过随后就必须追问，这些传统时间概念所由源出的那些时间阐释是以什么方式瞄向时间现象的，此时本源的时间现象在多大程度上被 327
纳入视线，如何才能从这个首先被给出的时间现象向本源时间折返。

为便于概观计，我们将第 19 节划分为 a）对传统时间概念的史学定位，对这一奠基性庸常时间领悟的特征描述 ；b）庸常时间领悟与向本源时间的折返

a）对传统时间概念的史学定位，对这一奠基性庸常时间领悟的特征描述

如果我们以历史回顾的方式去概观从概念上掌握时间的那些尝试，那么可以显示，古代人已经提出了构建传统时间概念内涵的本质性东西。两种后来成了标准的、对时间的古代阐释（其一是我们已经

提到的奥古斯丁的阐释，另一是亚里士多德那篇关于时间的首次伟大论述）也是对时间现象自身最渊博的、实际上是主题化的研究。在一系列本质性规定方面，奥古斯丁与亚里士多德是一致的。

在亚氏《物理学》，Δ 卷，第 10 章的 217b 至第 14 章的 224a17 可以找到他关于时间的论述。他还在《物理学》Θ 卷的首章给了其时间阐释一个本质性的补充。《论灵魂》Γ 卷里也有几处重要段落。在古代的时间阐释篇章里，普罗提诺（Plotinus）《九章集》（Enneaden）里的Περὶ αἰῶνος καὶ χρόνου（Enneaden III，7），也就是《论 Aeon［永久］与时间》也具有一定的意义。Aeon 是永恒（Ewigkeit）与时间之间特有的中间形式。对 Aeon 的探讨在中世纪起了很大的作用。
328 然而普罗提诺所给出的更多的是一种关于时间的哲学思辨，而非一种严格地驻留在现象自身之上并把现象逼入概念的阐释。以概括的方式对古代时间概念做出指引的当属辛普里丘给亚氏《物理学》所做的伟大评注的附录。这一评注为 Δ 卷的结论部分单独给出了一个附录，辛普里丘在那里探究了时间概念。① 在经院哲学家当中，托马斯·阿奎那与苏阿雷茨对时间概念的探讨最深入，当然他们紧靠着亚里士多德的阐释。在近代哲学中，可以在莱布尼茨、康德与黑格尔那里找到关于时间的最重要研究；在这些研究中，随处显露的归根结底还是亚里士多德的时间阐释。

至于最近一段时期，则须提到柏格森对于时间现象的研究。这个研究倒是最独特不过的。他在其《论意识的直接与料》（1888）那里给出了实质性的结果。这个研究在其主要著作《创造进化论》（1907）中得到了拓展，并被置于一个更为广阔的背景之下。在其第一部论

① 辛普里丘：《亚里士多德〈物理学〉评注》，H. Diels 编，Berlin1882，第 773—800 页。——原注

著中，柏格森便已尝试克服亚里士多德的时间概念并展示其片面性。他试图超出庸常的时间概念；为了与被庸常地领会的时间（他称之为temps）相区别，他提出了 durée，也就是绵延。在一篇更新的论文《绵延与同时性》（1923 年第二版）里，柏格森与爱因斯坦的相对论进行了争论。柏格森的绵延学说恰恰来自与亚里士多德时间概念的直接争辩。他对被庸常地领会的时间的阐释，建立在对亚里士多德时
间领悟的误解之上。与此相应，那个庸常时间的对立概念——绵延，329
在这个意义上也是站不住脚的。他凭此概念向本真时间现象的推进乃是不成功的。当然柏格森的研究还是有价值的，因为它显示了一种超越传统时间概念的哲学努力。[1]

我们已经强调过，亚里士多德与奥古斯丁的那两种古代的时间阐释说出了庸常时间领悟关于时间所能说出的最本质的东西。如加比较，则亚里士多德的研究在概念上更为严格、更有力量，而奥古斯丁的研究则以更为本源的方式看到了时间现象的几个维度。任何探询时间之谜的尝试都难免与亚里士多德争辩。因为他首度清楚明确地将庸常的时间领悟概念化（并且在相当长的一段时间内，这种概念形式都是有效的），以至于他的时间阐释与自然的时间概念之间若合符节。亚里士多德是最后一位这样的伟大哲人：他们亲眼体察观看，并且——这一点更为关键——具有将研究不断反复逼回现象与所观的顽强能力，具有从根本上蔑视一切混乱空洞的思辨（无论它们多么贴近常识的核心）顽强能力。

我们在这里不得不放弃深入阐释亚里士多德以及奥古斯丁的论述。我们且拣选几个有特点的命题，以藉之说明传统的时间概念。

---

① 关于柏格森的时间学说与亚里士多德的关系，又可参见海氏《存在与时间》第 82 节 A 部分的一个脚注。见《存在与时间》，陈嘉映、王庆节译，北京，三联书店，1987 年，第 507 页。——译注

为补充计，我们也引几条莱布尼茨的思想。莱氏关于时间的探讨，与他所有的实质性想法一样，散见于即兴之作、研究论文与书简之中。

为了澄清亚里士多德的时间概念，我们先对他的时间论述做一简短概括。

330 **α)亚里士多德时间论撮要**

亚里士多德关于时间的论述包括了五章(《物理学》，Δ 卷，第 10 章至第 14 章)。**第一章**(第 10 章)作为首章确认了问题的提法。问题是沿着两个方向展开的。第一个问题是：πότερον τῶν ὄντωνἐστὶν ἢ τῶν μὴ ὄντων[时间是存在着的事物呢，还是不存在的呢][①]，时间属于存在者还是非存在者？时间自己就是某种现成的东西呢，还是附在一个独立的现成者上面的共同现成的东西呢？时间**如何**存在，存在于**何处**？第二个问题则是：τίς ἡ φύσις αὐτοῦ[它的本性是什么呢][②]，时间的本性、本质是什么呢？这两个问题所问的分别是时间的**存在方式**与时间的**本质**。但下面的论述关于两者的篇幅是不对等的。对第一个问题的讨论并不那么详细；仅在末章(第 14 章，223a16 至 224a17)给出了正面的回答。论述的其他部分则用于研究、探讨第二个问题：时间是什么？第 10 章不仅仅确认了这两个问题，而且还同时探讨了这两个问题中所包含的困难，并且在与此有关的背景情境中指点了先前的解决尝试。亚里士多德习惯以这种方式——几乎全无例外——引入他自己的研究：对困窘疑难进行史学式的定位与探讨。ἀπορία[困窘疑难]意味着无路可通。问题首先

---

① 亚里士多德(Ross 本)：《物理学》，Δ 卷，第 10 章，217b31。——原注[方括号里的中译文参见《物理学》，张竹明译，北京，商务印书馆，1991，第 121 页。我们在方括号中择版照录通行的中译文，与正文中海氏自己的译解相参照。——译注]

② 同上书，217b32。——原注[中译文见同上书，第 121 页。——译注]

是以这样的方式被确认的：从表面看来在那些追问当中似乎已是穷途末路了。通过对困窘疑难进行史学式的定位与探讨，暂且就把问题的实事内涵摆得更切近了。

就上述第一个问题——时间是某种现成的东西还是一种μὴ ὄν［非存在者］——而言，似乎［非存在者］这后一个规定更容易被当作答案。如果构建了时间的时间之诸部分以各种各样的方式不存在，那么时间作为整体怎么会现成地存在，怎么会是一种οὐσία［实体、存在者］呢？过去与将来属于时间。它们一个**不再存在**，另一个**尚未** 331
存在。过去与将来具有虚无之特性。时间仿佛拥有两条臂膀——就像洛采一度表述过的那样——，时间把这两条臂膀沿着不同的方向伸进了非存在之中。依其概念而言，过去与将来恰恰是不存在的；归根结底，**存在**的从来只是当前，是现在。然而另一方面，时间亦非由一种现成现在之杂多并置而成的。因为在每一个现在中存在的只有这个现在，而其他的现在则尚未**存在**或者不再**存在**。现在也决非相同者，决非唯一者；毋宁总是另外的东西，是非-自同者与非-统一者，是一种杂多。然而，一个自在地现成存在的东西必然包含自同性与统一性这种规定。如果时间的环节（对于该环节所能说的也许只是：它**存在**），也就是现在缺乏这些规定，那么时间似乎便完全归属于非存在与非存在者（μὴ ὄν）了。提出了这个困窘疑难，亚里士多德就立刻把对时间之存在方式的追问搁置一边，以便讨论几个关于时间的存在方式以及本质的传统观点。

有一种观点把时间等同于大全的运动。自行运动的ἡ τοῦ ὅλου κίνησις［无所不包的天球］[①]，即存在者之整全，便是时间自身。

① 亚里士多德（Ross本）：《物理学》，Δ卷，第10章，218a33。——原注［通行的中译文与海氏的译解有出入。参见《物理学》，张竹明译，北京，商务印书馆，第122页。——译注］

在某种意义上，此间的这个想法还是有神话色彩的。然而一切神话都以特定的经验为其根据，断非纯粹的杜撰臆造。在上面那个神话式的阐释中，时间被等同于大全之运动，这不可能是偶然随意的。[①]第二种时间观具有相同的方向，然而它就更加断然了。此观点云：时间就是ἡ σφαῖρα αὐτή[天球本身][②]。这里时间被等同于天球，此
332 天球周行不殆而涵摄一切。为领会这点，我们须回想古代的世界图景。据此图景，大地乃是漂浮于大洋中的一个圆盘，天球整体环绕着它。在此整体中，诸天球层层相叠，日月星辰紧附其上。最外一层天球包摄一切真正存在的东西。被等同于时间的正是这一层天球及其周行。依照亚里士多德，这种解说的根据如下：ἔν τε τῷ χρόνῳ πάντα ἐστὶν καὶ ἐν τῇ τοῦ ὅλου σφαίρᾳ[万物都发生在时间里，也都存在于整个天球里][③]；一切存在者都存在于时间之中。而一切现成存在的东西也都存在于旋转着的天穹之内——该天穹乃是一切存在者的外限。时间与最外一层天球遂相同一。在这一解说中，也有某种被经验到的东西：时间与天之周行有关联，而时间同时是一切存在者之存在于其中之所。存在者存在于时间之中——我们诚然是这么说的。亚里士多德说，即使我们必须撇开此类幼稚简单的解释，但还是有一种更有理由的表面情形支持如下观点：时间乃是运动之类的东西，κίνησίς τις[运动的什么]。我们谈论的是时间之流，我们总是说：时间流逝了。亚里士多德也把κίνησις说成μεταβολή

---

① 或云第一种时间观出于柏拉图，参见《物理学》，张竹明译，北京，商务印书馆，1991年，第122页注2。柏拉图确实在《蒂迈欧篇》中的创世神话中提到了近似的时间观。参见36e，37c—38c。中译文可参见《蒂迈欧篇》，谢文郁译，上海，上海人民出版社，2003年，第32—34页。——译注

② 亚里士多德（Ross本）：《物理学》，Δ卷，第10章，218b1。——原注[中译文见《物理学》，张竹明译，第122页。——译注]

③ 同上书，218b6f。——原注[中译文见《物理学》，张竹明译，第123页。——译注]

[变化、变动、变]。这是一个最一般的运动概念,其字面犹如德文之Umschlag[转化、突变、变]。然而,依其概念,运动乃是 ἐν αὐτῷ τῷ κινουμένῳ[在于这运动着的事物自身],亦即在运动者自身之中,或者总是在运动者碰巧所在的地方——运动者也就是κινούμενον[运动者]或μεταβάλλον[变化者]自身。运动总存在于运动者之中,它并非某种仿佛飘浮在运动者之上的东西;毋宁说,运动者自行运动。因而运动总存在于运动所在之处。亚里士多德说,但时间ὁ δὲ χρόνος ὁμοίως καὶ πανταχοῦ καὶ παρὰ πᾶσιν[时间同等地出现于一切地方,和一切事物同在][①],则与运动相反,以相同的方式既存在于一切地方,也存在于一切事物之旁,存在于一切事物那里。于是便可确认时间与运动之区别。虽然运动一贯只存在于运动者之中,只存在于运动逗留之所,时间却无处不在(πανταχοῦ),并不附 333
着在某个特定的地方;并且时间并不存在于运动者自身之中,而是παρά[旁边],存在于其旁,以某种方式存在于事物那里。运动与时间的区别在于它们各自属于运动者的方式,在于它们各自属于那存在于时间之中的东西(我们名之为"时间内的东西")的方式有所不同。这样,上面一时提出的第一种关于时间的规定(时间自身乃是一种运动)也就崩溃了。时间自身并非运动,ὅτι μὲν τοίνυν οὐκ ἔστιν κίνησις[因此可见时间不是运动][②]。然而另一方面,时间也不脱离运动。因而现在可将结论表述为:时间οὔτε κίνησις οὔτ᾽ ἄνευ κινήσεως[既不是运动,也不能脱离运动][③],时间自身固然不是运

---

① 亚里士多德(Ross 本):《物理学》,Δ 卷,第 10 章,218b13。——原注[中译文见《物理学》,张竹明译,第 123 页。——译注]

② 同上书,218b18。——原注[中译文见《物理学》,张竹明译,第 123 页。——译注]

③ 《物理学》,Δ 卷,第 11 章,219a1。——原注[中译文见同上书,第 124 页。——译注]

动，然而它也**不脱离**运动。由此遂提出：时间在某种意义上与时间相关联，它并非κίνησις，而是κινήσεώς τι[运动的某某]，也就是**某种在运动上面的东西**，某种与运动者的运动有关联的东西。对时间本质的追问遂集中于这样一个问题：τί τῆς κινήσεώς ἐστιν[时间是运动的什么]①，时间是运动上面的**什么**？

研究之路藉此得到了预先勾勒。《**物理学**》，**Δ卷**，第11**章**——也就是时间论的**第二章**——乃是整个时间论的核心篇章。在这一章中，亚里士多德得到的结果乃是对"时间是什么"这个问题的回答。我们现在只确定这样一个结果，因为下面我们将更为详细地探究对于时间本质的阐释。亚里士多德说：τοῦτο γάρ ἐστινὁ χρόνος, ἀριθμὸς κινήσεως κατὰ τὸ πρότερον καὶ ὕστερον[因为时间正是这个，关于前后的运动的数]②，也就是说，时间正是：**在**对运动上面的前后（Vor und Nach）的考虑**中**以及**为了**这种考虑而显示的被数的数；或者简言之：在先后（Früher und Später）境域中来照面的运动上面之被数的数。然后亚里士多德更确切地表明了，在对一种运动的经验中已然包含着什么，在那里时间又是如何来共同照面的。

334 他澄清了，时间如何是ἀριθμός[数]，在何等意义上是ἀριθμός；基本时间现象如何落实为τὸ νῦν[现在]，亦即现在。

这就导致亚里士多德在**第三章**（第12章）中深入规定了运动与时间之间的关联；他还在那里表明：运动存在于时间之中，并且通过时间得到度量；非特如此，反过来说，时间也是通过运动得到度量的。于是就提出了那个基本问题：某某存在"于时间之中"——这意味着

---

① 《物理学》，219a3。——原注[中译文见同上书，第124页。——译注]

② 《物理学》，219b1f。——原注[中译文见同上书，第125页。至于海氏何以用"被数的数"（Gezählte）来译"数"（希腊文ἀριθμός），可参见本书348页脚注①及相关正文。——译注]

什么？一个存在者存在于时间之中，我们通常将之表达为“时间性的”(zeitlich)。然而从术语上说，我们则在另外的意义上使用“时间性的”这个表达；至于一个存在者之“存在于时间之中”，我们则以“时间内性”(*Innerzeitigkeit*,)这个表达标识之。某某既存在于时间之中，则它就是时间内的。通过对“时间内性”这个概念的说明，时间之特征便被阐明为数。静止乃是运动的极端情况。就此而言，规定了时间与运动的关系也就阐明了时间与静止的关系。同样，参考“时间内性”这个概念，也可以说明时间与“时间外的东西”(Außerzeitigen)之关系——后者通常被称为“无时间性的东西”(Zeitlose)。

第四章(第13章)追问的则是在现在序列之杂多性中的时间之统一性。亚里士多德在这里试图表明，现在，τὸ νῦν[现在]，如何构建着时间之本真的连续一致，也就是συνέχεια[连续性]，自行连续一致(Sichzusammenheit)，拉丁文是 continuum[连续、连续性]，德文则是“连续性”(Stetigkeit)。问题在于，现在是如何使得时间连续一致成为整体的。一切时间规定全都关涉现在。在对συνέχεια[连续性]进行阐明之后，亚里士多德阐释了几个时间规定：ἤδη[马上、立刻、刚才]，也就是立刻以及刚才①；ἄρτι[适才、刚才]，也就是方才或者说刚才；进一步还有 πάλαι[从前]，也就是以前与从前；还有ἐξαίφνης[忽然]，也就是突然。立刻、刚才、以前、突然、以后、过去等等这些规定全都回溯到现在。从现在往回，看到刚才；从现在向前，335
则仿佛看到立刻。亚里士多德并未从它们的内在关联去掌握这些规

① 在亚里士多德《物理学》中，ἤδη既有“马上”之义，也有“刚才”之义。参见该书222b8，222b11。特别参见《物理学》，张竹明译，北京，商务印书馆，1991年，第134页译者注①。海氏以 Sogleich 译之，该词在德文中主要是“立刻”的意思；也有“刚才”的意思，但比较罕见。——译注

定。他只是为时间规定举例子，没有对之加以系统的认识。

第五章（第 14 章）回过头来把握了时间定义中所虑及的规定，πρότερον[先] 与ὕστερον[后]，也就是先与后。它探讨了先后(Früher und Später)对前后(Vor und Nach)的关系。——在该讨论之后，亚里士多德又重新拾起了那首要的问题：时间如何存在，存在于何处？在《物理学》第Ⅷ卷（Θ 卷）中亚里士多德更详细地规定了这个问题。在这一卷中他把时间带入了与天之周行以及νοῦς[心灵、心智]的关联之中。时间并不被束缚于一种运动之上，并不被束缚于某个地点之上。它是以某种方式无处不在的。不过，既然按照定义时间乃是被数的数，那么它便只能存在于计数活动所在之处。而计数乃是灵魂的一种行为。这里我们再次通向了这样一个困难的问题：时间存在于灵魂之中——这到底是什么意思？这对应于那个在第四项[存在]论题的语境中被探讨的问题：真理存在于知性之中——这是什么意思。只要我们还没有关于灵魂、知性亦即此在的充足概念，那就还是难以说出“时间存在于灵魂之中”是个什么意思。仅说时间是个主观性的东西那是毫无所获的；这最多引出了一个完全颠倒的问题。

现在可以提出这样一个问题：在时间中存在的、不同的存在者与运动者如何可能作为不同的东西存在于相同的时间之中？不同东西的同时性是如何可能的？大家知道，对同时性的追问，更确切地说对主观间确认同时事件之可能性的追问，构建了相对论的基本问题。
336 对同时性问题的哲学处理则有赖于两点：第一点是规定时间内性这个概念——这就是说有赖于这样一个问题：某物一般如何存在于时间之中；第二点则是阐明这样一个问题：时间以什么方式存在，在哪里存在——更确切地说：时间一般是否存在，以及时间能否被称为存在着。

对于亚里士多德来说，时间乃是某种存在于运动上面的东西，并且通过运动得到度量。就此而言，问题在于找到本源地度量时间的那个最纯粹的运动。首要的衡量尺度乃是最外层天球之周行（κυκλοφορία[圆周位移]）。这种运动乃是一种圆周运动。于是，在某种意义上，时间就是一个圆圈。

以上这个简短的概览已可表明，亚里士多德已经展开了一系列与时间有关的核心问题；并且这些问题并非不加选择地随意提出，而是处于一种实质性的连锁关系之中。不过，还是应该看到，许多问题在他仅是触及而已，——即便是那些他处理得更为详细的问题，也决不是说不再需要进一步的后续研究与乃至崭新彻底的提问方式了。但是，从整体看，一切在今后的哲学发展进程中得到讨论的核心时间问题，在亚里士多德那里都涉及了。可以说，后来的时代并未实质性地超越亚里士多德处理问题的境界，——除了奥古斯丁与康德这两个例外。但从原则上讲，他们仍是固守着亚里士多德时间概念的。

β)对亚里士多德时间概念之解释

在对亚氏时间论做了如上概观之后，我们尝试着对之做一更为确切的领悟。在这么做的时候，我们不拟紧贴着文本；而是打算通过一种自由探讨，偶尔也通过一种发挥式的阐释去更多地接近亚里士多德所看到的现象。这里，我们从已经引述过的时间定义出发：τοῦ-
το γάρἐστιν ὁ χρόνος, ἀριθμὸς κινήσεως κατὰ τὸ πρότερον 337
καὶ ὕστερον[因为时间正是这个，关于前后的运动的数][1]，在先后(Früher und Später)境域中来照面的运动上面之被数的数——也

① 《物理学》，Δ 卷，第 11 章，219b1f 。——原注[中译文见《物理学》，张竹明译，北京，商务印书馆，1991 年，第 125 页。——译注]

就是在考虑前后(Vor und Nach)时来照面的运动上面之被数的数。人们首先会说，这个关于时间的规定倒把我们追寻的现象搞得与其说是可通达，不如说是不明澈了。这个时间定义首先含有：时间乃是我们在运动上面所遭遇的东西，亦即在一种作为运动者的自行运动者上面所遭遇的东西，[时间]οὔτε κίνησις οὔτ᾽ ἄνευ κινήσεως[既不是运动，也不能脱离运动][①]。我们来举个最简单的例子。一根垂直的杆棒从黑板的左边运动到右边。我们可以让它以转动的方式运动，以它接触地面的那一点为转动的圆心。时间乃是运动上面的某物，它在一运动者上面对我们显示出来。如果我们对自己表象出，该杆棒自行运动或者转动，那么我们就要追问：如果说时间应该存在于运动之上，那么这里的时间究竟存在于何处？它当然不是这根杆棒的属性，不是物体性的东西，不是重量、颜色、硬度；不是任何属于其广延与连续性(συνεχές[连续、一致])本身的东西，不是任何出自杆棒之点杂多的片段(如果我们把杆棒设想为线的话)。然而亚里士多德确实没有说，时间是运动物本身上面的东西；他说的是，时间乃是物之运动上面的东西。但是，这根杆棒的运动是什么？我们说：那是杆棒的位移，也就是说，它从一个位置转移到了另一个位置——不管该运动的意义是单纯的移动或是从一个位置从另一个位置的连续运动。时间乃是运动上面而非运动者上面的某物。如果追随杆棒的连续运动(不管在转动的意义上还是在其他运动的意义上)，我们就在这个连续运动自身上面找到时间了吗？时间是贴附在运动本身上面的吗？如果我们中断运动，时间——我们姑且这么说——仍然继续前行。虽然运动停顿，时间仍在行进。于是乎时间

① 《物理学》，Δ卷，第11章，219a1。——原注[中译文见同上书，第124页。——译注]

并非运动，而杆棒的运动也并非自己便是时间。亚里士多德没说时 338
间就是κίνησις[运动]，而是说时间乃是κινήσεώς τι[运动的什么、运动上面的某某]①，即运动上面的某物。不过，时间如何就是运动上面的某物？这里的运动是杆棒从一个位置转移到了另一个位置。运动者总是在一个位置上现身为运动者的。时间是否就存在于位置上面？或竟是该位置自身？显然不是。这是因为，如果运动者在其运动中已经穿越了位置，该位置本身仍然作为特定的地点现成存在着。然而杆棒[穿越某位置之后]处于那位置的当时那一刻则已经流逝了。位置存留，时间流逝。那么，时间存在于运动上面的何处？以什么方式存在于运动上面？我们说：在运动中运动者总是在某时存在于某个位置上。运动存在于时间之中；运动是时间内的。那么，时间竟是一个将运动置于其中的容器之类的东西？如果说总是能在运动上面找到时间，那么运动本身是否随身带着这个容器，如同蜗牛带着它的壳？然而，即使杆棒停歇静止，我们还是可以再次追问：时间存在于何处？在静止者上面我们无法找到与时间有关的东西吗？还是能找到某些东西？我们说：杆棒曾经静止了一段时间或者暂时静止。我们可以在运动者上面、在作为位移的运动自身上面环视搜寻，但我们决找不到时间——如果我们听从亚里士多德的话。

我们当然找不到时间，我们必须反驳自己。亚里士多德不仅以一种不确定的方式说：时间乃是运动上面的某某；他还以一种更确切的方式说过，[时间乃是] ἀριθμὸς κινήσεως[运动的数、运动上面的数]，也就是运动上面的数——如同他某次所表述的那样：οὐκ ἄρα

① κινήσεως τι在《物理学》通行的中译本中译为"运动的什么"，参见前揭，219a1—10，第124页；τι在希腊文中既有"什么"之义，也有"某个"、"哪个"之义。海氏将这个短语译为"运动上面的某某"，强调了时间在运动之上(an)。——译注

κίνησις ὁ χρόνος ἀλλ᾽ ᾗ ἀριθμὸν ἔχει ἡ κίνησις[时间不是运动，而是使运动成为可以计数的东西][1]，时间自身不是运动；毋宁说，只有运动具有数，才有时间。时间是一种数。这又是令人惊奇的——因为数恰恰是我们所谓无时间性的、时间外的东西。时间如何可能是数？在这里，数(ἀριθμὸς)这个表达必须在ἀριθμούμενον[被数的数、被计出的数]的意义上去领会——正如亚里士多德所明确强调的
339 那样[2]。时间是数，这不是在"用以计数的数"本身的意义上说的，而是在"**被数的数**"的意义上说的。作为运动的数，时间乃是运动上面的"被数的数"。我们且来检验一番。在杆棒的运动上面，我可以数出来什么东西？既然运动是位移，那么我显然可以数出个别的诸位置——杆棒在从一个位置到另一个位置的移动中占据了这些位置。然而，如果我把这些位置合计，那么这些位置的总和因其所有的永恒性不会对我给出时间，而只是给出被穿越的距离整体，也就是空间片段而非时间。在杆棒的位移运动上面我们还可以数出来速度，并且以计数的方式规定速度。速度是什么？如果我们采用物理学上的速度概念：$C = S/T$，那么速度就是被穿越的距离除以穿越所用的时间。从这个公式出发，可以外在的方式看到，时间包含在速度里，因为运动是需要时间的。不过这样还是没有澄清，究竟时间自身是什么。对于时间，我们未尝接近一步。因为，杆棒具有速度——这究竟是个什么意思？显然，其意思无非就是：它在时间中运动。运动延展在时间之中。一切运动都**耗费了时间**，而时间却丝毫没有减少——这可

① 《物理学》，Δ 卷，第 11 章，219b3f。——原注[海氏这里所云"运动上面的数"通译"运动的数"(参见第 346 页译注①)。另外对亚氏该表述的译解与通行理解也有出入。参见前揭中译本，第 125 页。——译注]

② 亚里士多德区分了"被数的数"(或"可数的数")，也就是"被计出的数"与"用以数的数"，也就是"用以计数的数"。他明确指出了时间是前者。参见《物理学》，219b5—9，前揭中译本，第 125 页。——译注

真是一个谜。让我们设想一下,在10点到11点之间的这段时间里发生了1000种特定的运动。让我们再来设想第二个例子,在同样的时间里发生了1000,000种运动。它们全都耗费了这段时间。在第二个例子里,有更多的运动耗费了时间,时间是变少了还是保持等量?运动所耗费的时间难道因之才被消耗完的?如果并非如此,那么时间显然并不依赖于运动。然而,时间毕竟是在运动上被数的数。“时间乃是运动上面被数的数”,这似乎是亚里士多德的一个纯粹的断言。尽管我们走得这么远,并且通过数标出了杆棒的位移,以至于我们为每个位置都配上了一个数,并且在自行运动者的移动上直接找到了被数的数,我们还是没有以此发现时间。还是说我们竟然发 340
现了?我从口袋里掏出[怀]表来,跟着秒针的位移读出一、二、三、四秒钟或者分钟。这根急匆匆的小小杆棒向我表示出时间,唯此我们才称之为“表”。我在一根杆棒的运动上面读出了时间。那么时间存在于何处?难道它存在于[怀表]这个物件里面,以至于,如果我重新把怀表放回去,那就把时间装到背心的表袋里去了?人们会说,当然不是这样。那我们可就又问回来了:时间存在于何处——既然无可否认我们是在钟表上读出了时间?钟表告诉我,时间是几点了,这样我便以某种方式找到了时间。

我们看到,当亚里士多德说“时间乃是运动上面被数的数”时,他毕竟没太离谱。我们根本不需要诸如摩登怀表之类精致的玩意儿来验证这种说法。在自然-日常的此在中的人随着太阳的运行说:这是中午,这是傍晚。这时他便查明了时间。此刻时间突然跑到太阳或者说天空上去,不再呆在怀表袋里了。那么[时间]这个怪物的家到底在哪儿?在我们追寻运动的任何地方我们都能找到时间;我们在运动上面找到时间,而时间又不现成存在于运动者恰好停留其上的任何地方——这一切是怎么发生的?我们在日落时分——还是用这个简单的例子——说“这是傍晚”并以此确定白昼的**时间**。当此之际，我们所注意的是什么？**我们把目光投向了何种境域**？我们仅仅把目光投向了地点境域、投向了西方吗？还是说，运动者（在这里就是在其明显可见的运动之中的太阳）是在另外的境域中来照面的？

亚里士多德给出的时间定义是如此地天才，该定义甚至确定了这个境域——在这里境域之内，凭借在运动上面被数的数，我们可找到的无非是时间。亚里士多德说：［时间是］ἀριθμὸς κινήσεως κατὰ
341 τὸ πρότερον καὶ ὕστερον［关于前后的运动的数］①。我们将此翻译为：时间乃是在对前后（Vor und Nach）的考虑中，在先后（Früher und Später）境域中来照面的运动上面之被数的数。时间非但是运动上面的被数的数，而且是**就**从前后来考虑的运动（如果我们将它**作为运动来追寻**）而言的运动上面的被数的数。πρότερον与ὕστερον［前后］被译为先后（Früher und Später），但也可以被译为前后（Vor und Nach）②。如果把πρότερον与ὕστερον译为“先后”，那么这首要的规定似乎就不通了。先后是时间规定。亚里士多德如果说的是：时间乃是在时间境域中（也就是在先后境域中）来照面的运动之上的被数的数；那么他的意思其实就是：时间是在时间境域里来照面的东西，时间乃是被数的时间。如果我说，时间乃是（当我在运动之先后境域中追寻作为运动的运动之际）在运动上面自行显示的东西，那么时间定义就成了一个无聊的同义反复：时间乃是先后，因而**时间就是时间**。这个定义仿佛在它的额头上就带着粗糙逻辑错误的印

---

① 通行所译的“运动的数”，海氏译为“运动上面的数”。参见第 347 页脚注①。所引亚氏原文见《物理学》219b1，前揭中译本第 125 页。——译注

② πρότερον与ὕστερον在通行的中译本中被译为“前后”。按照海氏的理解，由于“前后”的歧义，它们应该被更确切地译为时间样态上的“先后”，而非兼有空间样态含义的“前后”。这样海氏的解说就通顺了。但亚里士多德明确说过，“前后”的区别首先是在空间上的，其次“时间里也有前后”。参见前揭 219a15—20。——译注

记——花精力忙着处理这样的定义,值不值得?然而,我们不可执着于字面。先后确实是时间现象。但还是要问:“先后”所意谓的东西是否相合于“时间就是时间”这个定义命题的主词所意谓的东西。与亚里士多德在时间定义自身所意谓的东西相比,[命题中的]第二个“时间”也许是不同的,也许更为本源。也许亚里士多德的时间定义并不是什么同义反复,而只是透露了亚里士多德式的时间现象(也就是庸常地领悟的时间)与本源时间(我们称之为时间性)的内在关联。正如亚里士多德在其阐释中所云,只有重新从时间自身出发,亦即从**本源**时间出发来领会时间,时间才能得到阐释。因而,也就没有必要用漠不相干的“前后”来翻译亚里士多德 342
时间定义中的πρότερον与ὕστερον了——虽然这不无它特定的正当之处——,那么做会为了避免表面的循环定义而使其时间特性不那么突出。若要以若干尺度来领会时间之本质,那么就必须按照其内在意蕴来阐释亚里士多德的时间释义与时间定义——其中亚氏认为是时间的东西乃是从时间出发得到解释的。

谁要是已经看到了上述这些关联,他就必定会要求:**从时间性出发,在时间定义中把庸常地领会的时间(也就是说以最切近的方式来照面的时间)之来源带到光天化日之下**。因为其来源属于其本质,因而就要求在其表达中进行本质界定。

如果我们让“先后”保留在时间定义里,那还是没有表明,亚里士多德的时间定义在多大的程度上是中肯的——这就是说,在运动上面被数的数在多大的程度上就是时间。在先后境域中来照面的运动上面的被数的数——这话是什么意思?时间应该是在某个对运动的(被指向的)计数活动中来照面的东西。κατὰ τὸ πρότερον καὶ ὕστερον[关于前后]指示着计数活动的特定目光指向。如果我们首先把πρότερον与ὕστερον掌握为“前后”,并且通过这个阐释表明亚里士多德以此所意谓的东西，那么κατὰ τὸ πρότερον καὶ ὕστερον这句话的意思就能对我们揭示出来了，于是就能证明把πρότερον与ὕστερον翻译为“先后”乃是正确的。

时间乃是在运动上面被数出来的东西；确切地说是考虑πρότερον与ὕστερον之际对我们显示的被数的数。我们现在必须澄清这话的意思，澄清我们在对前后的考虑中经验时间之类东西的方式。时间乃是κινήσεώς τι［运动的什么、运动上面的某某］，就是在运动上面来照面的东西。属于运动一般——也就是κίνησις［运动］或
343 μεταβολή［变化、动变］①——的是κινούμενον κινεῖται，处于运动中的被推动的被推动者②。运动最共通的特性乃是μεταβολή，亦即从某某到某某的变化（Umschlag），或者译得更妥当些，变动（Übergang）③。最简单的运动、变动形式（也是亚里士多德大多数情

① 亚里士多德有时区别κίνησις与μεταβολή，有时则不。在两者有区别时，后者指一般而言的变化、变动，因而将前者（在这里仅指例如位置范畴内的变化——位移）包含在内。在两者不加区别时，前者做广义的理解，相当于一般而言的变化。可参见：《形而上学》，K卷，第11章，1068a；以及《物理学》，第三卷，第1章，200b12。在探讨时间时，亚里士多德不是仅从狭义的“运动”考虑的，而是考虑了“变化”（前揭218b21）或合“运动”“变化”兼言之（前揭219a1）。——译注

② 这里海氏原文为ein Bewegtes wird bewegt，ist in Bewegung。按照亚里士多德的施动-受动范畴，亚氏那里一般所译的“运动者”实即“被推动者”。但一般的中译与英译等都不突出其被动性。参见《物理学》前揭中译本224a，第139页脚注。本译中所有“运动者”按照海氏字面均为“被推动者”或者说“被运动者”。对此，英译本一律译为“运动者”（moving thing）。例如该句英译作：a moving thing is moving，is in motion。参见 *the Basic Problems of Phenomenology*，trans by Hofstadter，Indiana University Press，1982，p. 242。本译则酌情偶尔译为“被推动者”或“被运动者”。——译注

③ 参见《物理学》，Γ卷，第1—3章以及E卷。——原注［注意德文的Umschlag与Übergang似乎都是贴着希腊词μεταβολή的字面翻译的，参见海氏上文所谓Umschlag犹如对该词的“字面翻译”。Meta的含义比较丰富，其中包含有“改、转”（相当于德文介词前缀um-）与“超越、越过”（相当于德文介词前缀über-）的意思。而Bole则有“一击”“一下”的含义，与德文Schlag接近。不过，在亚里士多德本人看来，这里的μετα-主要指“之后”的意思。μεταβολή指在某一事物之后出现另一事物。参见《物理学》，225a1f。——译注］

况下用为例子的运动、变动形式）乃是φορά［位移］，即从一个位置（τόπος［位置］）到另一个位置的变动、变化、位置改变。这种运动我们也称之为物理运动。在它那里，κινούμενον［被运动］就是 φερόμενον［被移动］，也就是从一个位置被移动到另一个位置。另外的运动形式例如还有ἀλλοίωσις［质变、性质改变、状态改变］，即在这种意义上成为另外的：某种质变化为另一种，某种颜色变化为另一种，在这里也有一种ἔκτινος εἴς τι［由某某到某某，］，也就是由某某到某某的进程。但这里的这个“由某某到某某”的意义并非位置上的变化。颜色的变化可以发生在相同的位置上。从这里出发已很清楚，运动包含了这样一种引人注目的结构：ἔκ τινος εἴς τι［由某某到某某，］[①]，也就是“由某某到某某”。与ἀλλοίωσις相比照就可表明，这个“由某某到某某”未必一定在空间里得到掌握。我们把运动的这个结构称为它的**维度**。我们在一个**全然形式化的意义上**掌握维度这个概念，在这里空间特性不是本质性的。维度意味着**延展性**（Dehnung），在这里空间维度意义上的广延（Ausdehnung）则表示了延展性的某个特定样态。在规定ἔκ τινος εἴς τι［由某某到某某，］时必须完全摆脱空间表象，亚里士多德也是这么做的。“由某某到某某”所意谓的乃是一个完全形式化的延伸性（Erstreckung）意义。看到这一点是重要的，因为现当代对亚里士多德时间概念的误解主要牵涉这个规定——尤其是柏格森，他一开始就把时间的这个牵涉运动的维度特性掌握为空间上的广延。 344

延展性同时还包含了συνεχές［连续性］这个规定，也就是**自行保持一致**、continuum［连续、连续性］、**连续不断**。亚里士多德把维度特性称为μέγεθος［大小、量、积量］。μέγεθος这个规定，不管它是广

---

① 参见《物理学》，225f1—5，中译文参前揭中译本，第141页。——译注

延还是尺度，首先亦非**空间特性**，而是延展性之特性。在“由某某到某某”的概念与本质中并未包含间断；它是一种闭锁在自身中的延伸。如果我们就着一个运动者经验到运动，那我们就必然会在那里一同经验到συνεχές，也就是连续性；并且在连续性自身中一同经验到ἔκτινος εἴς τι，也就是本源意义上的维度，延伸性（广延）。在位移的例子里，广延乃是位置性－空间性的。亚里士多德说ἀκολουθεῖ τῷ μεγέθειή κίνησις［运动和量是相联的，运动就与积量相一致］[①]，也就是运动（作为后果）跟随维度（广延）。他这么说时，恰恰把这个情况的方向表达反了。该命题不可在存在者状态上，而必须在存在论上加以领会。他的意思不是说，运动在存在者状态上出自延展性或者连续性，维度引起了运动。“运动跟随连续性或者说维度”的意思是：按照运动的本质，维度性因而连续性先于运动本身。它们在运动自身之先天条件的意义上先于运动。运动所在之处，μέγεθος与συνεχές（συνέχεια）都已先被共同思维了。这意思不是说，运动等同于广延（空间）与连续性。这一点从已下事实已可得到——并非每种运动都是位移、空间运动，虽然每种运动都是被ἔκ τινος εἴς τι所规定的。在这里，广延的意义要比“特殊的空间维度”更为宽泛。运动跟随着连续性，而连续性则跟随着广延性（Ausgedehntheit）。这个
345 ἀκολουθεῖ［遵循、跟随、保持一致］表达了**运动之先天基本关联脉络**（考虑到**连续性与广延性**）。在其他的研究中，亚里士多德也在这一存在论意义上运用ἀκολουθεῖ这个词。只要时间乃是κινήσεώς τι［运动的什么］，运动上面的某某，这也就意味着：在时间中运动或者

---

① 《物理学》，219a11。——原注［中译文参见前揭中译本，第124页。该译文将ἀκολουθεῖν［遵循、跟随、保持一致］译为“相联”似不确切。另一中译本则译为“运动则与积量相一致”。参见《亚里士多德全集》第二卷之《物理学》，徐开来译，北京，中国人民大学出版社，1997年，第117页。海氏径直将该词译为folgen［跟随、遵循］。——译注］

静止总是被共同思维的。以亚里士多德的方式说，时间作为后果跟随运动。亚里士多德直截了当地说：ὁ χρόνος ἀκολουθεῖ τῇ κινήσει［时间与运动相联，时间与运动相一致，时间跟随运动］①。对于位移而言，就产生了如下的跟随关联系列：位置杂多－（空间）广延－连续性－运动－时间。从时间出发逆看该系列，这就意味着：如果时间是运动上面的某某，那么便在其中共同思维了真正的关联脉络。而这恰恰否认了这样一种意思：时间等同于任何［随着时间］被共同思维的现象。

如果人们不曾把握ἀκολουθεῖν的存在论意义，那就仍然无法领会亚里士多德的时间定义。要么就会发生误解，就像柏格森那样宣称，按照亚里士多德的领会时间乃是空间。柏格森在空间之广延大小这个狭义上来理解连续性，这才导致了那个不对头的阐释。亚里士多德并没有把时间回溯到空间上，他只是借助空间界定了时间，这样似乎就使某种空间规定渗入时间定义了。他只想表明，时间确实是运动上面的某某，以及时间在什么意义上是运动上面的某某。然而，为了达到这个目的，就必须认识到，在对运动的经验中所共同经验到的是什么；以及，在这种共同经验中，时间如何成为可见的。

为了更确切地看到，时间在什么意义上跟随着运动或者运动的延伸性，我们必须进一步澄清运动经验。在时间经验中，运动、连续性、广延以及在位移那里的位置都被共同思维了。如果我们追寻一种运动，在此之际时间便来与我们打照面，而毋需我们专门把握或者 346
明确意谓之。在对运动的具体经验中，我们原初地守着运动者，守着φερόμενον［做位移运动的物体，被移动了的东西，位移者］；ᾧ τὴν

① 《物理学》，219b23。——原注［三种中译文的出入参见第355页脚注①。参见《物理学》，张竹明译，北京，商务印书馆，1991年，第126页。又《亚里士多德全集》第二卷之《物理学》，徐开来译，北京，中国人民大学出版社，1997年，第118页。——译注］

κίνησιν γνωρίζομεν[凭借着这位移者,我们才认识了运动……][1],我们在运动者上面,凭借运动者看到了运动。看到纯粹的运动本身,这是不容易的:τόδε γάρ τι τὸ φερόμενον, ἡ δὲ κίνησις οὔ[而被移动物是某一"这个",但运动不是][2],运动者总是一个"这里-这个",总是一个特定的东西,而运动自身并无专门表现出来的、特殊个别化的特性。对我们来说,运动者是在其个别化以及这个性(Diesheit)中被给予的,但运动本身则不。在经验运动时我们守着运动者,在那里我们一同看到了运动,但没有看到运动本身。

我们就着(an)运动者把运动更切近地带向我们自己。与这种方式相应,我们也就着要素(连续的东西)构建了连续性、连续统,就着线的点杂多构建了点。当我们经验运动时,我们把目光投向运动者以及它当时的位置(运动者从该位置变动到另一个位置)。我们以追寻运动的方式、在一个共同来照面的(在连续路径之上的)位置前后序列中经验运动。如果我们看到某个运动者从一个位置变动到了另一个,看到了它如何由那里而来向这里而去,如何从"由-而来"(Her-von)到"向-而去"(Hin-zu),那么我们就经验到了运动。这一点还需要更确切的规定。

人们可能会说:位移乃是穿越一个位置连续序列,也就是说我是这样得到运动的:我把这些被穿越的位置总括在一起,彼处的位置、[又一个]彼处的位置,全都总括在一起。如果我们只是对诸个别的位置重新计数,把诸个别的彼处此处一齐数一遍,那么我们就经验不到任何运动。仅当我们在从彼处到此处的变化中看到了运动者,这

---

① 《物理学》,219b17。——原注[这里所引的中译文参见《亚里士多德全集》第二卷之《物理学》,徐开来译,北京,中国人民大学出版社,1997年,第118页:"因为正是凭借着这被移动了的东西,我们才认识了运动中的先与后;……"。——译注]

② 同上书,219b30。——原注[中译文参见同上书,第118页。——译注]

就是说，仅当我们不是把位置看作彼处与此处的纯然相邻，而是将这 347
一彼处看作“由那里而来”，将这一此处看作“向这里而去”——这就是说，不是仅看到一个彼处又一个彼处，而是看到“由那里而来”与“向这里而去”——，只有这样，我们才能经验到运动，亦即变动。我们必须在一个“由那里而来－向这里而去”的境域中看到被预先给予的位置关联脉络、点之杂多。亚里士多德[对时间]的规定κατὰ τὸ πρότερον καὶ ὕστερον[关于前后]的意思首先就是这个。那个彼处不是任意的，“由－彼处－而来”就是一种“先前”(Voriges)；“向此处而去”同样不是一个任意的此处——作为(对于下一个位置来说的)“向此处而来”，它就是一种“后来”(Nachheriges)。当我们在一个“由那里而来－向这里而去”的境域中看到位置杂多，并且在这一境域中穿越诸个别位置之际(我们藉此看到运动、变动)，我们便把首先被穿越的位置持留为“由－那里－而来”，并且把下一个位置预期为“向－那里－而去”。我们通过持留“先前”、预期“后来”看到了变动本身。如果我们这样通过持留“先前”、预期“后来”追寻着变动本身，追寻着变动整体(它可以延伸随便多远)之内的诸个别位置，我们就不再将个别位置确认为个别的点，也不再将它们确认为个别的、彼此相对的、随意的彼处与此处。对“先前”的持留、对“来者”的预期都是特殊的。为了掌握这种特殊的持留与预期，我们说：现在这里、以前那里、随后那里；这就是说，在“由某某而来－向某某而去”这个关联脉络中的每一彼处都是现在－彼处、现在－彼处、现在－彼处。只要我们是在πρότερον καὶ ὕστερον[前后]的境域中看到点之杂多的，那么在追寻自行运动着的对象之际，我们便总是说：现在－这里、现在－那里。仅当我们默默地一同说出这些，我们才能在看表的时候读出时间。在我们看表的时候，我们完全自然自发地说着“现在”。我们说“现在”，这一点并非不言自明的；但在这么做的时候，我们已

经把时间预先给予了钟表。时间并不存在于钟表之中；但通过说“现
348 在”，我们便把时间预先给予了钟表——而钟表就告诉我们，现在是几点①。在以计数的方式追寻处于ἔκ τινος εἴς τι[由某某到某某]的境域中的变动之际，那被数的便是现在——无论它是否被说出。我们数出了一个现在或者然后与当时之前后序列。然后是尚－未－现在或者现在－尚－未，当时则是现在－不－再或者不－再－现在。然后与当时两者都具有现在－特性、现在－关系。亚里士多德某次简要说过：τῷ φερομένῳ ἀκολουθεῖ τὸ νῦν[现在和运动物体相联，现在和被移动的物体相一致]②，被运动者，亦即从一个位置到另一个位置的变动者，**跟随**现在——这就是说，现在是在对运动的经验中一同**被看到的**。亚氏对这个说法没有进行详细意义上的分析；而如果没有分析，则他的整个时间阐释都是不可理解的。如果现在是一同**被看到的**，那么这对亚里士多德来说就还有进一层的意思：现在是一同**被数的**。这个在对运动的追寻中一同被数的东西，亦即这个[就此]所说的东西，现在，这就是时间。ᾗ δ' ἀριθμητὸν τὸ πρότερον καὶ ὕστερον, τὸ νῦν ἔστιν[作为可数的前与后就是“现在”]③。作为被数的数，现在自身也是行计数的，对位置进行计数——只要这些位置作为运动的位置被穿越。作为ἀριθμὸς φορᾶς[位移的数]，时间乃是被计数－行计数。当亚里士多德说，时间乃是运动上面被数的数(只要我在ἔκ τινος εἴς τι这个境域中，也就是“由

① 归根结底，预先给定的乃是时间性之三重绽出性境域结构。时间性将现在预先赋予自身。——原注[就此可以参见例如《存在与时间》第65节。——译注]

② 《物理学》，219b22；也参见220a6。——原注[海氏的译解与通行的中译文不尽相同。参见第355页脚注①。两种中译文分别参见《物理学》，张竹明译，北京，商务印书馆，1991年，第126页；以及《亚里士多德全集》第二卷之《物理学》，徐开来译，北京，中国人民大学出版社，1997年，第118页。——译注]

③ 同上书，219b25。——原注[中译文参见《物理学》，张竹明译，北京，商务印书馆，1991年，第126页。——译注]

某某到某某”这个境域中观看运动），他的时间阐释非常好地切中了现象。

关于πρότερον καὶ ὕστερον[前与后]，亚里士多德有次说道：τὸ δὴ πρότερον καὶ ὕστερονἐν τόπῳ πρῶτόν ἐστιν[先于与后于的首要含义是在地点方面][1]；前与后首先在于位置，在于诸位置的改变与序列。在这里，他还是完全撇开时间规定性来思考前与后的。亚里士多德的时间定义也可首先这样来掌握：时间乃是（从前与后的视角被经验到的）运动上面的被数的数。不过这个被数的数将自身揭示为现在。然而时间自身仅在先与后的境域中才是可说与可 349
领会的。“从前与后的视角”与“在先与后的境域”这两者并不重合；后者乃是对前者的阐释[2]。如果我们暂且把πρότερον 与ὕστερον理解为前与后，[随后]将之理解为先前（Vorher）与后来（Nacher），那么亚里士多德时间定义的起源就会比较清楚了。如果我们马上就把它掌握为先与后，那么初看起来这是荒唐的。但这只是表明了，在其中还有这样的一个中心问题：对现在自身之本源的追问。第一种译法给出了字面的理解，第二种译法则更为开阔，已在自身中包含了一种阐释。

我们有意把亚里士多德的时间定义译解为：在运动上面被数的数——只要该运动在先与后的境域中得到观看。我们已经在一种更为严格的意义上掌握了πρότερον-ὕστερον。只有在前与后得到进一步阐释之后，这层更为严格的意义才会突显出来。对于亚里士多德而言，πρότερον-ὕστερον的意思首先是在位置序列中的前与后。它所有的是一种非时间的意义。然而对前与后的经验则以某种方式在自身中预设了时间经验，[预设了]先与后。亚里士多德在《形而上

① 《物理学》，219a14f。——原注[中译文参见《亚里士多德全集》第二卷之《物理学》，徐开来译，北京，中国人民大学出版社，1997年，第117页。——译注]

② 参见《存在与时间》，第420页及以下诸页。——原注

学》,Δ 卷(11 章,1018b9ff)详细探讨了πρότερον-ὕστερον。在[《物理学》的]时间论中,他在对πρότερον-ὕστερον的含义理解上产生了摇摆。在大多数情况下,他直接将之看成先与后,而不那么强调前与后[①]。关于先与后他说过:它们ἀπόστασις πρὸς τὸ νῦν[和现在之间有一段距离][②],与现在之间有一段距离;在“然后”中,现在总是作为现在-尚-未被一同思维;同样,在“当时”中,现在总是作为现在-不-再被一同思维。现在乃是先行者与后来者之间的限。[③]

我们所数的现在,其自身存在于时间之中;这就是说,现在构建
350 了时间。现在有一种特殊的两面性,亚里士多德是这样来表达这一点的:καὶ συνεχής τε δὴ ὁ χρόνος τῷ νῦν, καὶ διήρηται κατὰ τὸ νῦν[时间既因现在得以连续,也因现在得以划分][④]。时间既由于现在得以连续一致(这就是说,时间的特殊的连续性植根于现在之中),同时也考虑到现在而被划分(被分说为不-再-现在也就是“先”,与尚-未-现在,也就是“后”)。只有在考虑到现在的情况下,我们才掌握了然后与当时、先与后。我们在对运动的追寻中所数的现在总是另一个[现在]。τὸ δὲ νῦν διὰ τὸ κινεῖσθαι τὸ φερόμενον αἰεὶ ἕτερον[由于被移动物处在被运动中,所以,现在总是不相同的][⑤],由于被运动者之变动,现在总是另一个,这就是说,

① 这里谈的是《物理学》中的情况。把“位置序列”摆在首要位置的见正文前所引的《形而上学》的有关段落,但在那里紧接着也讨论了时间上的“先后”。参见《形而上学》,1018b9—1019a。——译注

② 《物理学》,Δ 卷,第 14 章,223a5f。——原注[中译文参见《物理学》,张竹明译,北京,商务印书馆,1991 年,第 135 页。——译注]

③ 海德格尔的这句话几乎完全在复述亚里士多德。参见《物理学》,223a6f。中译文见前揭,第 135 页。——译注

④ 《物理学》,Δ 卷,第 11 章,220a5。——原注[中译文见前揭,第 127 页。——译注]

⑤ 同上书,220a14。——原注[中译文见《亚里士多德全集》第二卷之《物理学》,徐开来译,北京,中国人民大学出版社,1997 年,第 119 页。——译注]

总是从一个位置行进到另一个位置。在每一个现在中，现在都是另一个，但每一个另外的现在作为现在又确实总是现在。一向各个不同的现在作为各个不同的东西恰恰又总是相同的，也就是现在。亚里士多德以一种扼要的方式概括了现在的特殊本质，并以此概括了时间的特殊本质（就他纯粹从现在出发阐释时间而言）。这种扼要方式只能出现在希腊语里，在德语里几乎是不可能的：τὸ γὰρ νῦν τὸ αὐτὸ ὅ ποτ' ἦν- τὸ δ' εἶναι αὐτῷ ἕτερον[①]；就它所向已曾是（was es je schon war）的而言，现在是相同的，——这就是说，在每一个现在中，它都是现在；它的 *essentia*［本质、所 、本是、所曾是］，它的“何所”，一向都是相同的（ταὐτό）——，同时在每一个现在汇总每一个现在按照其本质都是另一个，τὸ δ' εἶναι αὐτῷ ἕτερον［是不同与自身的、是另一个］，现在存在一向都是另他存在[②]（如何是 - existentia［实存、实有］- ἕτερον［不同的、另外的］）。τὸ δὲ νῦν ἔστι μὲν ὡς τὸ αὐτὸ, ἔστι δ' ὡς οὐ τὸ αὐτό［但这个“现在”在

---

① 《物理学》，219b10f。——原注［在通行的各译本中，对该句的理解出入也比较大。商务版《物理学》译为“（因为‘现在’的本质是同一个），但是放在一定的关系中看，它又不是同一的。”（第 126 页）全集版《物理学》则译为“因为现在在存在时是同一的；作为先与后来规定时间，它就不同于自身了。”牛津全集修订版则译为“for the‘now’is the same in substratum-though its being is different-...”（*the Complete Works of Aristotle* ，the revised oxford translation，edit by Barnes，V I，P372）海氏所引原文没有把“但是放在一定的关系中看”或者“作为先与后来规定时间”提前。由于西语的特殊性，牛津版比较尊重原文语序。这里的关键差别在于对ὅ ποτ' ἦν［字面为“那个‘在曾在时’”］的不同译法上：本质、在存在时、基底（substratum）。海氏一方面似乎没有把ποτ'这个缩略语解为πότε［在……时］，而是解为προς［关于、按照、由于］。另一方面严格从字面上、依其时态翻译了ἦν。这个词，特别是它参与组成的το τι ἦν εἶναι［是所曾是］是亚里士多德术语中最难翻译的概念之一（俗通过拉丁语之 esse 的过去式译为 essentia，相应中译为“本质”）。这正是海氏视之为不可转译的基本理由。——译注］

② das Jetztsein ist je Anderssein... 该句也可译为“‘是现在’一向便是‘是另一个’”。——译注

一种意义上是同一的,在另一种意义上是不同一的][1],现在以某种方式相同,以某种方式不相同。现在就时间的先与后分说并限定了时间。它虽然一度总是相同的,但它随即总是不相同的。就它总是在另一个上面并且是另外的而言(我们可以想一下诸位置的前后序
351 列),它总是另一个。这一点构建了它的一向“是现在”、它的另他性。而它一向已经(作为它所是的东西)所曾是的,也就是现在,这是相同的。

我们不打算立即更多地从现在杂多出发深入时间结构自身的问题。我们倒是要问:亚里士多德把时间阐释为被数的数,或者说阐释为数,这其中的深意何在?借着强调时间的数特性,他想特别搞清楚的究竟是什么?为了规定我们所谓“时间内性”的本质,他把时间的特性描述为数。从这种描述中能得出什么结论呢?“在时间之中”是个什么意思?如果把时间的特性描述为数,那么从这种描述出发可以如何规定时间之存在呢?

亚里士多德将数之特性归给时间,这其中的深意何在呢?他在时间上面看到了什么呢?时间乃是在对(被运动者所穿越的)诸位置的追寻中的被数的数——如果我们在运动上面追寻变动本身并就此说出“现在”的话。

把时间作为一种彼此相邻的东西归入点之杂多,就像我们以静-止的方式在一根线中思维时间——这么做是不够的。这个说法把时间说成现在序列。我们不可误解这个说法,不可以如下方式把时间转译为空间性的东西:时间乃是一根线亦即点之序列。现在并不是在一种对同一个点的计数活动中成为“被数的数”的。时间并非一种

---

① 《物理学》,219b12f。——原注[中译文参见《物理学》,张竹明译,北京,商务印书馆,1991年,第126页。——译注]

彼此牵推而出的点之杂多——因为在每一个现在中的每一个现在都已不再存在;因为,正如我们早已看到的,属于时间的是一种奇特的延伸——该延伸沿着它的两面隐入非存在之中。现在不能归入作为的点的固定点;现在无法以这种方式归属于点,因为依其本质,现在既是开端又是终结。现在本身之中已经包含了对不-再与尚-未的指引。这个尚-未与不-再并非作为异在陌生的东西接到现在上去的;毋宁说它们属于现在之内涵自身。基于这个维度内涵,现在在自 352
身中便具有一种变动特性。现在本身已经是变动者。现在不是一个点邻着另一个点(对于这样两个点首先还得需要一种中介);毋宁说,现在在其自身中就是变动。由于现在在自身中就具有特殊的延伸性,我们便可或宽或窄地掌握这个延伸。现在之维度的幅度是各不相同的:这个钟头是现在,这一秒也是现在。只因为现在在其自身中是有维度的,维度的这种不同幅度才是可能的。时间并不是把现在推到一起合并相加的;恰恰相反,只有参照现在,我们才总能以某种方式分说时间之延伸性。仅当我们把线自身的点看成构造了开端与终结的东西(这就是说,构建了连续体之变动的东西),而不是看成自为相邻的现成块片,"把现在之杂多(要把现在看成变动)归于点之杂多(线)"这种做法才有某种正当性。把现在归于孤立的点之块片乃是不可能的。从这个不可能可以得出:现在在它这方面乃是时间流之连续体,而不是块片。正因如此,在对运动的追寻中,现在无法把这个运动片分为诸多不运动的部分的合成。毋宁说在现在之中通达并思维了在其变动中的变动者以及在其静止中的静止者。相反,从中可以得到的结论是:现在自身既不是运动的也不是静止的,这就是说,现在"不在时间中"。[1]

---

① 整个这一段的论述都可参见《物理学》,220a5—220a25,特别是 220a20。——译注

亚里士多德说，现在——而这意味着时间——依其本质决不是“限”，因为现在作为变动与维度是向着尚－未与不－再两方面开放的。现在之所以是封闭、完成、不－继意义上的“限”，乃在于它只是附带地关涉停留在一个现在之中，停留在某个时间点之上的某物。353 现在作为现在是决不停留的；毋宁说，现在作为现在依其本质已是尚－未，作为维度已经关涉“来者”，然而一个被所说的现在所规定的运动大概也能停留在这个现在之中。我能够借助现在标出一个“限”，但现在本身则没有“限”之特性——如果在时间连续体自身之内来把捉现在的话。现在不是限，而是数，不是πέρας［限］而是ἀριθμός［数］。亚里士多德将时间作为ἀριθμός提出来，明确是与πέρας对立的。他说，某物之限只有在与它所限制的存在者合为一体时才是其所是，［亦即成其为限］。某物之限属于被限制者的存在方式。这一点对数是不适用的。数并不被束缚在它所数的东西上。数能够规定某物而毋需在它那方面依赖于被数东西的实事性及存在方式。我能够说：十匹马。这里的“十”固然规定了马匹，但它并不具有任何马匹及其存在方式的特性。“十”并非作为马匹的马匹之限；因为我同样可以用它以计数的方式规定船只、三角形或者树木。数的特征在于：它以独立于被限制者自身这样的方式规定（在希腊语的意义上也可以说是“限制”某物）某物。作为数的时间，作为被我们描述为被计数者－行计数者的时间，并不属于它所数的存在者自身。当亚里士多德说：时间乃是运动上面的被数的数，他是想以此强调：我们固然由现在出发对作为变动的运动进行计数与规定，但正因如此，这个行计数的被数的数，也就是时间，就既不束缚于运动者的实事内涵及其存在方式上面，也不束缚于运动本身。尽管如此，时间还是在对运动的计数式追寻中作为被数的数来照面的。以此便彰显了时间的一种独特性——后来在康德那里，这个独特性在某种意义上被阐释为直观之形式。

时间是“数”而非“限”；但作为数，它同时也能衡量它作为[其]数 354
所关涉到的东西。时间不只是被数的数；而且，作为这个被数的数，它自身也可以是衡量尺度意义上的行计数者①。只因在“被数的现在”这个意义上时间乃是数，它才可能成为作为衡量尺度的数——这就是说，它自身才能在衡量的意义上进行计数。现在作为数一般(也就是作为被数的数)与作为行计数的被数的数之间的这个区别，以及将时间限定为与“限”对立的数的这个做法乃是亚里士多德时间论难点的要义。对此我们只能简略探讨一番。亚里士多德说：τὸ δὲ νῦν διὰ τὸ κινεῖσθαι τὸ φερόμενον αἰεὶ ἕτερον[然而，由于被移动物处在被运动中，所以，现在总是不相同的]②；因为现在乃是变动之被数的数，所以它总是随着变动者自身而不同。ὥσθ' ὁ χρόνος ἀριθμὸς οὐχ ὡς τῆς αὐτῆς στιγμῆς[所以时间并不在存有关于同一个点的数的意义上是一个数]③，因此时间并非一个关涉着(作为点的)相同点的数；这就是说，现在并非持续时间的点要素，毋宁说，现在作为变动一向已经超越了点——如果说把现在归派给运动中的一个点、一个位置的话。作为变动，现在前视后看。它无法被归派给一个作为相同者的孤立点，因为现在是开端与终结：ὅτι ἀρχὴ καὶ τελευτή，ἀλλ' ὡς τὰ ἔσχατα τῆς γραμμῆς μᾶλλον[因为它是开

① 这里请参照亚里士多德的有关论述：“因此时间是一种数。但是数有两种含义，我们所说的数有：‘被数的数’(或‘可数的数’)和‘用以计数的数’；时间呢，是被数的数，不是用以计数的数。用以计数的数和被数的数是有区别的。”《物理学》，219b5—9。中译文参见《物理学》，张竹明译，北京，商务印书馆，1991年，第125页。——译注

② 《物理学》，220a14。——原注[中译文参见《亚里士多德全集》第二卷之《物理学》，徐开来译，北京，中国人民大学出版社，1997年，第119页。——译注]

③ 同上书，220a14f。——原注[中译文据牛津版修订版全集有关译文转译。参见*The Complete Works of Aristotle*，the revised oxford translation，edit by Barnes，V I，P373。——译注]

端与终结，毋宁作为线的两端形成数][1]时间在一定程度上是数，以至于它作为变动根据点之延展的两面规定了点的最外端。变动归属于点，并且变动自身作为现在并非时间之部分(好像这个时间乃是由各现在部分组成的那样)；毋宁说，每个部分都具有变动之特性，这就是说，[这个被认为是部分的现在]它其实并非部分。因而亚里士多德直截了当地说：οὐδὲν μόριον τὸ νῦν τοῦ χρόνου, οὐδ᾽ ἡ διαίρεσις τῆς κινήσεως[显然“现在”并非时间的部分，段落也不是运动的部分][2]，现在因此并非时间的部分，毋宁说它一向就是时间自身；
355 因为现在并非部分，所以运动自身也不能被片分——如果时间是通过运动来衡量的话。由于现在是变动，它才能让运动作为运动(这就是说，在其不间断的运动特性中)可通达。时间在这种意义上是“限”：我说，运动停留在现在之中，运动此刻静止。但“时间是‘限’”只是συμβεβηκός[偶性、属性]。它只是归于现在，但并未切中“现在”之本质。

现在乃是其所是的，ᾗ δ᾽ ἀριθμεῖ[只要它在计数]，只要它在计数，于是就是数。时间作为现在并非“限”，而是变动；并且作为变动，它是运动之可能的数、可能的尺度之数。时间以这种方式衡量一种运动或者一种静止：确认某种特定的运动、某种特定的变化与进程，

---

① 《物理学》，220a15f。——原注[中译文参见同上书，第 373 页。在亚氏原文中注 33 与注 34 所引之间并非句号，而是同一个句子的组成部分。这是在谈论时间在什么意义上是数——不是在同一个点的意义上，毋宁说更接近于线的两端的意义(亦即略有哪怕是无穷小的延展)上。原文中“它是开端与终结”的它，一般中译文径直译为“点”。从海氏这里以及上文的相关译解看，这里的“它”指时间更为合适(确切地说，海氏将这个“它”解为“现在”，但原句中并无“现在”一词，而只有“时间”)。因为“开端与终结”提示了变动。只有对“点”本身也进行动态的、也就是时间化的理解，即理解为连续与间断 的统一，才能说它是“开端与终结”(参见本书原页码 352 的有关论述)。——译注]

② 同上书，220a19。——原注[中译文参见《物理学》，张竹明译，北京，商务印书馆，1991 年，第 127 页。——译注]

例如从秒针的一个刻度到下一个刻度的进程——凭借这个尺度之数于是便可通体衡量整个运动。由于现在乃是变动，它便一向衡量一种“从－到”，它衡量的是一种“多久”，一种绵延。时间作为数排除了某种特定的运动。之所以要确定这种被排除的运动，乃是为了衡定整个有待衡量的运动：μετρεῖ δ᾽ οὗτος τὴν κίνησιν τῷ ὁρίσαι τινὰ κίνησιν ἣ καταμετρήσει τὴν ὅλην[时间计量运动是通过确定一个用以计量整个运动的运动来实现的][①]。

由于时间乃是ἀριθμός[数]，所以它就是μέτρον[尺度]。某个运动者就其运动被衡量，这个μετρεῖσθαι[被衡量]无非就是τὸ ἐν χρόνῳ εἶναι[存在于时间里][②]，即运动之“存在于时间中”。按照亚里士多德，“诸物存在于时间中”的意思无非是：它们基于它们的变动特性被时间所衡量。事物的时间内性必须区别于现在、先、后存在于时间之中的方式。ἐπεὶ δ᾽ ἀριθμὸς ὁ χρόνς, τὸ μὲν νῦν καὶ τὸ πρότερον καὶ ὅσα τοιαῦτα οὕτως ἐν χρόνῳ ὡς ἐν ἀριθμῷ μονὰς καὶ τὸ περιττὸν καὶ ἄρτιον(τὰ μὲν γὰρ τοῦ ἀριθμοῦ τι, τὰ δὲ τοῦ χρόνου τί ἐστιν)· τὰ δὲ πράγματα ὡς ἐν ἀριθμῷ τῷ χρόνῳ ἐστίν. εἰ δὲ τοῦτο, περιέχεται ὑπὸ χρόνου ὥσπερ〈καὶ τὰ ἐν ἀριθμῷ ὑπ᾽ ἀριθ-μοῦ〉καὶ τὰ ἐν τόπῳ ὑπὸ 356
τόπου[既然时间是数，那么，“现在”、“前”等诸如此类的概念之在时间中，就像单位、奇数和偶数在数中一样（因为后一系列是属于数的什么，前一系列是属于时间的什么）；但是，事物存在于时间中就像存在于数中那样；如若真是这样，那么，它们被数所包容就会像处于位

① 《物理学》，Δ卷，第12章，221a1f。——原注[中译文见前揭中译本，第129页。——译注]

② 同上书，221a4。——原注[中译文见前揭中译本，第129页。——译注]

置上的事物被位置包容一样][①]现在自身确实以某种方式存在于时间之中——就现在构建了时间而言。然而，运动与运动者并不是在“属于时间自身”的意义上存在于时间之中的；而是以被数的数存在于时间之中的方式[存在于时间之中的]。偶数与奇数存在于数自身之中，然而被数的数也以某种方式存在于作为计数的数之中。那存在于时间之中的东西，运动者，περιέχεται ὑπ᾽ ἀριθμοῦ[被数所包容][②]，被行计数的数所包容。时间自身并不属于运动，而是包容运动。存在者之时间内性意味着：被作为数（被数的数）的时间（现在）包容。περιέχεται[被包容]，也就是“被包容”这个词项强调了：时间自身并不属于那存在于时间之中的存在者。只要我们凭借时间衡量了存在者，运动者或者静止者，那么我们就从包容运动者且进行衡量的时间回到了有待衡量者。如果我们仍然待在包容的图景里，那么，与运动以及自行运动或者静止的一切存在者相对照，时间便是附带在外的东西。它包容着或者包含着运动者与静止者。我们且这样表达之——该表达是否优美则另当别论——：时间具有包－含之特性，它借此包含了存在者——运动者也罢静止者也罢。在恰当的领会之下，我们亦可将作为包－涵者的时间称为“容器”——只要我们不在字面的意义上把“容器”看成杯子盒子之类的东西，而单单抓住包含之形式要素。

如果时间包含着存在者，这就要求时间以某种方式包围着先于存在者、先于运动者与静止者而在。康德把时间称为“在其中被整理

① 《物理学》，221a13—18。——原注[中译文参见《亚里士多德全集》第二卷之《物理学》，徐开来译，北京，中国人民大学出版社，1997年，第122页。译文略有改动。——译注]

② 同上书，221a13—18。——原注[中译文参见《亚里士多德全集》第二卷之《物理学》，徐开来译，北京，中国人民大学出版社，1997年，第122页。——译注]

出一种秩序之所在”。时间乃是一种包容性的境域，在其中预先所与 357
者可以在其相互继起方面得到整理。

亚里士多德说，基于其变动特性，时间总是只衡量运动者或者在其极端情形下的运动者——静止者。μετρήσει δ' ὁ χρόνος τὸ κινούμενον καὶ τὸ ἠρεμοῦν, ᾗ τὸ μὲν κινούμενον τὸ δὲ ἠρεμοῦν［时间所度量的是作为运动的运动以及作为静止的静止］①时间衡量运动者与静止者，只要一个是运动者另一个是静止者。时间衡量运动者上面的运动：πόση τις［某一数量］②，变动有**多大**，这就是说，在由某至某的某个特定变动中有**多少现在**。时间衡量运动者οὐχ ἁπλῶς ἔσται μετρητὸν ὑπὸ χρόνου, ᾗ ποσόν τί ἐστιν, ἀλλ' ᾗ ἡ κίνησις αὐτοῦ ποσή［所以被运动物只是简单地作为有某一数量还不能被时间度量，而要作为它的运动有数量才行］③，时间不衡量简单地作为被运动存在者的运动者（这存在者就是运动者所是的）；如果一块石头运动，那么时间并不就其特殊的广延衡量这块石头本身，而是就其运动衡量这块石头。被衡量的乃是运动，只有运动可被时间衡量，因为时间按照其变动特性一向已经意指变动者、变化者或者静止者。只要可以通过时间衡量运动或者静止，而“被时间衡量”的意思又是“存在于时间之中”，那么在时间之中的正是、也仅是运动者与静止者。因此我们说：几何上的关系与持存物乃是时间外的，因为它们不运动（故而它们也不静止）。一个三角形谈不上静止，因为它不会运动。它超越了静止与运动，因而也超越了时间；按照亚里士多德的看法，时间没有包容它，也无法包容它。

---

① 《物理学》，221b16—18。——原注［中译文参见《亚里士多德全集》第二卷之《物理学》，徐开来译，北京，中国人民大学出版社，1997年，第124页。——译注］

② 同上书，221b19。——原注［中译文参见同上书，第124页。——译注］

③ 同上书，221b19f。——原注［中译文参见同上书，第124页。——译注］

对时间内性的这种阐释同时也说出了，“时间内的东西”（另一方面同样也有“时间外的东西”）都能是些什么。于是，时间在什么意义上乃是运动上面被数的数，这就变得越来越清楚了。ἅμα γὰρ κιν-
358 ήσεως αἰσθανόμεθα καὶ χρόνου[我们是同时感觉到运动和时间的][①]，参照运动者我们在知觉到运动的同时知觉到了时间。运动被经验到的所在，时间也就在那里被揭示了。καὶ γὰρ ἐὰν ᾖ σκότος καὶ μηδὲν διὰ τοῦ σώματος πάσχωμεν, κίνησις δέ τις ἐν τῇ ψυχῇ ἐνῇ, εὐθὺς ἅμα δοκεῖ τις γεγονέναι καὶ χρόνος[尽管时间是晦暗的，我们不能通过身体感受到，但是，如若某种运动在灵魂中发生，我们就会立即得知同时有某个时间已经过去了]。[②] 我们在现成者之内经验到运动，这不是必然的。即使存有晦暗，也就是说，即使存在者亦即现成者被晦暗所遮蔽，但如果我们同时经验到我们自身，经验到我们的灵魂行为，那么与经验εὐθὺς ἅμα[恰好同时]同时，一向也已给出了时间。因为灵魂行为也隶属于运动之规定——亚里士多德意义上的运动是相当广泛的，未必就是位置运动。行为在其自身之中并不是空间性的，但它们彼此转化，一个变化为另一个。我们可以行为的方式逗留在某物那里。我们且回想一下《解释篇》的这个地方：ἵστησι ἡ διάνοια[停止了他的思想活动][③]，思维停留在某物那里。即使灵魂也具有运动者之特性。即使我们没有经验到现成者意义上的运动者，在对我们自身的经验中还是把最广泛意

---

① 《物理学》，Δ卷，第11章，219a3f。——原注[中译文见《亚里士多德全集》第二卷之《物理学》，徐开来译，北京，中国人民大学出版社，1997年，第116页。——译注]

② 同上书，219a4—6。——原注[中译文参见同上书，第116页，略有改动。——译注]

③ 亚里士多德：《解释篇》，16b20。——原注[原句通常译为“动词本身便是个词，并有一定意义，因为说话的人一旦停止了他的思想活动，听话的人，其心灵活动也跟着停止。”参见《亚里士多德全集》第一卷之《解释篇》，秦典华译，北京，中国人民大学出版社，1997年，第51页。——译注]

义上的运动，因而还有时间揭示了出来。

由此产生了一个难题。πότερον δὲ μὴ οὔσης ψυχῆς εἴη ἂνὁ χρόνος ἢ οὔ[如若灵魂不存在，时间是否会存在][①]。亚里士多德接着对此阐释道：ἀδυνάτου γὰρ ὄντος εἶναι τοῦ ἀριθμήσοντος ἀδύνατον καὶ ἀριθμητόν τι εἶναι, ὥστε δῆλον ὅτι οὐδ' ἀριθμός. ἀριθμὸς γὰρ ἢ τὸ ἠριθμημένον ἢ τὸ ἀριθμητόν. εἰ δὲ μηδὲν ἄλλο πέφυκεν ἀριθμεῖν ἢ ψυχὴ καὶ ψυχῆς νοῦς, ἀδύνατον εἶναι χρόνον ψυχῆς μὴ οὔσης, ἀλλ' ἢ τοῦτο ὅ ποτε ὂνἔστιν ὁ χρόνος, οἷν εἰ ἐνδέχεται κίνησιν εἶναι ἄνευ ψυχῆς. τὸ δὲ πρότερον καὶ ὕστερον ἐν κινήσει ἐστίν· χρόνος δὲ ταῦτ' ἐστὶν ᾗ ἀριθμητά ἐστιν[因为，如若计数者不能存在，某 359
个可以被计数的数同样也不能存在，因而显然就不会有数存在；因为数或者是已被计数的，或者是可能被计数的。但是，如果除了灵魂和灵魂的理智之外，再无其他东西有计数的资格，那么，假如没有灵魂，也就不能有时间，而只有以时间为属性的那个东西也就是运动存在了——没有灵魂，运动也可能存在的话。先于和后于是在运动中的，而它们作为可数的东西就是时间][②]。时间乃是被数的数。如果灵魂不存在，那么也就没有计数活动、没有计数者；而如果没有计数者，那也就没有可数的东西，没有被数的数。如果灵魂不存在，那就没有时间。亚里士多德把这当作疑问提出来，同时也强调了另一种可能性：是否时间或许可以在其所是之中自在地存在，正如运动毋需灵魂也能存在那样。但是他同样强调了：作为时间之构成性规定的前后

① 《物理学》，Δ 卷，第 14 章，223a21ff。——原注[中译文见《亚里士多德全集》第二卷之《物理学》，徐开来译，北京，中国人民大学出版社，1997 年，第 128 页。——译注]

② 同上书，223a22—29。——原注[中译文参见《亚里士多德全集》第二卷之《物理学》，徐开来译，北京，中国人民大学出版社，1997 年，第 129 页，略有改动。——译注]

乃是在运动之中的，时间自身乃是ταῦτα[那自身]，而前后则作为被数的数。“被数”显然属于时间的本质，以至于如果没有计数活动，那也就没有时间，反之亦然。亚里士多德没有继续追问，他只是触及了这个问题，这个问题导致了这样一个疑问：时间自身是如何存在的。

通过对于“在时间中存在”的阐释，我们看到，时间作为包容者，作为自然事件存在于其中之所，仿佛比一切客体更为客观。另一方面我们也看到，仅当灵魂存在，时间它才存在。时间既比一切客体更为客观，同时又是主观的(亦即仅当主体存在时才存在)。那么时间究竟是什么，它又如何存在？它仅仅是主观的？或者仅仅上客观的？抑或它既非主观的又非客观的？从前面的讨论我们已经知道，人们以现今的方式使用的“主体”与“客体”概念在存在论上是未经规定的，因而也是不充分的——对于规定我们自身所是的存在者，即人们用灵魂、主体来意指的存在者而言尤为如此。当我们把时间置于“属于主体还是属于客体”这样两个选择项中时，我们从一开始就把关于“时间之存在”的追问方向搞反了。人们可以在这里发展出一套无穷无尽的辩证法，而没有就实事说出哪怕一丁点儿东西——如果没有确认自身之存在如何存在，如果没有确认它是否可以这样存在——
360 此在，就其生存而言，比每一个客体都远更外在，同时又比每一个主体亦即灵魂都更为内在(更为主观)——因为作为超越性的时间性就是敞开性。我们早已经指出，世界现象便表示了诸如此类的情况。只要此在生存，这就是说，只要此在存在于世界之中，那么来与之照面的一切现成者都必然是世界内的，都必然被世界所包容。我们将会看到，实际上，时间现象——如果从一种更为本源的意义加以理解——是同世界概念，因而也就同此在结构自身联系在一起的。我们姑且只得把困难放在一边，一如亚里士多德所确认的那样。时间乃是前与后，只要前与后被计数。作为被数的数，时间不是一种先前的自－在－现成者。没有灵魂，时间就不存在。尽管时间如此依赖于对数的计数活动，但这也并不意味着，时间是灵魂中的某种心理的东西。同时，时间存在于ἐν παντί，一切地方，存在于ἐν γῇ，大地之上，ἐν θαλάττῃ，海洋之上，ἐν οὐρανῷ，天空之中[1]。时间无处不在，但又一无所在而只存在于灵魂之中。

我们前面给出了对于亚里士多德时间概念的阐释。对于领会该阐释而言，本质性的东西在于正确地领会ἀκολουθεῖν[遵循、跟随、保持一致]，也就是遵循跟随。它意谓着持存于时间、运动、连续性与维度之间的存在论奠基关联。从“奠基”(Fundierung)——也就是ἀκολουθεῖν意义上的“遵循跟随”——这个概念出发就不会得出这样的结论：亚里士多德把时间等同于空间[2]。但确实清楚的是，就他把时间带入与（位移意义上的）运动的直接关联而言，他把衡量时间的方式确认为近似于在自然的时间领悟与自然的时间经验自身中所预先规定的样子。对此亚里士多德只给出了一个显白的阐释。从现在－序列与运动的关联方式出发，我们已经看到，现在自身具有变动特性，它作为现在乃是现在－尚－未与现在不－再。基于这个变动特性它就获得了把运动本身衡量为μεταβολή的独特性。只要每个现 361
在断非纯粹的点，而在其自身中便是变动；那么现在依其本质就断非“限”，而是数。对于有关时间的原则性领悟而言，现在乃至时间一般的数特性都是本质性的——这是因为：只有从这里出发才能领会我们所谓时间内性。这个时间内性意味着：每一个存在者都存在于时间之中。亚里士多德把“存在于时间之中”阐释为“被时间所衡量”。

① 《物理学》，223a17f。——原注[中译文参见《亚里士多德全集》第二卷之《物理学》，徐开来译，北京，中国人民大学出版社，1997年，第128页。——译注]

② 这仍然是在批评柏格森对亚里士多德的误解。未能正确地领会ἀκολουθεῖν是这种误解的根源。参见前文，原书第345页，即本书第355页。——译注

时间自身也是可以被衡量的——这只是因为，时间在它那方面是一个被数的数；并且，作为这个被数的数，它自身又是能行计数的，在衡量的意义上行计数；这就是说，对某个特定的“这么多”做概括。

同时，从时间的数特性也产生了这样一个特点：它包容或者包含存在于它之中的存在者；凭借对诸客体的关涉，它以某种方式比这些客体自身更为客观。从这里出发就提出了对于时间之存在及其与灵魂关联的追问。把时间分派给灵魂，在亚里士多德那里，因而在奥古斯丁那里（在一个更被强调的意义上）都能找到这一点，以至在对于传统时间概念的探讨中这一点不断引起关注。这一点引出的问题是：时间在多大程度上是客观的，又在多大程度上是主观的。我们已经看到，这个问题不仅无法解决，甚至都不该提出来——因为“客体”与“主体”这两个概念都是大可追问的。我们将会看到，在多大程度上既不能说时间是客观性的东西（其意义为它属于诸客体之列），也不能说时间是主观性的东西（也就是说它作为现成于主体中的东西）。可以表明，这个提问方式是不可能的；但是对此的两种回答（时间是客观性的，时间是主观性的）都可以某种方式从本源的时间性概念那里获得其正当性。我们现在且从被庸常领会的时间那里折回，以尝试对本源的时间性概念加以更确切的规定。

362 b）庸常的时间领悟；返回本源时间

我们从对亚里士多德时间概念的阐释中得到：亚里士多德原本把时间描述为**现在之序列**，这里必须注意的是：现在不是合成时间整体的部分。我们翻译（这意味着阐释）亚里士多德时间界说的方式应该已经显示，当亚里士多德凭借对先后的关涉来界定时间时，他就从时间出发规定了（在运动上面）被数的数意义上的时间。同时我们强调了，亚里士多德的时间界说中没有包含什么同义反复，亚里士多德是迫于实事本身的压力说话的。亚里士多德对于时间的界定根本不是学院派意义上的定义。这个界定是这样描述时间的：它限制了我们所谓时间的东西得以通达的方式。它是一种通达界定或者说一种通达特征描述。对于有待通达的东西唯一可能的通达方式规定了有待通达的东西的方式：以计数的方式把运动知觉为运动，这同时也就是把被数的数知觉为时间。

亚里士多德作为时间提出的东西，符合于庸常的时间领悟。庸常所熟知的时间依照其本己现象学内涵回指着本源时间，时间性。而这意味着：亚里士多德式的时间界说只是阐释时间的起点。必须从本源时间出发才能领会庸常所领会的时间的描述性规定。一旦我们提出了这样一个任务，那么这就意味着：我们必须澄清，现在作为现在如何具有变动特性；时间作为现在、然后与当时如何包含了存在者，时间作为对现成者的包涵如何比其他一切还要客观和现成（时间 363
内性）；时间如何在本质上就是被数的数，以及“时间总是被揭示”这一点如何属于时间。

庸常的时间领悟把自己表现的很明显，首先在对钟表的使用上——在这种情况下，钟表具有什么样的完善性，这是无关紧要的。时间是在对运动的计数式追寻之中来和我们打照面的——我们已经看到，从钟表使用的角度来说，我们是如何使自己必定相信这一点的。它更确切的意思，它得以可能的条件、它对于时间概念所提出的东西，这一切仍然未被追问。无论亚里士多德的时间阐释，还是后来的时间阐释，都没有提出这个问题。使用钟表——这是什么意思？我们已经参照钟表使用澄清了亚里士多德的时间阐释，但我们还没有对钟表使用自身给予更确切的阐释。亚里士多德在他那方面没有阐释过对钟表的使用，甚至从未提及。但他却预设了这种通过钟表通达时间的方式。庸常的时间领悟仅仅把握了在计数活动中呈现出来的、作为现在之前后序列的时间。由此时间领悟产生了作为现在序列的时间概念——人们把这个序列更确切地规定为一个单向不可逆的彼此前后继起。我们会保留这个开端、保留对钟表使用意义上的时间的关系；至于对时间的这一行为态度(因而还有在这里被经验到的时间)我们也会加以更确切的阐释——通过这个阐释，我们将会推进到那使得这个被经验到的时间得以可能的东西上。

α)“使用钟表”之存在方式。现在、然后与当时作为当前行为的自身展示，预期与持留

在钟表上面读出时间，这是什么意思？“看钟看表”又意味着什么？使用钟表之际，读出钟表上面的时间之际，我们固然都在看钟看表，但钟表自身并非观察的对象。我们并不关注作为这个特定用具
364 的钟表本身——似乎为了把它与例如一枚硬币区别开来似的。对于我们来说，钟表不是对象；正如对于钟表匠来说它们是对象一样。钟表并没有被钟表匠作为它所是的器具来使用。在对钟表的使用之际我们固然知觉到钟表，但这仅仅是为了让我们从它们那里获得某种钟表自身所不是，而作为钟表又将之显示出来的东西：时间。但这里也要小心在意。重要的是在其本源存在方式中掌握对钟表的使用。在使用钟表读出时间之际，我也并未将时间作为观看的本真对象加以指向。我当作主题的东西既非钟表亦非对象。例如，在我看表之际，我问的是[从现在]到下课还留给我多少时间。我并不为了关注时间而寻觅时间本身；相反，我所关注的乃是一种现象学上的呈示。我所关心的是把它了结掉。我以确认时间的方式试图确定“现在几点”；这就是说，确定“离九点还有多少时间”，以便结束这样那样的话题。我以确认时间的方式试图找出“直到这一刻或那一刻是多少时间”，以至于我看到：为了结束这样那样的话题，我还有时间，还有这

么多时间。我询问钟表，其用意是确定，为了做这做那，我还有多少时间。我试图确定的时间，总是“去……的时间”；总是为了去做这做那的时间；总是我为了……所耗费的时间；总是我为了去办这办那能够许给自己的时间；总是我为了搞这搞那必须占用的时间。看－钟、看－表植根于“占用－时间”之中，源出于“占用－时间”。我必须在某个地方有了时间，这样我才能占用时间。在某种意义上，我们总是有时间。我们经常或者说大多数情况下没有时间——这只是对时间的本源拥有之匮乏样态。在使用钟表之际读出时间，这奠基于一种占用－时间，或者换句话说，奠基于一种“盘算指望时间”（Rechnen mit der Zeit）。在这里我们一定不要从计数的意义上去领会这个Rechnen[①]，而是要把它领会为“盘算指望时间”（mit der Zeit rech- 365
nen）、“指向时间”（sich nach ihr richten）、“考虑时间”（ihr Rechnung tragen）。以衡量时间的方式“盘算指望时间”，这作为一种变样源出于（作为“指向时间”的）与时间的原初关系。正是在这个本源时间关系的基础之上，我们才能衡量时间，才能以更经济的方式关涉时间、形成对时间的盘算指望。在我们以衡量时间的方式看钟看表之前，我们一向已在盘算指望时间。我们观察到，在对钟表的使用中，在对钟表的察看中，一向已经包含着对时间的一种盘算指望。当我们观察及此，这也就意味着：在使用钟表之前，时间已被给予我们，以某种方式为我们揭示出来；意味着，唯是之故，我们才能明确地凭借钟表回到时间上。钟表指针的位置只能确定“多少”。而时间上的“多少”与“这么多”则以本源的方式把时间领会为我所盘算指望的东西；领会为“为了做……”的时间。那一向已被给予我们的时间具有“为了做……的时间”之特性——只要我们占用时间考虑时间。

---

① rechnen 的首要含义是“计算”、“估计”。引申为考虑、指望、预期等。——译注

如果我们以非反思的态度在日常行为中看钟看表，我们总是说（无论是否明确）“现在”。但这个现在并非光秃秃的、纯粹的现在，它具有这样的特性：“现在是去……的时间”、“现在直到……还有时间”、“现在我还有足够的时间直到……”。在我们看钟看表说出“现在”之际，我们所指向的并非现在本身，而是现在还有时间可以为之去做的事；我们所指向的乃是我们所关注的事、乃是纠缠我们的事、乃是要占有时间的事、乃是我们要为之拥有时间的事。在我们说出“现在”之际，我们决不是把现在作为某种现成的东西加以指向的。即使此在没有专门使用钟表衡量时间，他也会说“现在”。当我们感到这里很冷，这就意味着“现在很冷”。让我们重新提醒一下：在我们
366 意谓并说出“现在”之际，我们并未以此称呼某种现成者。说－现在的特性并不同于例如我说：这扇窗户。借此我以主题化的方式意谓着那里的这扇窗户，对象自身。在我们说出现在之际，我们并未称呼某个现成者，那么我所称呼的是否我们自身所是的存在者呢？然而我确实并非现在？或许我确实以某种方式就是现在？说－现在并非对某物的对象化称呼，但它还是说出了某物。那一向如是生存以至于占用时间的此在说出了自己。它以占用时间的方式这样说出自己，以至于它总是在说时间。在我说“现在”之际，我所意谓的并非现在本身，说－现在的我转瞬即逝。我在现在－领悟之中自行运动；我实际上存在于时间为之存在、我为之确定时间的事情那里。然而我们所说的不仅是“现在”，同样还有“然后”与“以前”。时间不断地以这样的方式存在于此：在所有的计划、预备那里，在所有的行为与安排布置那里，我们都运动在一种默而行之的言谈之中：现在、随后、以前、最终、当时、之前，等等。

现在必须更确切地规定，我们何以实际上占用凭借“现在”所意谓的东西，而又不将“现在”对象化。如果我说“然后”，这就意味着，

我用这个说法预期某件自行到来、发生的事情；或者预期某件我自己要做的事情。只有在我预期某事之际；这就是说，只有当此在作为生存者进行预期之际，我才能说“然后”。凭借这个“然后”说出了这样一种预期式的存在或者说行预期。它以这样的方式说出自己：它并不专门意谓自身，但仍然在对“然后”的这个表达中展示自身。在我说“当时”之际，只有当我以某种方式持留了“先前”，我才能凭借领悟说此类东西。这未必是对此加以明确的回忆，而只是以某种方式将之持留为“先前”。这个“当时”是对(对“先－前”与“以前”的)持留的自我表述。遗忘乃是持留的某个样态。遗忘并非一无所有；毋宁说，367
其中展示了一种关于“先前”的全然特定的自行施为；在这种样态中，我把自己对“先前”封闭起来，“先前”也对我遮蔽了。最终，每当我说“现在”，我便对一个存在于我的“当前”之中的现成者(更确切地说在场者)自行施为。对在场者的这个施为(其意义为在此拥有一个在现在中说出自身的在场者)，我们名之为对某某的“当前化”。

亚里士多德所熟知的这三种规定性乃是“现在”及其两种变样：“当时”(作为现在－不－再)与“然后”(作为现在－尚－未)。这三种规定性都是行为之自身展示——我们将这三种展示描述为预期、持留与当前化。只要每个“然后”都是一种现在－尚－未，每个“当时”都是一种现在－不－再，那么每个预期与持留中就都包含了一种当前化。如果我预期某事，那我总是在一种当前之中将之看入的。同样，我所持留的东西，我也是为了一种当前持留它的，以至于一切预期与持留都是行当前化的。借此表明的不仅是被说出的时间的内在关联脉络，而且还有时间在其中说出自身的那个行为的内在关联脉络。在时间随着现在、当时、然后这些规定说出自身之际，这些规定却也说出了预期、持留与当前化；那么显然这里所提出的乃是本源意义上的时间。我们必将追问，这个在预期、持留与当前化的统一性之中呈现出来的东西，何以能够被正确地当成本源时间。情况之所以如此，其条件首先是：归属于现在的一切本质环节——包含这个特性、使时间内性得以可能之环节、变动这个特性以及被计数或者说时368 间之被揭示这个特性——就其可能性与必然性而言，可以从本源现象出发得到领会；我们会把本源现象的这种统一性认作时间性。时间性在它这方面为领会存在一般提供了境域。

照亚里士多德所提出的，以及通常意识所熟知的，时间乃是从现在-尚-未到现在-不-再的现在之继起序列。这个现在继起序列不是什么随意的东西，它自在地就具有从将来到过去的方向。我们也说：时间流逝了。按照这个从将来到过去的继起序列，现在序列乃是单向不可逆的。人们把这个现在序列标为一个无限序列。"时间是无限的"，这被看作一条普遍定律。

庸常的时间领悟首先明确地在对钟表的使用上、在对时间的衡量上表现出来。但我们之所以衡量时间，这是因为我们使用时间——这就是说，我们占用时间，或者说我们通过某种时间衡量让时间以及使用时间的方式得到了规整与保证。既然时间自身并不存于钟表之上，那在我们看钟看表之际，我们就把时间预先赋予了钟表。在看钟看表之际我们说"现在"。因而我们已经说出了时间；从钟表那里我们只是以数的方式确定了时间。这个"说-现在"以及说出"然后"或者"当时"都必须具有某个本源。在我们说"现在"之际，我们是从哪里获得"现在"的呢？我们所意谓的显然不是对象，不是现成者；毋宁说，我们所谓对某物的当前化，当前，乃是在"现在"之中说出自身的。持留在"当时"之中、预期在"然后"之中说出了自身。既然每个"当时"都是"不-再-现在"，每个"然后"都是"尚-未-现在"，那么每一次对"然后"（它源于一种预期）的表述也就一向已经包含了一种当前化，一种对"现在"的共同领会。现在、然后与当时，这些时间规定中的每一个都是从当前化－预期－持留(或者遗忘)之统一出发得到述说的。在“立刻”中述说了被我预期为“下一刻”的东 369
西。在“刚才”中则述说了被我刚好还持留(或者恰巧已经遗忘)为“上一刻”的东西。“刚才”凭借其变样处于“先”之境域之中——这个“先”属于持留与遗忘。“立刻”与“然后”则处于“后”的境域之中,该境域属于预期。一切现在则处于“现今”之境域,这是当前化之境域。被“现在”、“然后”与“当时”所意谓的时间乃是占用着时间的此在所盘算指望的时间。然而,这个此在所盘算指望的时间,这个此在在“现在”、“然后”与“当时”之中说出的时间,此在是从哪儿取得的呢?这一问题的回答,我们还是暂且撇在一边。不过已经清楚的是,这个回答无非就是从本源时间出发,澄清“现在”、“然后”(“现在－尚－未”)与“当时”(“现在－不－再”)——这就是说,澄清作为现在序列(彼此继起的时间)。

β)被说出时间的结构环节:意蕴性、可定期性、紧张性①、公共性

问题是:我们须如何更确切地规定这些在“现在”、“然后”与“当时”中说出自己的当前化、预期与持留?仅当我们确定自己已在其完整结构中看到了亚里士多德时间阐释认作现在序列的东西,我们才能对上面那些东西加以更确切的规定。无论如何,就亚里士多德以及后来的整个传统描述时间的方式而言,实际情况是并未在其完整结构中看到亚氏所谓现在序列。那么首要的事就是更确切地标出被

---

① Gespanntheit 的字面意思是“紧张性”、“急切性”。但海氏在这里则给予了一个更为“字面”,也就是更为本源的用法,以表示现在、时刻不是点,而是一种被“张开”的延展。由于汉语“紧张”一词在字面上已经暗涵了“张开”、“张紧”、甚至“张力”的意思,故我们仍用“紧张性”来译 Gespanntheit。汉语读者宜从该词的一般意义与字面意义的兼义来领会。——译注

说出时间的结构，也就是“现在”、“然后”与“当时”。

在钟表上被读出的时间（因而一般而言还有我们所占用与容让的时间）的一个本质性环节，我们已经有所触及，但不曾将之作为结构归属于现在。我们在钟表上面读出的每一现在，都是去……的时
370 间，都是“为了去做这做那的时间”；这就是说，都是**被居有的**时间，或者**未被居有的**时间。我们在钟表上读出的时间（Zeit），总是那种有其反题（不合时）的时候（Zeit）——就像我们说的，每个人来得是时候或者不是时候。我们曾经描述世界概念并已看到，该概念所意谓的乃是一种（具有“为了－去”特性的）关涉之整体。此时，我们实际上已经在另外一个关联脉络中看到了时间的那种奇特性。我们曾把“为了－去”、“为之故”、“为这”、“为此”这些关涉的整体性称为意蕴性。作为合时与不合时，时间具有**意蕴性之特性**——这就是说，具有将世界描述为世界一般的那种特性。因此，我们把我们所盘算指望以及容让的时间称为**世界时间**。这并不是说，我们在钟表上读出的时间是如同世界内诸物那样的现成东西。我们确实知道，世界并非现成者，并非自然，而是那首先使得“发现自然”得以可能的东西。因此之故，就像经常发生的那样把这种时间称为自然时间或者自然的时间，这也是不合适的。就一切时间在本质上均属此在而言，没有什么自然时间。然而确实有一种世界时间。我们之所以把时间称为世界时间，这是因为它具有意蕴性这个特性——在亚里士多德的时间界定中，一般而言在传统时间规定中，这个特性都是被忽视的。

时间之意蕴性之旁还有另一个环节，这就是时间之**可定期性**。在一种对某物的当前化中的每一个现在，都是在一种与预期与持留的统一中被说出的。当我说了“现在”，我总是未曾明言地随同说了“**当是时也如此这般的现在**”。在我说“然后”之际，我总是意谓了“**然后，当……之际**”。在我说“当时”之际，我意谓语了“**当时，在……之**

际”。对于每一个现在，都有一个“当是时也”属于它：当是时也如此这般的现在。现在作为“现在－当是时也”、当时作为“当时－在……之际”、然后作为“然后－当……之际”，这些关涉结构我们称之为可定期性。每一个现在都把自己定期为“当是时也发生、演历或者持存着这事那事的现在”。即使我们不再能够确切无歧义地确定一个“当 371
时－在……之际”在什么时间，这个当时也还具有这一关涉。只是因为定期这个关涉在本质上属于“当时”、“现在”与“然后”，日期才可能是不确定的、不清楚的、不确实的。日期自身毋需成为狭义的时历上的东西。时历上的日期只是日常定期的一种特殊样态。日期之不确定，这并不意味着作为“现在”、“当时”与“然后”之本质结构的可定期性有所缺失。例如我们说，当时，当法国人在德国之际；我们谈论的是“法国时期”。这个定期在时历上可以是不确定的，但它还是可以通过某个历史上的历事或者其他事件加以确定。至于“现在－当是时也”、“当时－在……之际”、“然后－当……之际”，无论对它们的定期多么宽泛或者确定无歧义，可定期性的结构环节仍然属于“现在”、“当时”与“然后”之本质建制。这些“现在－当是时也”、“当时－在……之际”、“然后－当……之际”，按照它们的本质都关涉着那赋予可定期者日期的存在者。必须把人们以庸常的方式概念化为现在序列的那种时间掌握为这一“对定期的关涉”。这一层关涉是不可忽略的。然而，以庸常的方式将时间阐明为现在序列，这对前时历的可定期性之环节的认识，与对意蕴性之环节的认识同样地少。这种庸常的阐明方式把现在思维为自由漂浮着的、无关涉的、在其自身之中一个夹着一个前后继起的东西。与之相反，必须看到，每一个“现在”、每一个“当时”与每一个“然后”，照其结构来说都是可定期的；这就是说，它们一向已经关涉某某，并且在表述之中从某某出发或多或少地得到了特定的定期。在传统的时间理论中，那个关乎现在、现

在－不－再与现在－尚－未的本质上的定期关涉是被忽视的——这
372 一点进一步表明了：在多大程度上，那不言自明的东西恰恰是出于概念的。因为，我们凭“现在”意谓“当是时也如此这般，或者当是时也发生了这事那事”——难道还有什么比这更不言自明吗？至于说，对于传统的时间概念而言，像意蕴性、可定期性之结构那样基本的时间结构何以能够一直保持遮蔽——该概念何以忽视且必定忽视这些结构，[这些问题，]我们将从时间性自身之结构出发去学着领会。

此在以预期的方式说“然后”，以当前化的方式说“现在”，以持留的方式说“当时”。作为一个“尚－未”，每一个“然后”都是在对“现在”的领会中，也就是说在当前化中被说的。在以当前化的方式说出“然后”之际，一向已经从“现在”出发领会了一种“**到那时为止**”。在每一个“然后”之中，都有一种“现在－到－那时为止”被共同领会了。通过“然后”自身分说了从“现在”到“然后”的延展。“从现在到然后”这个关系并不是首先在一个“现在”与一个“然后”之间以后发的方式建立起来的；毋宁说，该关系已然存乎在“然后”中说出自身的、行当前化的当前者之中。它既存乎“现在”之中，也存乎关涉着一个“现在”的“尚－未”与“然后”之中。在我从“然后”出发说“现在”之际，我一向已经意谓了到那时为止的某个“**期间**”。这个“期间”之中包含了我们所谓绵延、“在……这段时间中”、时间的[一段]持续。作为一种时间特性，该规定复又具有上面提出来的、可定期性之结构：“期间”，亦即“在发生这事那事的这段时间中”。这个“期间”自身又可以被某个特定的“从那时到那时”（这分说了“期间”）加以更确切的规定与划分。在被分说的“期间”与“在……这段时间中”里面则可以专门通达那个“持续”。那被“从现在到然后”所意谓的东西、那自身延展的一段时间成了可通达的。那个以这样的方式在“期间”、“在……这段时间中”、“到－那时为止”这个特性中被分说的东西，我们称之为时间之**紧张性**。我们凭借“期间”与“在……这段时间中”意谓着一段被张紧的时间。这个环节已被亚里士多德正确地分派给了现在——就在 373
他说现在具有某种变动特性的时候。时间在其自身之中就是被张开的、被延展的。每一个“现在”、“然后”与“当时”都不仅是一个数字；毋宁说，它在其自身中就是被张开、被延展的：“在这段时间里上课的现在”、“在这段时间里休息的现在”。任何现在，任何时刻都不会是点状的。每个时刻在其自身中都是被张开的，在此张开的幅度则是可变的。此外，它还随着那总是为现在定期的东西而变。

然而，意蕴性、可定期性与紧张性（延展性）并未囊括“现在”、“然后”与“当时”的完整结构。我们把时间的最终特性（这里的时间是在被盘算被说出的意义上）称为时间之**公共性**。无论现在是否被公开表达，它都被说出了。在我们说“现在”的时候，我们意谓的是：“当是时也发生这事那事的现在”。这个被定期的现在便具有某种延展性。在**交互共在**中说出被定期、被张开的现在之际，每个人都领会了他人。在我们中的某人说“现在”的时候，我们全都领会了这个现在，虽然这个人或许是从全然不同的物或事出发来为这个现在定期的：“教授讲课时的现在”、“学生们写东西时的现在”或者“现在上午”、“现在学期快结束了”。我们毋需为了将某个现在领会为现在而（在对所说出的现在的定期中）以某种方式协调彼此。在交互共在中，被说出的现在人人都可领会。每个人固然总是说出他的现在，但就人人而言，它都是现在。尽管定期各不相同，现在人人都可通达；正是这个可通达性把时间的特性确定为公开的。人人都可通达现在，唯是之故，现在不属于任何一个人。基于它的这个特性，便可分派给时间一种独特的客观性。时间既不属于我，也不属于其他任何人；毋宁说时间以某种方式存在于此。有时间，时间是现成的；这毋需我们能够说出时间以什么方式存在、在哪里存在。

374 我们不断直接占用时间，我们也同样直接失去时间。我们让自己有时间以做某事，然而是以这样的方式：在我们做此事之际，时间就不在了。我们放弃时间，正如我们失去时间。然而“失去－时间”是一种特殊的、漫不经心的“让－自己－有时间”；这就是说，它是这样一种样态，就像我们在一种被遗忘的、浑浑噩噩的生活中拥有时间一样。

我们已经指出了时间的一系列特性——当亚里士多德将时间规定为被数的数时，他视野里所有的便是这种时间。我们所占用的时间、我们在“现在”、“然后”与“当时”中所说出的时间具有意蕴性、可定期性、延展性及公共性这些结构环节。我们所计算的时间（这里的计算是广义的，也就是盘算指望）乃是可定期的、被张开的、公共的，并且具有意蕴性这个特性（这就是说，时间它属于时间自身。然而，这些结构环节如何在本质上属于时间呢？这些结构自身又是何以可能的呢？

γ）被说出的时间及其在生存论上的时间性中的起源；时间性之绽出特性与境域特性

仅当我们按照上述那些环节把现在序列之完整结构保持在视野之内，我们才能提出这样具体的问题：我们首先且唯一认作时间的东西究竟源于何处？能否从那些凭借“现在”、“然后”与“当时”说出自身的东西出发（这就是说从当前化、预期与持留出发）去领会时间的这些结构环节（因而也就领会了时间自身，一如它说出了自己）？在我们预期某一历事的时候，我们总在我们的此在中以某种方式对我们最本己的能在有所施为。即使我们所预期的东西是某一事件、某种情况，在对该情况自身的预期中，我们的本己此在也总是被一同预期了。此在是从它所预期的最本己能在来领会其自身的。既然此在

这样对其最本己的能在有所施为，那么它便是先行于其自身的。预 375
期一种可能性，我便从该可能性走向了我自身之所是。此在以预期其能在的方式走向了自己。在这个（以预期可能性的方式）“走－向－自己”当中，此在便在一种本源的意义上就是将来的。这个在此在之生存之中包含着的、从最本己的可能性而来的“走－向－自己－自身”（一切预期都是它的某个样态）便是原初的将来概念。“尚－未－现在”意义上的庸常的将来概念之前提便是这个生存论上的将来概念。

持留着某物或者遗忘着某物，此在一向［这样］以某种方式对它自身所曾已是者有所施为。其方式只是（正如它一向实际所是的那样）——它一向已经曾是它所是的那个存在者。只要我们对一个作为过去的东西的存在者有所施为，我们便是以某种方式持留或者遗忘它。在持留与遗忘当中，此在自身被一同持留了。它把自身一同持留在它所曾已是者之中。此在一向所曾已是的东西，它的曾在性，一同属于其将来。这个曾在性的原初意思并非此在实际上不再存在；相反，它实际上正是它之所曾是。我们之所曾是并没有在这个意义上过去——似乎我们能够（就像我们常常说的那样）像脱掉一件衣服那样脱掉自己的过去。此在无法摆脱自己的过去，犹如它无法逃脱自己的死亡。无论在什么意义上，无论在什么情形下，我们所曾是的所有东西都是我们生存之本质规定。即使我通过某种途径以某种手段远离了我的过去，遗忘、排除、抑制也仍然是我在其中自身成为我之曾是的诸样态。就此在存在而言，此在必然一向曾在。只要它生存，它便能够是曾在的。仅当此在不再存在，它才也不再曾在。只 376
要它存在，它就是曾在的。这就意味着：曾在性属于此在之生存。从前面对将来环节的描述出发，可以说：只要此在一向（以或多或少的明确方式）对其自身之某种能在有所施为——这就是说，只要此在从其自身之可能性出发走向自己——那么它也就一向藉此回归其所曾是。生存论上的意义上的曾在性以同样本源的方式属于本源的（生存论上的）意义上的将来。与将来及当前一体的曾在首先使生存得以可能。

生存论意义上的当前并不同于在场性或者说现成性。只要此在生存，它便一向逗留在现成的存在者那里。此在在其当前之中拥有这个现成的存在者。只有作为行当前化者，此在才在特别的意义上是将来的、曾在的。那此在以预期着一种可能性的方式存在，其方式一向是这样：它以行当前化的方式对一现成者有所施为，并且把这个现成者作为在场者保持在其当前之中。这也意味着：在大多数情况下，我们迷失在这个当前之中；情形似乎是，将来与过去（更确切地说，"曾在"）被遮挡了，似乎每一刻此在都总会跃入当前之中。这是一个假象；该假象复又有其根据，必须得到澄清——但在目前这个语境里，我们得把它搁在一边。此间唯一重要的，大概是必须看到，我们是在一种更为本源的（生存论上的）意义上谈论将来、曾在与当前的；至于这三个规定，我们则是在一种先于庸常时间而有的含义上使用的。我们所给予特性描述的将来、曾在与当前之本源统一乃是本源时间之现象，该现象我们称之为时间性。时间性自行时间化于将来、曾在与当前的各个统一之中。我们给予如此称呼的东西，必须与"然后"、"当时"与"现在"区别开来。后面列举的这三种时间规定只
377 在源于时间性时才成其所是——时间性也藉此表述了自己。预期，未来，持留，曾在，当前化，当前——所有这些凭借"现在"、"然后"与"当时"表述了自己。在这种自我表述当中，时间性便使得庸常时间领悟唯一熟知的时间时间化了。

将来的本质性东西在于"走－向－自己"，曾在的本质性东西在于"回－去"，当前化的本质性东西在于"逗留在……那里"亦即

"即……而在"。"向－去"、"回－去"、"即"——这些特性彰显了时间性之基本建制。就时间性被"向－去"、"回－去"、"即"所规定而言，它是外于自己的。作为将来、曾在与当前，时间在其自身之中便是出离的。作为将来的东西，此在向着其曾是的能在出离；作为曾在的东西，此在向着其曾在性出离；作为行当前化的东西，此在向着另一个存在者出离。作为将来、曾在与当前的统一，时间性并不偶尔才使得此在出离；毋宁说，它自身作为时间性便是本源的外于－自己，ἐκστατικόν[出离、绽出]。我们在术语上把出离这个特性标为时间之绽出的特性。时间之出离并不是后起的、偶发的；毋宁说将来在其自身之中作为"向－去"就是出离的、绽出的。对于曾在与当前而言情况也是一样的。因而我们把将来、曾在与当前称为时间性之三重绽出——这三重绽出在其自身之中以同源的方式相互归属。

必须更切近地来察看一下时间的这个绽出特性。只有当人们对之有点头绪，才能以对任意现象进行具体的准当前化再现的方式将此关联体纳入视野。"绽出的"这个说法与出神状态毫不相干。ἐκστατικόν这个平常的希腊词意指出－离－自己。它与"生存"这个术语有关联。我们便以绽出特性来阐释生存——从存在论的角度看， 378
生存乃是"走－向－自己"、"回归－自己"、"当前化地外于－自己－存在"之本源统一。具有绽出的规定的时间性乃是此在之存在建制之条件。

本源时间在其自身之中便外于自己——这是其时间化之本质。它就是这个"外于－自己"自身；这就是说，它不是首先像一个物那样现成存在然后才外于自身的东西(以至于它似乎可以后于自己)。毋宁说，它在其自身之中就无非是这个素朴直截的"外于－自己"。只要这个绽出特性标出了时间性，那么每一重绽出(它只有在与其他绽出的时间化统一之中才使自己时间化)的本质中就都包含了一种形式化意义上的向某物出离。每一出离在其自身之中便是敞开的。绽出包含了一种奇特的敞开性，它是随着“外于－自己”被给予的。那每一绽出在其自身之中以某种方式向之敞开之所，我们称之为绽出之境域。境域乃是绽出本身向之外于自己的敞开幅员。出离敞开，且将此境域保持为敞开的。作为将来、曾在与当前的统一，时间性拥有一个通过绽出得到规定的境域。作为将来、曾在与当前的本源统一，时间性在其自身之中便是绽出的－境域的。“境域的”说的是：通过一种随着绽出自身而被给予的境域得到特性描述。绽出的－境域的时间性非但在存在论上使此在之存在建制得以可能，而且它还使这样一种时间的时间化得以可能——即那种庸常时间领悟所唯一熟知的时间，那种我们一般标为不可逆转的现在序列的时间。

至于意向性与绽出的－境域的时间性这两个现象之间的关联，目前我们就不进一步深入了。意向性——朝着某物的定向存在与存
379 乎其中的 intentio［意向］与 intentum［所意向］之同属一体（在现象学里，这个同属一体通常是被标为最终原现象的）在时间性及其绽出的－境域的特性中才有其可能性条件。此在之所以是意向的，这只是因为它在其本质中是被时间性所规定的。此在的本质规定——它在其自身中超越——同样与绽出的－境域的特性相关联。我们将会显示，意向性与超越性这两个特性是如何与时间性联系在一起的。同时我们也将领会，存在论——就其将存在当作主题而言——何以是一门先验的科学。既然我们还没有专门从此在出发来阐释时间性，那么下面我们必须使自己对这个现象更熟悉些。

δ）现在－时间之结构环节源于绽出的－境域的时间性；沉沦这种存在方式乃是本源时间被遮蔽的根据

把时间理解为现在序列，这就没有从本源时间出发认识前一种

时间；并且这忽视了归于现在序列本身的一切本质环节。在庸常的领悟当中，时间在其自身之内便是一种自由漂浮的现在序列。时间简简单单地在这里了；人们必须认识它的既与存在。现在，在我们已经以粗略的方式描述了时间性之后，就产生了这样的问题：明明白白地从本质结构的视角看——这些本质结构为意蕴性、可定期性、紧张性与公共性——我们能否让现在序列源出于本源的时间性。如果作为现在序列的时间是从本源的时间性出发使自己时间化的，那就必定可以从时间性之**绽出的**－**境域的**建制出发，在存在论上领会这些结构。更有甚者，如果作为现在序列的时间在其中使自己时间化的那种时间性构建了此在之存在建制，如果实际此在首先（但也仅仅） 380
经验到并了解到庸常所领悟的时间，那就必须也从此在之时间性出发去澄清，**何以**实际此在首先只把时间了解为现在序列；进一步还得澄清，**何以**庸常的时间领悟在时间上面忽视了（或者说没有恰当地领会）意蕴性、可定期性、紧张性与公共性这些本质性结构环节。如果可以显示（如果甚至必须显示）人们通常了解为时间的东西源出于被我们描述为时间性的东西，那么这也就验证了，把庸常时间所源出的东西称为本源时间是对头的。因为可以提出这样的问题：我们何以把将来、曾在与当前在本源意义上的统一仍旧称为时间？它不是其他的什么东西吗？一旦人们看到，“现在”、“然后”与“当时”无非就是表述了自己的时间性，那么对上面的问题就只能回答“否”了。这只是因为，“现在”是一种**时间**特性；只是因为，“然后”与“当时”是**时间**上的（*zeit*haft）。

目前的问题是：庸常所领会的时间如何植根于时间性自身——庸常意义上的时间任何源出于时间性；或更确切地问，时间性自身如何使常识唯独对之有所了解的时间时间化？每一个现在依其本质都是一种现在－当是时也。基于这个可定期性关涉，现在关涉于某个它由之出发得到定期的存在者。成为一个“当是时也如此这般的现在”，这个特性（也就是可定期性关涉）之所以可能，这是因为现在作为时间规定乃是绽出的－敞开的，亦即源出于时间性的。对某物的当前化意义上的当前者属于特定的绽出。在对存在者的当前化中，当前者在其自身之中便绽出地关涉于某物。只要当前者把自己表述
381 为绽出地有所关涉，只要它在自我表述中说“现在”并且以“现在”意谓“当前”，那么这个绽出的－境域的（这就是在其自身中就是绽出的）现在便是关涉于……的；这就是说，每一个现在作为现在都是“当是时也如此这般的现在”。对存在者之当前化乃是让存在者来照面——以这样的方式，如果它以自我表述的方式说了“现在”，那么这个现在（基于当前化之绽出特性）便必定具有“当前特性”：“当是时也如此这般的现在”。与此相应，每个“当时”都是“当时－在……之际”，每个“然后”都是“然后－当……之际”。只要我说“现在”，并在一种当前化中表述这个现在且将之表述为这个当前者，那么，基于对某物的当前化，存在者便是作为被说出的“现在”由之使自己得以定期的那个东西来照面的。由于我们每次都是处在一种对存在者之当前化中，且从该当前化出发来说“现在”的，所以这样被说的“现在”在结构上自身就是行当前化的。它具有可定期性这个关涉，在这里实际的定期在内容上总是各不相同的。现在以及其他的时间规定乃从时间性自身之绽出特性出发而有其定期关涉。“现在”总是“当是时也如此这般的现在”，每个“当时”都是“当时，在……之际”，每个“然后”都是“然后，当……之际”——这一切只是表明，作为时间性的时间、作为当前化、持留与预期的时间已经让存在者作为被发现者来照面了。换言之，由这个定期关涉来看，被庸常地领会的时间，“现在”，只是本源时间性的索引而已。

每一个“现在”以及每一个时间规定在其自身之中都是被张开

的，都具有一种张开幅度；这个幅度变化着，并不产生于（作为无维度的点的）诸个别“现在”之总和。“现在”获得幅度与范围的方式并非我把更多的“现在”合并起来，而是反过来，每一个“现在”在其自身之中原已具有这个紧张性了。即使我把“现在”还原为百万分之一秒，它还是具有那种张力——因为它依其本质便有这种张力；这种张力既不会通过相加获得，也不通过缩减失去。“现在”及每个时间规定 382
在其自身之中就既有一种紧张性。即使这一点的根据也在于：“现在”无非就是对在其绽出特性中的本源时间性自身的“表述”。在每一个被说的现在中，紧张性都一同被说了——因为当前化凭借“现在”以及其他时间规定表述自己；这个当前化是在与预期以及持留的绽出的统一中使自己时间化的。在时间性之绽出特性中已经本源地包含了一种一同深入到时间中去的延展性。只要每一个预期都具有一种“向－自己－而去”的特性，而每一个持留都具有“回－去”的特性，那么时间性作为绽出的东西**在其自身之中就是延展的**。作为原初的外于－自己，时间性就是延展性自身。延展性之所以产生，并非我一个接一个地推动时刻的结果；恰恰相反，被庸常地领会的时间之所以具有连续性与紧张性这两个特性，其本源在于（作为绽出的东西的）时间性自身之本源的延展性。

在交互共在中，对于每一个人的领悟来说，“现在”与每个被表述的时间规定都是**公共地可通达的**。甚至时间之公共性这个环节也植根于时间性之绽出的－境域的特性。由于时间性在其自身之中便是“外于－自己”，时间性本身在其自身之中便是已被展现的，并且为了其自身按照其三个绽出方向敞开着。因而，每一个被说的、被表述的“现在”，其本身直接为每一个人所熟知。“现在”并不是某个我们中的一员或者其他人可以某种方式找到的东西；它并不是或许某个人对之有所知而其他人并不知道的东西。毋宁说，在此在之交互共在中(这就是说,在共同的"在-世界-之中-存在"中)已有(作为对自身而言敞开的东西的)时间性自身之统一。

383 至于日常时间领悟中的时间,我们基于其意蕴特性称之为世界时间。我们早已经指明:此在之基本建制乃是"在-世界-之中-存在",确切地说是以这种方式:对于在其生存中的、生存着的此在而言,事情涉及["在-世界-之中-存在"]这个存在;同时这也是说,事情涉及其"在-世界-之中-能在"。对于此在而言事情关乎其最本己的能在;或者就像我们也说的那样:此在原初地一向为自己自身尽力。当此在把自己表述为"现在"中的当前化,表述为"然后"中的预期与"当时"中的持留时,——当时间性在这些时间规定中表述了自己时,那么在其中被表述的时间同时也就是此在为之而尽力、此在为之故而存在的东西。在时间性之自我表述中,被表述的时间便在"为之故"与"为了-去"的特性中得到领会。被表述的时间在其自身之中便具有世界特性,——这一点可能还要由另一个更为困难的关联脉络来证明,目前我们就不深究了。只要此在为自己自身尽力,而此在之时间性则在"现在"之中表述自己,那么被表述的时间便总是对于此在自身来说所涉及的东西;这就是说,时间总是作为"是时候"或者"不是时候"的时间。

我们已经阐明了意蕴性、可定期性、紧张性与公开性这些结构环节。我们从这个阐明看到,被庸常地领会的时间之基本规定源于预期、持留与当前化之绽出的-境域的统一;并且我们也看到了这何以如此。由于我们通常认作时间的东西就其时间特性来看源于绽出的-境域的时间性,那么派生时间渊源所自者就必须在一种更为原初的意义上被称为时间:它使自己时间化并且作为其本身又使世界时间时间化。只要作为时间性的本源时间使此在之存在建制得以可能,只要[此在]这个存在者如此存在,以至于它使自己时间化,那就

必须把这个具有生存着的此在的存在方式的存在者以本源且恰切的 384
方式称为不折不扣的时间性的存在者。现在就清楚了，何以我们不把那种在时间中运动或者静止（比如一块石头）的存在者称为时间性的。这样的存在者，其存在并非被时间性所规定的。然而那此在则不仅是——原本决不是时间内的、出现在世界中的现成东西；毋宁说，它归根结底在其自身中便是时间性的。然而，此在也以某种方式存在于时间之中，只要我们以某种视角把它看作现成者。

既然我们从本源的时间性导出了庸常时间之特性，并已借之证明了何以将本源称为时间比将由此派生的东西称为时间更为正确，那现在就得问：庸常的时间领悟把时间仅认作不可逆的现在序列；对于该领悟而言，现在序列上的本质特性（意蕴性与可定期性）仍是保持遮掩的；并且，紧张性与公开性这两个结构环节最终仍未被该领悟领会，以至于它仍把时间释为赤裸裸的“现在”之杂多；这些“现在”没有进一步的结构，从来不过是“现在”，在一个无限的继起序列中一个接一个地从未来进入过去——这一切是如何发生的？对世界时间之特殊结构环节之遮蔽、对世界时间之源于时间性之遮蔽、对这个时间性自身之遮蔽——所有这些遮蔽的根据都在于此在之一种存在方式，这种存在方式我们称为沉沦。我们只是从我们已经多次触及的东西出发标出这个现象，而没有对该现象本身深入得更切近些。我们已经看到，此在一向首先以现成者意义上的存在者为导向，以至于此在也从现成者之存在方式出发规定其本己的存在。该现成者又名自我、主体、res［事物］、substantia［实体］、subjectum［主体］。这里，
在一种发达的存在论之理论领域里得到呈现的东西乃是对于此在自 385
身之一般规定：此在它具有首先从诸物出发领会自身、从现成者那里汲取存在概念之倾向。对于庸常经验而言产生了如下结果：存在者在时间中来照面。亚里士多德说：时间乃是κινήσεώς τι［运动的什

么],运动上面的某物。而这意味着:时间以某种方式存在。如果庸常的时间领悟之了解现成存在意义上的存在,那么时间必然就是某种现成的东西——就时间随同运动作为公共可通达的东西存在于此而言。只要时间向此在来照面,它便也被阐释为某种现成者——这尤其是因为,它正是随同现成的自然,在某个关联脉络中彰显自身的。时间是以某种方式一同现成的,不管它是在客体中,还是在主体中,还是在其他任何地方。人们认作现在、认作现在杂多与现在继起序列的时间乃是一种现成的序列。现在是作为时间内的东西给出自己的。它就像存在者那样来来去去,它就像现成者那样消逝为不-再-现成者。关于存在者的庸常经验所应用的存在领悟境域无非是现成性之境域。对于这样的存在领悟来说,意蕴性与可定期性之类的东西是被封闭着的。时间乃成为一种自由漂浮着的现在序列进程。对于庸常的时间观而言,这个进程和空间一样都是现成的。由此出发就可以达到这样一个主张,时间乃是无限的、无穷无尽的,而时间性依其本质则是有限的。如果说庸常意义上的时间观仅仅指向了现成者与(尚-未-和不-再-现成这两个意义上的)非现成者,那么与之相关的唯一的东西就是在其继起序列中的现在。此在自身之存在方式就包含了这一点:此在只了解处在"相互并置的现在"这个光秃秃的形态中的现在序列。甚至亚里士多德的提问方式也在这
386 个前提下才得以可能——他问的是:时间是某种存在的东西呢,还是一种不存在的东西;至于过去与将来,该问题也是在不-再-存在与尚-未-存在的意义上讨论的。在对时间之存在的这个追问中,亚里士多德是在现成存在的意义上领会存在的。如把存在看作这个意义,那就得说:过去意义上的不再现成的现在,与将来意义上的尚未现成的现在都是不存在的,也就是说,都是不现成的。这样看起来,在时间上面存在的只有现成存在于每一现在之中的现在。亚里士多

德有关时间之存在的疑难——该疑难甚至在今天还是主导性的——就源于这个等同于现成存在的存在概念。

从庸常时间领悟的同一个理路中也产生了这样一个为常识所熟知的观点：时间是无限的。每个现在都具有变动特性，每个现在依其本质都是尚－未与不－再。在每一个我想停留在那里的现在，我都处在一种尚－未或者说不－再之中。如果我想沿着过去或者将来把现在切下来，那么每一个我欲以纯粹思想的方式加以限制的现在都是被误认的现在——因为现在是超越自己而外指的。这样来领会时间之本质，从中便可得出，时间必定会被设想为无限的现在序列。从那个孤立的现在概念便可以纯粹演绎的方式推出这个无限性。甚至关于时间无限性的这个结论（它在某个限度内不无合理意义），其之所以可能，也由于在被裁切的现在序列的意义上看待现在。可以表明（这一点在《存在与时间》中已经显示出来了），此在之所以可能知晓庸常时间之无限性，这只是因为在其自己之中的时间性自身遗忘了其本己的、本质上的有限性。只因时间性在本真的意义上是有限的，在庸常时间意义上的非本真时间才是无限的。时间之无限性并 387
不是时间的什么优点，倒是一种描述了时间性之否定特性的一种缺点。这里不可能更切近地深入时间之有限性了，因为它与死亡这个难题有关联，这里的上下文不是分析死亡的地方。

我们强调过，庸常的时间领悟并不专门了解现在、意蕴性、紧张性以及公共性之特性。不过我们必须把这个命题限制在如下范围之内——亚里士多德的时间阐释已经显示，哪怕只把时间当成我们盘算的时间，时间的某些特性也还是进入眼帘了。然而，只要庸常的时间观提供了阐释时间的唯一线索，那么这些特性就不可能被做成专门的问题。亚里士多德将变动特性归于现在；他把存在者在其中来照面的时间规定为包容（包含）存在者的数；作为被数的数，时间关涉到对它的考虑盘算，时间在这种考虑盘算之中得到揭示。变动、包含与被揭示性乃是时间在其中表现为现在序列的最切近特性。如加以更为仔细的察看，[就能发现]这些特性回溯指点了我们已在另一个关联脉络中辨识出来的环节。

每一个现在均居有变动特性，这是因为，作为绽出的统一，时间性在其自身中就是延展的。“走－向－自己”（预期）之绽出的关联——在其中此在同时回到了自己（持留）——便在与一种当前化的统一中首先提供了这样一种可能条件：被表述的时间，现在，具有将来与过去的维度；这就是说，从尚－未与不－再的方面看，每一个现
388 在本身在自身中就是延展的。每一个之变动特性无非就是我们标为紧张性的东西。

时间就这样包含了存在者，我们将被包含的东西了解为时间内的东西——这些之所以可能且必然，乃是基于时间作为世界时间之特性。基于绽出特性，时间性仿佛进一步把自己外化为每一个能够作为时间性的东西与此在打照面的可能客体。与此在打照面的存在者藉此一开始便已被时间所包容。

同样，时间在本质上的被计数性也植根于时间性之绽出的－境域的建制。对于时间的包含性、世界特性及其本质上的被揭示性，我们将在下文更明白地摆出来。

我们从“时间源出于时间性”这个视角大体上把时间看作现在序列；于是认知了，时间性之本质结构乃是闭锁于其自身中的那个统一，即在已经阐明的意义上的将来、曾在与当前之绽出的－境域的统一——这些就足够了。**时间性**乃是**此在之存在建制之可能性条件**。**然而存在领悟属于该存在建制**，因为此在生存着对它自身所不是以及它自身所是的存在者有所施为。**因而，时间性必定就是属于此在之存在领悟之可能条件**。时间性是如何使得存在领悟一般得以可能

的呢？如果存在应该成为存在论这门科学的主题，这就是说成为科学的哲学之主题，那么作为时间性的时间是如何成为对于存在一般之外显领会的境域的呢？就时间性作为前存在论的以及存在论的存在领悟发挥作用而言，我们将时间性称为时态性。

§20. 时间性与时态性 389

我们应当表明，时间性乃是存在领悟一般之可能条件；对存在的领会与概念把握是从时间出发的。如果时间性作为这样的条件发挥作用，我们就称之为时态性。对存在之领悟，因而在存在论以及科学哲学中对该领悟的发展完善，都应该在它们的时态可能性中得到显示。然而，我们追问其时态可能性的那个存在领悟究竟意味着什么呢？通过对四个论题的讨论，我们已经用不同的方式表明，存在领悟之类属于生存着的此在；并且我们也表明了情况何以如此。我们处在这样一个事实面前；或者说得更确切些，我们处于这样一个事实之中——我们领会存在，但还没有对之加以概念把握。

a）领会作为在世之基本规定

领会与概念把握之间的区别何在？领会与领悟究竟意味着什么？人们也许会说，领悟是一种认识，与此相应领会便是某种认知行为。目前人们习惯循着狄尔泰的先例把领会限定为一种不同于另一种认知（也就是说明）的认知方式[①]。在这里我们无意深入讨论说明与领会之间的关系——之所以不讨论，这首先是因为该种讨论受害

① 我们依照《存在与时间》的通行中译本，把 Verstehen 译为“领会”（相应地把 Verständnis 译为“领悟”），Erklären 译为“说明”。在涉及狄尔泰、其他传释学家以及韦伯那样的社会学家的文献时，国内关于这对概念的其他译法通常是“理解”/“解释”。——译注

于一种原则性缺陷，该缺陷会造成讨论毫无结果。该缺陷在于，对于我们在“认知”的名目下所领会的东西——说明与领会据说是认知的两“种”——缺乏充分的阐释。人们可以列举认知种类的完整类型并
390 以此博得常识的赞叹；但只要没有澄清那种有别于“说明”这种认识方式的“领会”这种认知方式究竟是什么，那么这些[类型列举]在哲学上便是毫无意义的。无论我们如何理解认知，作为包括了通常观点中的认知与领会的东西，它是**对于存在者之施为**——如果我们暂且可以把作为对存在关系的哲学认识放在一边的话。但以实践－技术的方式与存在者所打的每个交道，它们也是对存在者之施为。在以实践－技术的方式对存在者进行的施为之中也有存在领悟——只要我们毕竟是在与作为存在者的存在者打交道。在所有对存在者的施为中都已经有了对存在的一种领悟，无论该施为是绝大多数人所谓理论性的特殊认知，还是实践的－技术的施为。因为只有借助存在领悟之光亮，存在者才能**作为**存在来与我们打照面。但是，如果对存在的领会一向已经为此在所有对存在者之施为奠定了基础——无论该存在者是自然还是历史，是理论性的还是实践性的——那么，如果我在这里仅遵循对存在者的特定施为方式，也就是认知性的施为方式，那就显然无法对“领会”这个概念加以充分的规定。因而亟需找到一种足够本源的“领会”概念；只有从该概念出发，才能非但对于一切认知方式，而且对于每种(以观视－寻视的方式对存在者自行相关的)施为给予原则性的概念把握。

如果**存在领悟**中有一种**领会**，如果存在领悟对于此在之存在建制而言是构成性的，那么就会产生这样的结果：不管此在是以说明的还是领会的方式搞科学，**领会**都是**此在生存**之一种本源的**规定性**。不宁唯是，领会归根结底原来根本不是一种认知；毋宁说，既然生存多于通常考察意义上的单纯认知，而考察又预设了生存，那么领会就

是生存自身之基本规定。我们实际上必须这样来理解“领会”这个 391
概念。

我们尝试在不明确牵涉存在领悟所包含的领会的情形下搞清楚“领会”这个概念。我们问:领会是如何属于此在本身之生存而不管此在是否以领会的方式搞心理学或者历史学的?生存在本质上是领会,哪怕它不仅仅是领会。我们早已专门评点过生存之本质结构。“在－世界－之中－存在”属于此在之生存,确切地说是以这样的方式:对于在世而言,事情涉**及**这个存在自身。事情**涉及**这个存在,这就是说,这个存在者,此在,以某种方式掌握了其本己的存在——就它以如此这般的方式对其能在有所施为而言,就它已经以如此这般的方式决断赞成抑或反对之而言。“对于此在而言事情涉及本己的存在”,其更确切的意思是:事情涉及本己的**能在**。对于其自身的某种特定的可能性而言,此在作为生存者乃是自由的。此在乃是其最本己的能在。其自身的这些可能性并非空洞的、外在于这个自身的逻辑可能性——对于这个逻辑可能性,此在要么与之沆瀣一气,要么对之不予理睬;毋宁说,此在的那些可能性就其本身而言乃是生存之规定。如果此在对其自身的某些可能性、对其能在是自由的,那么它就**存在**于这个“**对－自由存在**”之中;它就**是**这些可能性自身。这些可能性仅仅作为生存者之可能性**存在**,不管该生存者以何种方式对待它们。可能性每每是本己存在之可能性。仅当此在转而生存于某可能性之中时,该可能性作为它所是的可能性存在。亲自去是那最本己的可能性、接受这个可能性、逗留在该可能性之中、在其自身的实际自由之中领会自身(这就是说,**在最本己能在之存在中领会自**
身),**这便是本源的、生存论上的领会概念**。每个人都管得(vorste- 392
hen)一件事情,这就是说,他懂得(versteht)这件事情——当我们这么说的时候,我们就把“领会”这个词在术语上的含义回溯到了它的一般用法上。只要领会乃是生存基本规定，那么对于此在之一切特定的可能行为方式而言，领会本身就是这些行为方式之可能条件。它是所有施为种类——不仅有实践性施为，而且也有认知性施为——的可能性条件。正因此在在其自身中作为生存者是领会着的，说明科学与领会科学才得以可能——如果姑且把这种划分科学的方式当作正当的话。

我们尝试澄清构成了生存之领会之结构。领会更为确切的意思是：**向一种可能性筹划自己**，在**筹划**中一向逗留在一种可能性之中。只有在筹划之中，在“向着一种能在筹划自己”之中，这个能在、可能性才**作为**可能性存在于此。如果我相反只是对我所能达到的空洞的可能性做反思，仿佛对此只是谈谈而已，那么该可能性恰恰并不作为可能性存在于此；毋宁说，它对我而言是现实的，如同我们可说的那样。仅在筹划中，可能性之特性才**成了**显露的；只有当可能性在筹划中被牢牢掌握，可能性之特性才**是**显露的。在筹划这个现象中包含了这样一个两重性的东西。其一，那此在**向之**筹划自己的东西乃是其自身的能在。能在原初地是在筹划中并且通过筹划得到揭示的；不过是以这样的方式：那个此在向之筹划自己的可能性自身并不是以对象性的方式被把握的。其二，这个**向**某物的筹划一向总是**对**……的筹划。只要此在向一种可能性筹划自己，它便是在这种意义上筹划自己：它把自己作为能在揭示出来；这就是说，它把自己揭示在[能在]这个特定的存在当中。只要此在向一种可能性筹划自己，并且在这种可能性中领会自己，那么这个领会，这个“彰显－自己”就不是“自我成为某种认识之对象”意义上的自身审视；毋宁说，
393 筹划乃是“我**是**可能性”的方式，这就是说，乃是我自由生存的方式。作为筹划的领会，其本质性的东西在于：此在于其中生存地领会了自己自身。只要筹划行揭示，而被揭示者本身并不成为审视对象，那么

在一切领会中就都包含了在其自身中的此在之洞见。该洞见并非关于自己自身的自由漂浮着的知识。洞见之知具有真正的真理特性;这就是说,仅当它具有“领会自己”之原初特性时,它才恰切地揭示有待被它揭示的此在生存。作为“对自己的筹划”,领会乃是此在历事之基本方式。正如我们也可以说的,它是行动之本真意义。通过领会可以刻画描述此在之历事:此在之历史性。领会并非认知方式,而是生存之基本规定。我们也称之为生存上的(existenziell)领会,只要在其中生存作为此在历事在其历史性中将自己时间化。在这个领会之中并且通过这个领会,此在成为它之所是;它一向只是它所已选择成的东西,亦即,它一向只是它在对其最本己能在的筹划中所领会成的东西。

为了依照此在生存之构成特性标出领会概念,这些肯定够了。目前提出的是这样一个任务:从时间性出发,在其可能性中搞清这个领会(就该领会构成了生存而言);同时把我们在狭义上称为存在领悟一般的东西与领会区别开来。此在向着其诸可能性筹划那属于生存的领会。由于此在本质上乃是“存在-于-世界-之中”,筹划也就一向揭示了一种在世之可能。领会在其揭示功能上并不关涉于一个孤立的自我点,毋宁说关涉于实际生存着的“能在-于-世界-之中”。这意味着:某个可能的与他者共在以及某个可能的向着世内 394
存在者而在——这些一向已经随同领会而被筹划了。由于在世属于此在之基本建制,生存着的此在本质上就(作为即世内存在者而在)而与他者共在。作为在世,此在决非首先仅仅即世内现成诸物而在,以致后来在它们之间也还发现了他人;毋宁说,作为在世,此在乃是与他者共在,而不管他者实际上是否一同存在于此,不管他者以什么方式存在于此。然而另一方面,此在也并不首先仅仅与他者共在,以至首先是在交互共在中以后起的方式偶然遭遇了世内诸物;毋宁说，与他者共在的意思是与其他的“存在－于－世界－之中”共在，这就是说，共同－存在－于－世界－之中。因而，让一个孤立的自我－主体与诸客体对立，而无视此在上面在世之基本建制，这是错误的；如果用一种“我－你－关系”中的双倍的唯我论取代孤立自我的唯我论，便似乎在原则上看到了问题，并且或许取得了些许进展——这种主张同样是错误的。“我－你－关系”作为此在与此在的关系只有在“存在－于－世界－之中”的基础之上才有其可能。换言之，“存在－于－世界－之中”同等本源地既是共在又是即……而在。至于“你”的共同此在一向以何种方式相关于个别此在之个别的、实际的存在者的－生存上的诸可能性，这就完全是另外一个问题了。不过这些乃是具体人类学的问题。[①]

这个“在世”是在“领会自己”中得到领会的，借之也预先确定了与他者共在的某些可能，与世内存在者周旋的某些可能。在作为“能在－于－世界－之中”的“对自己的领会”中，**世界**是同等本源地得到领会的。由于领会依其概念乃是从本己的实际在世之被把握的可能出发的自由“领会自己”，领会便在其自身之中具有沿着不同方向改
395 变自己的可能。这意味着：实际此在能够从来照面的世内存在者出发去领会自己；它可以首先并非从其自身出发，而是从诸物与情况出发、从他者出发让它的生存得到规定。这种领会我们称之为**非本真领会**，我们早已描述过它，现在则从领会这个原则性概念出发来澄清它。在这里，“非本真的”意思不是说它是一种不现实的领会；毋宁说它意谓着这样一种领会，在其中生存着的此在首先并不是从最本己的自身把握的可能性出发去领会自己的。不过，筹划或者也可以首先从最本己的此在之自由出发得到实行，并且作为本真的领会返回

① 关于该前提的先天性，参见《存在与时间》，第一编，第四章。——原注

自由。领会自身中所包含的这些自由的可能性，我们在这里无法进一步追随了。

b）生存上的领会，对存在的领会，对存在的筹划

我们要记住：作为被描述刻画的筹划，领会乃是此在生存之基本规定。领会与此在自身相关，这就是说，与一种存在者相关；因而它是一种存在者式的领会。由于它与生存相关，我们称之为生存上的领会。然而，只要在这个生存上的领会中此在作为存在者被向着其能在筹划，生存意义上的存在就在其中得到了领会。在每一种生存上的领会中包含了对于生存一般的存在领悟。然而，只要此在乃是"存在－于－世界－之中"——这就是说，只要一个世界随同此在之实际性以同等本源的方式被展现了，并且其他的此在被共同展现了，世内的存在者也来照面，那么其他此在之生存与世内存在者之存在也就随同生存领悟以同等本源的方式得到了领会。然而，对此在者 396
之存在之领悟与对现成者之存在之领悟起先并未分离，并未以特定的存在方式得到分说，其本身也并未概念化。生存、手前现成存在、上手存在、他者之共同此在向来没有就其存在意义而被概念化，不过它们在存在领悟方面是漠然漫无差别地得到领会的——这种存在领悟同时引导着对于自然的经验以及对于交互存在的历史的自身把握并且同时使得它们得以可能。生存上的领会（实际在世于其中变得透明可见）之中一向已经包含了一种存在领悟——该领悟不仅涉及此在自身，而且涉及了原则上随同在世被揭示出来的一切存在者。其中包含着这样一种领会——作为筹划，该领会不仅从存在出发领会了存在者，而且——就存在自身也是被领会的而言——也用某种方式已然筹划了存在本身。

在分析存在者式的领会结构之际，我们遭遇了该领会自身中所

包含的、并且使它得以可能的诸筹划层面，这些筹划仿佛彼此已经预先贯通了。不过"层面"确实是个麻烦的图景。我们将会看到，对于诸筹划的直线式交织层面（这些层面彼此互为条件）我们是无话可说的。本己此在首先是在生存上的领会中被经验为存在者的，于此之际存在也被领会了。当我们说：在此在之生存上的领会中存在得到领会；当我们观察到，领会乃是一种筹划，那么对存在的领悟中复又包含了一种筹划：仅当存在在它那方面向着某物被筹划，它才得到了领会。至于［该筹划］何所向，这目前仍是晦暗不明的。那么可以说，这个筹划、在关于存在者的经验中的对存在之领会，在它那方面作为领会向着起初还是成问题的某物得到了筹划。仅当我们向着存在筹划存在者，我们才领会了存在者；在这里存在自身必定以某种方式得到了领会，这就是说，在它那方面，存在必定向着某物被筹划。至于
397 说，从一个筹划向另一个筹划的这种折返是否开启了一种无穷倒退，这就不是目前应该触及的问题了。现在，我们探询的只是"关于存在者之经验"、"对于存在之领会"以及"在对于存在之领会中复又包含着的向……的筹划"这三者之间的关联。至于对于（作为存在者的）此在之生存上的领会与对于存在之领会（该领会作为对于存在之领会必定按照其筹划特性向着某物筹划存在）之间的差别，我们看到也就够了。起初我们只能间接地领会，存在必须向何处展现——如果存在被领会的话。但我们不可在这一点面前退缩——只要我们认真对待我们本己生存上的实际性，认真对待与其他此在之共在，并且看到：我们确实领会了世界、世内者、生存以及在其存在中的共同此在；同时也看到我们何以如此。如果此在于其自身中包含了存在领悟，如果时间性使得在其存在建制中的此在得以可能，那么时间性也就必定是存在领悟之可能条件，因而也就是向着时间的存在筹划之可能条件。问题在于，时间事实上是否存在自身向之筹划的那个

东西,——时间是否那个我们由之出发领会存在云云的东西。

为了避免一种危险的误解,这里需要简单插几句话。我们的意图是从原则上澄清存在领悟一般之可能性。顾及到对存在者的施为,对存在领会之阐释仅仅提出了必要但不充分的条件。因为,仅当存在者自身能够在存在领悟的光亮之下来照面,我才能对存在者有所施为。这是一个必要条件。在基础存在论上也可以这样来表达:一切领会在本质上都关涉于一种属于领会自身的现身[①]。现身性乃是我们所谓情绪、热情、情感以及诸如此类的东西的形式结构;对于一切对存在者的施为而言,这些东西乃是构成性的,但使得该施为可能的并不仅仅是这些东西,而是总还需要这些东西与领会的合为一体——正是该领会给予每种情绪、热情与情感以光亮。存在自身必定是以某种方式向着某物被筹划的,如果我们确实领会存在的话。这并不是说,在筹划中,存在必定以对象化的方式被把握了,或者必定被解释、被规定(亦即被概念化)为对象化地被把握者。存在向着某物被筹划,它由此得到领会,但却是以非对象化的方式。存在它是以无 Logos 的前概念的方式被领会的;因而我们称之为前存在论的存在领悟。前存在论的存在领悟乃是领会存在的一种方式;它与对于存在者之存在者式经验如此不相符合,以至于存在者式经验必然将前存在论的存在领悟预设为本质条件。对于存在者之经验并不含有外显的存在论——虽然另一方面,前概念意义上的存在领悟一般乃是把存在对象化亦即课题化的条件。把存在本身对象化乃是实行了这样一种基本活动,于其中存在论把自己构成为科学。每门科学(包括哲学)的本质性的东西在于,它把一种已经以某方式被揭示的东西(亦即预先所与的东西)对象化,通过这种对象化构成 398

① 参见《存在与时间》,§ 29ff。——原注

了自己。预先所与者可以是现前而有的存在者，但也可以是前存在论的存在领悟中的存在自身。预先给予存在之方式根本不同于预先给予存在者之方式，虽然两者都可以成为对象。仅当它们**先于**对象化且**为了**对象化而以某种方式得到揭示，它们才可能成为对象。另一方面，如果某物成了对象（并且是以它就自身给出自身的方式），那么该对象化的意思就不是对于被把握为对象的东西的主
399 观统握与再释。对象化这个基本活动，无论是关于存在者的还是关于存在的对象化，都具有——且不管两种情况的基本差异——**明确**向着那在前科学的经验或者说领会中**已经**向之被筹划的东西去筹划预先所与者之机能。如果存在应当被对象化，——如果对存在的领会应当作为存在论意义上的科学得以可能——，如果归根结底应当有哲学，那么那存在领悟作为领会已然向之前概念地筹划存在的东西就必须在明确的筹划中得到揭示。

我们面临的任务不仅仅是从存在者出发前进到其存在而后折返；而且，在我们追问存在领悟本身之可能条件之际，我们**还要超越存在，去追问存在自身作为存在向之被筹划的东西**。超越存在而问，这似乎是一种奇异的冒险；它或许源于这样一种致命的困境：这些问题乃是肇端于哲学的；哲学断言自身与所谓事实相对立，这一点显然只是一种绝望的尝试。

在这门课一开始，我们曾经强调过，哲学之至简问题越是以基本的方式提出来，全无貌似进步的现代人的空洞虚假，全无在随便撞到的次要问题上的吹毛求疵，那么我们就越是直接地亲身处于与现实哲思的无碍贯通之中。我们已经从不同的方面看到，对于存在一般的追问确实不再以明确的方式被提出了，但提出该追问的要求却又无处不在。如果我们再次把它提出来，那么我们同时也就领会到：自
400 柏拉图以来，哲学在其枢要问题上未尝取得任何进步；归根结底，哲

学最内在的向往与其说是进步(这就是说离开自身),不如说是走向、达到自身。在黑格尔那里,哲学——这就是说古代哲学——在某种意义上已经被思到终结极致了。他完全有权亲自来表达该意识。但重新开始[哲学]的要求同样也是合法的——这就是说,必须领会黑格尔体系的有限性;并且必须看到,由于黑格尔是在哲学问题的圆圈内活动的,他本人便也已经达到了哲学之终结极致。这种转圈循环使他无法返回圆圈的中心,无法从根本上复核这个中心。不过没有必要越过这个圆圈再去寻觅另一个圆圈。黑格尔已经看到了一切可能的东西。然而,他是否从哲学的根本中心出发才看到了这一切,他是否为了宣称自己处于终结极致而已穷尽了开端的一切可能——这些都是成问题的。毋需详细论证即可表明,既然我们试图越过存在而进入存在由之出发并在其中得到发明领会的"光",那我们当然就直接活动在柏拉图的一个基本问题当中[①]。要更为深入地标出柏拉图的提问方式,这里并非合适的场合[②]。但对之做一个粗略的指点还是必要的。这有助于进一步消除这样的意见:我们的基本存在论问题,对存在领悟一般之可能性之追问,只是一种偶发、怪诞、无足轻重的冥思苦想。

在《理想国》第六卷末尾,柏拉图在一个我们现在无法深究的上下文中划分了不同的存在者领域,特别还考虑到了对于这些领域的可能通达方式。他区分了ὁρατόν[可见的]与νοητόν[可理知的][③]

---

① 至于"光"与"存在"的关系何以属于柏拉图的基本问题,可参见《理想国》,第六卷,507d—509c。——译注

② 可参见《柏拉图的真理学说》,载《路标》,孙周兴译,北京,商务印书馆,2000年,第234页。——译注

③ 海德格尔在诠解《理想国》时所直接引用的希腊词句,我们首先在方括号中按照通行的中译本进行对译,在正文中按照海氏自己的德译进行转译,以便对照。通行中译本参见《理想国》,郭斌和、张竹明译,北京,商务印书馆,1994年。——译注

这两个领域,也就是可以目见的与可以思维的这两个领域。可见的东西就是那通过感性被揭示的东西;而可思的东西则是知性或者理
401 性所觉知的东西。“以目观看”中所包含的不仅仅有目,不仅仅有所看到的存在者,而且还有第三种东西,φῶς[光],光;说得更确切些,还有ἥλιος[太阳],日。眼睛只能在明亮中才能行揭示。一切行揭示都需要一种先行的照亮。眼睛必须是ἡλιοειδής[太阳一类的、像太阳]。歌德把这个希腊词译为“太阳式的”(sonnenhaft)。只有在光之中,眼睛才能看到某物。与此相似,只有当拥有其特殊的照亮时,——只有当νοεῖσθαι[思想][1]也获得其特定的φῶς[光],也就是获得其光时,一切非感性的认知,亦即一切科学(特别是哲学认识)才能揭示存在。对于感性观看而言的日光,也就是对于科学思维(特别是对于哲学认识)而言的ἰδέα τοῦ ἀγαθοῦ[善的理念],善之理念[2]。初听之下,这很晦涩难解;在什么意义上,善的理念对认知才具有类似于日光对感性知觉所具有的那种功能呢?正如感性认知ἡλιοειδής [像太阳],与此相似,一切γιγνώσκειν[认知],一切认知都是ἀγαθοειδές[好像善];这就是说,通过ἀγαθόν[善]这个理念得到规定的。[在德语里]我们没有类似于 sonnenhaft 的表达来说“通过善得到规定的”。但相似性还不止于此:Τὸν ἥλιον τοῖς ὁρωμένοις οὐ μόνον οἶμαι τὴν τοῦ ὁρᾶσθαι δύναμιν παρέχειν φήσεις, ἀλλὰ καὶ τὴν γένεσιν καὶ αὔξην καὶ τροφήν, οὐ γένεσιν αὐτὸν ὄντα[3][我想你会说,太阳不仅使看见的对象能被看见,并且还

[1] 这个词见《理想国》,507c。——译注

[2] 海氏这里的表达不甚确切。在柏拉图那里,善的理念“在可见世界中所产生的儿子”就是太阳。但太阳与太阳光是有区别的,后者与视觉一样,也只是“像太阳”而不就是太阳。参见《理想国》,509a1f。——译注

[3] 柏拉图(Burnet 版):《理想国》,第六卷,509b2—b4。——原注[中译文见《理想国》,郭斌和、张竹明译,北京,商务印书馆,1994 年,第 267 页。——译注]

使它们产生、成长和得到营养，虽然太阳本身不是产生］。“我相信你也会说，太阳不仅给被看见者以被看见的可能性，而且也给予作为存在者的被看见者以生成、成长和营养，而其自身［海：太阳］则并非生成。”这个扩展了的规定同样可以运用到认识上。柏拉图说：Καὶ τοῖς γιγνωσκομένοις τοίνυν μὴ μόνον τὸ γιγνώσκεσθαι φάναι ὑπὸ τοῦ ἀγαθοῦ παρεῖναι, ἀλλὰ καὶ τὸ εἶναι τε καὶ τὴν οὐσίαν ὑπ᾽ ἐκείνου αὐτοῖς προσεῖναι, οὐκ οὐσίας ὄντος τοῦ ἀγαθοῦ, ἀλλ᾽ ἔτι ἐπέκεινα τῆς οὐσίας πρεσβείᾳ καὶ δυνάμει ὑπερεχοντος[1]［同样，你也会说，知识的对象不仅从善得到它们的可知性，而且从善得到它们自己的存在和实在，虽然善本身并非实在，而是在地位和能力上都高于实在的东西］。“所以你必定也会说，被认知者不 402
仅从善得到那‘被认知’，而且还得到‘它确乎存在’与‘它之何所是’；并且是以这样的方式，以至善并非自身便是如何是与何所是，而是在尊崇与能力上都高于存在。”[2]那照亮了对存在者的认识（实证科学）与作为行揭示的对存在的认识（哲学认识）的，甚至还超越了存在。仅当我们处在光之中，我们才能认知存在者、领会存在。对存在的领会植根于一种ἐπέκεινα τῆς οὐσίας［高于实在、高于存在、高于本体］的筹划中。柏拉图以此遭遇了他所谓的“超越存在”。这个“超越存在”具有光之功能，具有照亮之功能——照亮对于存在者的一切揭

---

① 柏拉图（Burnet 版）：《理想国》，第六卷，509b6—b10。——原注［中译文见《理想国》，郭斌和、张竹明译，北京，商务印书馆，1994 年，第 267 页。——译注］

② 中译文“存在与实在”，海氏译为“就存在与何所是”（*daß* es ist und *was* es ist），原文为εἶναι［动词原形是、存在］与 οὐσία［是着性、是着，亚里士多德文献中为“本体”、“实体”］。中译文“善本身并非实在”，海氏译为“……并非如何是与何所是”，原文还是οὐσία。中译文“……高于实在”，海氏译为“……高于存在”，原文还是οὐσία。由此可见，中译文将οὐσία译为“实在”固然不妥，但保持了前后一致。出现了三次的同一个οὐσία在海氏那里则有“何所是”、“如何是与何所是”、“存在”三种译法。——译注

示;或者说,在这里是照亮对于存在自身的领会。

对于存在者的认识以及对于存在的领会,两者的基本条件都是:处于行照亮的光之中;或者用不那么形象的话说:[处于]我们在领会中已把有待领会者向之筹划的东西[之中]。领会必须以某种亲自**看到那作为被揭示者的、它向之筹划的东西**。对于一切揭示而言,先行照亮这个基本活动具有如此基础的地位,以至于只有凭借能够看入光中的可能性、能够在光中看的可能性,才能确保一个类似的可能性:即将某物认知为现实的。为了能够经验到现实的东西,不仅我们必须领会现实性,对现实性的领会在它那方面也必须首先拥有其"照亮"。对存在的领会已然自行活动在一种普泛**给出明亮并被照亮的境域**之中。在与格劳孔的对谈中,柏拉图或者说苏格拉底用比喻的方式来讲解上下文,这并不是偶然的。柏拉图在触及哲学追问之外限的地方,也就是说在触及哲学的开端与终结的地方打比方,这并不是偶然的。这比喻的内容尤其不是
403 偶然的。在《理想国》第七卷开头,柏拉图所阐释的就是洞喻。人生天地间,天覆地载,人之此在犹如生于洞穴之中。一切看视均需有光,而光起初是看不到的。此在"进-入-光"意味着:赢获对真理一般之领悟。对真理的领悟乃是范围现实、通达现实之可能条件。此间我们必须放弃把这个比喻的方方面面都讲清楚的想法——这比喻原是谈不尽的。

柏拉图描绘了这样一个洞穴。人在其中,手足头颅皆遭捆缚;目力所及,唯穴底之壁。诸人身后,有一狭小洞口。外面的光由此而入,从穴居者的背后打向洞底,因而他们自己的影子必定投到所面后壁上。他们身遭捆缚,只能直视己身在洞壁上的投影。在囚徒们身后,在他们与光之间,有一条通道,上面有一排犹如傀儡戏艺人所用的屏障。在这条通道上,在囚徒们身后,有其他的人携带着各种各样

的日常生活用具来来往往。这些被携带的东西也投下了自己的影子；囚徒们在自己所面后壁上会把这些东西看成运动者。囚徒们就洞壁上所见的东西彼此谈论。他们在那里所见的东西，对于他们而言就是世界，就是现实。假如，有一个囚徒被解除了桎梏，以至于他能转过身来，看到光，甚至能够走出洞穴，亲身来到光天化日之下，那么他起初必将目眩神驰，只能慢慢习惯光，习惯观看洞外光下的东西。现在，让我们假设，亲眼见过光天化日的他又回到了洞穴，重新和穴居者们交谈。后者将会认为他发了疯，他们要他死，因为他会规 404
劝说，他们所看到的东西，他们毕生当作现实加以谈论的东西，不过是幻影空华[①]。——柏拉图想要以此表明，将某物当作与现实有别的影像加以认知，其可能条件并不在于我看到大量的被给予物。假如穴居者永远只对他们在洞壁上所看到的东西有比较清楚的观视，那他们就无法洞见到，这些只不过是影像。将现实领会为现实的基本可能条件是：看到太阳，认知之目变成太阳式的。那种无所不知、无所不精的万事通居于洞穴之中。这洞穴中健全的人类知性乃是狭隘短浅的；它必须从洞穴中超拔出来。对于这知性而言，它超拔所往之处正是黑格尔所谓倒转了的世界。我们追问存在领悟得以可能的条件。凭借这个明显相当抽象的追问，我们想做的无非也就是把自己带出洞带进光，不过这当然需要一切清醒冷静，需要充分从纯然实际问题中充分脱魅。

我们所追寻的乃是ἐπέκεινα τῆς οὐσίας［高于实在、高于存在、

① 这里海德格尔对柏拉图洞喻的复述不甚确切。比较大的出入有二。一是海氏在这里完全没有提到洞中之火。洞穴中虽然透入一点自然光，但用来照明并产生阴影的是洞中之火而不是洞外之光(515a)；二是那些来来往往的人所举之物除日常器具外，还有“假人假兽”(515a)。海氏在《柏拉图的真理学说》中全面译解了洞喻，在那里简略提到了洞中之火。载《路标》，孙周兴译，北京，商务印书馆，2000年，第246页及以下诸页。——译注

超越存在、高于本体]。对于柏拉图来说,这个ἐπέκεινα乃是一切认识得以可能的条件。柏拉图首先说的是,关于那ἀγαθόν[善]或者ἰδέα ἀγαθοῦ[善的理念],情况为ἐν τῷ γνωστῷ τελευταίαἡ τοῦ ἀγαθοῦ ἰδέα καὶ μόγις ὁρᾶσθαι[1][在可知世界中最后看见的,而且要花很大的努力才能最后看见的东西乃是善的理念];在认知中,或者在可知者与可领会者中,一般而言在我们以某种方式通达的整个区域中,善的理念乃是最终的东西,乃是一切认知向之回溯的东西,或者倒过来说,乃是一切认知由之开始的东西。那ἀγαθόν[善]乃是μόγις ὁρᾶσθαι[花很大的努力才能看见],几乎看不见的。关于ἀγαθόν柏拉图其次说的是:ἔν τε νοητῷ αὐτὴ κυρία ἀλήθειαν καὶ νοῦν παρασχομένη[在可理知世界中它本身就是真理和理性的决定性源泉][2]。它是那在可知者中行统治的东西,并且是那使认识与真理得以可能的东西。这就清楚了,何以ἐπέκεινα τῆς οὐσιας
405 正是那必须加以追问的东西——如果存在确实应当成为认识对象的话。对ἐπέκεινα必须如何规定,“超越某某”是什么意思,柏拉图那里的善理念又是什么意思,善理念以何种方式成为那当使认识与真理得以可能的东西,这些问题在很多方面都是晦暗不明的。我们这里就不深入到柏拉图式阐释的难点中去了,也不深入证明善理念的语境了——这种证明所凭借的东西可以是我们早先就古代存在领悟,就其在制作中的起源所讨论的东西。初看起来,我们的这个论点——古代哲学在最宽泛意义上的制作之境域中阐释存在,似乎与柏拉图所确认的存在领悟之可能条件没有丝毫关联。我们对古代存

---

① 柏拉图(Burnet 版):《理想国》,第七卷,517b8f。——原注[中译文参见前揭中译本,第 276 页。——译注]

② 同上书,第七卷,517c3f。——原注[中译文参见前揭中译本,第 276 页。——译注]

在论及其主导线索的阐释似乎是随意的。善的理念与制作会有什么干系呢？我们不做详细深入，只给出如下提示：ἰδέα ἀγαθοῦ[善的理念]无非就是δημι-ουργός[工匠、巨匠、制作者][1]，也就是地地道道的制作者。这就已然让我们看到，ἰδέα ἀγαθοῦ是如何与最宽泛意义上的ποιεῖν[制作]、πρᾶξις[实践、行动] τέχνη[技艺]发生关联的。

c)对生存上的本真领会与非本真领会的时间性阐释

对存在领悟之可能性的追问遭遇了那超越存在的，遭遇了"超越"。只有当我们首先追问："那使得领会本身得以可能的是什么"，我们才能以非形象的方式找到那使得存在领悟得以可能的。领会的一个本质环节乃是筹划；领会自身属于此在之基本建制。我们进一步追问这个现象及其可能性，为此同时回想以前说过的东西：领会属于此在之基本建制；而此在则植根于时间性之中。这个时间性如何便是领会一般得以可能之条件？筹划如何植根于时间性之中？时间 406
性如何就是对存在之领会得以可能之条件？我们在事实上是从时间出发来领会存在者之存在的吗？我们首先尝试一种对领会的时间性阐释，此时姑且把领会看作存在者式的、生存上的领会，还不是存在领悟。随后我们进一步追问，对存在者、对广义的现成者之生存性施为，如何作为领会植根于时间性之中；再回溯一步，那属于对存在者之生存性施为的存在领悟如何又在它那方面以时间为条件。存在与存在者之区别之可能与结构都植根于时间性之中吗？必须时态地阐释存在论差异吗？

---

① 这个词在《理想国》中指通常意义上的工匠，与制作万物的巨匠，在《蒂迈欧》的中译文中通常译为"德穆革"。参见《理想国》，第十卷，596c。——译注

生存上的领会如何被时间性所规定？我们早就听说，时间性盖为将来、曾在与当前之同等本源的绽出－境域式统一。领会乃是生存之基本规定。此在之本真的生存，这就是说此在之这样一种生存：此在作为它才在其最本真的、为它自身所把握的可能性中（并从该可能性出发）而是它自身——这样的本真生存，我们名之为决心。这个决心具有其本己的时间性。我们现在尝试仅在一个特定的、然而还是本质性的方面简略地证明这点。如果本真生存，也就是决心，植根于时间性的一个特定样态，那么一个特定的当前也就属于决心。作为绽出－境域式现象，当前的意思是“对……当前化”。在决心之中，此在从其最本己的能在出发领会了自己。领会原初地乃是将来的，只要此在从其自身之被把握到的可能性出发走向了自身。在“走－向－自己”之中，此在也已经把自己自身作为它向已曾是的存在者接
407 受下来了。在决心之中，这就是说，在从最本己能在出发的“对自己的领会”之中，——在最本己的可能性出发的这个“走向自己自身”之中，此在回归了它之所是，并且把自己作为它之所是接受下来。在“回归自己自身”之中，此在以其所是的一切，在其最本己地把握到的能在中重演了自己。此在于其中按它曾在的方式那样存在、如它所曾是的那般是的时间样态，我们称为重演。重演乃是此在于其中曾在的本己样态。决心把自己时间化为（从被把握到的可能性出发的）重演性“回归－自己”——在那个被把握到的可能性中，此在已经以“走－向－自己”的方式先行了。在重演性先行之绽出式统一中，这就是说，在这个曾在与将来中有着一种特殊的当前。在多数情况主要情况下，对某物的当前化逗留在诸物那里，纠缠于自己自身，让自己被诸物裹胁，以致沉溺于被当前化的东西之中；当前化在多数情况下回避自己自身，自失于自己自身，以至于曾在变成了遗忘，而将来变成了预期恰好到来的东西——虽然如此，属于决心的当前已被保

持在决心之特殊的将来(先行)与曾在(重演)之中。保持在决心之中并源于决心的当前我们名之曰当即。只要我们以这个名目来意指一种当前样态——被如此指示的现象具有绽出的-境域的特性——这就意味着:当即是对属于决断而展现形势的在场者之当前化——对于这个形势,决心已经下了。在作为一种绽出的当即之中,生存着的此在作为有决心者神驰于行动形势的每每是实际而特定的可能性、状况与偶发意外之中。作为源于决心的东西,当即(Augenblick)首先唯独瞩目(Blick)于那构建了行动形势的东西。当即乃是下了决 408
心生存这样一个样态,在其中此在作为在世将其世界保持并保留在目光之中。但由于此在作为在世同时就是与其他此在共在,那也就必须首先从个人的决心出发去规定本真的、生存着的交互共在。只有首先从下决心的个人化出发,并且在这种个人化之中,此在才是本真地自由的,才会对那"你"敞开。交互不是我黏黏糊糊地去巴结讨好你——这巴结讨好源于某种共通的、隐蔽的孤立无助;毋宁说,生存上的一道与交互植根于个人之真正的、被"当即"意义上的当前化所规定的个人化。个人化的意思不是说僵执于私愿,而是说对各自生存之实际可能性而言的自由。

综上所述,这一点应该清楚了:当即属于此在之本源的、本真的时间性,并且作为当前化表现了那种原初与本真的当前样态。我们早就听说过,当前化在现在中说出了自己;这就是说,现在,作为存在者在其中来照面的时间,源于本源的时间性。只要现在总是源于当前,这就意味着:现在源出于当即。因而,就不能像克尔凯郭尔(Kierkegaard)尝试的那样从现在出发去领会当即这个现象。固然他很好地领会了"当即"的实事内涵,但他未能成功地阐述"当即"特殊的时间性,他倒是把当即与庸常所领会的时间之现在等同起来了。由此出发他臆造了现在与永恒的吊诡关系[①]。如果我们现在放到完整的结构中去看，那么就不可能也从现在出发去领会当即这个现象。唯一能够显示的是，如果此在凭借现在把自己表述为下了决心的当
409 前化，那么恰恰在这里，现在最容易表明其完整结构。当即乃是本源时间性的一个原现象，而现在只是派生时间的一个现象。亚里士多德已经看到了当即，也就是καιρός[时刻、瞬间、契机]，这个现象，并在其《尼各马可伦理学》第六卷中对之做了限定；[②] 但仍然是以这样的方式，以至他未能将καιρός特殊的时间特性带到与那个他（以另外的方式）[③]认知为时间（νῦν[现在]）的东西的关联中去。

属于此在之时间性的当前并不持续拥有“当即”的特性——这就是说，此在并不持续地作为一个下了决心的此在去生存；毋宁说，在绝大多数情况下，此在是无决心的，对他自身而言其最本己的能在是

① 参见克尔凯郭尔《畏这个概念》第Ⅲ部分。中译文参见《概念恐惧·致死的疾病》，京不特译，上海，上海三联书店，2004 年，第 126—138 页。海氏所指 Augenblick（我们译为“当即”，以突出其与决断的关联）这个词，该书中文本译为“瞬间”。注意，克氏是在对《圣经》中亚当的罪的讨论中提出瞬间与永恒的关系问题的。他从黑格尔哲学返回古希腊哲学特别是柏拉图哲学，并在与圣经传统的张力中考察了“瞬间”概念。对于理解《现象学之基本问题》的整个第二部分，这是个不无必要的背景提示。——译注

② 《尼各马可伦理学》第六卷中似乎没有对καιρός的直接论述。珀格勒亦认为第六卷并未出现该词。参见 Otto Pöggeler，*Heidegger in seiner Zeit*，München，1999，S141。但亚里士多德在第二卷（1104a9），特别是论行为一般的第三卷，在论述行为之被当机决断（俗译“选择”）的地方，明确说到“行为的目的就取决于做出它的那个καιρός”（1110a13）。海德格尔盖将此运用于对第六卷的解说中，阐发φρόνησις[明智、实践智慧]是如何构造出这个καιρός的。《尼各马可伦理学》通行的中文本将καιρός译为“时刻”。参见廖申白译本，商务印书馆，2003 年，第 59 页。海德格尔对《尼各马可伦理学》第六卷的解释见海氏 1922 年的论文《对亚里士多德的现象学阐释——传释学处境的显示》。有关中译文参见孙周兴编译《形式显示的现象学：海德格尔早期弗莱堡文选》，上海，同济大学出版社，2004 年，第 110—113 页。注意那里仅是阐发亚氏，而本书则有明确的检讨与批判。——译注

③ 盖指亚氏《物理学》的时间论述。至于“时间”与“现在”在亚里士多德那里的关系，可参本书 § 19 的有关阐述。——译注

闭锁着[①]的，并未以筹划其可能性的方式原初地从最本己的能在得到规定。此在之时间性对自己的时间化并不是持续地从其本真将来出发的。生存在绝大多数情况下都是无决心的——生存的这种不持续性的意思并不是说，无决心的此在在其生存中不时缺乏将来；这只是说：对于其不同的绽出而言，特别是对于将来而言，时间性自身乃是可变的。无决心的生存简直就是不生存，以至于正是这个"无决心"刻画描述了此在之日常现实性。

由于我们尝试提出日常意义上的对首先所与的存在者之生存性施为，故我们必须把目光转向日常的、非本真的、无决心的生存；并且我们必须追问，非本真自我领会的时间性、对诸可能性的无决心的自我筹划的时间性具有何等特性。我们知道：此在乃是"在－时间－之中－存在"；只要它作为这个在世而实际生存，那么它就是"即世内诸存在者而在"，就是与其他此在共在。在绝大多数情况下，此在是从诸物出发来领会自己的。他人、别人也就共同存在于此，即使并不能在一个伸手可及的近距内找到他们。他们是以共同存在于此的方式 410
从诸物出发而被共同领会的。让我们回想一下里尔克的描述[②]，它显示了，别人的弃宅的居住者是如何随着这宅子的墙壁来照面的。即使一个此在与他人没有明确的生存关涉，别人也存在于此，我们必须日常地与他们相涉。让我们牢记这一点，但现在还是只把探询的目光投向对上手的与手前的诸物的领会性施为。

从诸物出发，我们就在日常此在吾身领悟的意义上领会了我们自身。从我们与之周旋的诸物出发领会自己，这意味着，本己能在向着日常行业事务上可行、急迫、亟须与有利的东西进行筹划。此在从

① 注意 entschlossen（下决心的）、verschlossen（闭锁的），乃至上文 erchlossen（被展现的）之间的字面联系。——译注

② 参见本书 § 19 对里尔克的引述。——译注

能在出发领会自己，而这个能在则被它与诸物所打交道中的成败得失所规定。此在就这样从诸物出发走向自己。它把其本己的能在预期为这样一种存在者的能在——这种存在者有赖于诸物之所予夺。原初地筹划能在的仿佛是诸物（也就是说仿佛是与诸物所打的交道），而不是出乎其最本己"吾身"的此在——但这个"吾身"还是如其所是的那样一向作为"与诸物打交道"而生存。从诸物出发的非本真自我领会固然也有"走－向－自己"之特性、将来之特性，但这个将来乃是**非本真的将来**；我们称之为**预期**。只因此在在上面所描述的意义上从被照料挂怀的诸物上预期其能在，——只因基于这个预期，此在才能对诸物有所**期待**，或对诸物发生的方式有所等待。预期必定**已经预先揭示了一个**某事出乎其外方可期待的**周遭环境**。因而预期
411 并非期待的亚种，相反期待是植根于一种预期之中的。当我们周旋于诸物而自失于其上其中，我们便以这种方式预期我们的能在——即从所挂怀诸物的可行与否出发去规定这个能在。在一种向我们最本己能在的本真筹划之中，我们并不专门回归我们自身。这同时也就意味着：我们并不重演我们所曾是的存在者，我们并不把处于我们实际性中的我们自身接受下来。我们之所是，以及其中一向包含着的我们之所曾是，乃以某种方式存乎我们之后，**被遗忘了**。我们从诸物出发预期着我们本己的能在，此时我们已把在其曾在中的实际此在遗忘了。遗忘并非记忆的缺失与缺席，似乎应该是记忆所在的地方没什么在那儿；毋宁说，遗忘乃是时间性的一个本己、肯定的绽出样态。"遗忘某某"的绽出具有"在最本己的曾在面前逃逸"的特性，确切地说是以这样的方式：这个"在某某面前－逃逸"闭锁了它在其面前逃逸的东西。遗忘闭锁了曾在——这一点就是这个绽出的独特性——这样它就为自己自身闭锁了自己。遗忘的特性正是它遗忘了自己自身。遗忘之绽出本质中即包含了：它所遗忘的不仅有被遗忘

者，还有遗忘自身。对于庸常的前现象学的知性而言，这就造成了这样一个观点：似乎遗忘是根本不存在的。遗忘乃是时间性的一个基要性样态——在绝大多数情况下，我们正是在这个样态中才是我们本己的曾在。不过，这一点表明了，不可以从“过去”这个庸常概念出发规定曾在。过去的东西乃是我们所谓不再存在的东西。曾在却是一种存在样态，是对此在作为生存者而在的方式方法的规定。一个物并非时间性的，其存在并未被时间性规定；它只是发生在时间之内，它决不能曾在，因为它并不生存。只有在其自身之中便是将来的 412
东西才能曾在；诸物充其量只是过去。从可行的东西与最切近来照面的东西出发的“对自己的领会”包含了一种“对自己的遗忘”。只有基于属于实际此在的本源遗忘，才有了持留某某之可能——而这个某某恰恰是此在所曾预期的。这个关涉诸物的持留又对应着非持留，亦即派生意义上的遗忘。由此就很清楚了，只有基于、出于属于此在的本源遗忘，记忆才得以可能；情况就是这样而非相反。因为从可行的东西出发去预期，它每次所周旋的东西才存在于其当前之中。“对自己的领会”乃是一种与将来及曾在同等本源的当前化。在此在中占据统治地位的非本真领会乃是当前化，对此我们在下文还会特别研究。[这里]只需要以否定的方式说：非本真领会之当前并不具有当即之特性，因为这个当前样态之时间化乃是从非本真将来出发得到规定的。因而非本真领会便具有“以遗忘-当前化的方式进行预期”的特性。

d)对物宜及物宜整体性(世界)之领会之时间性

凭借对非本真领会的时间性特征描述，我们只是澄清了(作为生存着的存在者的)此在之生存上的(存在者式的)领会之可能性。但我们尚需澄清对存在之领会，该领会一向已经包含在对存在者之生

存上的领会之中。但我们不打算从生存上的领会(无论它是本真的还是非本真的)之视角去阐明存在领悟,而是要从对最切近地来照面
413 的诸物的生存性施为着眼。我们尝试搞**清楚对存在之领悟**,该领悟与**非此在式的存在者**有关。它就是对那些最切近地来照面的存在者之存在之领悟,这存在者乃是我们无决心地关注着的;即使我们不关注,它也存在于此。我们之所以用这样的路子来阐释,倒不是因为那样更容易些,而是因为藉此我们可以赢得对那些我们先前讨论过的问题的本源领悟,而这些问题在存在论上全都是被(作为手前现成者的)存在者所引导的。

让我们再次确认一下问题的整个语境以及我们提问的路子。我们所追寻的乃是**存在领悟之可能条件**,该**领悟领会着上手者与手前现成者意义上的存在者**。此类存在者在我们日常与它们的挂怀式周旋中向着我们来照面。与最切近地来照面的存在者的这个周旋,作为此在对存在者的生存性施为,奠基在生存(存在-于-世界-之中)的基本建制之中。因之我们与之周旋的存在者乃是作为世内存在者来照面的。既然此在乃是存在-于-世界-之中,而此在之基本建制在于时间性,那么**与世内存在者所打的交道便植根于"存在-于-世界-之中"之特定的时间性之中**。"存在-于-世界-之中"的结构既是统一的,同时又是分环节的。必须从时间性出发领会分环节的结构整体,但这也就意味着,在它们的时间性建制中阐释"存在-于之中"现象本身与世界现象。这样我们就遭遇了时间性与超越性之关联——只要"存在-于-世界-之中"乃是这样一种现象,在其中本源地显示出,此在依其本质何以是"超越自己"。我们从这个超越性出发,在概念上把握与世内存在者所打交道中所包含的、并且照亮了这个打交道的存在领悟之可能性。这就引出了存在领悟、
414 超越性与时间性的关系问题。由此出发我们尝试着将时间性描述为

存在领悟之境域；这就是说，对时态性这个概念进行规定。

如果我们回过头来追问存在领悟（它属于与来照面的存在者所打的交道）的可能条件，我们首先就要追问*在世一般得以可能的条件*——这个可能性是依赖*时间性*的。只有从在世之时间性出发我们才会领会，在世本身何以已经是存在领悟。最切近地来照面的存在者，我们不得不与之相干的存在者，具有*器具*的存在建制。此类存在者不仅仅是手前现成的；按照其器具特性，它属于一个器具*关联脉络*，在这个关联脉络之内它才具有特殊的器具功能，它的存在原是由此功能构建的。在这个存在论意义上把握的器具，并不仅仅是书写工具或者缝纫工具等，而是我们在家居生活与公共生活中所使用的一切。在这样一种广义的存在论意义上，桥梁、街道以及街灯也都是器具。此类存在者的整体，我们称为*上手者*。此间，上手者是否处于最近的距离之内、上手者是否比单纯的手前现成者更近些，这些都不是本质性的东西；本质性的东西仅仅是，它在日常使用之中，且对日常使用而言，是上－手的；倒过来看也一样，本质性的东西仅仅是，处于其实际在世中的此在以某种方式狎习娴熟于此类存在者，以至于将该存在者领会为此在本已做成的东西。不过，在对器具的使用中，此在一向已经狎习娴熟于共同此在的他人。在对器具的使用中，此在也一向已经与他人共在——此间，无论他人实际在场与否，这个情况都是全然一样的。

器具总在一个器具关联脉络之内来照面。每个特定的器具都在自己那里带有这个关联脉络；并且，仅在顾及到关联脉络的情况下，该器具才是*这一个*。一个器具特殊的*这个性*，它的*个体性*——如果我们完全在形式化的意义上来看这个词——原初并非被时空所规定 415
的（也就是说它在某个时空位置上）；毋宁说，器具特性与器具关联脉络才是把一个器具规定每一“这一个”的东西。现在我们问：什么构建了器具特殊的器具特性？构成了器具特性的乃是我们所谓**物宜**（*Bewandtnis*）。凭借例如我们用作锤子或者房门的东西，就宜于成就某事。这个存在者乃是“为了去锤打”、“为了能够去进出关闭”。器具乃是“为了去……”。这个命题具有存在论的而不仅仅是存在者式的含义；这就是说，情况并非如此：存在者［首先］是其何所是及如何是，例如是锤子，此外然后才有那“为之去锤打”的某某；毋宁说，它作为这个存在者去是的东西及去是的方式，其**何所是及如何是**正是被这个“为了－去”本身构成的，也就是说被物宜构成的。器具之类的存在者作为这样的存在者来与我们打照面：它自在地就是器具，如果我们预先领会了物宜、物宜关涉与物宜整体的话。仅当我们已经预先**向着物宜关涉筹划**［器具］这个存在者，我们才能在与器具的周旋中使用该器具。对物宜的这个先行领会，向着其物宜特性对器具的这种筹划，我们称为“**让宜物**”（*Bewendenlassen*）。照我们的语境，即使这个表达也有存在论意义。我们**以**锤打让锤子**宜于**某物。我们让器具宜物的**何所以**（*Wobei*），乃是器具本身为之得到规定的**何所用**；该何所用（Wozu）把这个特定的器具描述刻画为它所是的东西及所是的方式。我们在使用器具时**预期着何所用**。“以某物让宜物”意味着预期一个何所用。“让宜物”作为“**以**……－让宜物”总同时就是“让宜**于**某物”。从何所用出发每每规定了物宜之何所宜。通过**预期**何所用，我们也就在眼帘中持留了**何所宜**（*Womit*）；着眼于这个何
416 所宜，我们才把器具领会为处于其特殊物宜关涉中的器具。“让宜物”，这就是说对物宜的领悟——正是这领悟使得一般而言的器具使用得以可能——乃是一种持留性的预期，器具在其中作为这一个特定的器具**被当前化**了。在预期－持留性的当前化中，器具来照面，变成在场着的，进入了一种当－前。对何所用的预期，并非对目标的考察，更非对结果的期待。预期根本不是存在者式的把握之特性，更不

是对(在某物那里的考察性逗留的)何所宜的持留。如果我们以非建构性的方式再现一种直接的器具使用,那么这一点就会变得清楚。如果我全然忘我地沉浸于某事,并在此时使用某种器具,那么我恰恰并不指向器具本身,例如并不指向手工工具。同样我也并不指向作品自身;毋宁说,在对某事的忙碌操劳之际,我自行活动在物宜关涉之中。对此进行领会时,我逗留在上手的器具关联脉络那里。我既不依赖于这个,也不依赖于那个,而是自行活动在“为了-去”之中。由此,我们便与诸物有交道(*Um*gang)可打;我们所有的并非向着面前摆着的东西的单纯通道(Zugang),而是与诸物的交道(Umgang),只要这些诸物在一器具关联脉络中自显为器具①。“让宜物”作为对物宜的领会乃是这样一种筹划,它首先把光给予此在,在这光的明亮中器具之类的东西才来照面。

作为对物宜的领会,“让宜物”具有一种时间性建制。然而它自身回溯指向了一个更为本源的时间性。仅当我们已经把握了更为本源的时间化,我们才能综观,对存在者之存在之领会——在这里也就是对器具特性之领会,对上手器具之上手性之领会,或者说对现成物之物性以及手前现成者之手前现成性之领会——是以何等方式通过 417 时间得以可能并变得通透明了起来的。

我们还不能立刻追究这个时间性,而[应该]以更确切的方式追问,我们之所以把一个器具关联脉络把握为器具关联脉络,其基本条件是什么。首先,我们已经看到——诚然只是泛泛地——器具使用的前提乃是对物宜之领会。然而,每一器具,作为器具乃是存在于器具关联脉络之内的。这个关联脉络并非手前现成者的附带产物;毋

① Zugang 与 Umgang 的区别在于后者的前缀与 Um-zu 的关系,这是中译无法表达的。——译注

宁说，作为“这一个”的个别器具仅仅在器具关联脉络中才是上手的与手前的。对器具关联脉络的领悟，作为对关联脉络的领悟，乃是先行于每一个别器具使用的。凭借分析对（在其物宜整体性之中的）器具关联脉络的领悟，我们也就走向了对我们先前所提示过的现象的分析，走向了世界概念与世界现象。就世界乃是在世之结构环节而言，就在世构成了此在之存在建制而言，凭借对世界的分析，我们同时也就从时间出发走向了对在世自身及其可能性之领悟。基于时间性对在世可能性的阐释，就其自己而言已经是对存在领悟之可能性的阐释——在该存在领悟当中，此在之存在、共同此在（他人）之存在以及在一个被展现的世界中一向来照面的手前现成存在者与上手存在者之存在，都以同等本源的方式被领会了。然而此类存在领悟首先是漠然无别、未经分说的。它在绝大多数情况下——出于此在自身所包含的种种根据——指向存在者，此在首先且大多自失于这存在者，这手前现成者；正因如此，在古代，在哲学开端时对存在实行的
418 存在论阐释也是以手前现成者为取向的。只要我们以普遍的方式拓展该阐释，并且阐释以该存在概念为统续领会生存，那么该古代阐释在哲学上就会变得不那么充分了——但这就必须倒转探索之路。

e）在世、超越与时间性。绽出的时间性之境域性图型

我们现在必须从原则上掌握那个我们已就生存上的领会（既包括本真的，也包括非本真的）所描述的东西。我们必须把自己更切近地带向此在之超越性这个概念，以便看到此在之超越性与存在领悟的关联——由此出发我们就可以回过头来首先追问存在领悟本身之时间性。

在与最切近地来照面的存在者（器具）周旋之际，物宜就得到了领会。“该存在者宜于某事”的一切“何所用”与“何所以”都是该存在

者之何所是,都在一个“为了-去”之内。“为了-去”这个关涉,然而也还有摆脱目的与无目的的关涉,最终或者说最初都植根于“为何之故”(*Worumwillen*)。仅当此在领会了“为其自身之故”之类的东西,上述那些关涉才能得到领会。此在作为生存着的此在领会了“为其自身之故”之类的东西,这是因为,此在之本己存在被如下情况所规定:生存于其存在之中的此在所关注的乃是其能在。只要“为能在之故”得到了领会,“为了-去”(物宜关涉)之类就成了可揭示的。一切物宜关涉在存在论上都植根于一种“为之故”,这一点无论如何都没有决定:一切作为存在者的存在者,在存在者状态上是否都为了人类此在之故而存在。存在者之存在结构及其可能的可领会性在存在论上根植于“为何之故”当中,这一点还是外于这样一种存在者方面的断言的:自然是为了人类此在的目的被创造或者现成存在的。上述的存在论根基中并未在存在者状态上设定关于现实世界合目的性的断言。那个存在论根基之所以被提出,正是为了洞见到,对(自在存 419
在的、此在不生存也能存在的)存在者之存在之领悟,何以仅基于“物宜关涉在存在论上根植于为何之故”这一点才得以可能。我们得澄清存在领悟之可能方式以及物宜关涉之可能方式与“为之故”之间的存在论关联。从根本上说,只有在这种存在论关联的基础上,才能决定:关于存在者之大全的存在者状态上的神学是否具有合法的哲学意义,或者这种神学是否不单单表现了“健全的人类知性”对哲学问题的僭入。“为了-去”关涉之存在论结构植根于一种“为何之故”,这一点并未就如下问题说出任何东西:自然与此在这两个存在者之间存在者状态上的关系是否表现了一种目的关联。

只要此在作为存在者生存(该存在者在其存在之中所关注的乃是其能在),它便已经领会了“为其自身之故”之类的东西。只有基于这一领会,生存才是可能的。那此在必须把它本己的能在给自己去领会。它给了它自身这样一个任务：去意指其能在的情况如何。这些关涉之整体，这就是说，属于总体结构的一切，我们称之为**意蕴性**。那个总体结构正是我们借以给自己某物去领会的；这就是说，我们借着这个总体结构才能为自己意指其能在。这个意蕴性便是我们所谓"严格的存在论意义上的世界"之结构。

我们早就看到：那此在首先且大多是由诸物出发去领会自己的；对他人之共同此在的领会亦与此一致。在物宜关涉中已经包含了这一点：将此在之能在领会为与他人共在。作为此在，它在本质上是向
420 着他人之共同此在敞开的。实际此在或隐或显地都是"为－交互－能在－之故"。不过，这一点之所以可能，乃是因为此在本身从来就是被与他人的共在所规定的。当我们说，此在为其自身－之故生存，这就是一个对生存的存在论规定。这个生存论上的命题还没有就生存上的可能性预先给出如何成见。"此在在本质上为其自身－之故生存"，这个命题并未在存在者状态上断言说：实际此在的实际目的乃是仅仅关心自己、首先关心自己，只把他人当作该目的的工具来利用。这样的一种实际的－存在者状态上的阐释之所以可能，乃是基于此在之存在论建制：此在一般是为其自身－之故而在的。正因如此，只因如此，它才能与另一个此在共在；只因如此，另一个此在（它在它那方面也关注自己的存在）才能进入一种与他人的、本质上是生存上的关涉。

此在之基本建制乃是"存在－于－世界－之中"。其意味现在就更确切了：此在在其生存中所关注的乃是"能在－于－世界－之中"。它一向已经向之自行筹划了。**对世界的先行领悟**、**意蕴性**，诸如此类的东西因之也就包含在此在之生存当中。我们早就对世界概念给过一个临时界定，那时已然表明，世界并非手前现成的存在者之总和，并非自然物之大全，——世界根本就不是手前现成者或者上手者。

世界概念并非对作为(自在地就是现成的)存在者的世内存在者之规定;毋宁说世界乃是对此在之存在之规定。这一点从一开始就得到了表达,当我们说:此在作为"存在－于－世界－之中"生存。世界属于此在之生存建制。世界并不现成地存在,毋宁说世界生存。只要此在存在——这就是说,只要此在是生存的(existent)——就有世界。只要"为了－去"关涉、"物宜关涉"以及"为－之故"关涉在世界 421
领悟中得到了领会,那么世界领悟在本质上就是吾身领悟,而吾身领悟就是此在领悟。其中复又包含了对"与他人共在"之领悟、对能在以及"即手前现成者而逗留"之领悟。那此在并非首先只是"与他人共在",以便然后从这一交互存在出来达到一个客观世界、达到诸物。这一理路同主观唯心主义一样都是不对的,后者首先从一个主体出发,然后该主体再以某种方式为自己搞到一个客体。而(作为两个主体之间关系的)我－你－关系理路则说:首先有两个主体,就那么两个,存在于此,然后它们再为自己搞到一种对他人的关涉。毋宁说,此在在多大程度上本源地同他人共在,它也就在多大程度本源地同上手者及现成者共在。同样地,此在首先也不单是"即诸物逗留",以便然后才偶然地在这些物之间发现了具有其本己存在方式的存在者;毋宁说,此在作为关注自己自身的存在者而在,它也同等本源地同他人共在并在世内存在者那儿而在。这种存在者在其之内来照面的世界,一向已是一个此在同他人共有的世界——这是因为,每一个此在从自己出发便是作为生存着的"同他人共在"而在的。只因此在被先行构成为在世,一个此在才能生存地与一个他人共有实际的某某;但这一实际的"生存地共有"则并不首先构成"此在同他人一起拥有世界"之可能性。实际的交互共在之不同方式一向仅仅构成了世界展现之范围及真实之实际可能,与对被发现者进行主体间验证之各种实际可能,以及对世界领悟之一致性进行主体间证明之各种实

际可能，还有对个体之生存可能性进行规定与引导的实际可能。然
422 而，我们首先从世内存在者出发为自己澄清世界之存在论意味，这也决非偶然；在这些世内存在者中不仅包括了上手者与手前现成者，而且，对于素朴的领悟而言，他人之此在亦属此列。别人同样也是手前现成的，他们一同构建了世界。就庸常的世界（Welt）概念而言，指出（例如在保罗那里的）世间（Kosmos）概念也就够了。这里的世间不仅意味着整个“植物、动物及大地”，倒是首先意味着人之此在——这里的人是在他同大地、动物及植物相联而为神所弃的意义上说的①。

只有此在存在于此，世界才生存，亦即它才存在。当此在作为在世生存，世界便存在于此；仅当世界存在于此，存在领悟才存在于此；而仅当存在领悟生存，世内存在者才被揭示为手前现成者与上手者。世界领悟作为此在领悟乃是吾身领悟。吾身与世界同属于一个存在者，此在。吾身与世界并非两个存在者，像主体与客体那样，也不像我与你那样；毋宁说，在“存在－于－世界－之中”结构的统一性中，吾身与世界乃是此在自身之基本规定。仅当“主体”被那“存在－于－世界－之中”所规定，它才能作为这个吾身成为一个对他人而言的“你”。只因我是一个生存着的吾身，我才是一个对作为吾身的他人而言的可能的“你”。吾身在“同他人共在”当中成为一个可能的“你”的可能条件，植根于：此在作为它所是的吾身存在，以至于它作为“存在－于－世界－之中”生存。因为“你”意味着与我同在一个世界之中的“你”。如果说我－你－关系表现了一种卓异突出的生存－关系，那么，只要仍然没有追问“生存一般意味着什么”，对这层关系也

① 保罗对 Kosmos 这个概念的用法可以参见他的书信，特别是《哥林多前书》与《加拉太书》。海氏对此更为详细的诠释参见《论根据的本质》，载《路标》，孙周兴译，北京，商务印书馆，2000 年，第 166 页。——译注

就无法在生存论上（亦即在哲学上）加以认知。不过，“存在－于－世界－之中”属于生存。这样的存在者在这样的存在之中关注其能在自身，——这个自身性乃是自失性的存在论前提，在此自失性中每一此在自行与他人在一种生存性的我－你－关系中相关。吾身与世界 423
共属于此在、在世之基本建制的统一。这个在世乃是领会另一个此在，特别是领会世内存在者的可能条件。只有基于“存在－于－世界－之中”，对世内存在者之存在之领会，甚至还有对此在自身之领会，才得以可能。

现在我们要问：“存在－于－世界－之中”**这个结构整体是如何奠基在时间性之中的**？那个一向属我的存在者，那个我**自身**一向所是的存在者，其基本建制含有“存在－于－**世界**－之中”。吾身与世界是同属一体的，它们属于此在建制之统一，并且同等本源地规定了“主体”。换言之，我们一向自身所是的存在者，此在，乃是**超越者**。

通过阐明**超越性**这个概念，迄今为止所说的东西就变得更清楚了。照其词义，“超越”的意思是跨越、越过、穿越，有时也有胜过的意思。我们按照本源的词义来规定这个哲学概念，并不十分顾及哲学上的传统用法——反正这些传统用法歧义甚多、很不确定。从得到正确领会的存在论超越－概念出发，首先要提出的是对康德在根本上所追寻的东西的领悟，对康德而言超越性成了哲学问题的中心的时候，以至于他把自己的哲学称为先验－哲学[①]。为了界定这个超越性－概念，我们必须把迄今为止显示出来的此在存在建制之基本结构留在视野里。为了不把一开始的原则性思索搞得过于沉重，我们曾有意忽略，没有把“萦怀”（Sorge）的基本结构充分展开。因而后来对超越－概念的阐明也就不充分了。不过就我们目前所需而言， 424

① 关于“超越”或者说“超验”与“先验”的关系，参见本书导言§4。——译注

这点阐明也就够了。

按照这个词的通俗含义，超越者乃是彼岸的存在者。通常这个词是用来表示上帝的。在认识论里面，超越者被领会为在主体－领域之彼岸的东西，诸自在之物，诸客体。这个意义上的超越者乃是外在于主体的东西。那么，这正是越过主体边界或者说已经越过主体边界的东西——仿佛它一向曾在于主体之中——仿佛只有当此在恰好自行对一物有所施为，它才越过了自己。物决不超越，并且物决非“已然超过”这个意义上的超越者。它更不是该词真义上的“超越者”。那超过者本身，或者说其存在者方式恰好要通过这个被恰当领会的“超过”来规定的东西，乃是此在。我们已经不止一次地看到，在经历存在者之际，特别是在与上手器具打交道之际，此在一向已经领会了物宜，——只有从对物宜关联脉络、意蕴性、世界的领会出发，此在才返回了[上手器具]之类的存在者。存在者必须处在被领会的光之中，这样上手器具才会来照面。器具与上手者是在一个被领会的世界之境域中来照面的；器具与上手者一向作为世内存在者来照面。在诸客体来与我们打照面之际，世界事先已被领会了。因而我们说过：在某种意义上，世界远比一切客体更为外在，比一切客体更为客观，但它同时又不具有诸客体之存在方式。世界之存在方式并非诸客体之手前现成存在，毋宁说世界生存。世界——仍然在庸常的超越性－概念的引导之下——乃是本真的超越者，它比诸客体更在彼
425 岸；同时，这个在彼岸的东西作为生存者又是“存在－于－世界－之中”（此在）之基本规定。如果世界是超越者，那么**本真的超越者**就是**此在**。我们借此首次达到了超越性之真正的存在论意义，不过这还是紧贴着这个词庸常的基本含义。“超越”意思是“超过”，那 transcendens[超越者]，也就是超越者乃是“**超过者**”本身，而非我超过而达到的东西。世界乃是超越者，因为世界构建了“跨越到……”本身，

后者属于"存在-于-世界-之中"的结构。此在自身在其存在之中乃是行超过的,因而它恰恰不是内在者。超越者并非诸客体——诸物决不可能超越,决不可能是超越的——,毋宁说超越者乃是行超越的;这就是说,在存在论上得到恰当领会的此在这个意义上的"主体"乃是穿过着、超过着自己自身的。唯独具有此在之存在方式的存在者才超越,以至于,恰好是超越性才在本质上刻画描述了存在。人们在认识论中颠倒了现象实情表示为内在性、主体之领域的东西恰恰在其自身中原初便是且仅仅只是超越者。由于被在世构成,此在就是一个在其存在之中超出了自己自身的存在者。那个ἐπέκεινα[超越、高于]属于此在之最本己的存在结构。这个超越性的意思不仅仅是,原初并不是主体与客体的自行相关。超越性的意思倒是说:从一个世界出发领会自己。此在本身便超出了自己自身。只有超越性属于其存在建制的存在者才有可能成为一个吾身之类的东西。更有甚者,超越性乃是此在拥有"吾身"这个特性的前提。此在之吾身性植根于其超越性;此在并非首先是一个自我-吾身,①然后才去超过某物。吾身性这个概念里包含了"朝-自己-而去"与"从-自己-而出"。那作为一个吾身生存的,只能作为超越者这么做。这个植根于 426
超越性中的吾身性,这可能的"朝-自己-而去"与"从-自己-而出",乃是"此在具有各种实际可能性去自成本己乃至自失的方式"之前提。不过它也是此在同他人共在(在自我-吾身同你-吾身的意义上)之前提。此在并非首先以一种谜一般的方式生存,然后才为了超出自己自身到达他人或者现成者而实行那个"超过";毋宁说,生存的意思一向已经是:"超过",或说得更好些,"已然超过"。

此在是超越者。诸对象与诸物决非超越的。超越性之本源的本

① Ich-Selbst,或译"我-自身"。——译注

质自显于在世之基本建制中。此在自行对作为存在者的存在者(无论这存在者是手前现成者,是他人还是自己自身)有所施为。这之所以可能,乃是此在之超越性、此在之超-出使然。超越性(即使并非作为超越性本身)乃是被揭示给对此在自身的。返回存在者之所以可能,乃是超越性使然,以至于对存在之先行领会植根于超越性之中。那个我们名之为此在的存在者,其本身是对……敞开的。敞开性属于此在之存在。此在乃是其"此",此在于其中自为地在此,他人于其中共同-在此,正是在"此"之上,上手者与手前现成者才来照面。

莱布尼茨曾把精神性的-灵魂性的实体称为单子;说得更确切些,一切实体一般均被阐释为单子(统一)。关于单子,他曾说过一句名言:单子没有窗户;这就是说,单子并不向自己外面打量,并不从屋子里面向外打量。单子没有窗户,因为它不需要;它不需要窗户、它毋需从屋子里面向外打量,因为它在自己之中作为自身财富所拥有的东西对它来说就足够了。每一单子本身都在不同的清醒程度下进
427 行表象[活动]。照可能性来说,在每一个单子之中,其他单子之大全(亦即存在者整体)都再现着(repräsentiert)自己。每个单子都已在其内表象了世界整体。诸个别单子总是按照清醒层级区别开来。该清醒层级是就单子纯从自己出发通达世界整体(亦即其余单子之大全)的清晰性而言的。每个单子、每个实体都在其自己之中进行表象、进行再现——在这个意义上:它对自己再现了全部存在者之大全。

只有从我们所阐发的此在(在世或者说超越性)之基本建制出发,才能真正搞清楚"单子没有窗户"这个莱布尼茨命题的究竟意旨。此在作为单子,为了首先看向自己之外,并不需要窗户。之所以如此,其原因并不在于莱布尼茨所云,在屋子里面便可通达一切存在者,因而单子可以很好地把自己闭锁隔离起来;毋宁说,其原因在于,单子,此在,按照其本己存在(按照超越性)已然存在于外,亦即已然

"即其他存在者而在",而这也就是说一向"即其自身而在"。此在根本不在一个屋子里。根据本源的超越性,窗户对于此在来说就是多余的了。在用"单子无窗户"来对实体进行单子论阐释时,莱布尼茨无疑已经看到了一个真正的现象。只是他对传统实体概念的因循阻碍了他从概念上去把握"单子没有窗户"之本源根据,因而阻碍了他对所看到的现象加以现实的阐释。他无法看到,由于单子在本质上是行表象的(这就是说,是映现着世界的),所以单子乃是超越性,而并非一个实体之类的手前现成者、一个没有窗户的屋子。造成超越性的原非一个主体同一个客体碰到一起,或者一个你同一个我碰到一起,而是——作为"主体-存在"[①],此在自身就在超越。此在本身乃是向-自己-存在,同他人共在,即上手者与手前现成者而在。在 428
"向-自己"、"同-他人"与"即-手前现成者"这些结构环节中,贯穿着"超过"这个特性,也就是超越性。我们把这些关涉之统一称为此在之"在-之中",其意义为一种本源的、属于此在的对它自己自身、同他人、同上手者以及手前现成者的熟悉。这个熟悉性就其本身而言乃是在一个世界之中的熟悉性。

"在-之中"在本质上乃是"存在-于-世界-之中"。由前所述,这点已经清楚了。作为自身性[②],此在乃是为其自身之故。这就是此在向-自己而在的本源样态。然而它只有作为"即上手者而在"才是其自身,才是此在——而上手者乃是此在从一个"为了-去"关联脉络出发加以领会的。那"为了-去-关涉"乃根植于"为之故"之中。这个属于此在之"在-之中"的关涉整体性之统一乃是世界。"在之中"(In-sein)乃是"存在-于-世界-之中"(In-der-Welt-

① Subjekt-sein,或译"是-主体"。——译注

② Selbstheit,本书有的地方译为"吾身性"。——译注

sein)。

这个"存在－于－世界－之中"自身如何作为整体可能？问得更确切些，为什么超越性为在世本身之原初结构提供了根据？此在自身之超越性又植根于何处？回答这个问题，我们要着眼于我们刚才分别加以考察、但就其自在而言相互归属的两个结构环节——"在－之中"与"世界"。那"在－之中"作为"向－自己"，作为"为其自身之故"，只有基于将来才得以可能；这就是说，这是因为[将来]这个时间结构环节自在地是绽出的。时间之绽出特性使此在之特殊的超出特性得以可能，使超越性可能，因而也使世界可能。所以——我们因之也获得了世界与时间性的中心规定——时间性之绽出(将来、曾在、当前)并非单纯出离到……，并非仿佛出离至虚无；毋宁说，这些绽出作为"出离到……"，基于其不同的绽出特性，拥有一个由出离样态出发，亦即由将来、曾在及当前这些样态出发得到预先确定，并属于绽
429 出自身的境域。每一绽出作为"出离到……"拥有一个既在其自己之中，同时又属于它的、对"出离之何所至"这个形式结构的预先确定。我们把这个"绽出之何所至"标为绽出之境域，或者更确切地说，绽出之境域性图型[①]。每一绽出在其自身之内都有一种全然特定的图型，该图型是以时间性把自己样态化的方式，亦即绽出把自己样态化的方式，把自身样态化的。正如绽出在其自身之内构建了时间性之统一，此类绽出之诸境域性图型每每也就对应了时间性之绽出统一。

---

① Schema 一词，《存在与时间》通行的中文本译为"格式"，似不妥当。海氏该概念实出于康德。康德之十二知性概念均有对应的十二图型以沟通感性与统觉。而十二图型实即十二种时间状态(参见《纯粹理性批判》，A142/B181—A145/B185)。海氏在这里提出图型概念，就为下节讨论时态性做了准备。关于图型、时态与存在的关系，以及这种关系对于"存在"与"时间"这个基本问题的意义，可以参见海德格尔，*Kant und das Problem der Metaphysik*，特别是 § 21—23，以及附录 5(那里专门提到了时态性概念)GA，Band3，VK，Frankfurt am Main，1991，S97 以下，及 S250。——译注

在其特殊整体性之中的“存在－于－世界－之中”之超越性植根于时间性之本源的绽出－境域性统一之中。如果超越性使存在领悟得以可能，而超越性又植根于时间性之绽出－境域性建制，那么这个建制就是存在领悟之可能条件。

§21. 时态性与存在

现在需要从概念上把握，此在之时态性是如何在（为此在之超越性提供根据的）时间性的基础上使存在领悟得以可能的。时态性乃是时间性本身之最本源的时间化。我们一向已经就此把思考指向了对某种存在领悟之可能性之追问——这种存在领悟即对最广义的手前现成存在意义上的存在之领悟。我们还进一步表明，同存在者所打的交道，作为打交道是如何植根于时间性之中的。但由此我们只能部分地推断出，打交道只有作为对存在之领会才得以可能；确切地说，它只有作为从时间性出发的、对存在之领会才得以可能。必须明确显示，对上手器具本身的上手性之领会是如何成为世界领会的，并且这个世界领会，作为此在之超越性，是如何根植于此在之时间性之绽出－境域性建制的。对上手者之上手性之领会已经向着时间筹划 430
这个存在了。粗略地说，在对时间使用的存在领悟之中，［向着时间筹划存在］这点已经完成了，前哲学的、非哲学的此在对此毋需明确知晓。不过，存在与时间的这层关联并未完全对此在隐藏，而是可以在一种（虽然在很大程度上被误导且行误导的）解释中变得为此在所熟知。此在以某种方式拥有以下领悟：对存在的阐释以某种形式与时间发生关联。不管前哲学的知识还是哲学的知识，都习惯从考虑到时间的、存在者之存在方式之视角对存在者加以区分。古代哲学已把ἀεὶ ὄν［永在］，永远的存在者，规定为首要的、本真的存在者；并且把它与时而存在、时而不存在的可变者加以区分。在庸常的言谈中，人们把[可变者]这个存在者称为“有时间性的东西”(das Zeitliche)。这里“有时间性的”(Zeitliche)意思是“在时间中流逝着”。从对永远存在者与有时间性的存在者的标识出发，对特性的描述进而就要去规定无时间性的存在者、超时间的存在者。人们用“无时间性的”来称谓数目以及纯粹空间规定之存在方式，用“超时间的”来称谓永恒者——这里永恒者的意思是与 sempiternitas [永远、永久]相区别的 aeternitas[永恒]。在顾及时间来区别不同的存在方式之际，这个时间在庸常的意义上就被认作了“时间内性”(Innerzeitigkeit)。前哲学的乃至哲学的领悟都是遵循时间来在刻画描述存在的——这决不会是偶然的。另一方面，我们已经看到，康德，在他尝试从概念上把握存在本身，并且将之规定为肯定时，他显然没有运用庸常意义上的时间。但从中并不能推断出，他也不曾运用本源的时态性意义
431 上的时间性，也没有存在领会，亦即，自己不清楚其存在论命题的可能条件。

我们尝试对**最切近地手前现成者之存在，对上手性之存在做时态性的阐释**；并且以例子的方式，并顾及超越性来表明，存在领悟何以可能是时态性的。由此我们将时间的功能证明为“使存在领会得以可能”。与此相联，我们将返转至[本书讨论的]第一个论题——**康德的论题**，并且尝试从[上文讨论]所赢获的东西出发去论证，我们对康德的批判在多大程度上是合理的，这个批判的积极部分又必须以什么方式得到原则性的扩充。

a)将存在时态地阐释为上手存在；作为当前化之绽出之境域性图型的出场呈现

让我们回想一下“与器具打交道”之(被我们描述过的)时间性。

打交道本身使得[人们]可以原初而恰当的方式通达器具关联脉络。举一个小例子，如果我们观察一个鞋匠作坊，我们确实能够看到形形色色的手前现成物。不过，这些存在于此的存在者是什么，它们何以按照其实事性乃是上手的——这些就只有在与手工器具、皮子和鞋子恰当地打交道的过程中才会对我们揭示出来。只有领会者才能自行发现鞋匠自身的周围世界。我们当然也能让自己接受指导以便了解对器具的使用以及其中的程序；基于这样获得的领悟，我们也就能够——就像我们常说的——在头脑中再现式地进行与诸物打交道的实际过程。但只有在我们所熟知的最狭小的存在者区域中，我们熟悉到能够掌控与器具打交道的特殊过程——正是这个“打交道”发现了该器具本身。对我们来说，我们所能通达的世内存在者所组成的 432
整个周遭环境，并不是随时都可以同样本源、恰当的方式通达的。有许多事物我们只是知晓，但并不熟悉。它们固然作为存在者来和我们打照面，但并不熟悉。许多存在者，甚至那些已被发现的存在者，都具有“不熟悉性”。对于存在者，就其初次来和我们照面而言，[不熟悉性]这个特性乃是肯定性的突出[性质]。对此我们无法深入得更详细了；这尤其是因为，只有从原初的“熟悉性”结构出发，对手前现成者之发现的这个褫夺样态才能在存在论上得到概念化把握。因而，从原则上说，必须牢记的是，按照通常的认识论进路，随意发生的诸物杂多或者诸客体杂多据说是平均地给予我们的——这个认识论进路对于原初事实而言是并不公正的，因此这就使认识论的提问方式一开始就是矫揉造作的。对存在者的本源熟悉包含在与该存在者相应的“打交道”当中。从其时间性的视角看，这个“打交道”是在一种对器具关联脉络本身的持留－预期性当前化中构成自己的。作为对“物宜”的先行领会，是“让宜物”首先让存在者被领会为存在着的存在者，也就是说着眼于其存在领会该存在者。属于这个存在者之存在的有其实事内涵、特殊的何所性以及存在方式。日常来与我们打照面的存在者之何所性乃是被“器具特性”所界定的。具有这种实事性的存在者——器具——之存在方式，我们名之为上手存在或者上手性——我们是把它与手前现成存在区别开来的。如果某个器具并不在切近的周围世界中、在伸手可及的近距中上手，那么这决不意味着这个“不上手者”就等于非存在。有关器具或许是被拿走了，那我们就说，它是不应－手的（*ab－handen*）。不应手者仅仅是上手者 433 的一个样态。我们再重申一次，如果我们说某某不应手，这并不等于说，它简直就被销毁了。当然了，某物也可以“压根儿不再存在”的方式——被销毁的方式“不应手”。然而这就提出了这样的问题：这个“被销毁的存在”是什么意思，它是否可以等同于非存在与虚无。我们每每再次看到，即便在一种粗略的分析那里，奠基于其自身的、存在层面的多样性也仅仅在诸物与诸器具的存在之内得到彰显。至于器具领悟在多大程度上追溯到了对“物宜、意蕴与世界”的领会，因而追溯到了此在之绽出的－境域的建制，这只是得到了粗略的显示。我们现在感兴趣的仅仅是器具之存在方式，器具之上手性，顾及到其时态可能性，这就是说，顾及到我们时间性地领会上手性本身之领会方式。

我们刚才点出了从上手者到不应手者之可能的存在变样。从中我们可以推断出，上手性与不应手性乃是基本现象的某种改变，我们形式化地以在场性与缺席性标明之，一般而言称之为出场呈现。如果上手性或者这个存在者之存在具有一种出场呈现的意义，那么这也就意味着：这个存在方式是被时态地领会的；这就是说，是从（在已被刻画的绽出－境域性统一之意义上的）时间性之时间化出发得到领会的。现在，在“从时间出发对存在进行阐释”这个维度中，我们有意使用拉丁式的表达来表达一切时间规定，以便将之与（到现在已经在术语上得到刻画描述的)时间性之时间规定区别开来。顾及到时间,顾及到时间性一般,出场呈现(*Praesenz*)是什么意思呢?假如我们回答说:它就是"当前"(Gegenwart)这个环节,这就没说出多少东西。那就还有这么个问题:为什么我们不用当前去取代出场呈现呢。如果我们不管怎么说还是要用这个术语,那么这个新用法就对应了一种新的含义。"当前"与"出场呈现"这两个现象的意思是不同 434
的——如果这两个不同的名称的命名都正确的话。但是,在我们说"时间乃是不可逆的现在序列"时,或许出场呈现就等同于我们通过"现在"也就是νῦν[现在]——庸常的时间阐释就是遵循着这个"现在"的——来加以认识的当前这个现象?不过出场呈现与现在也不是一回事。因为那"现在"乃是时内性之特性,乃是上手者与手前现成者之特性,而出场呈现则应当构建了"对上手性本身之领会"之可能条件。一切上手者确实都是"在时间中"的、时内的;我们可以就之宣称:上手者"现在是"、"曾经是"或者"以后是"可用的。当我们把上手者规定为时内的东西,那么我们就已经预设了:我们是把上手者领会为上手者的;这就是说,是在上手性这个存在方式之中领会这个存在者的。对上手者之上手性的这个预先领会,恰恰是通过出场呈现才得以可能的。因而,作为一个时间规定——这里的时间又是作为时内性而言的——,现在无法担当对于存在者之存在(在这里是上手性)之时态性阐释。在一切现在-规定中,在一切对上手者之庸常的时间规定中,如果该上手者确实已经得到领会,那么时间便已在本源的意义上得到了使用。这也就意味着,对我们来说,那种庸常地以时间为线索描述存在者之存在——时间性的东西、无时间的东西、超时间的东西——的方式已经作废了。这不是存在论的,而是存在者式的阐释,在此时间自身是被当作存在者的。

出场呈现乃是一种比现在更为本源的现象。当即(Augenblick)

比现在更为本源，这是因为当即乃是当－前的一个样态，乃是（随着“说－现在”表述了自己的）对某物行当前化的一个样态。于是我们便再次回到了当前，而这个问题就重新出现了：是否出场呈现毕竟等
435 同于当前？决不。我们曾把“当前”与“对……的当前化”标为时间性绽出之一。而“出场呈现”这个名称已经显示，我们并未以之意谓用“当前”与“将来”意谓的绽出现象，无论如何并未以之意谓从绽出结构视角看的时间性绽出现象。然而，当前与出场呈现之间的关联还是有的，且此关联并非偶然。我们已经指明，时间性之绽出并不单单是“出离到……”，仿佛该出离指向虚无或者尚未获得规定。毋宁说，每一绽出本身都含有一个被它所规定的境域，而首先又是该境域完善了绽出之本有结构。行当前化，无论它是“当即”意义上的本真当前化，还是非本真的当前化，都把它所当前化的东西（也就是可能在一种当前之中且对这种当前来照面的东西）筹划到了出场呈现之类的东西上去。当前之绽出就其本身而言乃是某个“超出自己”之可能条件，也就是超越性与“筹划到出场呈现上去”之可能条件。作为“超出自己”之可能条件，当前之绽出在其自身之中便具有对这个“超出自己”之超而所往之处的图型式预先规定。那基于绽出之出离特性超乎绽出本身的东西，那被出离特性所规定而超出绽出的东西；更确切地说，那一般而言规定了“超出自己”本身之所往的东西，乃是作为境域的出场呈现。当前在自身之中以绽出的方式把自己筹划到出场呈现上去。出场呈现不同于当前；毋宁说，作为该绽出之境域图型之基本规定，出场呈现一同构建了当前之完整时间结构。相应的东西也对另外两个绽出有效：将来与曾在（重演、遗忘、持留）。

为了不把我们投向（不管怎样总是难以掌握的）时间性现象的观察搞得过于混乱，我们将只限于阐明当前及其绽出境域——出场呈
436 现。当前化乃是时间性之时间化之中的绽出，它是向着出场呈现领

会自己的。作为“出离到……”，当前乃是向着照面者的“敞开存在”——该照面者于是便向着出场呈现得到了预先领会。基于已出离到绽出中的境域，出场呈现，在行当前化之中来照面的所有东西都被领会为在场者，也就是说，被向着在场性领会了。只要上手性与不应手性意指在场性与不在场性之类（这就是说以如此这般的方式被变样以及可变样的出场呈现），那么世内来照面的存在者之存在便是出场呈现性的，而这意味着在原则上是以时态的方式得到筹划的。由此，我们便从时间性绽出之本源的境域图型出发领会存在。绽出之诸图型在结构上并未脱离这些绽出，但领会趋向当然可以原初地转向图型本身。存在领悟之可能条件乃是时间性之诸境域图型。以这样的原初方式被带向这些诸境域图型的时间性构建了时态性这个共相的内涵。时态性乃是顾及到诸境域图型之统一［而言］的时间性（那些境域图型属于时间性），在我们［目前的］情况下时态性乃是顾及到出场呈现［而言］的当前。诸境域时间图型之内在时态关联也总是随时间性之时间化方式而改变——时间性一向在其绽出的统一之中把自己时间化，以至于一种绽出进程总是随同其他绽出进程一齐变样。

在其绽出–境域的统一中的时间性乃是ἐπέκεινα［超越、高于］之基本可能条件——这就是说，构成着此在自身的超越性之基本可能条件。时间性自身乃是一切植根于超越性的领会之可能条件，这些领会的本质结构包含在筹划之中。反过来也可以说：时间性在其自身之中无非就是本源的自身筹划，以至于，无论领会存在于何时何地（我们姑且撇开此在的其他环节），这个领会只有在时间性之自身筹划中才得以可能。这个时间性作为被揭示的东西存在于此，因为正是时间性使得那个“此”及其被揭示性一般得以可能。 437

如果时间性作为一切筹划之可能条件无非就是自身筹划，那么这就意味着，在某种意义上，时间性在每一实际的筹划中都被一同揭示了，——这就意味着，时间（无论它只是处于庸常的领悟之中还是共同领悟之中）在某处以某种方式断裂了。一个在其自身中的“此”在哪里被揭示，时间性也就在哪里显明自己。无论时间性（首先是从其时态性的视角而言）有多么隐蔽，无论此在就时间性所明白知晓的有多么稀少，无论迄今为止时间性距专题化的把握有多么遥远，时间性之时间化还是笼罩着此在，这种笼罩的彻底与根本尤甚于日光之于日常环视（日光可是这种日常环视的基本条件）——在我们与诸物打着日常交道之际，我们并未转向日光。因为时间性之绽出－境域统一在其自身之中无非就是自身筹划，因为它作为绽出性的东西使得“向着……筹划”得以可能，并且与属于绽出的境域一起展示了超越之何所往与何所至的可能条件，所以就无法进一步追问诸图型在它们那边被筹划往何处，无法做诸如此类 in infinitum［以至无穷］的追问。先前提及的仿佛彼此相串的筹划系列——对存在者之领会、向存在的筹划、对存在之领会、向着时间筹划——乃有其终极于时间性之绽出统一境域。此间我们无法做更本源的论证了，要那么做的话我们还得深入到时间有限性的问题。每一时间筹划，也就是说时间性自身乃有其终极于该境域之中。然而该终极无非就是对一切筹划之可能性而言的始点与终点。不过对“绽出本身出离所至之处”的
438 描述（即将之描述为境域）的确已经又是对绽出所指向的“何所往”一般的阐释了——假使人们想这么说，那么就得回答说：庸常意义上的“境域”概念恰好预设了我们所谓绽出境域。假如没有“向……的绽出性敞开存在”，假如没有对（比如说在出场呈现意义上的）敞开存在的图型化规定，那么对我们来说也就没有境域之类的东西。对于图型概念这种说法也是同样有效的。

从原则上说，必须注意：如果我们将时间性规定为此在之本源建

制，且因之进而规定为存在领悟之可能性之本源，那么，作为本源的时态性便必然比可能源于它的一切更为丰富完满。此间表现出一个牵涉到整个哲学之维的特有情况：在存在论领域之内，可能者高于任何现实者。在这一领域内，一切源发与源起都不是成长与展开，而是衰退——既然一切源发者都发于源（*ent*springt），也就是说以某种方式逃开了（entläuft），远离（entfernt）了源头的无上伟力。存在者只能被发现为具有上手者存在方式的存在者，它只能在打交道［的过程］中作为它所是的东西以它自在存在的方式来照面——如果这个发现、这个“与存在者打交道”被一种（以某种方式被领会的）出场呈现所照亮的话。这出场呈现乃是绽出之境域性图型——正是绽出原初地规定了“与上手者打交道”之时间性之时间化。我们确已显示，“与器具打交道”之时间性乃是一种持留的－预期的行当前化。在“与上手者打交道”之时间性中，当前之绽出是主导性的。因此上手者之存在（上手性）原本是从出场呈现出发得到领会的。

迄今为止得到的考察结果——这些考察是为提出存在之时态性服务的——可以用一句话[①]来概括。上手者之上手性，此类存在者之存在，被领会为出场呈现，该出场呈现——作为可用非概念的方式加以领会者——已被揭示在时间性之自身筹划之中；通过这个时间性之时间化，“生存着与上手者及手前现成者打交道”之类的事情才得以可能。 439

上手性在形式上意味着出场呈现（在场性），不过是一种特有的出场呈现。那原初地出场呈现的图型归属于作为某个存在样态的在场性。需要着眼于其出场呈现内涵对此图型加以更确切的规定。由于在该问题维度上现象学方法尚未占据主宰地位，特别是缺乏一种

① 由于有分句的缘故，德文中的这“一句话”在中译文中表现为数句话。——译注

[研究]进程上的可靠性，对时态性阐释的领会便不断碰到困难。既然如此，我们且试着走段岔路，至少先谋求表象出，在（属于上手性的）出场呈现的内涵中，是如何潜藏着丰富的复杂结构的。

如果从匮乏特定性质一边看，一切肯定性的东西都会显得特别清楚。其之所以如此的根据，我们现在无法深究。只是我们可以顺便提一下，这根据同样隐藏在时间性之本质以及根植于时间性的否定之中。如果从匮乏特定性质那边特别容易澄清肯定性的东西，那么对于我们的问题而言这就意味着：对上手性之时态阐释在其存在意义上必须遵循非上手性才能搞得更清楚。为了从非上手性出发去领会对上手性的特性描述，我们必须注意到：在日常周旋中来照面的存在者预先具有“**不显眼**”这样一个特性。对那些在熟悉的周围世界里的我们周遭诸物，我们并非总是不断地以外显的方式加以知觉的，也就是说并非总是以“专门将之察觉为上手的”这样一种方式。对手前现成存在的外显的确证确信是不会发生的——正因如此，我们乃以一种特有的方式在我们周遭拥有它们，如同它们是自在存在的。
440 与诸物的惯常周旋是从容不迫的。在这种漠然的从容不迫之中，恰恰从它们那不显眼的在场性来看，它们变得可以通达了。与诸物打交道的从容不迫是有前提的，特别要提到的前提是打交道所具有的“**不受扰乱**”。打交道的进程是不会停顿的。打交道所具有的这个不受扰乱的从容不迫以一种特有的时间性为基础，该时间性使得我们可以具有一个上手的器具关联脉络，以至于我们在其中迷失了自己。“与器具打交道”所具有的时间性原本就是一种行当前化。不过，按照此前所云，当前境域之某种出场呈现性建制也属于行当前化，而上手者（其与手前现成者有所区别）之特殊的在场性正是基于该建制预先成为可领会的。如果我们把“与上手者从容周旋”所具有的“不受扰乱”与打交道“受到扰乱”相比照（更确切地说是这样一种“受到扰乱”，它起因于我们不得不应对的存在者自身），则那个“不受扰乱”本身就清晰可见了。

器具关联脉络具有这样的特性，个别器具乃是彼此相联协调的，这不仅与其各自的实事特性有关，而且还包括了，每一个器具都拥有一个属于它的位置。在器具关联脉络之内的**器具位置**总是着眼于上手者之手头性得到规定的。这种手头性乃被物宜整体性所预先确定，又被该整体性所需。如果一项惯常的劳作活动被它处理的东西所阻，那么打交道［的过程］就停顿了；确切地说是以这样一种方式，劳作活动并不是中断，而只是作为被停顿者外显地逗留于它不得不应对的东西。惯常的劳作活动受阻（亦即陷于停顿）的最严重情况，乃是缺失某件隶属于器具关联脉络的器具。缺失意味着一个本来应该是上手者的东西不应手了。问题在于：缺失的东西怎么可能显眼 441 呢？不应手的东西怎么能够被确证呢？发现缺失的东西——这是怎么可能的呢？一般而言，有没有一种对不应手者、不上手者的通达方式？有没有一种指出不上手东西的样式？显然［是有的］；因为我们确实也说：“我看到有些东西不在这里。”对不应手者的通达方式是什么样的呢？发现不应手者之特殊方式与特殊样态乃是**惦记**。这样一种行为在存在论上是何以可能的？惦记之时间性又是什么样的？从形式上看，“惦记”乃是与“**找到**”相对的行为。而找到某物乃是对某物行当前化的一种方式，因而“没找到”也就是一种非当前化。那么，惦记就是非当前化，就是“不让来照面”，就是当前化没来或者停止吗？实际情况就是这样吗？如果像我们说过的，惦记乃是对不应手者本身之通达，那么它还能是“不让来照面”吗？惦记根本不是“不让来照面”，以至于其本质恰恰包含在某种当前化样态之中。惦记不是没找到某物。如果我们没碰到某物，这个没碰上无论如何未必就是惦记。这就表明，在这样一种情况下我们后来还能说：我也能惦记没碰到的东西。惦记就是没找到我们作为急需的东西来预期的东西；就与器具打交道而言，这句话也可以说成：惦记就是没找到我们在使用器具自身时所需要的东西。只有在一种寻视环顾的“让宜物”之中——在那里我们从来照面者的物宜出发，从其“为了－去－关涉”出发领会了来照面者；在那里我预期着一种“何所用”，并且把有助于此的东西当前化——只有在这里我们才能找到缺失的东西。惦记是一种非当前化（Nichtgegenwärtigen），但不是在“没有当前”的意义上，而是一种作为当前之特定样态的无当前化（*Ungegenwärtigen*），
442 处于同（对可用者的）预期与持留的统一之中。因而，并不是根本没有境域对应于（作为特定当前化的）惦记；毋宁说对应于惦记的乃是一种当前之（出场呈现之）特定的变样了的境域。无当前化使得惦记可能，属于无当前化之绽出的乃是“缺席”这样一个境域图型。对于从“出场呈现”到“缺席”（在其中出场呈现作为变样了的东西保持自己）的这个变样，无法加以更为确切的阐释——如果没有深入描述该变样一般（亦即没深入到出场呈现之变样为无、为否定性），并且就其同时间的关联加以澄清的话。如果寻视环顾的“让宜物”归根结底并非预期，如果这个作为绽出的预期并未在一种与当前化的绽出性统一中将自己时间化；这就是说，一种隶属性的境域图型并未预先在该绽出性统一中得到揭示，如果此在并不是一种时间性的东西（这个时间是在本源的意义上说的），那么此在就决不能找到缺失的东西。换言之，这就失去了“打交道”（以及在世内存在者之内“定位”）的本质环节之可能。

反过来说，对新出现物（它事先并未将自己展示在惯常的关联脉络之中）产生惊异的可能性则植根于，对上手者之预期性行当前化没有预期到那种处于（同首先上手的东西的）可能的物宜关联脉络中的另外一种东西。然而惦记也不仅是发现没上手的东西，而且还有对

已经上手或至少仍在上手的东西的外显的行当前化。对(属于打交道之行当前化的)出场呈现之缺席变样——这个出场呈现是随同惦记被给予的——恰恰让上手者变得显眼。于是就出现了一个原则性的,而又是困难重重的问题,如果我们形式化地将缺－席称为对出场呈现者的否定,那么,难道一种否定环节不正是在该存在之结构中(这就是说,首先是在上手性之结构中)构成了自己吗?可以从原则 443
上追问:一个否定性的东西,一个"非"在多大程度上包含在时态性一般之中,同时包含在时间性之中?或干脆这样问:时间自身在多大程度上就是"非之为非"一般之所以可能的条件?从出场呈现到缺席的变样(从在场性到不在场性的变样)属于时间性(既属于当前之绽出也属于其他绽出)。由于该变样具有否定性、非、非在场化之特性,这便提出了这样一个问题,这个"非"的根基究竟何在。一个更为切近的考察显示,甚至非,或者说非之本质(非之为非)同样也只能从时间之本质出发才能得到阐释;并且首先必须由此出发澄清变样(例如从在场性到不在场性)的可能性。当黑格尔说,存在与虚无是一回事(这就是说,彼此互属),他毕竟追踪着一条基本的真理。不过,更为彻底的追问乃是:究竟是什么使得这样一种最为本源的互属性得以可能的?

我们的准备还不足以使我们推进到这个晦暗的问题中去。一旦搞清楚,对存在(首先是存在的某种方式,即上手存在与手前现成存在)的阐释如何只有通过回溯作为时态性之时间性(或者说回溯诸绽出之境域)才变得明晰,那我们的准备就充足了。

我们下面综述迄今为止对时态性的阐明,以此进行概括。上手者之上手性乃是从一种出场呈现出发得到规定的。出场呈现作为境域图型属于一种当前,该当前作为绽出在一种(就目前来说使得"与上手者打交道"得以可能的)时间性中将自己时间化。这种对存在者的施为包含着一种存在领悟——因为绽出（在这里是当前）之时间化在其自身之中已将自己筹划到其境域（出场呈现）上去了。存在领悟之可能性包含于如下情况，当前作为使（与存在者）打交道得以可能
444 的东西，*作为*当前，*作为*绽出，具有出场呈现之境域。时间性一般无非就是绽出的境域性自身筹划；此在之超越性基于该筹划才得以可能；此在之基本建制，“存在－于－世界－之中”或者说萦怀根植于此在之超越性之中；而萦怀在它那方面又使意向性得以可能。

然而，我们已经反复说过，此在乃是那种存在者，存在领悟属于其生存。对此在之基本建制一般的充分而本源的阐释（这就是说强调时间性本身）必须给出一个基础以便从时间性出发，更确切地说从时间性（时态性）之境域图型出发澄清存在领悟之可能性。如果说哲学问题因之从古代哲学的开端以来（例如我们可以想一下巴门尼德的τὸ γὰρ αὐτὸ νοεῖν ἐστιν τε καὶ εἶναι［在与思是相同的］，存在与思维是相同的；或者想一下赫拉克里特的：存在乃是λόγος）就被理性、灵魂、精神、意识、自身意识、主体性所引导，那么这就不是偶然的，并且它同世界观如此地不相干，以至于毋宁说是存在论问题本身的那种无疑还隐藏着的基本内涵推动、引导着科学上的追问。趋近“主体”的这条理路（这并不总是同样融贯清晰的）奠基于以下条件：哲学追问已经以某种方式领会到，必须从对“主体”的充分澄清出发才能得到每一实事性－哲学问题的基础。在我们这方面已经以正面方式看到，正是回溯到时间性来充分地澄清此在这个做法才初次为“有意义地追问对存在的可能领悟”准备了基础。因而，在本书第一部分中，我们已经不断把我们对存在论基本问题的批判性考察引向
445 这样的设问：问题理路是如何趋向“主体”的，这就是说，它是如何下意识地要求对此在进行预备性的存在论阐释的。

b)康德对存在的阐释与时态问题

在顾及到出场呈现而阐明了最广义的手前现成者一般之存在之后，现在我们回过头来简略地考察一下康德的论题以及我们对此的批判，以便从现在起由此前获得的结论出发，以更本源的方式论证我们的这个批判。于是就要把康德对存在的阐释与他所发展的时态问题做一明确对照。康德的论题有否定的一面，也有肯定的一面。否定的一面是：存在并非实在的谓词；肯定的一面是：存在等同于设定，实存（手前现成性）等同于绝对设定。我们的批判涉及该论题的肯定性内涵。我们的批判方式并非把该论题与所谓相反的立场进行对照，然后从中发挥出反对该论题的异议；我们毋宁是反过来，先顺着康德的论题往下走，追随他阐释存在的尝试；然后在这种追随式的检验中发问，该论题自身按照其内涵所需要的进一步澄清是什么——如应把它作为从现象自身得到根据的可靠东西保留下来的话。存在乃是设定；手前现成存在或者像康德说的实存则是绝对设定或者知觉。我们首先碰到的是"知觉"这个表达的富有特点的歧义性。它的意思有：行知觉、被知觉者与被知觉性。这个歧义性并不是偶然的，而是为一宗现象性事实给出了表达。我们所谓的知觉在其自身之中便具有一个多重－统一的结构，以至于就是该结构使不同视角下产生的多义称谓得以可能。用"知觉"所称谓的乃是这样一种现象，其结构是被意向性所规定的。乍看起来，意向性，对某物的自行相关， 446
乃是某种无足轻重的东西。然而，一旦我们清楚地认识到，对该结构的正确领悟必须谨防两种流行的、甚至在现象学中也未被克服的迷误颠倒（迷误的客观化与迷误的主观化），那么现象也就表现出谜一般的性质了。意向性并非现成主体与现成客体之间的现成关系；而是一种构建了主体本身之施为关系特性的建制。作为主体－行为之结构,意向性并不是什么后来才需要超越性的、内在于主体的东西;毋宁说超越性,因而还有意向性,属于那自行意向地施为的存在者之本质。意向性既非客观的东西,亦非传统意义上的主观的东西。

此外我们还曾获得了对一个(在本质上属于意向性的)环节之进一步的本质性洞见。属于意向性的不仅有 intentio 与 intentum;而且每一种 intentio 都有一种指向意义,就像下文所显示的,该指向意义必须随同对知觉的关涉来加以阐释:如果手前现成者本身应该是可发现的,那么手前现成性就必须先行得到领会;被知觉者之被知觉性之中已经包含了对手前现成者之手前现成性之领悟。

在涉及被知觉性时也有谜一般难解的东西,它在第四条论题中又回转来了:被知觉性乃是被发现性与被揭示性(也就是真理)的一种样态。被知觉者之被知觉性乃是对被知觉的手前现成者的规定,但它并不具有手前现成者之存在方式,而是具有行知觉着的此在之存在方式。被知觉性以某种方式是客观的,以某种方式又是主观的,
447 但它却并非两者之一。在初次考察意向性时我们强调过:指向意义,存在领悟,何以属于 intentio,而这个 intentio 自身又何以作为这个必然的关系得以可能——此类问题在现象学里非但没有澄清,甚至从未提出过。我们下面会处理这些问题。

如何以肯定方式去完成先前[对康德论题]的批判?我们上面的探讨已经给出了答案。当康德说:存在等同于知觉;那么,从“知觉”概念的诸多歧义看,康德的意思就不可能是:存在等同于行知觉,但也不会是:存在等同于被知觉者,等同于存在者自身。但这说法的意思也不可能是:存在等同于被知觉性,等同于被设定性。因为被知觉性已然预设了对被知觉的存在者之**存在**之领悟。

现在我们可以说:**存在者之被揭示性预设了一种照亮**[1];这就是

① 关于“照亮”与“行揭示”的关系,又可参见 § 20 之 b 部分中对柏拉图洞喻的解说。——译注

说，预设了对存在者之存在之领悟。某物之被揭示存在在其自身之中关涉于被揭示者；这就是说，存在者之存在已经在被知觉的存在者之被知觉性中被一同领会了。存在者之存在不可等同于被知觉者之被知觉性。我们已然就被知觉者之被知觉性看到，被知觉性一方面属于被知觉者之规定，另一方面又属于行知觉，——它以某种方式是客观的，又以某种方式是主观的。然而主体与客体的分离［在这里已经］不敷使用了，它无法使我们通达现象之统一。

不过我们知道，仅当此在本身在其自身之中是超越的，这个对某物的自行指向，也就是意向性，才得以可能。仅当此在之存在建制本源地植根于绽出的-境域的时间性之中，此在才可能是超越的。在其"行知觉、被知觉者以及被知觉性"的整体意向结构中的知觉——以及每一类其他的意向性——植根于时间性之绽出的-境域的建制之中。在行知觉中，此在按照其本己的行为意义让它所指向的东西——存在者这样来照面，以至于此在把该存在者放到其亲身的自在-特性中加以领会。即便知觉乃是梦幻知觉，该领悟也是有的。甚至在幻觉之中，所幻亦按照（作为梦幻知觉的）幻觉之指向意义被领会为亲身的手前现成者。作为连带其所谓指向意义的意向行为，知觉乃是对某物当前化的一种突出样态。对于"知觉手前现成者"这个特殊的意向超越性而言，当前之绽出乃是基础。属于绽出本身，属于出离的乃是一种境域图型；属于当前［这种绽出］的则是出场呈现［这种境域图型］。在意向知觉中已经能够包含一种存在领悟——因为绽出本身之时间化，当前化本身乃是在其境域中（亦即从出场呈现出发）将它所当前化的东西领会为在场者的。换言之，仅当"行知觉之被指向存在"从时间样态之境域出发——从出场呈现样态出发——来领会自己（该境域使行知觉本身得以可能），知觉意向性才可能包含一种指向意义。因而，当康德说：实存（也就是我们说的手 448

前现成存在)乃是知觉,这个论点就是最粗糙且误导的——虽然它点出了正确的问题方向。经过现在的阐释,“存在就是知觉”的意思是说:存在乃是一种独特的意向行为亦即当前化,这就是说连带一种独特图型(出场呈现)的、在时间性之统一之中的绽出。经过现象学上的本源阐释,“存在等同于知觉”的意思就是:存在等同于在场性,等同于出场呈现。同时这也表明,康德对存在及手前现成存在的阐释一如古代哲学——对古代哲学而言,存在者乃是具有οὐσία[本体、
449 实体、财产]特性的ὑποκείμενον[主词、基底]。在亚里士多德的时代,οὐσία仍然拥有一种日常的-前哲学的含义,其含义很像德文的Anwesen(财产、地产)[①],不过作为一个哲学术语其意思则是Anwesenheit(在场性)。无论如何,希腊人和康德一样对以下事实知之甚少:他们是从时间出发去阐释(在其现成性之中的)现成者意义上的存在的;他们也几乎不知道自己是从何等本源关联脉络出发对存在进行阐释的。毋宁说,希腊人遵循的是生存着的此在的直接理路——这种此在按照其日常的存在方式首先在手前现成者的意义上领会存在者,并且以不明确外显的时态方式领会存在者之存在。我们指出希腊人是从当前性出发亦即从出场呈现出发去领会存在的,这就验证了我们从时间出发对存在领悟之可能性所做的阐释。对于这种验证的意义怎么估计都不会过分,但它还不是一个根本性的论证。不过它仍然是一个证据,表明了我们自己在阐释存在时所尝试的无非就是重温古代哲学的各种问题,以便在这种重温中通过这些问题自身将问题彻底化。

我们可以对康德存在论题的否定内涵做一简短探讨,以此使我们对于“存在等同于知觉”这个论题的时态内涵更为清楚。康德存在

---

① 关于οὐσία与Anwesen及Anwesenheit的关系,请参见本书第154页脚注①。——译注

论题的否定形式是：存在并非实在的谓词；亦即，存在并不属于res，并不属于存在者之实事内涵。按照康德，存在（Sein），现成性毋宁说是一种逻辑的谓词。[①] 康德曾经在其《形而上学》遗稿中说过："因而，一切概念都是谓词；它们要么意指诸实事，要么意指对这些实事的肯定：前者是实在的谓词，后者只是逻辑的谓词。"[②]在时态上则可表达如下：存在者固然可以作为现成者在一种行当前化中找到，但这 450
个行当前化自身则不会让现成者之存在本身来照面。不过，恰恰也只有在同（对一现成者之）行当前化结为一体时，行当前化让它来照面的那个东西之存在才能先行成为可领会的。就出场呈现属于当前化之绽出的筹划而言，康德所谓"逻辑的谓词"只能在一种当前化中才得到领会；并且谓词化也只能从当前化中获得。康德说："谁否认实存［海：一存在者之现成存在］，他就连同其一切谓词取消了实事。实存［海：现成存在］固然可能是逻辑的谓词，但却永不可能是一物之实在的谓词。"[③]否认一存在者之实存（现成存在），这也就是说，陈述非现成存在，这意思是：A并非现成的。康德把对现成存在的否认称为：连同其一切谓词取消存在者[④]。那么也可以反过来换个角度说得更完备些：A现成存在——这没有进行取消，不是"取消"（removere），而是一种"引发"（admovere）。不过"引发"意味着"移近"、"使近"、"带近"、"让照面"，即一种对存在者本身的行当前化。加上"本身"这两个字意味着：［这里说的］是在其自身中的存在者，并没有顾及到与另外的存在者的某种关系，也没有顾及到持存于其实事内涵之内的关系，而是自在的、非相对的存在者；这就是说被当成在其

① 关于逻辑的谓词与实在的谓词，可参见《纯粹理性批判》，A598/B626ff。——译注

② 普鲁士科学院版，卷17（分卷3之4），第4017号。——原注

③ 同上。——原注

④ 类似的说法亦请参见《纯粹理性批判》，A594/B622f，例如："如果我连同谓词一起把主词也取消，那就不会产生任何矛盾"。——译注

自身之中的绝对的存在者。由此康德将现成存在规定为绝对设定。在这里设定、肯定就像真理那样又是需要阐释的:并非行设定,并非被设定者,亦非被设定性,而是存在才是那在(作为“让某物持立于其自身之上”的)行设定中已被领会的东西,才是在(作为某种依照其指向意义的意向行为的)行设定中已被领会的东西:连同其一切谓词的物之“被设立-于-其-自身-之上-存在”,这也就是一物之由自己所规定的在场性。只有从时态阐释出发那初看起来令人惊异的康
451 德命题“存在等同于设定”才能得到一种可实行的意义——新康德主义在根本上误解了这个意义。康德对其“存在等同于设定”这个命题,显然不是在“主体首先创建物且将之带入存在”这个意义上领会的;毋宁说,他确实是以我们所阐释的方式领会“存在等同于设定”的——但他不可能将此领悟明确带入概念,因为他缺乏进行本源阐释的工具。作为所谓逻辑的谓词的存在潜在地是一切实在者之基础。正因为康德是以真正希腊的方式(λόγος的方式)把存在问题建基于该命题之上的,他就必定误判了[存在与设定之间的]本质区别,而这也就意味着[本质]联系。实在的与逻辑的谓词并不仅仅通过谓词的内涵分别开来,它们首先倒是通过领会分别开来的——相应的陈述(作为对被领会者的解释)将该领会表达出来。在康德那里,在现象学上起决定作用的东西仍是暧昧不清的——在关于实存(现成存在)的陈述中固然总是意谓着存在者,但领会的目光并未投向存在者本身,以便从中把存在当作存在着的谓词推出来。在关于存在的陈述中,领会的目光投向了其他东西;不过在同存在者打交道的过程中,在通达接近存在者的过程中,这些其他东西都已被领会了。以时态的方式说:对某物行当前化,这就其本身便具有对存在者的关涉;而这就是说,作为绽出,当前化让那个它对之敞开的东西在当前化之境域之光中来照面,于是在对某物自身的行当前化中那个[它对之敞

开的]东西就是可陈述的。只要我们停留在对"现成者之存在"之陈述——A存在,但现成性并非对现成者之实在规定——中,我们就仍然保有从"对主体的实在关涉"回转的可能性。不过,这并非实际情况,因为存在意味着出场呈现,而出场呈现恰恰构建了此在作为时间性的东西已然领会的绽出境域——此在是在绽出、出离中(而决非在对主体的反思中)对该境域进行领会的。因而,就康德把存在阐释 452
为逻辑的谓词而言,可以追问的是:"逻辑的"这个说法在这里是否正确。然而,康德为何把存在称为逻辑的谓词,这就与他存在论的亦即先验的设问方式有关联,这也就引导我们要对一些观点进行原则性的争辩——这些观点,我们在下学期阐释《纯粹理性批判》时会加以探讨[①]。如果我们把从出场呈现出发对现成者之存在进行时态阐释的做法与康德把存在阐释为设定的做法相对照,那么我们就会清楚,现象学的阐释何以初次给出了(在肯定性意义上开启对康德问题及其解决方式的领悟之)可能性;不过这就是意味着在现象学的基地上提出康德问题的可能性。

至于说,我们迄今为止的研究方式在多大程度上是现象学的,在这里"现象学的"又意味着什么,到现在为止我们还没议论这样的问题。在下文进行的阐述语境中,我们会处理这些问题。

§22. 存在与存在者;存在论差异

a)时间性,时态性与存在论差异

作为时间化之绽出的-境域的统一,时间性乃是超越性之可能

① 参见海氏全集下一卷,即第25卷的《对康德〈纯粹理性批判〉的现象学阐释》,1927/1928年冬季学期讲义。——译注

条件，因而也是奠基于超越性之中的意向性之可能条件。基于其绽出特性，时间性使这样一种存在者之存在得以可能——该存在者作为一个吾身生存着同他者打交道，并且作为一个如是生存着的存在
453 者同作为上手者或者说手前现成者的存在者打交道。时间性使此在之施为作为对存在者之施为得以可能，无论该施为是对[此在]自身的，还是对他者的，或者对上手者或者手前现成者的。基于那个属于时间性之绽出统一的境域图型之统一，时间性使对存在之领悟得以可能，以至于施为只有在该存在领悟之光之中才能对[此在]自身、对作为存在者之他者、作为存在者之手前现成者有所施为。由于时间性构建了我们名之为此在的那种存在者（存在领悟作为其生存规定属于该存在者）之基本建制，并且由于时间构建了单纯直截的本源性自身筹划，那么在每一个实际此在之中——既然它生存——存在便一向已经被揭示了，而这意味着：存在者是被展现的或者被发现的。隶属性的境域图型乃是随着绽出之时间化且在这种时间化中被筹划的——这一点在其自身之中即包含在"出离到……"的本质之中——确切地说以这种方式，那绽出的（亦即具有意向结构的）对某物的行为一向把这个某物领会为在其存在之中的存在者。然而，对存在者之施为（哪怕该施为领会了存在者之存在）将那个被如是领会的存在者之存在明确地与它对之有所施为的存在者明确区分开来，这一点并不是必然的；至于对存在与存在者的这个区别再加以彻底的概念化，这一点就更不是必然的了。相反，起初甚至存在自身也被看成如同一个存在者，并且要借助存在者之规定加以说明，就像古代哲学的开端那样。当泰勒斯（Thales）以"水"来回答"存在者是什么"这个问题的时候，他就是从某一个存在者出发来说明存在者，哪怕他归根结底还是在探索"存在者作为存在者是什么"。在提问当中他领会到了存在之类的东西；然而，在回答时他却把存在阐释为存在者。在随后

的漫长岁月里，[把存在阐释为存在者的]这个对存在的阐释方式在古代哲学中乃是习以为常的，甚至当柏拉图与亚里士多德给提问方式带来本质性的进展之后，情况仍然如此；时至今日，这种阐释[方 454
式]在根本上仍在哲学中风靡流行，不曾少衰。

在“作为存在者的存在者是什么”这个问题当中，存在是被当作存在者的。不过，虽然没有得到恰当的阐释，存在还是被做成了问题。此在以某种方式就存在之类有所知晓。此在——既然它生存——领会了存在且对存在者有所施为。存在与存在者之区别存在于此，潜存于此在及其生存之中，即使没有被明确地知晓。[存在与存在者之]区别存在于此；这就是说，该区别具有此在之存在方式，该区别属于生存。生存仿佛意味着“存在于对该区别的实行之中”。只有能够做出这一区别的灵魂才有能力超出动物灵魂成为人的灵魂。存在与存在者之区别乃是时间性之时间化中被时间化的。只是因为这个区别一向已经基于时间性随同时间性把自己时间化，以某种方式被筹划亦即被揭示，它才能被专门明确地知晓；才能作为被知晓者而被发问，又作为被发问者而被探究，乃至作为被探究者得以概念化。存在与存在者之区别前存在论地（亦即缺乏外显的存在概念）潜于此在之生存之中而存在于此。此在之生存基于时间性而包含了存在领悟与对存在者之施为[这两者的]直接统一。只因为该区别属于生存，它才能以不同的方式得以外显。因为，在把对存在与存在者之区分加以明确化[的过程]中，被区分开的这两者彼此呈鲜明对照，于是存在才成了概念化把握（Logos）的可能主题。因而我们把被明确实行的“存在与存在者之区别”称为存在论差异。因而，对存在论差异的明确实行与培养也不是什么任意随便的东西——既然该差异植根于此在之生存——而是存在论（亦即作为科学的哲学）在其中构成自己的“此在之基本施为”。为了在此在生存中以概念的方式把握作 455

为科学的哲学的这种构成的可能与方式，我们需要对科学概念一般预先说明一二。与此相关，我们试图表明，作为科学的哲学并非此在的一时兴起；毋宁说，它的自由可能性，亦即它在生存论上的必然性是奠基于此在的本质之中的。

b)时间性与对存在者(实证科学)以及存在(哲学)的对象化

只有从得到正确领会的此在概念出发才能阐明**哲学这个概念**以及**非哲学的科学这个概念**。只有通过这一阐明才能明见地论证我们在这门课一开始凭着界定哲学独断地主张的东西——当时我们这样来界定哲学：一方面让作为科学的哲学与世界观－图像划清界限，另一方面又把它与实证科学区别开来。科学是一种认知方式。认知是行揭示之基本特性。某物之被揭示性，我们称之为真理。科学乃是一种为被揭示性本身之故的认知方式。真理乃是此在之规－定①(确证)，亦即此在生存之自由的以及可被自由把握的可能性。作为某种为被揭示性之故的认知方式，科学乃是一种可被自由把握、自由培养的任务意义上的生存可能性。科学乃是为了被揭示性本身之故的认知；这就是说，那有待揭示者就其纯粹的实事性以及特殊的存在方式而言应该仅在顾及到其自身的情况下才得到彰显。有待揭示者乃是其可规定性之唯一上诉法庭；亦即是那个在解释中与其相即相适之概念之唯一法庭。从本质上说，科学是在一向已经以某种方式被预
456 先给予的东西的基础上将自己构成为上述那种特定认知方式的。已经前科学地被揭示的东西能够成为科学研究的**对象**。**科学研究是在**

---

① 海德格尔将通常的 Bestimmung(规定)写为 Be-stimmung，突出了“被－定调”的字面意思。——译注

对“预先已经以某种方式被揭示的东西”的对象化中构成自己的。

这是什么意思？对象化一向依照预先所与的不同东西与不同方式而有所不同。现在我们看到，随着此在之实际生存，存在者一向已被揭示或者说被预先给予了；并且，在属于该生存的存在领悟之中，存在也一向已被揭示或者说被预先给予了。因而，随着此在之实际生存，就设定了对象化之两种本质上的基本可能性。既然存在总是存在者之存在而存在者又一向作为存在者存在，那么这两种对象化在其自身之中便是相互关涉的，尽管它们有原则上的不同。因为存在与存在者之区别一向已在此在之时间性中得到了实行，则时间性就是对“预先所与的存在者以及预先所与的存在”之对象化之可能性之根基与根据，同时也是——如果得到恰当领会的话——其实际必然性之根基与根据。在实际此在之中，在其生存上的施为路向之中可以直接找到预先所与的存在者。存在者是在一种卓然突显的意义上被预先给予的——这就是说，对于此在及其生存而言，存在者恰恰是原初地存乎目光之中的。它无非就是存乎现前的东西，就是摆在那里的东西（Positum）；确实它之存乎现前，不仅作为最广义的自然，而且还作为此在自身。实证（positivc）科学就是在对（把自己保持在日常直接统握的路向中的）存在者之对象化之中构成自己的。

至于存在，它固然也已在存在领悟中得到揭示，但作为生存者的此在却并不直接对存在本身有所施为，甚至此在也不直接对它本己存在本身有所施为（这是在这个意义上说的，即此在有可能在存在论 457
上领会其本己存在之类的东西）；毋宁说，只要此在关注其本己能在，这个能在原初地就被领会为我一向自身所是的存在者之能在。存在固然也是被熟知的，固然也因此以某种方式被预先给予了，但没法在（作为对存在者之施为之）日常－实际生存之路向中找到存在。对存在者之对象化（诸实证科学按照存在领域之实事性与存在方式以不同的方式在那种对象化中构成自己)之中心在于筹划“被对象化的存在者之存在建制”。然而,筹划“存在者领域之存在建制”——对于实证科学起奠基作用的对象化的本质就在于这种筹划——并不就是在存在论上研究有关存在者之存在;这种筹划仍然具有一种前存在论思悟的特性——当然了,关于有关存在者之存在论规定的已然得到应用的知识也能应用到这种思悟上去,实际上它也总是应用到那里去的。因而近代自然科学乃是在对自然的对象化中构成自己的——这个对象化以对自然进行数学筹划的方式完成,在这种筹划中提出了属于自然一般之基本规定,却毋需将这些基本规定作为存在论规定来知晓。最先走出这一步的伽利略,乃是从有关自然的存在论基本概念的知识出发,并在这种知识中进行这种[数学]筹划的。这些存在论基本概念像运动、空间、时间、物质,都是伽利略从古代哲学或者经院哲学那里接收过来的,但他并不仅是连其特殊形式一起全部接收的。至于存在建制筹划意义上的、对实证科学起构成作用的对象化这个问题,这里无法继续深入探讨了。我们只须牢记,即使是关于存在者的诸实证科学,也恰恰在那首先赋予其持存的东西中,必然
458 地与存在者之存在相关——尽管只是以前存在论的方式。然而这并不意味着诸实证科学已经明显跨入了存在论领域。

我们的追问乃以对存在之对象化本身为目标;这就是说,以哲学在其中将自己构成为科学的“对象化之第二种本质可能性”为目标。

在此在之实际生存之中,无论这种生存是科学的还是前科学的,存在都是被熟知的;不过实际此在对于存在是茫然无措的。存在者则不仅是被熟知的,而且还是存乎现前的。此在对之加以直接施为的仅是存在者,存在领悟对此起主导作用。只要存在以某种方式被揭示,那么对存在进行对象化在原则上就总是可能的。但问题在于,要从对存在本身的可能筹划出发专门将存在把握为对象,则该筹划

的方向仍然是不确定、不可靠的。按照我们先前讨论的结果，毋需进一步的指点就能够搞清楚，时间性（更不要说时态性了），也就是说我们为了将存在做成时态阐释的对象而已将存在筹划到它上去的那个东西，原本是长久隐藏着的。然而，隐藏起来的不仅有时间性——虽然时间之类的东西总是不断显露出来——，还有一些更被熟知的现象例如超越性现象，例如世界现象与在世现象，都是被遮掩的。不过，只要此在对诸如自我与他者之类有所知晓，这些现象就不会被完全遮掩。对超越性的遮掩并非总体上的无知，它倒是一种比无知更为危险的误解与错释。要把误解错释转上真知之路，远比总体上的无知困难。那些对超越性（即此在对存在者以及对其自身的基本关系）的错释并不是单纯思想上的偏差与敏锐上的缺失。它们在此在自身之历史性生存之中自有其根据与必然。归根结底，这些错释是 459
必定会进行的，以便此在可以通过纠正这些错释踏上通向本真现象之路。虽然并不确知错释究竟潜存于何处，但我们能够默认，错释也隐藏在对存在本身的时态性阐释中，而该错释又不是任意偶然的。假如我们不想去领会，原则性的不真乃与真切所睹与恰切所释共居同处，便违逆哲思及科学之意矣。哲学史表明，所有的存在论阐释（考虑到对这些阐释而言在本质上是必然的境域以及对该境域的保证）与其说是一种明晰的方法论追问不如说倒像是四处摸索。构成存在论（亦即构成哲学）的基本行为——对存在的对象化，也就是将存在筹划到其可领会性的境域上，恰恰正是这种基本行为已被交付给了不可靠；这种基本行为一直处于被倒转的危险之中——因为对存在的这个对象化必然活动在一种与“对存在者之日常施为”相反的筹划方向之中。因而对存在的筹划自身必需成为一种存在者式[1]的

---

① 原文如此（ontische，亦有译者译为存在者状态）。从上下文意思看，或为“存在论上的”（ontologische）之误。——译注

筹划，否则它就会采取思维、概念、灵魂、精神、主体的路向，而对在存在论上本源地预先准备该领域的工作之必要性，亦即严肃工作的必要性无所领会。因为据说主体与意识不可被物化，不可成为现成物之类；长期以来，人们会在哲学的每个角落里听到诸如此类的说法；不过现在，甚至这些说法也再听不到了。

对在其上手性中的上手者所进行的存在论阐释表明，我们把存
460 在筹划到了出场呈现亦即时态性上。由于时态筹划使对存在的对象化得以可能，使其在概念上的可把握性得到保证——这就是说，由于时态筹划将存在论一般构成为科学，我们就把这门与诸实证科学有别的科学称为**时态科学**。该科学的所有阐释都遵循着被充分强调的、时态性意义上的时间性。一切存在论命题都是**时态命题**。这些命题的真理借助时态性揭示存在之结构与可能。一切存在论命题都具有 *veritas temporalis*［**时态真理**］之特性。

我们曾通过对在世的分析表明，超越性属于此在之存在建制。此在自身就是超越者。此在越过了自己；这就是说，它在超越性上超过了自己。首先是超越性才使“去生存”得以可能——这里“去生存”的意义是说对作为存在者的其自身、对作为存在者的他者、对上手者或者手前现成者意义上的存在者之自行施为。因而在如此阐释的意义上的超越性本身乃是存在领悟最切近的可能条件，一门存在论不得不向之筹划存在的最切近东西。对存在的对象化要首先着眼于超越性才能进行。这样构成的存在科学我们名之曰**超越论科学**（*transzendentale Wissenschaft*）[①]，该科学是借助得到恰当领会的超越性进行追问与解释的。虽然超越论科学（transzendentale Wissen-

---

① 关于同一个词何以译为“超越论的”与“先验的”两者，参见本书第 22 页脚注①。——译注

schaft)这个概念与康德的有关概念并不直接叠合，但我们还是能够从本源的超越性(*Transzendenz*)概念出发，就其基本倾向阐明康德的“先验者”之理念(die Kantsiche Idee des Transzendentalen)与作为先验-哲学(Transzendental-Philosophie)的哲学之理念[①]。

不过我们还曾表明，超越性在它那方面根植于时间性之中因而根植于时态性之中，这就是说，时间乃是超越论科学(存在论)的原初境域，或者简称超越论境域。由此才有《存在与时间》第一部的标题： 461
“依时间性阐释此在，解说时间之为存在问题的超越论境域”[②]。由于存在论在根本上乃是时态科学，因此得到恰当领会的哲学乃是Transzendental-Philosophie(未必就在康德的意义上)，但反过来就不成立了。

c)时态性与存在之先天性；存在论之现象学方法

由于关于存在的陈述处于得到恰当领会的时间之光中，则一切存在论命题都是时态的命题。只是因为存在论命题都是时态命题，它们才能够是且必然是先天命题。先天之类的东西之所以出现在存在论中，只是因为存在论乃是一种时态科学。先天性意味着“从在先的东西来”或者“在先”。“在先”显然是个时间规定。如果我们曾稍加注意，就会发现一件其实很显眼的事，在我们前面的阐述中，用的最为频繁的一个词当数“已经”。“那必定一向已经预先得到领会的”“先前已经”成为基础的；在存在者来照面之处，存在“事先”已经得到了筹划。我们用所有时间性的亦即时态性的术语去意谓柏拉图以来

① 康德固然使用过 Transzendental-Philosophie 的说法(见《纯粹理性批判》，A13/B27)，但他不曾把“先验的”一词名词化说 die Idee des Transzendentalen，而是把“先验的”作形容词使用，说 die transzendentale Ideen(例如同上 A321/B377)。——译注

② 《存在与时间》中译本“超越论境域”作“超越境域”。——译注

的传统所谓的“先天”——即使未必严格遵照这个术语。康德在其《自然科学的形而上学基础》的前言里说：“先天地认知某物，就意味着从其单纯可能性中认知某物。”①因而，先天性意味着那可能将存在者做成（处于其何所是与如何是之中的）存在者的东西。不过，何以要用“在先”来标识这一可能性（说得更确切些，使这一可能性可能者）呢？显然不是因为我们对这个可能性的认知早于对存在者的认知。
462 因为我们首先经验到的，早就经验到的乃是存在者；我们对存在的认知乃是在后的，甚或根本不认知存在。“在先”这个时间规定所意谓的不可能是通过（时内性意义上的）庸常时间概念所给予的时间秩序。另一方面也无法否认，在先天概念、在先概念中有时间规定。但因为现在还没有看到对存在的阐释必须在多大程度上在时间境域之中进行，那就得尝试从先天出发绕个圈子迂远地说明时间规定。有的人走得如此之远以至于宣称，先天性、存在者在其存在之中的本质性亦即规定性，乃是时间之外的、超时间的、无时间性的东西。时间规定描述刻画了使［先天性］得以可能者，描述刻画了可能性，那么在先者——由于在这个先天性中没有什么时间上的东西——也就是lucus a non lucendo［从不发光的东西来的光］咯？随你相信吧。

不过，时至今日乃至长久以来，哲学提问状况的标志又是：虽然人们就先天性之可知性与不可知性进行过广泛的争论，但人们从未哪怕冒一次险去追问，这种争论所意谓的东西究竟是什么，何以这里出现乃至必然出现时间规定。不过，只要我们按照庸常的时间概念，我们便仍然陷于困境；而独断地否认先天与时间有什么干系，就否定方式而言这只是前后融贯。不过，我们这里所谈论的、被庸常地领会

---

①　康德：《著作集》（Cassirer版），第四卷，第372页。——原注［中译文见《自然科学的形而上学基础》，邓晓芒译，上海，上海人民出版社，2003年，第6页，译文略有改动。——译注］

的时间却只是本源时间的派生(哪怕这种派生是恰当合法的)——此在之存在建制便奠基于这种本源时间。只有从存在领悟之时态性出发才能澄清,对存在之存在论规定何以具有先天性之特性。我们试着做一简略勾勒,看看这一澄清在多大范围内可以实行。

我们已经看到:一切对于存在者之施为都已领会了存在;这种领会并不是随便发生的,毋宁说存在之类必定已经得到了预先(先－行)领会。对于存在者之施为之可能性需要一种预先的存在领 463
悟;而存在领悟之可能性复又需要一种向时间的预先筹划。然而,这种不断需要预先条件的过程将伊入胡底?它最终将止于作为此在基本建制的时间性自身。由于时间性基于其境域的－绽出的本质同时使得存在领悟以及对存在者之施为得以可能,因而"使可能者"以及"使可能"(亦即康德意义上的可能性)在其特殊关联脉络中就是"时间性的"亦即时态性的。由于本源的使可能者(可能性之本源)乃是时间,因而时间自身便将自己时间化为绝对"最在先的东西"。比某种任何可能的在先者更在先的东西乃是时间,因为时间是任一在先者一般的基本条件。并且,由于时间作为一切"使可能"(可能性)的源泉乃是最在先的东西,因而一切在其"使可能"功能中的可能性本身均具有在先以及先天之特性。时间乃是每一在先者以及每一先天奠基秩序之可能性意义上的"最在先的东西"。但是不能从中推出,时间乃是存在者状态上的第一存在者;也不能从中推出,时间永远存在,永恒存在;更不用说推出"将时间一般称为一种存在者"这个结论了。

我们曾经听说,此在日常、首先及主要地仅仅逗留在存在者那里,即使它在此且为此必定已然领会了存在。不过,由于此在沉浸于、自失于存在者(既包括此在自身,也包括此在所不是的存在者),此在就不知道,它已然领会了存在。实际生存着的此在遗忘了这一

在先的情况。因而，如果那一向已被“在先地”领会的存在变成了一个专门对象，那么对这一被遗忘的在先者的对象化就具有这样的特
464 性：回溯到一度已被预先领会者。柏拉图，先天之发现者，也看到了对象化的这一特性，当时他将该特性描述为ἀνάμνησις［回忆］。我们为此只需从有关语境的主要对话——《斐德罗》中找点证据。

οὐ γὰρ ἥ γε μήποτε ἰδοῦσα τὴν ἀλήθειαν εἰς τόδε ἥξει τὸ σχῆμα. δεῖ γὰρ ἄνθρωπον συνιέναι κατ᾽ εἶδος λεγόμενον, ἐκ πολλῶν ἰὸν αἰσθήσεων εἰς ἓν λογισμῷ συναιρούμενον· τοῦτο δ᾽ ἐστιν ἀνάμνησις ἐκείνων ἅ ποτ᾽ εἶδεν ἡμῶν ἡ ψυχὴ συμπορευθεῖσα θεῷ καὶ ὑπεριδοῦσα ἃ νῦν εἶναί φαμεν, καὶ ἀνακύψασα εἰς τὸ ὂν ὄντως. διὸ δὴ δικαίως μόνη πτεροῦ-ται ἡ τοῦ φιλοσόφου διάνοια· πρὸς γὰρ ἐκείνοις ἀεί ἐστιν μνήμῃ κατὰ δύναμιν, πρὸς οἷσπερ θεὸς ὢν θεῖός ἐστιν.［但是向来没有见过真理的灵魂，就决不能投生为人。这原因在人类理智须按照所谓理式去运用，从杂多的感觉出发，借思维反省，把它们统摄成为整一的道理。这种反省作用是一种回忆，回忆到灵魂随神周游，凭高俯视我们凡人所认为真实存在的东西，举头望见永恒本体境界那时候所见到的一切。现在你可以明白只有哲学家的灵魂可以恢复羽翼，是有道理的，因为哲学家的灵魂常专注于这样光辉景象的回忆，而这样光辉景象的观照正是使神成其为神的。］①

因为一个从未见过真理（亦即从未领会真理一般本身的）灵魂，就决不能得到人形。这原因在人照其存在方式必须这样去领会，以至于他以这样的方式述说着眼于其本质（亦即其存在）的存在者：他

① 柏拉图（Burnet 版）：《斐德罗》，249b5—c6。——原注［中译文见《柏拉图文艺对话集》，朱光潜译，北京，人民文学出版社，1988 年，第 124—125 页。——译注］

从被知觉者[海:存在者]之杂多出发,将其回复至一个概念。这一对在其存在中的存在者之概念性认知乃是一种回忆,回忆到我们的灵魂过去(亦即预先)所曾目睹的东西;也就是在我们随神周游,凭高眄视不顾我们现在(也就是在日常生存中)名为存在者时,在眄视不顾存在者时举头望见本真的存在者亦即存在自身时所曾目睹的东西。因而,的确也只有哲人之思才可配此羽翼,因为这思就其可能而言总是即神所逗留之境而在的——神之所以为神,其故同此。

与此相应,柏拉图主要在《斐多》中显示了对学习以及认知一般的阐释,并且在那里将学习的基础奠定在回忆之中:ὅτι ἡμῖν ἡ μάθησις οὐκ ἄλλο τι ἢ ἀνάμνησις τυγχάνει οὖσα[学习实际上就是回忆][1],学习自身无非就是回忆。 465

通过对本质的概念思维从存在者的低处上升至存在,这具有“追忆过去曾所目睹者”之特性。撇开灵魂的神话,可以说:存在具有在先之特性——首先主要仅只识得存在者的人已将这个在先的存在遗忘了。[在柏拉图洞喻中,]被缚的囚徒从洞穴中解脱出来并且转向光明,这无非就是从遗忘将自己接回对在先者的回忆;这其中就隐隐然使得对存在自身之领悟得以可能了。

通过以上这个指点,我们只是搞明白了**先天性与时态性之间关联**的基本特点。一切先天的时态性概念构形(亦即一切哲学的概念构形)都在原则上与实证科学的概念构形相对立。为了充分地认识到这点,需要进一步探究先天性之谜,需要进一步探究对先天者之认识方法。存在论问题一般之发展中心在于提出此在之时间性,说的确切些是从其时态功能着眼[提出此在之时间性]。此间我们必须对

① 柏拉图(Burnet 版):《斐多》,72e5f。——原注[中译文见《柏拉图对话集》,王太庆译,北京,商务印书馆,2004 年,第 228 页。注意这句话是苏格拉底的对话伙伴所总结的,非苏本人所说。——译注]

此持有十足的清醒：时间性决不是能在一种热情洋溢、神秘莫测的直觉中被直观到的东西，它仅在某个特定种类的概念性工作中展现自己。不过它也不单是在开始时设定的、似乎我们对其自身毫无所睹的假说。我们能够在其建制之基本特征中对之加以妥善探询，能够揭示其时间化以及变化之诸种可能，不过只在从此在生存之实际具体本质出发的回溯之中，而这意味着既处于存在者取向之中，又从该取向摆脱出来——这存在者乃是随着此在自身被揭示而又对此在来照面的。

纵览全局之后我们注意到：在此在之生存中有着一种在本质上
466 就是双重性的、对预先所与加以对象化的可能性。实际上，科学具有两个基本种类，这个可能性是随着此在之生存在一开始被设定的：将存在者对象化，这是实证科学；把存在对象化，这是时态的亦即超越论的科学，存在论，哲学。没有不领会存在的“对存在者之施为”。而不根植于“对存在者之施为”的存在领悟也是不可能有的。存在领悟与对“存在者之施为”并不是一开始就碰到一起的，它们碰到一起也不是偶然的；毋宁说，它们作为一向潜存于此在之生存中的东西，作为时间性之绽出的－境域的建制所要求的东西，作为通过该建制其互属性才得以可能的东西展开自己。只要我们还没有从时间性出发从概念上把握“对存在者之施为”与“对存在者之领会”之间的这一本源的互属性，那么哲学上的设问就仍然听任一种双重危险的摆布——哲学在其迄今为止的历史中老是不断陷入这种双重危险。[这种双重危险是：]要么把一切具有存在者状态上的东西都溶入存在论（黑格尔），而不曾看到存在论自身得以可能的基础；要么就在根本上误解存在论，存在者式地把它给说明偏了，而不具有对存在论前提的领悟——这前提已经包含了一切存在者式的说明本身。这个贯穿着迄今为止的整个哲学传统的双重危险（一方面是存在论上的危险，另一方面是存在者状态上的危险）——这就是说缺乏得到彻底奠基的对问题的领悟——也不断阻碍人们确保并发展出存在论（亦即科学的哲学）方法，或竟过早歪曲损毁刚刚赢得的一点真正的准备工作。

不过，**存在论方法**作为方法无非就是通向存在本身的步伐，无非就是搞出存在之结构。这个存在论方法，我们名之为**现象学**。说得更确切些，现象学研究就是明确努力于存在论方法。这一努力，无论 467
其成败与否，取决于现象学已在多大程度上为自己确保了哲学之对象，——取决于现象学在多大程度上符合其固有的原则，充分无偏见地面对实事自身所要求的东西。此间无法进一步深入该方法的本质性基本环节了。［在本讲座课上，］我们其实已在不断运用现象学。我们要做的事情似乎取决于，再走一次已然走过的道路，不过现在是带着对该道路的明确觉识。然而，本质性的事情是首先是把那条道路整个再走一遍，以便一方面学习在诸物之谜面前的、科学上的惊异，另一方面摆脱所有那种特别顽固地盘踞在哲学中的幻象。

并没有**那门**（*die*）现象学，即令其能有，它也决不会变成哲学技术一类的东西。因为在一切（作为展现对象之路的）真正方法的本质中，都包含着这样一点——按照那种（通过该方法自身）得到展现的东西自身建立自己。当一种方法是真实的，当该方法提供了抵达诸对象的通道，那么那种在根本上得到实行的进步以及展现之增长着的本源性就会使得有助于此的方法变得老化过时。在科学和哲学当中唯一真的新东西仅仅是真切的追问以及对此有所帮助的与物奋斗。

在这种奋斗中，撇开了无裨益的纷争，同那种源于精神生活之一切领域的、如今尤烈的、威胁着哲学的东西的斗争已在进行了——那些东西包括：世界观-图像、巫术以及遗忘了自己界限的诸实证科

学。在康德的时代，人们把上述的前一部分力量——世界观－图像、
468 巫术、神话——称为“感受哲学”。康德是柏拉图与亚里士多德以来具有最伟大风格的第一位，同时也是最后一位哲人。让我们用康德不得不用以反对感受哲学的一番话来结束我们的这门讲座课。如果我们的课没有达到目标，康德的榜样将提示我们保持清醒，将召唤我们进行扎实的工作。下文引自康德的短论《论哲学中新近所发之高论》(1796)。康德在这里最终说到了柏拉图。此间他区分了作为学园人的柏拉图与作为他所谓“书信作者”的柏拉图。“因而，作为学园人的柏拉图就成了哲学中一切空想迷狂之父，固然这并非他本人的过错(因为他只是向后运用其智的直观，用以说明先天综合认识之可能性；他没有为了通过那些只有在神的知性中才能读解的理念拓展这种智的直观而把它向前运用)。——不过我很不乐意把(新近翻成德文的)书信作者柏拉图与前面那个学园人柏拉图相混淆。”[①]康德引用了柏拉图第七封信里的段落，康德把这作为一个证据提出来，来证明柏拉图本人就是一个耽于空想迷狂的人。“难道有谁没有在这里看到那个神秘教的传教者吗？这个传教者不仅仅自己耽于空想迷狂，而且同时还是个搞小团体的人，他对他的站在人民(他们全都被看成外行)对立面的门徒说话，凭借他的所谓哲学显出自以为高贵的样子！——请允许我就这种高贵引征几个比较晚近的例子。——我们可以听到比较晚近的神秘主义－柏拉图主义式语言：‘所有的人类哲学只能画出朝霞；太阳必定只是被猜想到的。’但如果不是已经有人见过太阳，那也就没人能猜想太阳；因为，情况完全可以是这样：在我们的地球上有规则地夜以继日(就像摩西的《创世记》里那样)，但人由于天空一直罩着而见不到太阳；且一切事务仍可按照(昼夜寒暑

① 康德：《全集》，科学院版，卷Ⅷ，第398页。——原注

的）更替顺着其应有的途径运行。①　无论如何，在这样一种情形下，469
一个真正的哲学家固然不会猜想（因为猜想并非哲学家的事情）太阳，但他或许会考虑，能否通过接受关于这样一个天体的假设来说明这种现象；且他倘若幸运，也能切中正确答案。——直视太阳（超感性的东西）而不失明固不可能，但在（以道德的方式照亮灵魂的理性之）反思中乃至亲自在实践的方面充分地观看太阳——就像老柏拉图做得那样——却是完全可行的：与此相对立，新柏拉图主义者们'确实只给了我们一个舞台上的布景太阳'，因为他们想用感受（猜想），亦即就对象不给予任何概念的、单纯主观性的东西来欺骗我们，以便用幻象传递给我们关于客观性的东西的认识，其意图全在恍惚狂喜。——在那些柏拉图化了的感受哲人那里，诸如此类的形象化表达（据说这能使猜想变得可以理解）是层出不穷的：例如'如此接近智慧女神，以至于能够听到她长袍的簌簌轻响'；不过也会这样来月旦冒牌柏拉图的本事'虽然他无法揭开伊西斯女神（Isis）的面纱，但也还把它搞得如此之薄，以至于可以猜测其后的女神天颜。'至于这层面纱到底薄到什么程度，此间并无交代；大概还是有点厚，以至于人们可以由此随意胡思乱想：如若不然，这就成了观看［而非猜测］了，但观看无疑是应该避免的。"②康德这篇文章的结尾如下："顺便说说，'假使'不曾接受那个进行对比的建议，那么正如封丹内尔（Fontenelle）在别处说过的那样，'N先生就仍会坚信那条神谕，没人拦得住他'。"③

---

①　按照《创世记》，光与昼夜在创世第一日就被造，而日月星辰在创世第四日方被造。参见《旧约全书·创世记》第一章。——译注

②　康德：《全集》，科学院版，第398/399页。——原注

③　同上书，第406页。——原注

471

德文版编者后记

这本著作再现了1927年夏季学期在莱茵河畔的马堡大学所上同名课程的讲义。

弗瑞茨·海德格尔(Fritz Heidegger)先生提供了手写的原件。编者核对了打字稿的复本与手稿。那些弗瑞茨·海德格尔先生没有辨认出来的段落——首先是插入部分和手稿右侧的旁注——必须加进去以使文本得到完备。补充以后的复本接着又与卡尔斯鲁厄(Karlsruhe)大学的西门·摩泽尔(Simon Moser)——他当时是海德格尔的学生——的课堂原始笔记做了对照。由此表明,我们是在与一个因其精确而质量上乘的速记稿打交道。记录者自己又用打字机转写了速记稿。完成之后,海德格尔曾经通读该转写稿多次,并在有的地方加了旁注。

此间付印的文本是在海德格尔的指导下,按照他给出的准则,从手稿和转写稿复合而成的。手稿包括经过润色加工的、有时只是由关键词提示构成的、分了编章段落的讲课稿。不过,在口头授课时,海德格尔只在这样一个限度内脱稿:他时常改进对于思想的表述;不过有时也会扩展被缩减的固定思想,或者给个不同的讲法。同样,在笔录时与笔录后,他也会在手稿右侧加上口头授课时发挥出来的那些插话与旁注。在速记稿的转写稿中记下了授课过程中出现的那些
472 转换、偏离与拓展,这些东西很可能加到被付印的定稿里去了。

在采纳转写稿时,每次授课(历时两小时)开头所做的扼要复述,也被包含在内。只要它们不是单纯的重复,而是为了换个方式进行

概括、为了进行补充，那么它就会有助于课堂上的思想进程。

我们通过检验风格审核了所有采自转写稿的材料。通过与手写稿对照校正了偶尔的误听。

不过，手稿中数量可观的发挥阐释在口头授课时是被略去的，在这个方面，得从转写稿回到手写稿。假如不提这一点，那是不能充分描述转写稿与手写稿的关系的。

在搞出付印定稿的时候，编者努力把手稿与转写稿交织在一道，以便手稿中原定的，或者授课时即兴浮现的思想，都不会遗漏。

为了付印，讲课文本都被通读过。口头风格特有的语气词与重复都被去掉了。不过，讲课的风格还是保留着。里面经常有相当长的段落。我们把段落分得更多，这是有好处的，便于对不同的内容一目了然。

海德格尔在引文及其翻译之内所做的阐释，我们放在方括号里[①]。

这个讲座课详细研究了《存在与时间》第一部第三篇的中心问题：即通过提出作为一切存在领悟之境域的“时间”，来回答引导着此在分析论的、对存在一般之意义之基本存在论式追问。正如本讲座 473
课的结构所显示的，对“存在之时态性”的展露并未直接衔接在《存在与时间》[第一部]第二篇的结论处，而是借助了一个新的、被历史引导的开始（本讲座课第一部分）。这就让我们看到，对存在问题以及属于该问题的此在分析论的处理**确实**以及**如何**缘于以一种更加本源的方式继承西方传统、继承其形而上学－存在论的设问方式，而不是源于什么生存哲学或者意识－现象学的动机。虽然在“讲座大纲”设想的三个部分中，由于总课时所限只完成了第一部分与第二部分之

① 中译本中以“[海：……]”表达。——译注

第一章，但许多关于后续篇章的预先把握却为没有完成的部分提供了一种洞见。不管怎么说，就探讨“时间与存在”[①]这个主题来说，第二部分之第一章是决定性的。此间出版的这个文本，即使其形态尚不完备，也还是为领悟存在问题之系统概要提供了中介，正如它对海德格尔——从其思想道路的当时立场出发——所显示的那样。同时，该讲座还首次公开通告了“存在论差异”。

我衷心感谢神学硕士威廉·封·赫尔曼（Wilhelm v. Herrmann）先生在艰辛的校对工作上的帮助，也要感谢他口述付印定稿并阅读校样。我还要感谢哲学博士候选人默雷·米尔斯（Murry Miles）先生与哲学博士候选人哈特穆特·提特扬（Hartmut Tietjen）先生，为了他们在校正工作上专注仔细的帮助。

弗里德里希-威廉·封·赫尔曼
（Friedrich-Wilhelm v. Herrmann）

① 《现象学之基本问题》脱胎于《存在与时间》计划中的第一部分第三篇，该篇题为“时间与存在”。——译注

中译者附录
关于《现象学之基本问题》中若干译名的讨论

海德格尔著作中的基本译名，已由熊伟、陈嘉映、王庆节与孙周兴等先生多年来的翻译工作大体确定了。其中虽有部分译名导致了争议及反复，但从总体上看，应该说已在同行中得到基本认可，更在数代读者中得以广泛流传。个别译名甚至逐渐成为当代中文哲学思考的关键词。就本书而言，由于《现象学之基本问题》原是《存在与时间》著作计划的一个部分，因而其中的重要译名应当尽量与海氏前期著作的中译，特别是《存在与时间》的现有中文本保持统一。

海氏著作的现有译本，从总体上说，在西方哲学典籍的中文翻译中当属上乘。译者在动手翻译本书时，即将自觉尊重这个译本脉络作为一条原则。译者在翻译上一向保守，一向提倡尊重约定俗成。被数代人认可的东西已经成为我们传统的一部分，流传下来而不至于澌灭的东西自有它的道理。这条翻译上的保守主义原则似可名之为“顺”：既指文通字顺，不生僻，顺从读者的阅读习惯，也指顺从身处的翻译传统。

译者的第二条翻译原则是尽量尊重字面。这首先意味着尽量区分翻译与解释。任何翻译固然也已是一种解释，但这种作为翻译的解释有一个限制：必须尽量与原词的字面意思相贴合。尊重字面原则的另一层含义是原文的同一个词，在原作者没有故意使用歧义的条件下，也用同一个译名严格对应。原文有意使用的有微妙差别的近义词，也用中文的近义词翻译。原文彼此有渊源关系的一组词，其译名亦当尽量表现出这层关系。实在有困难的，则以加译注或附原文的方式弥补。“尊重字面”这个原则大约接近于严几道所谓“信”。不过我们得指出，“信”固然指忠实，但所忠实的范围不应仅包括含义，也还应包括词语的修辞色彩与句子的风格乃至语调的节奏等等（例如在文学作品特别诗歌作品的翻译中，风格韵律也就是修辞上的“信”远比含义上的忠实更能考验译者）。将原本朴实甚或俚俗的句子译为“雅”言，这就为了“雅”牺牲了“信”（由此可知“信”与“雅”是难以兼得的，除非原作即是美文）。再如将 Dasein 译为“缘在”，且不说字面意思相距甚远，即就 Da 为常用语而“缘”字较生僻言，亦非“信”的翻译。

译者的第三条翻译原则是尽量避免误解——这是把严几道之“达”的原则降至其底线。确切地传达作者的原意固然困难重重。但有时更大的麻烦反而是比较聪明的译者造成的。典型的做法是：为了增进读者的理解，在译名上多方涂饰暗示，利用读者的望文生义产生一些错误联想与简单比附。从另外一个角度看，我们用以翻译西方哲学基本名相的词语当然都有中国古典文献中的脉络。在原词所属的外国哲学传统脉络与中国古典传统脉络之间的比较或会通当然是一件很容易让人兴奋的事。但它更是一件严肃的事，不该指望用些便宜的文字伎俩就能完成思想大业。在翻译上首先要强调原文的固有脉络，强调译名的难以达意，强调译名所属的中文脉络与原文固有脉络的本质差别——至于研究上究竟怎么展开融会贯通，那是另一回事。如果说完美的翻译难以做到，那么我们至少应该尽量避免有意暗示会通所造成的误解。虽然这条原则已是所谓底线，但其实倒是最难坚持的。译者有时很难克制自己不把一些也许甚有价值的体会塞到译名之中，包括本人在内。本人之所以提出这条原则，更多地是为了提醒读者警惕译者那里过早进行的半自觉的“境域融合”。

这三条改良了的翻译原则——“信”(在逻辑、修辞乃至背景上尊重原文)、“达”(尽量避免误解)、“顺”(尽量顺从阅读习惯与翻译传统)——是译者在翻译过程中试图一体维持的。但具体实践远比提出原则困难。翻译中经常会遇到三者无法得兼的情况,此时只有从权。必去其一,去“顺”。必去其二,去“达”与“顺”。读者与同行能体会译者的苦心即可。下面对本书所厘定的部分重要译名略做讨论,以求教于各方。这里涉及的主要是海氏著作中的特殊译名,另外也包括了在现象学乃至德国哲学一般中比较常见的几个概念。

1. Sein、Dasein 等

Sein 一词是海氏著述翻译中争议最多的一个术语。这个概念当然不是海氏特有的,但对海德格尔的研究与翻译再次加强了有关争论。目前,Sein 一词基本已确定了“存在”这个译名。与之有关的一些概念(如 Seiendes、Dasein、Ontologie 等)的译名亦相应得到确定。对这个译名的主要批评是:“存在”这个翻译未能表达出“Sein”作为联系动词“是”的那层含义。这种批评有它的道理。但另一方面,如将 Sein 统一翻译为“是”,那么“存有”这层含义也一样被牺牲掉了。同时,Sein 一般与作为单纯系词理解的“是”在存在论的渊源上有不容忽视的差距[①],这更促使我们不能同意将 Sein 全都翻译为“是”。中文中无法找到一个在字面上就明确具有“是”与“有”两层含义的词。在这样的情况下,本书一般仍将 Sein 译为“存在”。如在特殊语境(如 Sein 与一些形容词或副词结合为一个组合词)从“是”理解更为贴切,则径直译为“是”或另加说明。在所有这些情形下,译者

① 这里特地提请“是”派的朋友们参见专门检讨系词传统的本书第四章。

都尽量以附加原文或其他方式使读者明白,“存在”与“是”的原文都是 Sein。

值得注意的是,Dasein 一词导致的争议不仅在于 Sein,而且还在于其包含的 da。这个词固然能阐发出很多东西。但无论如何,发挥与解释不能代替翻译。从尊重字面的原则出发,该词译为“此在”大体是可以接受的。译为“亲在”的意见和其他一些批评意见大约主要在于指出,“此”总是对“彼”而言的,而“Dasein”中的 da 却并不处在这样一种对待关系中。实际上,一切能在“彼此关系”中被定位的东西完全依赖于它与 Dasein 之 da 的相对距离。距之越近便越是“此”。由此可见 Dasein 乃是使一切“此”可能的原初之“此”,乃是世界的始点。Dasein 以及 da 在德文中是相当常见的。“存在于 da”大约相当于英文的 there is。Albert Hofstadter 亦常以 there is 翻译 da ist。考虑到种种烦难,他在其英文本中没有翻译 Dasein,而是直接照录德文原文。中文本无法采用这种办法。在种种可能的翻译中,仍以“此在”为妥。

与“存在”有关的两组词 ontisch 、ontologisch 与 existenzial、Existenzialität、existenziell。《存在与时间》现行中文本分别译为“存在者状态上的”①、“存在论上的”与“生存论上的”、“生存论状态”以及“生存状态的”。该本比较偏爱“状态”一词(类似情况还有将 Temporalität 译为“时间状态”)②。这两组翻译在区分“存在者的”与“存在论的”,区分“生存的”与“生存论的”方面是完全确切的,唯“状态”别有一词,且(无论作为单纯中文还是作为对西语的翻译)歧义太多,似不宜窜入。本书将有关译名(ontisch 与 existenziell)勉强

---

① 《存在与时间》1987 年版中译本索引(附录三)译 ontisch 为“存在状态上的”,当为误排。见第 541 页。

② 参见同上书附录一,第 523 页。该词未出现在附录三的索引中。

调整为"存在者的"(或"存在者式的")与"生存上的"。ontologisch与existenzial的译法("存在论上的"与"生存论上的")尚属妥当,一仍其旧。Existenzialität的抽象后缀照理应该译出,但这样的译名很是别扭,不得已也只好译为"生存论状态"。

2. Wahrheit 等

以"真理"一词翻译Wahrheit/truth已经习以为常了。这种译法在分析哲学文献的有关汉译中曾得到检讨。但关于海德格尔著作中的这个关键概念,翻译界似乎并没展开什么争论。这也许因为"真理"一词的运用已有了某种权威性。不管怎样,Wahrheit一词中并没有关于"理"的任何柏拉图主义暗示。不过,如按分析哲学方面的译者的建议,将该词翻译为"真",那就不大容易突出其抽象性与名词性(中文所谓"真"固然也可看作名词,但也很容易被当成形容词甚至副词)。也许比较贴切的译法是"真性"。为尊重传统计,本书在大多数场合仍将该词译为"真理",在有的涉及用形容词wahr构成的其他组合名词或词组时,另行翻译。

海德格尔用以阐发Wahrheit的有三个重要概念及其某些变形:即entdecken、erschliessen 、enthüllen与Entdecktheit, Erschlossenheit。它们通常被译为揭示、展开、绽露(陈、王)①或揭示(孙)②与被揭示状态、被展开状态。这样译法并无大错,只是不甚妥当。首先,海氏是将entdecken与erschliessen看作enthüllen的两种方式的,因而entdecken与enthüllen不宜同译为"揭示"。Entdecken只在拆字的意义上可解为"揭示",其实就是一个平常的词,

① 见陈嘉映、王庆节译《存在与时间》。

② 见孙周兴译《真理的本质》。

意为“发现”(犹如英文中的 discover),并且没有什么歧义。而 enthüllen 的首要含义则确实是“揭露”、“揭示”的意思。由 entdecken 变形而来的 Entdecktheit,海氏用以指那些关乎 Vorhandensein 的“真理”之真性。这也是平时所谓“发现某某”的含义,没有“必须揭开遮挡”这样强烈的暗示。因而本书将该译名定为“发现”——其实中文的“发”字已有“揭示”的意思在内。只是就整体说,“发现”没有“揭示”那么强地包含了关于“揭穿假象”的暗示。这个暗示当不见容于关乎 Vorhandensein 的“真理”,因为该真理就是对例如“直观真理”的生存论表达,这里更多地暗示了“直接性”而不是“假象”。与此相对,将 erschliessen 的字面意思有“展示”、“推断”等“间接性”的含义。本书译为“展现”以代替“展开”。这一方面是因为“展现”与“发现”较为匹配,且有“示”的意思;更重要的则是因为“展开”一词很容易让人联想到黑格尔哲学的有关概念。同样是为了强调“示”、“现”的意思,Enthüllen 依照《真理的本质》中文本,译为“揭示”,虽然“绽露”也许更确切些。

3. Sorge 等

在海氏著作的翻译问题中,Sorge 及其衍生词也许是除了 Sein 之外带来最带多争议的术语。这个词是有些来历的。在《存在与时间》第 42 节,海氏引用了关于 Cura[即 Sorge 的拉丁文说法]女神的寓言(这个寓言本身来自德国文学传统),并且指示了该词在西方思想史上的脉络——海氏把这个脉络追溯到了斯多葛派与新约。不过,就其拉丁形式而言,它在古代哲学中具有更古老更重要的渊源。Cura 在古代最著名的用法是 cura sui,这是对归在柏拉图名下的《亚西比德Ⅰ》(*Alcibiades* Ⅰ)中“epimeleia he autou”的翻译。正如福柯所展示的,这个“对自身的呵护”(亦可译为对自身的关怀、照料、警策）对于西方哲学史中"主体与真理"问题的谱系而言具有极端重要的意义[①]。在这个意义上，突出 Sorge 的关怀、操心含义是确切的，但也要注意此概念的复杂。译为"烦"确实对情绪的暗示过于强烈了。正如其他译者指出的，译为"操心"也有些问题。而"关怀"等，又暗示了比较强的指向性——须知，动词 Sorgen 与《亚西比德Ⅰ》中 epimeleia 的最大差别在于没有那么特定的指向性。Sorgen 固然有所指向，但那指向是关乎"境域"的，并不像 besorgen 与 fürsorgen 那么特定。本书采取叶秀山先生多年前的建议，将之译为"萦怀"，或许可以避免上述诸译之病[②]。不过，besorgen 译为"挂怀"，fürsorgen 译为"关怀"则是译者自己的补充。这两个译名的理由很明显，就不赘述了。

另外，Zuhandensein 与 Vorhandensein 也是"海味"很浓的译名。就此有关旧译的理解都很到位。只是，将 Vorhandensein 译为"现成在手存在"，对中文读者容易产生误解，好像这种"存在方式"乃是"一直在手里握着"似的。其实中文要表达的是"在手边"，"在手前"。兹改为"手前现成存在"。

Zusammenhang 其实是一个传释学（Hermeneutics）上的基本概念，有"情境"、"语境"、"上下文"、"文脉"的意思。但就字面则是"关联"的意思。《存在与时间》中文本只译为"关联"，没有突出它在传释学上的意思。为突出该词的丰富含义，John Macquarrie 与 Edward Robinson 所译《存在与时间》英文本用了若干词去翻译，大体有 connection、interconnection、context 等。也许为了避免用不

---

① 参见 *Alcibiades* Ⅰ，119a，124b，127e—134d；又，M. 福柯：《主体解释学》，佘碧平译，上海人民出版社，2005 年，第 4 页及以下诸页。

② 参见叶秀山：《思、史、诗——现象学与存在哲学研究》，北京，人民出版社，1988 年，第 165 页。

同译名去翻译原文的同一个词，Albert Hofstadter 在《现象学之基本问题》英文本中径直将之译为 contexture，从而将“交织”与“文脉”两层含义收在同一个词里。本书则译为“关联脉络”，以突出其字面意思与传释学意思。

最后，还有 artikulieren 及其名词形态 Artikulation，意思是（每一音节都吐字清晰地）“表述”，《存在与时间》中文本译为“勾连”、“勾述”，实在不明所以。本书在其语境中译为“分说”，表示以不同环节（即 essentia 与 existentia）统一地表述存在。

4. Zeitlichkeit 等

Zeitlichkeit 与 Temporalität 的译法主要取决于我们对中文有关“时”的词语的运用。不过译者还是避免了轻易运用“时”这个字或者“时机”、“到时”等词的诱惑。如将 Zeit 译为“时间”，那就没有理由不把 Zeitlichkeit 译为“时间性”，把 Zeitigung 译为“时间化”。在一般德文中 Zeitlichkeit 与 Temporalität 基本没什么差别，无非只是语源不同。英文中的有关词汇更无语源上的差别。本著英文版无奈之下将 Zeitlichkeit 译为 temporality 而将 Temporalität 译为 Temporality。据海德格尔在本书第 20 节的说法“时间性乃是存在领悟一般之可能条件；对存在的领会与概念把握是从时间出发的。如果时间性作为这样的条件发挥作用，我们就称之为 Temporalität”。从这里看，二词原无根本差别。当时间性被当作存在领悟之境域时，即被称为 Temporalität。但《存在与时间》中文本“时间状态”这个译名会导致一些误解。本书勉强改之为“时态性”，自己并不满意。读者还是到具体上下文中悉心体会文意，或能了然。

5. Wahrnehmen、Wahrnehmung 等

本书涉及以中文翻译德文哲学社科文献的一个特有现象。即动词与有关名词的区别问题。例如"知觉"在中文中既可作名词解，又可作动词解。如遇原文特别强调二者分别时，会造成混乱。因此本书特别在原文强调动词时，以"行某某"表示主动态动词，以"被某某"表示被动态动词。这样 Wahrnehmen 译为"行知觉"、Wahrnehmung 仍译为"知觉"，当能区别。但 Verhaltung 本身就是"行为"的意思，"行行为"是不通的。因而姑且将有关动词 verhalten 译为"施为"，以别动静。

另外，本书也涉及一些现象学术语的具体翻译问题，有的术语并不频繁出现，但仍有必要顺便讨论一下。

如，Auffassung 是一个颇为麻烦的词，在现象学文献中有"统握"、"立义"等译法。本书有时译为术语，有时也译为一些普通的词。

再如，Noesis-Noema 是胡塞尔现象学的一对基本概念，本书中这对概念仅以 noetisch-noematische 这样的形容词形式出现过[①]。这对概念通常被认为是胡塞尔现象学中特有的，故以意向性的变式译为"意向作用－意向对象"[②]，或"意向活动－意向相关项"[③]。这些翻译或者受到日译("志向性")的一些影响[④]。不过，"心之所之谓之志"，Noesis-Noema 这对概念是有关希腊词的拉丁化转写，这对概念源于希腊动词 noeou[希：思维]，而后者又源于名词 nous[希：心灵，

---

① 参见本书第 5 节，德文版第 29 页。

② 李幼蒸译法，见李氏译：《纯粹现象学通论》，第一卷，商务印书馆，1992 年，第 585 页。

③ 倪梁康译法，见倪氏著：《胡塞尔现象学概念通释》，三联书店，1999 年，第 313—314 页。

④ 参见同上。

心智，心识]。诸译者或有所不知，这对概念也有些来历，并不是胡塞尔特有的。按 Noesis、Noema 及其对应关系本源于亚里士多德《论灵魂》①。思为心之所动。按照《论灵魂》的有关中译，Noesis 为"思之过程"，Noema 为"所思"②。故本书将 noetisch-noematische 译为"行思－所思"。实际上这对概念就是胡塞尔在其他地方用过的拉丁术语 cogitatio[拉：思的活动]与 cogitatum[拉：所思]的希腊对应词③。出于某种越来越自觉的恢复本源——在胡塞尔那里无疑是古希腊哲学——的努力，胡塞尔不止一次地将一些拉丁语源的德文词改写为希腊语源的，如《逻辑研究》中的形式/材料是 Form/Stoff，而到大《观念》中就写作 Morphe/Hyle，后者又是直接源于亚里士多德著作的。

6. Selbst、Ich、Ego

"自我"概念是我们在德国哲学著作的中译本中经常可以遇见的。但与中文"自我"一词对应的，实有 Selbst，Ich，以及直接源于拉丁文的 Ego 三个德文词，它们之间自有差别，不可混为一谈。本书尊重德国古典哲学特别是费希特著作的中译传统，将"自我"一词留给 Ich。而将 Selbstbewusstsein 一律译为"自身意识"。在本书中，海德格尔特意区分了 selbt 与 Selbst，中文无法区别大小写，只能在可能做到的地方把 selbst 译为"自身"而将 Selbst 译为"吾身"。在德国哲学文献中，特别在胡塞尔现象学著作中，Ich 与 Ego 并不仅有语

① 参见亚里士多德：《论灵魂》，第一卷，第三章，407a5—10。中译本参见吴寿彭译《灵魂论及其他》，商务印书馆，1999 年，第 62 页。

② 参见同上书，第 62，426 页。

③ 参见胡塞尔：《欧洲科学危机与先验现象学》，第 20 节。胡塞尔并在该书第 17 节中有这样的写法 ego cogito-cogitata qua cogitate[我思－作为所思的所思]，这就把 noesis-noema 之间的内在意向关系也表达出来了。

源上的差别。胡塞尔曾在《笛卡尔式的沉思》之“第四沉思”中明确区分了两者，将 Ich 作为意识的“极”与习性之“基底”，而将 Ego 视为“具体化”，亦即有世界有对方的“我”。[①] 对于海德格尔来说，这当然不是无关紧要的。

7. Bedeutung、bedeuten、Sinn[②]

在海德格尔的著述中，Sinn 固然是个重要概念，但并不难译。本书亦如其他译者，一律译为“意义”[③]。对中文读者来说有一点麻烦的大概是 Bedeutung（名词）与 bedeuten（动词）。这在海德格尔那里恐非重要术语，但也有广泛的运用[④]。而此概念对于胡塞尔、弗雷格来说应当是更重要的术语，且两者的讨论直接相关。而《存在与时间》以及《现象学之基本问题》的术语与胡塞尔现象学仍有不可否认的种种联系。因此本译更多地参考胡塞尔、弗雷格的中译传统，将 bedeuten 及 Bedeutng 译为“意谓”。后者有的地方视情形也译为“含义”，以与《存在与时间》陈王译本保持一致。本文不把 bedeuten 翻译为“意味”，因为这动词仍有术语背景。也不翻译为“意指”，因为要尽量显示，该词背景应该是弗雷格、胡塞尔等关于 Bedeutung/Sinn 问题的讨论。翻译为“意谓”的理由，弗雷格哲学著作的中译者王路先生已经说得很清楚了，这里不必重复[⑤]。胡塞尔《纯粹现象学

---

① 参见《笛卡儿式的沉思》第 33 节。该书中译者将 Ich、Ego 均译为“自我”，会造成阅读上的麻烦。倪梁康则将前者译为“自我”后者为“本我”，较为可取。参见张廷国译《笛卡儿式的沉思》，中国城市出版社，2002 年。又，倪梁康：《胡塞尔现象学概念通释》，三联书店，1999 年，第 108 页。

② 此条上海译文版无，特为修订版增补。

③ 参见海德格尔：《存在与时间》，陈嘉映、王庆节译，三联书店，1987 年，第 543 页。

④ 参见同上书，第 533 页。

⑤ 参见弗雷格，《弗雷格哲学论著选辑》，王路译，商务印书馆，1994 年，第 16、17 页。

通论》(即《观念》一)的中译者李幼蒸几乎是不约而同地也选了"意谓"译法[①]。王、李的这两种译本都是商务印书馆出版的。修订版既在商务出版,也非常高兴暗合出版社既有的译名传统。

① 参见胡塞尔,《纯粹现象学通论》,李幼蒸译,商务印书馆,1996年,第579、587页。李把Bedeung翻译为"意谓""意义",bedeuten,翻译为"意谓""意指",Sinn又翻译为"意义",过于灵活,恐滋混淆,自不如王路Bedeutung、bedeuten一律译为"意谓",Sinn一律译为"意义"清楚。

重要译名对照表

Abhandenheit 不称手
Anwesenheit 在场性
Apriorität 先天性
Apriori 先天，先天者
Artikulation 分说
Augenblick 当即
Auslegung 解释
Aussage 陈述
Bedeutsamkeit 意蕴性
Bedeutung 含义，意谓
begreifen 概念化把握
Begriff 概念
Behalten 持留
Bewandtnis 物宜
Bewendenlassen 让宜物
Dasein 此在
Da 此
Destruktion 建构
Differenz 差异
Ding 物
Eigentlich 本真的
Ektasis 绽出
Entdecktheit 被发现性
Entschlossenheit 决心
Erschlossenheit 被展现性
Existenzialität 生存论状态
existenzial 生存论上的
Existenziell 生存上的
Existenz 生存
Gegenstand 对象
Gegenwärtigen 行当前化
Gegenwärtigung 当前化
Geschehen 历事
Geschichte 历史，参见 Historie
Gewärtigen 预期
Historie 史学
Horizont 境域
Ich 自我
Innerweltliche 世界内性，世内性
Innerzeitigkeit 时间内性，时内性
In-der-Welt-sein 在－世界－之中，在世
Konstruktion 解构
Kopula 系词
Miteinandersein 交互共在
Objekt 客体
ontisch 存在者[式]的
Ontologie 存在论
ontologisch 存在论的
Praesenz 出场呈现
还原、建构、解构
Reduktion 还原
Sach 实事，[事]物
Schemata 图型

Seiende 存在者
Seinkönnen 能在
Seinsverständnis 存在领悟
Sein 存在,是
Selbst 自身,吾身
Sinn 意义
Sorgen 萦怀
  Besorgen 挂怀
  Fürsorgen 关怀
Temporalität 时态性
Umgang 打交道,周旋
Umgebung 周遭
Umwelt 周围世界
Verfassung 建制
Verhalten 施为
Verhaltung 行为
Verstehen 领会
vorhanden 手前现成的
Vorhandenheit 手前现成性
Vorhandensein 手前现成存在
Was-sein 何所-是
Wesen 本质
Wirklichkeit 现实性
zeitigung 时间化
Zeitlichkeit 时间性
Zeug 器具
Zuhandenheit 上手性
Zuhandensein 上手存在
Zusammenhang 关联脉络

中译者后记[①]

本书据以下版本译出：Martin Heidegger，*die Grundprobleme der Phänomenologie*，Gesamtausgabe，Band 24，Marburger Vorlesung Sommersemester 1927，herausgegeben von Fredrich-Wilhelm von Herrman，Vittorio Klostermann，Frankfurt am Main，1975。

注释一律为脚注。其中绝大部分是原注与译注。个别地方收入了 Albert Hofstadter 的英文本注。

这部译稿总算完成了。其间甘苦，不足多论。个人的有关感想只有两点：一是必须向认真翻译的所有前辈与同仁致以敬意；二是自己实在缺乏——或者说逐渐丧失了——从事翻译工作的必要兴致。

海德格尔的著述中，没有译成中文的还很多。当初之所以选择《现象学之基本问题》来翻译，自然由于这部书的重要。在某种程度上，它与《存在与时间》构成了近乎内外篇的关系。海学界近年有些看法，将那部《哲学献集——论自成》代替《存在与时间》充作海氏最重要的著作。而那部书的英译者也就是《现象学之基本问题》的英译者。这也从一个细节提示了我们该书的重要。

本书的翻译谈不上有多出色，唯一可道之处或许是尚属认真，不乏为读者着想处。本来作为译者，该为这部著作本身写个比较翔实

① 上海译文出版社中译者后记，有删略。

的导论。但时间仓促，无法详论义理。至于翻译方面的有关斟酌，就请参看“中译者附录”。我国翻译前辈傅雷先生说过，为一部经典著作写序属于佛头着粪的亵渎行为。虽然写导论并不同于作序，也用之为自己的懒散找个借口吧。或者过些时日再写，也未可知。

本书所引古典语言较多，为此请教过徐卫翔、白钢、张小勇诸先生，特此致谢。

感谢复旦大学哲学系王德峰教授推荐选题，不断鼓励。感谢上海译文出版社赵月瑟编审的督促。感谢编辑戴虹女士与李丹先生的工作。由于种种原因，翻译拖延了一些时日，这也是我应该致以歉意的。

书中错讹或可商之处一定不少。有关的发现与讨论都是有一定意义的。还望海内外方家与读者不吝指正。

丁耘

2005年10月初稿于上海

2006年7月改定于博登湖畔 Konstanz

中译者修订版后记

这部译作问世已近十年，坊间搜寻不易。承孙周兴、王庆节两位先生雅意，将之收入商务印书馆的《海德格尔文集》。译者乘此机会，个别地方做了修订。因在自存稿上工作，所以更多的地方，大概是恢复原译稿的译法。原译稿中古希腊文以拉丁字母转写，为区别于拉丁文，只能插入不少符号，不无累赘。这次商务版以希腊字母照排，故原后记中符号使用说明，有过时之处，一概删去。希腊文是由同济大学哲学系博士生石磊同学输入译稿电子版中的。责任编辑李学梅做了大量工作。特此致谢。

重要译名，一如其旧。

这次修订，有劳陈小文、张振华先生督促，在此一并谢过。

译事维艰，修订仓促。如有讹误，仍祈读者不吝赐正。

丁耘

2016 年 5 月 上海

图书在版编目(CIP)数据

现象学之基本问题：修订译本／(德)海德格尔著；丁耘译.—北京：商务印书馆，2022
(中国现象学文库. 现象学原典译丛. 海德格尔系列)
ISBN 978-7-100-20104-9

Ⅰ.①现… Ⅱ.①海… ②丁… Ⅲ.①现象学 Ⅳ.①B81-06

中国版本图书馆CIP数据核字(2021)第129530号

中国现象学文库
现象学原典译丛·海德格尔系列
现象学之基本问题
(修订译本)
〔德〕海德格尔 著
丁耘 译

商务印书馆出版
(北京王府井大街36号 邮政编码100710)
商务印书馆发行
北京冠中印刷厂印刷
ISBN 978-7-100-20104-9

2022年5月第1版 开本880×1230 1/32
2022年5月北京第1次印刷 印张14⅝
定价：80.00元